海洋国土资源与经济发展

HAIYANG GUOTU ZIYUAN YU JINGJI FAZHAN

杨木壮　杨晓鋆　滕　丽
宋榕潮　王楚焊　杨金海　编著

图书在版编目(CIP)数据

海洋国土资源与经济发展/杨木壮等编著.—武汉:中国地质大学出版社,2023.12
ISBN 978-7-5625-5779-1

Ⅰ.①海… Ⅱ.①杨… Ⅲ.①海洋资源-国土资源-研究-中国 ②海洋资源-资源经济-经济发展-研究-中国 Ⅳ.①P74

中国国家版本馆 CIP 数据核字(2024)第 030727 号

海洋国土资源与经济发展	杨木壮	杨晓鋆	滕 丽	编著
	宋榕潮	王楚焊	杨金海	

责任编辑:舒立霞	选题策划:张晓红	责任校对:徐蕾蕾

出版发行:中国地质大学出版社(武汉市洪山区鲁磨路388号)	邮编:430074
电　话:(027)67883511 　　传　真:(027)67883580	E-mail:cbb@cug.edu.cn
经　销:全国新华书店	http://cugp.cug.edu.cn
开本:787mm×1092mm　1/16	字数:557千字　印张:21.75
版次:2023年12月第1版	印次:2023年12月第1次印刷
印刷:湖北睿智印务有限公司	
ISBN 978-7-5625-5779-1	定价:68.00元

如有印装质量问题请与印刷厂联系调换

前言

本书面向自然资源统一管理与海陆统筹的政策要求,在充分吸收现有相关论著基本理论和知识的基础上,在深度和广度上力求体现学科专业发展前沿,着重对基础理论和实践应用两方面进行系统论述,全面系统地阐述海洋国土资源类型、特征及海洋经济相关政策、理论和方法,力求体现学科基本内容和最新进展,同时注重实操性。

目前,国内有关海洋国土资源与海洋经济的相关教材和专著主要有《海洋科学导论》(冯士筰等,1999)、《海洋资源概论》(朱晓东等,2005)、《中国海洋地理》(王颖,1996;王颖等,2013)等,这些教材主要从海洋科学、海洋资源与地理角度进行系统阐述。《海洋国土论》(徐质斌,2008),阐明国家管辖海域的国土属性及其与大陆国土的异同,并根据21世纪初我国的海洋政策,提出海洋国土的开发、整治、管理、防卫等对策建议;《海岸带空间规划与综合管理:面向潜在问题的创新方法》(郭振仁,2013)、《海岸带管理研究》(李百齐,2011)、《海洋综合管理》(宁凌,2014)等专著主要分析海洋综合管理的对象、基础理论、管理体制和政策。上述教材和专著主要从海洋综合管理的视角进行研究和综述。

海洋资源是指在海洋内外营力作用下形成并分布在海洋区域内的,在现在和可预见的将来,可供人类开发利用并产生经济价值,以提高人类当前和将来福利的物质、能量和空间等。海洋国土资源主要指海洋空间资源及其具有国土特性的物质资源;同时,海洋国土资源禀赋及其开发利用与海洋经济发展关系密切、相辅相成,当前系统阐述海洋国土资源类型、属性、分布规律、开发利用,以及与海洋国土资源密切相关的海洋经济核算、海洋碳汇核算、海洋经济发展模式方面的教材或专著鲜有所见。因此,编撰一本适应新时代发展的海洋国土资源与经济发展的著作,有助于培养土地资源管理、海洋科学、资源科学、地理学等相关专业学生及从业人员对海洋国土资源与经济发展的认识,提升他们的自然资源管理、海洋经济发展与海洋综合管理业务水平;同时,对贯彻国家海洋强国战略,支撑海陆统筹和自然资源统一管理,增强海洋国土意识,高质量开发利用海洋资源,保护海洋生态环境,都具有重要的学术意义和实用参考价值。

本书的编撰具有较好的教学、科研与实际工作基础,主要作者在国土资源管理学、海洋与海岸带管理、国土空间规划等领域有多年教学实践和经验积累,主持了多项与海洋国土资源和经济发展相关的科研课题,并发表了相关学术论文。编写组主要成员在海洋经济地理、计量经济、海洋资源评价等方面具有较丰富的工作经验和成果积累,这些都为本书的编写提供了丰富的素材与案例。

本书可作为"海洋与海岸带管理""国土资源管理学""国土资源管理前沿与实践""国土空间规划理论与实践"等课程的配套教材或教参材料,可作为土地资源管理、海洋科学、资源科学、地理学等相关专业和学科的本科与研究生教材和参考书,也可供自然资源管理与国土空间规划、海洋经济与海洋综合管理相关部门的科技和管理人员参阅。

笔者在编写本书的过程中,参阅了大量相关著作、论文及资料,已将引用的主要文献标注于文中并列于相关章节后面,如有遗漏,恳请谅解。在此对文献作者表示衷心的感谢!

本书得到广州大学教材出版基金项目的资助,也得到了广州大学国家级一流本科专业(人文地理与城乡规划)建设经费资助。

本书由杨木壮、杨晓鋆、滕丽等编著,参与编写者还有宋榕潮、王楚焊、杨金海、卢奕帆、刘司乐、肖羽彤、陈俊韬、赖焕明、李亭洁等。由于作者水平和资料所限,书中不妥之处在所难免,敬请同行专家、学者及读者朋友批评指正。

编著者

2023 年 10 月

目录 CONTENTS

第一章　海洋国土资源含义与类型 ………………………………………………………（1）
　第一节　海洋国土含义与意义 …………………………………………………………（1）
　第二节　海洋国土资源类型 ……………………………………………………………（5）

第二章　海岸、海岸线与海岸带 …………………………………………………………（13）
　第一节　海岸的定义与类型 ……………………………………………………………（13）
　第二节　海岸线的含义与划定 …………………………………………………………（23）
　第三节　海岸线保护与利用管理 ………………………………………………………（29）
　第四节　海岸建筑退缩线制度 …………………………………………………………（35）

第三章　海岛资源与管理 …………………………………………………………………（46）
　第一节　海岛的定义及类型 ……………………………………………………………（46）
　第二节　海岛资源类型与特征 …………………………………………………………（50）
　第三节　海岛保护与利用管理 …………………………………………………………（59）
　第四节　海岛保护与利用规划 …………………………………………………………（77）

第四章　海洋湿地资源 ……………………………………………………………………（83）
　第一节　滨海湿地及其生态价值 ………………………………………………………（83）
　第二节　滨海湿地类型及其特征 ………………………………………………………（86）
　第三节　滨海湿地保护与管理 …………………………………………………………（92）

第五章　红树林保护与管理 ………………………………………………………………（101）
　第一节　红树林特征及其生态价值 ……………………………………………………（101）
　第二节　红树林保护与修复 ……………………………………………………………（107）

第六章　海洋矿产资源与管理 ……………………………………………………………（120）
　第一节　海洋矿产资源类型 ……………………………………………………………（120）
　第二节　海洋矿产资源开发管理 ………………………………………………………（130）

第七章　海洋能源资源 ……………………………………………………………………（146）
　第一节　海洋能源资源类型及特征 ……………………………………………………（148）
　第二节　海洋风力资源利用 ……………………………………………………………（158）

第八章 海洋自然旅游资源 (170)
第一节 海洋自然旅游资源类型及特征 (171)
第二节 海洋自然旅游资源开发利用与管理 (179)

第九章 海岸带综合保护与利用规划 (189)
第一节 海岸带综合保护与利用规划含义 (189)
第二节 我国海岸带相关规划的发展历程 (189)
第三节 省级海岸带综合保护与利用规划编制指南主要内容 (193)
第四节 海岸带保护与利用规划编制方法研究(以广东省为例) (223)

第十章 海域国土空间规划 (233)
第一节 规划目标与内容 (233)
第二节 规划技术方法 (242)
第三节 海洋功能区划 (246)

第十一章 海域使用管理与海域评估 (261)
第一节 海域使用管理 (261)
第二节 海域评估 (286)

第十二章 海洋碳汇及其核算方法 (294)
第一节 海洋碳汇的含义及经济发展意义 (294)
第二节 海洋碳汇核算方法 (299)

第十三章 海洋经济发展模式 (306)
第一节 海洋经济发展水平 (306)
第二节 海洋产业组织模式 (318)
第三节 海洋经济产业集群 (322)

第十四章 海洋经济发展中的环境问题 (329)
第一节 海洋的环境问题 (329)
第二节 海洋经济开发中的环境溢出 (334)
第三节 资源环境约束下的海洋经济发展 (338)

第一章 海洋国土资源含义与类型

第一节 海洋国土含义与意义

一、海洋国土含义与内涵

海洋国土指在国家主权管辖下的一个特定的海域及其上空、海床和底土。它既包括一个国家的内海、领域中属于国家领土、归其主权管辖的海域,同时,按照《联合国海洋法公约》的规定,还包括该国管辖的不属于主权范围的专属经济区和大陆架。海洋国土是一国内海、领海、毗连区、专属经济区、大陆架、历史性区域或传统海疆等所有管辖海域的形象总称,是一个集合概念。

我国的海洋国土,包括渤海全部、黄海、东海和南海的一部分、台湾岛的周边海域及国际海底区域的一部分。总面积近 300 万 km^2。

二、海洋蓝色国土及其开发利用

(一)海洋专属经济区

专属经济区是指从领海基线量起 200 海里(1 海里=1852m),领海以外并邻接领海的海域。传统上,欧美等海洋强国坚持领海外即公海的观点,但发展中国家因实力有限,实际上没法平等和欧美一起享受公海自由。因此,南美国家智利最早为维护本国渔业利益而提出 200 海里海洋保护与控制经济区。经过各国激烈争论、协商,在第三次联合国海洋法会议上,专属经济区成为《联合国海洋法公约》确定的一种崭新的国际海洋法律制度。这是广大发展中国家为捍卫国家主权、保护本国沿海资源而积极斗争的产物。这一制度的建立,打破了"领海以外即是公海"的传统国际法观念,对国际海洋法产生了巨大影响,是公海自由理论之后海洋法的最重大发展之一,具有极大的政治和经济意义。

虽然目前我国还没有划定专属经济区具体范围,但是相关法律已明确规定,中华人民共和国的专属经济区,为中华人民共和国领海以外并邻接领海的区域,从测算领海宽度的基线量起延至 200 海里。

根据《中华人民共和国专属经济区与大陆架法》,我国在专属经济区主要有主权权利和专属管辖权。

1. 主权权利

主权指国家按照自己的意志处理一切内部、外部事务,不受任何外来干涉。主权权利是基于主权派生的一系列权利。主要享有勘查、开发、养护和管理海床、底土及其上覆水域的自然资源,以及进行其他经济性开发和勘查的主权权利,如利用海水、海流和风力生产能源等的主权权利。其中专属经济区的自然资源,包括生物资源和非生物资源。

2. 专属管辖权

专属管辖权主要指对特定事项有权制定法律或规章,并决定允许、进行或拒绝进入或从事某项活动的权力,包括民事、行政、刑事管辖权。主要有以下几项:对人工岛屿、设施和结构的建造和使用管辖权,包括有关海关、财政、卫生、安全和出境入境的法律和法规方面的管辖权;对海洋科学研究的管辖权;对海洋环境保护和保全的管辖权;对国际组织和外国组织或个人在此从事渔业活动的专属管辖权。

(二)海洋资源开发利用

海洋资源开发利用是指应用海洋科学和相关工程技术,开发利用各种海洋资源的活动(河海大学《水利大辞典》编辑修订委员会,2015)。海洋资源是指赋存于海洋环境中可以被人类利用的物质和能量以及与海洋开发有关的海洋空间。海洋资源按其属性可分为海洋生物资源、海底矿产资源、海水资源、海洋能资源与海洋空间资源。在当今全球粮食、资源、能源供应紧张与人口迅速增长的矛盾日益突出的情况下,开发海洋资源是历史发展的必然。利用海洋资源的行业主要有海洋渔业、海洋交通运输业、海盐及盐化工业、海洋油气业、滨海旅游业、滨海砂矿以及海水直接利用等。

三、海洋强国战略

我国有着悠久的海洋历史。党的十八大报告明确提出,"提高海洋资源开发能力,发展海洋经济,保护海洋生态环境,坚决维护国家海洋权益,建设海洋强国",我国海洋强国建设逐步驶入快车道。党的二十大报告再次强调,"发展海洋经济,保护海洋生态环境,加快建设海洋强国",为我们在新时代发展海洋事业、建设海洋强国提供了行动指南。

(一)海洋强国建设成就(王宏,2023)

(1)海洋经济高质量发展成效显著。2012—2022年,海洋经济总产出从5万亿元增长到9.5万亿元,占国内生产总值的比重保持在9%左右,在国民经济稳增长和保障经济安全方面发挥了重要作用。海洋传统产业转型升级加速,海产品产量多年位居世界第一,海运量超过全球三分之一,海上油气成为国家能源重要增长极。海洋新兴产业增加值年均增速超过10%,海洋工程装备总装建造能力进入世界第一方阵。海水淡化工程规模已超过200万 t/d,为沿海缺水城市和海岛水资源安全提供了重要保障。三大海洋经济圈发展特色逐步显现,北部新旧动能转换提速,东部一体化步伐加快,南部集聚带动力明显提升。

（2）海洋生态文明建设加快推进。基于生态系统的海岸带综合治理不断深化，陆海统筹的海洋空间规划体系基本成型，逐步建立"海域、海岛、海岸线全覆盖""用海行业与用海方式相结合"的海洋空间用途管制制度。严格围填海管控和无居民海岛保护，综合运用多种监管手段及时发现并制止违法用海用岛。全面划定海洋生态保护红线，海洋自然保护地面积约10万 km^2。实施海岸带保护修复工程、蓝色海湾整治行动、红树林保护修复专项行动计划，整治修复岸线1500km、滨海湿地3万 hm^2（$1hm^2=10\,000m^2$），局部海域典型生态系统退化趋势初步遏制。海洋污染防治力度不断加大，渤海综合治理攻坚战取得阶段成效，全国近岸海域水质持续向好。

（3）海洋科技创新取得突破性成果。以"蛟龙号""深海勇士号""奋斗者号""海斗号""潜龙号""海龙号"等潜水器为代表的海洋探测运载作业技术实现质的飞跃，核心部件国产化率大幅提升。自主建造具有世界先进水平的"雪龙2号"破冰船，填补了我国在极地科考重大装备领域的空白。海洋油气勘探开发实现水深3000m的跨越，超深水双钻塔半潜式钻井平台"蓝鲸1号"在南海成功试采可燃冰。全球首个半潜式波浪能养殖旅游平台"澎湖号"和全潜式深海智能渔业养殖装备"深蓝1号"交付使用。我国自主研发的海洋药物占全球已上市品类的近30%，建成全球规模最大的海洋微生物资源保藏库。实施海洋预报"芯片"工程，新一代具有完全自主知识产权的海洋数值预报系统投入运行，针对风暴潮、海啸、海浪等灾害预警报的准确率和时效性均达世界先进水平。

（4）参与全球海洋治理日益深入。积极参与联合国框架下的全球海洋治理，在深海采矿、海洋生物多样性保护等规则制定中发挥建设性作用。《"一带一路"建设海上合作设想》取得丰硕成果，《南海及其周边海洋国际合作框架计划》得到周边国家积极响应。海洋命运共同体理念深入人心。南中国海区域海啸预警中心向南海周边9个国家提供服务，我国正由国际海洋公共产品的"用户方"向"供货方"转变。加强常态化维权巡航执法应对海上侵权，通过发布白皮书和系列声明宣示立场，国家领土主权和海洋权益得到有效维护。

（5）极地与深海保护利用迈上新台阶。近年来，深海资源调查勘探取得积极进展，我国在国际海底区域已拥有5块面积达23.5万 km^2 的具有专属勘探权和优先开发权的矿区，成为拥有矿区数量最多和矿产种类最全的国家；国际海底命名、深海生物资源获取等工作彰显了我国国际影响力；出台《中华人民共和国深海海底区域资源勘探开发法》，迈出我国深海法治化"第一步"。极地认知和保护能力不断增强，持续组织开展南极考察和北冰洋考察，"两船六站"的极地立体化协同考察体系发挥重要作用；承办第40届南极条约协商会议，中俄共建"冰上丝绸之路"取得积极进展。

（6）海洋文化教育水平持续提升。世界海洋日暨全国海洋宣传日活动连年举办，建成全国海洋意识教育基地160余家。舟山群岛·中国海洋文化节、中国（象山）开渔节等海洋节庆，以及中国海洋经济博览会、厦门国际海洋周、世界妈祖文化论坛等知名会展论坛，成为展现我国特色文化和海洋发展水平的重要平台。海洋文化申遗取得历史性突破，"泉州：宋元中国的世界海洋商贸中心"被列入《世界遗产名录》，世界对中国海洋文化历史保护与活化利用更加认可。国家海洋博物馆建成开放,成为展现中华海洋文化的重要场所。全国涉海类高校超过200所,海洋知识"进学校、进教材、进课堂"和"一十百千万"海洋科普工程成效显著。

(二)海洋强国建设重点任务(王宏,2023)

(1)聚焦推进海洋经济高质量发展。推动海洋经济深度融入国家区域重大战略,建设一批高质量海洋经济发展示范区、特色化海洋产业集群和现代海洋城市。提升海洋装备制造自主化水平,推动海水淡化与综合利用规模化发展,促进海洋清洁能源多元化开发与利用,加快海洋药物与生物制品产业化进程。推动海洋传统产业绿色低碳转型,发展深水远岸养殖和可持续远洋渔业,储近用远、安全利用海洋油气,推进港口绿色化、智能化、安全化升级改造。加快发展现代海洋服务业,提升现代海事商事等服务业专业化水平,促进海洋文化和旅游业品质升级,支持海洋领域数字经济融合发展。优化利用金融工具支持海洋经济绿色低碳发展。

(2)聚焦加快海洋生态文明建设。开展全国海洋资源调查并形成定期调查制度,查清我国海洋自然资源和生态环境家底。印发实施海岸带专项规划,完善海洋空间用途管制政策。提高海洋资源利用效率,实施行业用海精细化管理,加强海岸线分类保护,严控无居民海岛开发利用。严守海洋生态保护红线,强化海洋自然保护地管理。深入实施海岸带保护修复重大工程,稳固提升海洋生态系统碳汇能力,创新海洋生态产品价值实现机制。抓好海洋环境污染防治和风险防范。健全海洋生态预警监测体系,推进国家全球海洋立体观测网工程。建设平安海岸带,做好应对海平面上升的战略预置。

(3)聚焦提升海洋科技创新水平。强化海洋领域国家科技力量,加强海洋领域国家实验室、国家重点实验室等布局,建设国家深海基因库、国家深海标本样品馆和国家深海大数据中心,推进国家海洋综合试验场建设及高效运行。加大基础性、前沿性研究的要素投入,推动海洋动力过程、陆海相互作用、海洋生态系统变化规律等方向取得原创性突破。支持深海科学探测、油气矿产资源探测和生物基因资源勘探开发等核心装备研发。持续实施海洋预报"芯片"工程。提高海洋科技成果转移转化成效,打造一批创新能力强的龙头企业和"专精特新"中小企业。

(4)聚焦推动构建蓝色伙伴关系。深入参与联合国及其专属机构、区域组织的海洋规则磋商,组织实施"联合国海洋科学促进可持续发展十年(2021—2030年)"中国行动。打造好全球滨海论坛。围绕构建蓝色伙伴关系,与沿海国家开展全方位、多领域、深层次的双边多边合作。持续落实《"一带一路"建设海上合作设想》,积极完善同"21世纪海上丝绸之路"沿线国家的对话合作机制。在南海深化海洋环境监测、海洋科学研究、海上搜救等领域务实合作,构建中国—东盟蓝色经济伙伴关系。加强深海战略性资源和生物多样性调查评价。持续做好南极科学考察和保护,建设"冰上丝绸之路",参与北极务实合作。坚决维护国家海洋权益,及时预警和应对可能发生的风险挑战与重大热点问题。

第二节 海洋国土资源类型

一、海洋资源与分类

（一）海洋空间资源

海洋空间资源是指与海洋开发利用有关的海岸、海上、海中和海底的地理区域的总称,其中将海面、海中和海底空间用作交通、生产、储藏、军事、居住和娱乐场所的资源,包括海运、海岸工程、海洋工程、临海工业场地、海上机场、海流仓库、重要基地、海上运动、旅游、休闲娱乐等。

（二）海洋物质资源

1. 海洋非生物资源

海洋非生物资源主要包括石油、天然气、多金属结核等。这些资源储量丰富,可以满足人类数百年的能源和资源需求。其中,石油和天然气是海洋中重要的化石能源,也是当前世界能源消费的主要来源之一。多金属结核富含多种有用元素,如锰、铁、镍、钴、铜等,具有重要的经济价值。

2. 海洋生物资源

海洋生物资源是指海洋中蕴藏的经济动物和植物的群体数量,是有生命、能自行增殖和不断更新的海洋资源。其特点是通过生物个体种和种下群的繁殖、发育、生长和新老替代,使资源不断更新,种群不断补充,并通过一定的自我调节能力达到数量相对稳定。

海洋生物资源,又称为海洋渔业资源或海洋水产资源。它们与海水化学资源、海洋动力资源和大多数海底矿产资源不同:在有利条件下,种群数量能迅速扩大;在不利条件下(包括不合理的捕捞),种群数量会急剧下降,资源趋于衰落(傅秀梅等,2006)。

（三）海洋能源

海洋能源通常是指海洋中所蕴藏的可再生的自然能源,主要为潮汐能、海流能(潮流能)、波浪能、海水温差能和海水盐差能。更广义的海洋能源还包括海洋上空的风能、海洋表面的太阳能以及海洋生物质能等。按储存形式又可分为机械能、热能和化学能。其中,潮汐能、海流能和波浪能为机械能,海水温差能为热能,海水盐差能为化学能。海洋能是一种具有巨大能量的可再生能源,而且清洁无污染,但地域性强,能量密度低(李铁峰,1997)。

二、海洋空间资源类型

(一)海岸与海岛空间资源

1. 海岸

海岸是指海洋和陆地相互接触及相互作用的地带。包括遭受以波浪为主的海水动力作用的广阔范围,即从波浪所能作用到的深度(波浪基面),向陆延至暴风浪所能达到的地带。它的宽度可从几十米到几十千米,一般可分为上部地带、中部地带(潮间带)和下部地带3个部分。上部地带又称为陆上岸带,一般风浪和潮汐都不可能作用到,是过去因海水作用而形成的阶地地形,受陆上河流的侵蚀和堆积作用、沿岸风的作用形成沙丘,它的特征是形成海蚀崖、海蚀穴、海蚀阶地和平台。潮间带由海滩和潮坪两部分组成,是海浪活动最积极、作用最强烈的地带。下部地带又称水下岸坡带,是过去的海岸而今已下沉到海水底下的地方,一般从低潮时海水到达的地方算起,到波浪、潮汐没有显著作用的地带。

世界海岸线长约44万km,中国大陆海岸线长18 000余千米,岛屿岸线长14 000余千米。海岸带蕴藏着丰富的生物、矿产、能源、土地等自然资源,还有众多深邃的港湾,以及贯穿内陆的大小河流。它不仅是国防的"前哨",还是海、陆交通的连接地,是人类经济活动频繁的地带。这里遍布着工业城市和海港。海岸具有奇特的、引人入胜的地貌特征,可开发为旅游基地。

2. 港口

港口是位于海、江、河、湖、水库沿岸,具有水陆联运设备及条件以供船舶安全进出和停泊的运输枢纽。港口是水陆交通的集结点和枢纽处,是工农业产品和外贸进出口物资的集散地,也是船舶停泊、装卸货物、上下旅客、补充给养的场所(黄芳,2012)。港口历来在一国的经济发展中扮演着重要的角色。运输将全世界连成一片,而港口是运输中的重要环节。世界上的发达国家一般都具有自己的海岸线和功能较为完善的港口。港口的功能可归纳为以下4个方面。

(1)物流服务功能。港口首先应该为船舶、汽车、火车、飞机、货物、集装箱提供中转、装卸和仓储等综合物流服务,尤其是提供多式联运和流通加工的物流服务。

(2)信息服务功能。现代港口不但应该为用户提供市场决策的信息及咨询,而且还要建成电子数据交换系统的增值服务网络,为客户提供订单管理、供应链控制等物流服务。

(3)商业功能。港口的存在既是商品交流和内外贸存在的前提,又促进了它们的发展。现代港口应该为用户提供方便的运输、商贸和金融服务,如代理、保险、融资、货代、船代、通关等。

(4)产业功能。建立现代物流需要具有整合生产力要素功能的平台,港口作为国内市场与国际市场的接轨点,已经实现从传统货流到人流、货流、商流、资金流、技术流、信息流的全面大流通,是货物、资金、技术、人才、信息的聚集点。

3. 海滩

海滩是指位于平均高潮面与平均低潮面之间的潮间带,海滩一般存在于海边,指海边的沙滩。海滩是波浪及其派生的沿岸水流综合作用的产物。外海波浪传入近岸浅水区,受到海底的摩擦作用,波峰变陡、波谷变缓,水质点运动轨迹呈现往复流动,而且向岸进流速度通常大于离岸回流速度,导致底部泥沙净向岸搬运,并被激岸浪的上冲水流带至海滨线上堆积。海滩物质一般上部较粗,滩坡坡度较大;下部物质较细,滩坡平缓。激岸浪及其冲流和回流反复作用,使海滩沙成为分选最佳的沉积物。

4. 潮滩

潮滩又称潮浦,即在潮间带出露的沙泥滩。主要沿海岸分布,是由粒径小于0.06mm的粉砂和黏土组成的长数十千米的平缓地带。潮滩按地貌特性和出露部位分为:

(1)潮上带。指平均大潮高潮线以上至特大潮汛或风暴潮作用上界之间的地带。常出露水面,蒸发作用强,地表呈龟裂现象,有暴风浪和流水痕迹,生长着稀疏的耐盐植物。该带常被围垦。

(2)潮间带。指平均大潮低潮线至平均大潮高潮线之间的地带。此带周期性地受海水的淹没和出露,侵蚀、淤积变化复杂,滩面上有水流冲刷成的潮沟和浪蚀的坑洼。此带是发展海水养殖业的重要场所。

(3)潮下带。指平均大潮低潮线以下的潮滩及其向海的延伸部分。此带水动力作用较强,沉积物粗。

5. 湿地

湿地是指天然或人工的、永久或暂时的沼泽地、泥炭地及水域地带,带有静止或流动的淡水、半咸水及咸水水体,包含低潮时水深不超过6m的海域。湿地具有涵养水源、净化水质、调蓄洪水、控制土壤侵蚀、补充地下水、美化环境、调节气候、维持碳循环和保护海岸等极为重要的生态功能,是生物多样性的重要发源地之一,因此也被誉为"地球之肾""天然水库"和"天然物种库"。湿地具有以下特征:

(1)系统的生物多样性。由于湿地是陆地与水体的过渡地带,因此它同时兼具丰富的陆生和水生动植物资源,形成了其他任何单一生态系统都无法比拟的天然基因库和独特的生物环境,特殊的土壤和气候孕育了复杂且完备的动植物群落,它对于保护物种、维持生物多样性具有难以替代的生态价值。

(2)系统的生态脆弱性。湿地水文、土壤、气候相互作用,形成了湿地生态系统环境主要素。每一因素的改变,都或多或少地导致生态系统的变化,特别是水文,当它受到自然或人为活动干扰时,生态系统稳定性会受到一定程度破坏,进而影响生物群落结构,改变湿地生态系统。

(3)生产力高效性。湿地生态系统同其他任何生态系统相比,初级生产力较高。据报道,湿地生态系统每年平均生产蛋白质$9g/cm^2$,是陆地生态系统的3.5倍。

(4)效益的综合性。湿地具有综合效益,它既具有调蓄水源、调节气候、净化水质、保存物种、提供野生动物栖息地等基本生态效益,也具有为工业、农业、能源、医疗业等提供大量生产原料的经济效益,同时还具有作为物种研究和教育基地、提供旅游资源等社会效益。

(5)生态系统的易变性。易变性是湿地生态系统脆弱性表现的特殊形态之一,当水量减少以至干涸时,湿地生态系统演替为陆地生态系统,当水量增加时,该系统又演化为湿地生态系统,水文因素决定了系统的状态。

(二)海面(洋面)空间资源

1. 海运通道

海运通道是指利用海上航线,连接两个或多个海洋或海港的运输通道。这些通道可以用于运输货物和人员,以及进行海上贸易和旅游等活动。

我国大陆海岸线长18 000余千米,沿海有许多优良的不冻港口,具有发展海运的有利条件。在我国港口与世界各国主要港口之间已开辟了许多定期或不定期的海上航线,所以海洋运输在我国对外经济贸易中起着越来越重要的作用。特别是集装箱运输在我国发展势头迅猛,这是因为它具有装卸效率高、船舶周转快、货损货差少、包装费用节省、劳动强度低和手续简便等优点。我国自1973年9月开始在中国天津、上海和日本神户、横滨之间开展集装箱运输后,青岛、黄埔、大连、张家港等港口也相继办理集装箱运输。1978年9月我国在上海和澳大利亚港口之间建立了第一条自己经营的集装箱班轮航线。我国各大港口已形成了到达世界主要港口的国际集装箱运输网。

海洋运输是国际间商品交换中最重要的运输方式之一,货物运输量占全部国际货物运输量的比例在80%以上,海洋运输具有以下特点:

(1)天然航道。海洋运输借助天然航道进行,不受道路、轨道的限制,通过能力更强。可随着政治、经贸环境以及自然条件的变化,随时调整和改变航线以完成运输任务。

(2)载运量大。随着国际航运业的发展,现代化的造船技术日益精湛,船舶日趋大型化。超巨型油轮已达60多万吨,第五代集装箱船的载箱能力已超过5000TEU(标准箱)。

(3)运费低廉。海上运输航道为天然形成,港口设施一般为政府所建,经营海运业务的公司可以大量节省用于基础设施的投资。船舶运载量大、使用时间长、运输里程远、单位运输成本较低,为低值大宗货物的运输提供了有利条件。

(4)运输的国际性。海洋运输一般都是一种国际贸易,它的生产过程涉及不同国家地区的个人和组织,海洋运输还受到国际法和国际管理的约束,也受到各国政治、法律的约束和影响。

(5)速度慢、风险大。海洋运输是各种运输工具里速度最慢的运输方式。由于海洋运输是在海上,受自然条件的影响比较大,比如台风,可以把运输船卷入海底,风险比较大,另外,还有诸如海盗的侵袭,风险也不小。

(6)不完整性。海洋运输只是整个运输过程的一个环节,它两端的港口必须依赖其他运输方式的衔接和配合。

2. 海上建筑

海上建筑是指建造在海洋上的建筑物,它可以是一个独立结构,也可以是浮动结构,或者是沉入水下的结构。海上建筑的设计和建造需要考虑到许多因素,如结构强度、建筑材料、海流、潮汐、波浪、地震等;同时,还需要考虑到环境保护和可持续发展的要求,以确保建筑与海洋环境的和谐共存。海上建筑的建设需要使用特殊的施工技术和设备,如大型浮吊船、深海挖掘设备等;同时,还需要考虑建筑物的运输和安装问题,以确保建筑的安全和稳定性。海上建筑的类型多样,包括海上风电场、海洋石油平台、人工岛、水产养殖设施、跨海桥梁等。

(1)海上风电场。海上风电场是近年来快速发展的一种海上构筑物类型。通过巨大的风力发电机组,将海风转化为电能,实现可持续的清洁能源生产。海上风电场通常由数十个甚至数百个风力发电机组组成,可以在海洋的广阔面积上进行布设。它们通常位于离岸几千米到几十千米的海域,能充分利用海风资源,对于缓解能源危机和减少环境污染具有重要意义。

(2)海洋石油平台。海洋石油平台通常用于海洋石油和天然气的开采,建造在海底或海面上,具备固定式、浮动式和半浮动式等多种形式。海洋石油平台通过钻井、生产、储存和输送等工艺,将深海或近海的油气资源开采到地面上。

(3)人工岛。人工岛是人工建造而非自然形成的岛屿,一般通过在海中填埋大量土石或建设大规模的建筑物来形成。

(4)水产养殖设施。水产养殖设施包括网箱、养殖平台等,用于养殖鱼类和其他海洋生物。

(5)跨海桥梁。跨海桥梁是指连接两岸的桥梁建筑,一般较长且建造难度大。

(三)海洋水层空间资源

海洋水层空间资源是指海洋中不同水层之间的立体空间资源。随着科技的不断发展,人们已经不仅仅局限于对海面的利用,而是开始向深海进军,开发利用不同水层之间的空间资源。海洋水层空间资源主要包括以下几个方面:

(1)海洋渔业资源。海洋渔业资源是指在水层空间中生活的鱼类、虾类、贝类等水生动物资源。通过合理的开发和利用,海洋渔业资源可以为人类提供丰富的食物来源。

(2)海洋油气资源。海洋油气资源是指在水层空间中蕴藏的石油和天然气资源。随着全球能源需求的不断增加,海洋油气资源的开发已经成为各国竞相争夺的焦点。

(3)海洋生态资源。海洋生态资源是指水层空间中的生态系统资源,包括浮游生物、海草、珊瑚礁等。这些生态系统具有很高的生态价值和观赏价值,可以为旅游业提供丰富的资源。

(4)海洋交通运输资源。海洋交通运输资源是指利用水层空间进行水上运输和交通建设的资源。例如,建设海底隧道、跨海大桥等交通设施,提高海上交通运输的效率和安全性。

(5)海洋科学考察资源。海洋科学考察资源是指利用水层空间进行科学考察和研究,包括海洋气象、海洋地质、海洋生物等方面的研究。这些研究可以为人类更好地了解和利用海洋提供重要的科学依据。

(四)海底空间资源

1. 海底隧道

海底隧道是指在海峡、海湾和河口等处的海底之下建造沟通陆地间交通运输的交通管道技术工程,主要作用为沟通海水两边的陆地(刘涛,2023)。海底隧道一般分为海底表面和海底地层之下两种类型,建筑方法也不相同。海底隧道不妨碍水上船舶航行,不受大风大雾等气象条件的影响(河海大学《水利大辞典》编辑修订委员会,2015)。海底隧道的开凿,主要有4种修建方法。

(1)钻爆法。钻爆法开挖为主要用钻眼爆破方法开挖断面以修筑隧道及地下工程的施工方法。用钻爆法施工时,将整个断面分部开挖至设计轮廓,并随之修筑衬砌。大陆已建成的海底隧道——厦门翔安海底隧道和青岛胶州湾海底隧道,均是采用钻爆法施工。

(2)沉管法。沉管法是在水底建筑隧道的一种施工方法。沉管隧道就是将若干个预制段分别浮运到海面(河面)现场,并一个接一个地沉放安装在已疏浚好的基槽内,以此方法修建的水下隧道。香港多条海底隧道采用沉管法施工。

(3)掘进机法。掘进机法是挖掘隧道、巷道及其他地下空间的一种方法,是用特制的大型切削设备,将岩石剪切挤压破碎,然后通过配套的运输设备将碎石运出。连接英国及法国的英法海底隧道就是采用掘进机法开挖的。

(4)盾构法。盾构法是暗挖法施工中的一种全机械化施工方法,它是将盾构机械在地中推进,通过盾构外壳和管片支承四周围岩防止发生往隧道内的坍塌,同时在开挖面前方用切削装置进行土体开挖,通过出土机械运出洞外,靠千斤顶在后部加压顶进,并拼装预制混凝土管片,形成隧道结构的一种机械化施工方法。日本东京湾海底隧道采用盾构法施工。

2. 海底通信电缆

海底通信电缆是用绝缘材料包裹的电缆,铺设在海底,用于电信传输。海底电缆分为海底通信电缆和海底电力电缆。现代的海底电缆都是使用光纤作为材料,传输电话和互联网信号。

海底通信电缆主要用于长距离通信网,通常用于远距离岛屿之间、跨海军事设施等较重要的场合。海底电力电缆敷设距离较海底通信电缆要短得多,主要用于陆岛之间、横越江河或港湾、从陆上连接钻井平台或钻井平台间的互相连接等。在一般情况下,应用海底电缆传输电能无疑要比同样长度的架空电缆昂贵,但它往往比用小而孤立的发电站作地区性发电更经济,在近海地区应用好处更多。在岛屿和河流较多的国家,此种电缆应用较广泛。

3. 海底运输管道

海底运输管道是在海底连续地输送大量油(气)的密闭的管道,是海上油(气)田开发生产系统的主要组成部分,也是最快捷、最安全和经济可靠的海上油气运输方式。这种管道通常被埋设在海底,采用防腐材料制成,以保证长期稳定运行。海底运输管道的建设需要经过多个阶段,包括设计、制造、运输、安装和运行等。在设计和制造阶段,需要考虑管道的材质、结构、防腐措施等因素,以确保其具有足够的强度和耐久性。在安装阶段,需要使用专业的安装船只和设备,将管道一段一段地铺设在海底,并进行连接和固定。在运行阶段,需要定期进行维护和检修,以确保管道的正常运行。海底运输管道的建设受到许多因素的影响,如海洋环境、地质条件、技术难度和经济成本等。因此,在建设海底运输管道时,需要进行全面的调查和分析,以确保工程的可行性和经济性。海底运输管道的建设对于海洋经济的发展具有重要意义。它不仅可以为能源物资的运输提供服务,还可以促进海洋资源的开发和利用。同时,海底运输管道的建设也可以为海洋科学研究提供重要的基础设施。

4. 海底倾废场所

海底倾废场所又称海洋倾倒区,是指国家划定的可以依法进行海洋倾废的特定海域。海洋倾倒区的选划是国家对海洋倾废活动进行管理,避免和减轻海洋环境污染损害的重要法律措施。

根据《中华人民共和国海洋倾废管理条例》的规定,由海洋倾废的主管部门——原国家海洋局会同有关部门,按科学合理、安全和经济的原则划出对环境可能产生影响程度最小的海区作为海洋倾倒区,报国务院批准确定。对已经划出的倾倒区,由主管部门定期进行监测,加强管理,以避免对渔业资源和海上其他活动造成有害影响。当发现倾倒区不宜继续倾倒时,主管部门应予以封闭。临时性海洋倾倒区由国家海洋行政主管部门批准,并报国务院环境保护行政主管部门备案。国家海洋行政主管部门在选划海洋倾倒区和批准临时性海洋倾倒区之前,必须征求国家海事、渔业行政主管部门的意见;而获准进行倾废的单位,也只能在指定的倾倒区进行倾倒。

在1982年之前,海洋倾废在我国几乎是没有管制的。直至1985年,我国颁布《中华人民共和国海洋倾废管理条例》,才有了对海洋倾废行为进行管制的规定。《中华人民共和国海洋倾废管理条例》第五条规定:海洋倾倒区由主管部门商同有关部门,按科学、合理、安全和经济的原则划出,报国务院批准确定。随后国家海洋局又颁布《海洋倾倒区选划技术导则》(HY/T 122—2009),对我国海洋倾倒区的选划原则及程序等问题进行了较为具体的规定。

我国海洋倾倒区选划有两种情况:一种是由原国家海洋局根据倾倒区规划提出并组织选划;另一种是由需要倾倒废弃物的单位提出选划申请,经原国家海洋局统一后开展选划工作。临时海洋倾倒区的选划则由需要倾倒废弃物的单位在工程可行性研究阶段向受理权限的主管部门提出书面申请,经同意后开展选划工作。

依据《海洋倾倒区选划技术导则》(HY/T 122—2009)的规定,我国海洋倾倒区选划的主要原则如下:选划海洋倾倒区和临时性海洋倾倒区应不影响海洋功能区主导功能的利用。考虑废弃物的特性和倾倒区与其邻近海洋功能区的相对位置及相互影响、水动力条件、地质地貌、水质、底质、生态资源环境等特征,确保海洋倾倒活动对海洋生态环境的损害是暂时的、可接受的和可以恢复的,不影响邻近海洋功能区的功能正常发挥,减少海洋倾倒活动对海洋生态环境的影响。

预选(海洋)倾倒区应符合以下条件:①初级生产力低下,生物资源匮乏和自然环境条件不利于其他海洋功能开发利用的海洋功能相对低下的区域;②远离或避开海洋生态环境敏感区;③位置适中,不超出废弃物运输船舶安全作业范围,尽可能降低废弃物倾倒营运费用;

④有一定水深和空间容量,满足废弃物倾倒船舶安全作业条件;⑤适宜水动力条件,有较强的自净能力,有利于废弃物沉降、驻存(沉降型倾倒区)或稀释、扩散和运移(扩散型倾倒区)(吕建华,2013)。

主要参考文献

傅秀梅,王长云,王亚楠,等,2006.海洋生物资源与可持续利用对策研究[J].中国生物工程杂志(7):105-111.

河海大学《水利大辞典》编辑修订委员会,2015.水利大辞典[M].上海:上海辞书出版社.

黄芳,2012.交通港站与枢纽设计[M].北京:人民交通出版社.

李铁峰,1997.环境地质学[M].北京:高等教育出版社.

刘涛,2023."科普在线"青少年科学大讲堂开讲——神奇的海底隧道[R].山东:青岛市科普教育基地联盟.

吕建华,2013.美国海洋倾倒区选划原则及其对中国的借鉴[J].中国海洋大学学报(社会科学版)(3):34-38.

王宏,2023.以建设海洋强国新作为推进中国式现代化[N].学习时报,2023-9-22(01).

第二章 海岸、海岸线与海岸带

第一节 海岸的定义与类型

一、海岸的定义

海岸在其不同的领域中有着不同的用途及含义,因此在不同的角度下,海岸在不同领域的书籍、文献中有着很多不同的定义。较为受到各自领域认可的定义大致如下:

《中华人民共和国资料手册》:指现代海岸线以上狭窄的陆上地带。

《资源环境法词典》:邻接海洋边缘的陆地。

《现代汉语大词典》:紧接海洋边缘的陆地。

《现代地理科学词典》:与海相邻且直接受海浪影响的陆地部分。

《农业大词典》:和海洋连接的带状陆地。由于海水有涨潮和退潮,因此狭义的海岸就是海岸线,系指陆地面与海水面的交界线以内的狭窄陆地地带。广义的海岸则包括高潮位与低潮位之间的潮间带。由于海水的水平或垂直运动(如潮汐、波浪、沿岸流等)、地壳的升降、海面的变化,以及其他原因的影响和作用(如江河出口的泥沙沉积等),海岸的位置会有变动。

《海商法大辞典》:一般指高潮位和低潮位之间的潮间带。随海水运动、地壳升降、河流等作用而经常发生前进或后退的变动,可分为古海岸和现代海岸;按成因和分布地区,又可分为上升海岸、下沉海岸及岩岸、沙岸。

《中国军事知识辞典》:陆地与海洋相互交界相互作用的地带。包括沿海陆上部分及沿海浅水部分。陆上与水下部分是一个整体,相互间有着成因上的联系,其发展相互制约、互为影响。海岸依其性质可分为泥岸、岩岸和沙岸3种。海岸对军队作战行动的影响,依与其邻接的内陆地形、沿海岸滩、近海岛屿屏障等条件的不同而异。

《军事大辞海》:海水面与陆地接触的滨海地带。它包括海水激浪、潮流所能达到的沿海陆上部分、高潮水边线与低潮水边线之间的潮间带及低潮水边线与波浪有效作用的下限(当地海水波长的1/3~1/2的浅水部分)之间的水下岸坡。

《当代军人辞典》:海水面与陆地接触的濒海地带。对军队作战行动的影响,依与其邻接的内陆地形、沿海岸滩、近海岛屿屏障等条件的不同而异。海岸依其性质可分为泥岸、岩岸和沙岸。泥岸,不便于军队机动;由于泥泞下陷,技术兵器不便于发挥作用,构筑工事亦较困难。岩岸,不便于展开与靠岸,技术兵器使用受限制,向纵深发展困难,但便于依托要点组成纵深梯次防御。沙岸,便于登陆,舰船易于靠岸,技术兵器使用受限较小,便于纵深发展,防御时易于控制要点和隐蔽机动兵力兵器。

《国土资源实用词典》:海洋与陆地交接地带。根据塑造海岸的主导因素和海岸的物质组成,可划分为基岩海岸,包括侵蚀海岸、断层海岸;平原海岸,包括砂(砾)海岸、淤泥质海岸、三角洲海岸;生物海岸等主要类型。

《地学辞典》:指平均高潮线以上的沿岸陆地部分。有时泛指海岸带。参见"海岸带"。

当前,较为详细的且被广泛认可的定义来自《海洋大辞典》,其对海岸的定义及阐述较为清晰。《海洋大辞典》认为:海岸是海洋与陆地相互接触、相互作用和相互影响的地带。通常指的是遭受波浪为主的海水动力作用的沿岸广阔范围,即从波浪所能作用到的深度(波浪基面)起算,向陆延至暴风浪所能到达的地带。海岸由垂直于岸线上的3条垂线分成3部分,即海岸(狭义)、近岸带及外滨。狭义的海岸包括海崖、上升阶地、海滨陆侧的低平地带及植被区等。近岸带由海滩及内滨两部分组成,其间又可细分多种地貌单元。外滨是破波带向海一侧的底部较平缓地带。也有把内滨的外缘至大陆架外缘统称为"外滨"。海岸线是指海岸与海滩的分界线。在有潮汐作用的海区还存在一条海滨线,是指海面与出露海滩之间的分界线,由于潮汐涨落高度的差异,它又可分为高海滨线和低海滨线。实际上海岸线的长度和领海靠陆地侧的起算线,都是以低海滨线来确定的。海岸地质构造和地壳运动,构成了海岸发育的基础,距今7000~6000年海面上升到接近现代海面的高度,形成了现代海岸的轮廓。控制现代海岸发育的动力因素,主要有波浪、沿岸流、潮汐、生物、气候等。此外,随着人类改造自然能力的增长,人类活动对海岸演变的影响起着愈来愈大的作用。据海岸的物质组成及控制海岸发育的主导因素,可将海岸划分为下列多种类型:侵蚀海岸、断层海岸、砂(砾)质堆积海岸、淤泥质堆积海岸、三角洲海岸、生物海岸等。漫长的海岸带拥有丰富的生物、矿产能源及土地资源。众多的港湾及贯穿其间的河流,是世界各国海陆交通的纽带、文明的窗口。

二、海岸的类型划分及其特征

海岸地貌形态千姿百态,海岸类型多种多样。根据海岸是否经过一定限度的人为影响,将海岸分为自然海岸和人工海岸。自然海岸根据海岸的物质组成及控制海岸发育的主导因素,可划分为下列多种类型:侵蚀海岸、断层海岸、砂(砾)质堆积海岸、淤泥质海岸、生物海岸、三角洲海岸等;根据海岸动态可分为堆积海岸和侵蚀性海岸;根据地质构造划分为上升海岸和下降海岸;根据其特征主要是由陆地过程决定还是由海洋过程决定可分为原生海岸和次生海岸;根据海岸组成物质的性质,可分为雄伟壮丽的基岩海岸,碎玉堆砌的砂砾质海岸,金砂银砂的砂质海岸,坦荡无垠的淤泥质海岸、平原海岸,层林尽染的红树林海岸,风光绚丽的珊瑚礁海岸和生机勃勃的芦苇及盐生水草海岸等。本书将对自然海岸中的基岩海岸、砂质海岸、淤泥质海岸、生物海岸以及人工海岸、原生海岸与次生海岸展开介绍。

(一)自然海岸(刘欢,2020)

1. 基岩海岸

世界上80%的海岸都是基岩海岸,基岩海岸的分布很广,是由坚硬的岩石组成的海岸构成的，且千万年来长期受到各种外力的侵蚀作用而形成如今的形态。基岩海岸持续地受波浪作用，侵蚀的物质不断被海浪、海流等搬运，在地层中不易保存它的演化阶段。因此，基岩海岸具体的形成历程较难推断。影响基岩海岸地貌形成的主要因素包括：①机械波侵蚀，这是主要的侵蚀外力。波浪对基岩海岸有侵蚀作用，同时，波生流对基岩壁有压力作用且水流中携带的粗糙细颗粒物质在冲击基岩海岸时具有摩擦力。②风化作用，主要包括干湿交替、冰冻解冻等过程的物理风化、水解氧化和溶解的化学风化及盐风化等。③生物侵蚀，主要指有机物通过各种方式磨损和搬移岩石的行为。例如，藻类在岩石表面生长，能产生对基岩的侵蚀。④物质搬移，主要为基岩海岸在演变过程中的岩石崩塌、滑坡及泥石流等。这些复杂多样的因素也造就了基岩海岸具有岸线曲折、湾岬相间、岸坡陡峭和沙滩狭窄等特点。基岩海岸的主要地貌形态类型如下。

(1) 岬角和海湾。在不规则及岸线较长的基岩海岸，由于不同地方岩石的性质不一样，这些基岩对侵蚀作用的敏感性不同。若岩性抵抗波浪的作用较强，基岩较难被侵蚀，因而通常形成海岬。抵抗波浪作用较弱的地方则形成海湾。基岩海岸向海侧突出的部分称为岬角，向陆凹陷的部分称为海湾。岬角和海湾并存的海岸称为港湾海岸，此类海岸一般水深较大、掩蔽良好、基础牢固，适宜选作兴建深水泊位的港址。此外，由于波浪折射作用，突出的岬角容易受到波浪侵蚀，沉积物被搬运到动力较弱的海湾，因此，海湾也多有海滩发育。

(2) 海蚀穴(洞)、海蚀拱桥和海蚀柱。海蚀穴又称为浪蚀龛，指在海岸线附近出现的凹槽形海岸，海蚀作用首先发生在海面与陆地接触的地方，这是因为海浪打击海岸主要集中在海平面附近。激浪的掏蚀或海水的溶蚀，使海岸形成槽形凹穴。两侧贯通的海蚀穴被称为海蚀拱桥，海蚀拱桥塌落后剩下的海水中残留的岩体被称为海蚀柱。

(3) 海蚀崖。海蚀崖又称为浪蚀崖，是基岩海岸受海蚀及重力崩落作用，沿断层节理或层理面形成的陡壁悬崖，多见于岸坡较陡、波浪作用较强烈的岸段，尤其是在岬角和岛屿处最常见。如果岩石抵抗波浪作用较强(如火成岩)，一般形成较为陡峭的海蚀崖；抗冲蚀性较弱的岩石一般形成缓坡海蚀崖。

(4) 海蚀平台。海蚀平台是海蚀崖前形成的基岩平坦台地，在海浪作用下，海蚀崖不断发育、后退，在海蚀崖向海一侧的前缘岸坡上塑造一个微微向海倾斜的平坦岩礁面。海蚀平台上通常发育有浪蚀沟、洼地、海蚀凹槽等微地貌，以及锥形岩体和波蚀残丘。海蚀平台一般位于平均海面附近，但其他动力过程也可使其形成不同高度的海蚀平台。例如，由特大暴风浪作用形成的暴风浪平台，通常位于高潮线以上；由波浪侵蚀作用在下限处形成的海蚀平台，通常位于海面以下。

2. 砂质海岸

砂质海岸由砂物质组成，包括砾、粗砾、卵石等粗颗粒泥沙。由于砂质海岸的泥沙粒径较大，坡度较陡，因此，近岸水域水深通常较大，波浪破碎强烈，其对水底泥沙的作用也较为强烈，容易产生沿岸流、裂流等近岸水流，导致高强度沿岸输沙。当海岸横剖面垂直于海岸线时，砂质海岸组成部分如下：

(1) 海滩。海滩也被称为海滨，是指从低潮线向上直至地形上变化显著的地方(如海崖、沙丘等),包括后滨和前滨。

(2)后滨。后滨是指向海与前滨的交界,可向陆延伸到海崖或沙丘,此带通常只有在风暴潮期间才被海水淹没。

(3)前滨。前滨界于高潮线和低潮线之间,是高潮时波浪上冲流达到的界线和低潮时回冲流所达到的下限之间的斜坡。

(4)内滨。内滨是指低潮线至破波线的位置,沉积物受波浪作用显著,在一定的周期内堆积或侵蚀,地形变化明显。

(5)外滨。外滨是指自较陡坡面的外缘(或者破波带外侧)向海延伸至大陆架的坡折处,沉积物搬运仍受波浪作用,但地形变化不明显,只有在极端风暴作用下发生显著变化。

(6)滩肩。滩肩是指平均海平面以上在海滩上部近乎水平的部分,属于后滨的范围。滩肩上常可见滩坎,是波浪在海滩剖面上侵蚀留下的近乎垂直的小陡崖。

(7)滩面。滩面是指沙滩位于高潮线和低潮线之间的斜坡,斜坡底部常堆积较粗的沉积物。

(8)水下岸坡。水下岸坡是指从滩面转折处向海延伸的一个坡度较缓的坡面,一直到达有效波浪作用的深度,常发育沿岸沙坝和沿岸槽。

从砂质海岸的平面上来看,其主要地貌类型包括沙嘴、连岛沙洲、沙坝-潟湖、潮汐汊道等。

(1)沙嘴。沙嘴是指根部同陆地相连、尾端伸入海或湖中的狭长的堤坝状地貌,常形成于岬角和河口处。它的前端略向内侧弯曲,向海侧的坡度一般较大。在自然的条件下,波浪传播进入砂质海岸时,波峰线可能与海岸平行,也可能和海岸线斜交。当波峰线与海岸线平行时,沿岸的输沙成一个封闭系统,沙的净输率为零;当波峰线与海岸线斜交时,沿岸输沙受水中漂沙的影响,形成的是一个开放系统。但这两种类型在一些海岸线较长的砂质海岸中可以同时存在,并都可以形成沙嘴的地貌形式。

沙嘴的形成主要有两个条件:一是岸线出现明显的转折;二是有较强的沿岸泥沙输移。沙嘴开始形成时,延伸速度较快,而随着沙嘴离岸距离的增加,其延伸速度逐渐降低。这是由于越向外海,水深越大,所需的泥沙含量也越多。此外,越向外海,波浪作用力也逐渐增强,沙嘴的延伸长度受到限制。因此,沙嘴向海端(头部)因受波浪作用常成钩状或反曲状。

(2)连岛沙洲。连岛沙洲是指连接陆地和岛屿的沙坝,是海岸受到岸外岛屿屏蔽和封闭而形成的泥沙堆积体。它的外形与沙嘴相似,但它的形态却是连接两处陆地的沉积地形,其中的一端是岛屿,另一端是陆地,或者两端都是岛屿。当岸外有岛屿时,外海波浪向岸传播过程中,由于岛屿的屏蔽作用,在岛后波浪减弱,形成波影区。沿岸泥沙经过岛后波影区时,因波浪能量降低,导致泥沙容重降低,产生堆积,并逐渐向岛方向延伸,形成连岛沙洲。

(3)沙坝-潟湖。沙坝又被称为沙堤,常发育于水下岸坡,是在波浪和激浪流作用下,堆积在海岸带的外滩外缘海中的长条形堤坝状海积地貌的统称。堆积物一般是砂或砾石,常混杂有贝壳碎片等其他物质,沙坝的顶部一般可露出于海面之上。潟湖是指海岸带被沙嘴、沙坝或珊瑚分割而与外海相分离的局部海水水域。当波浪向岸运动时,泥沙平行于海岸堆积,形成高出海面的离岸坝。在风暴浪作用下,离岸坝的泥沙被冲到潟湖一侧,形成冲越扇。坝体将海水分割,在潮流作用下,可以冲开堤坝,形成潮汐通道。涨潮流带入潟湖的泥沙,在通道口内侧形成潮汐三角洲。按照潟湖的发育程度,可以将其划分成4种类型:①海岸潟湖,是指海湾被水下沙坝部分隔开的水域;②半封闭潟湖,是指水上沙坝或沙嘴分隔出的水域,但仍与海水相连通;③封闭潟湖,是指湖水与海水完全隔离的潟湖;④埋葬潟湖,是指被冲击物等充填成低平原的潟湖。

潟湖内的水体盐度多变,如果有小河流注入,则河流周围的水体盐度较小;如果没有河流注入,则在远离潮汐通道处的水体由于蒸发而使盐度升高。此外,潟湖水体多位于浅水区域,水体动力作用较弱,因此,潟湖沿岸常发育泥滩。同时,由于水深较浅,增加了床底对波浪的摩擦力,削弱了波浪参数。大面积的浅水区域加剧了风的作用,破坏了水体中的温跃层和盐跃层,扰动了湖底沉积物,增加了湖底氧气并混合营养盐,有利于潟湖内泥滩上水生物的生长和繁殖。

(4)潮汐汊道。潮汐汊道又被称为潮汐通道,是指沟通潟湖和海洋的通道,由于两者之间是由潮涨潮落来实现水体交换而形成的,也有学者把连接外海和半封闭港湾(河口湾)的通道称为潮汐汊道。潮汐汊道是潟湖和外海水体交换的水道,潮流在通道中进出,对潟湖的水下地形有显著影响。涨潮流所带泥沙经潮汐汊道进入潟湖,由于水流扩散、泥沙沉积,形成涨潮三角洲;反之,落潮流挟带泥沙在通道口外沉积,形成落潮三角洲。一般而言,落潮三角洲面积的大小与潮汐强度呈正相关关系。

潮汐汊道主要是由暴风浪冲决沙坝所形成,当暴风雨导致沿岸增水作用时,在堡岛上一些狭窄和低洼的地段常被风浪冲决而形成通道。当暴风雨过境时,沿岸出现离岸风,使潟湖水域内的表面水体聚集在堡岛内侧并冲开堡岛的低洼地点而形成决口。潟湖内的潮沟水体也可能汇集成大的水槽,从而冲决堡岛,产生潮汐汊道,流入海洋。

3. 淤泥质海岸

淤泥质海岸通常是由砂、粉砂、黏土和贝壳碎屑以及植物腐殖质等多种泥沙粒级和有机质混合组成的。淤泥质海岸是潮流控制的海岸,其形成主要是因为涨潮流速大于落潮流速。涨潮时,由于流速快、水量大,常使大量悬浮泥沙随涨潮流向岸推进。由于摩擦作用,流速逐渐减低,一部分泥沙会沿途沉积下来。而落潮时,由于流速小,输沙能力低,泥沙不能全部被带走。因此,在一次全潮后,会有一些泥沙沉积在海岸带,从而形成淤泥质海岸。

由于淤泥质海岸的沉积物组成较细,因此,其输移特性也有别于其他海岸。这些较细的颗粒沉积物在波浪和潮流的作用下,很容易成为悬浮物质而被水流搬运和沉积。这些细颗粒沉积物的绝大部分来源是河流,小部分来自海底或其他物质松散的古海岸区域。在大部分有较大河流的入海口附近都会形成较大的冲积平原,这些地区通常是构造下沉的,地势较低平。例如我国沿海地区入海口附近每年接受来自长江、珠江等各大河流的输沙量就达到20多亿吨,淤泥质海岸沉积物的主要来源是上述提及的这些泥沙。我国22%的陆地海岸都属于淤泥质海岸,绝大部分都位于大河河口附近。

淤泥质海岸地貌形态较为单一,海滩平缓宽大。潮滩是淤泥质海岸的主要地貌类型,其宽度主要取决于当地潮差的大小和海岸的坡度。在一些强潮海岸(潮差>4m),潮滩的宽度较为广阔,可达到10km以上。例如,我国苏北海岸的潮差在2~4m,其发育的潮滩宽度约为10km。潮滩的结构具体还可以划分为3部分,从陆到海分别为潮上带、潮间带和水下岸坡(潮下带),具体如图2-1所示。

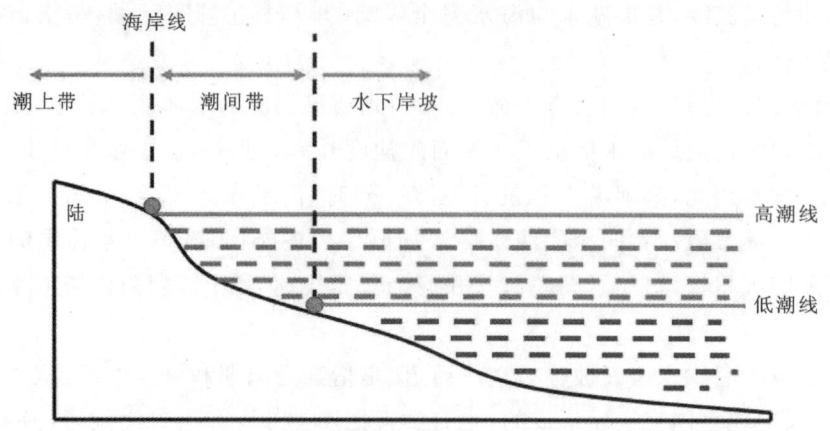

图2-1 淤泥质海岸横剖面划分(据刘欢,2020)

(1)潮上带。潮上带位于平均大潮高潮位以上,一般只有在特大潮汛或风暴潮时海水才可达到这一范围。该带的淤泥质沉积物颗粒最细,向海的下界常有贝壳等有机沉积物,滩面的坡度较缓,一般在0.1%以下。在滩面的局部地方地势微有起伏,低部分洼地分布其间,有暴风浪作用和流水痕迹。

(2)潮间带。潮间带是指高潮线和低潮线之间的海水活动地带,即高潮被淹、低潮出露的潮滩。此带泥沙活动频繁,侵蚀、淤积变化复杂,潮滩上留有由落潮水流冲刷而成的树枝状潮水沟,以及波浪侵蚀成的坑洼。

(3)水下岸坡。水下岸坡是指低潮线向海一侧的浅水区域,为潮滩的延伸部分。潮下带水下岸坡平缓,等深线延伸方向与岸近乎平行。该带的水动力作用较强,沉积物颗粒较粗,沉积物自低潮线向海逐渐变细。

在全球范围内的浅水区域,潮流都能带来较强的泥沙输移和沉积。受到近海岸边界狭窄条件的影响,潮流从外海的旋转流向岸方向逐渐转变为往复流。而在淤泥质海岸这类地势较为低平的区域,潮流在其上面的作用有其特点。潮流在一个太阴日内存在着涨潮流、落潮流和憩流3种状态。由于潮波在这一区域内具有驻波的特性,使潮流过程和潮位过程存在一定的相位差,这就使憩流转流时刻常出现在高潮时刻或低潮时刻,而涨落潮的最大流速就常出现在中潮位时刻。另外,还受涨落潮不对称影响,通常涨潮时间要比落潮时间长。结合以上淤泥质海岸的潮流特性,潮流在进入宽阔的潮滩时,摩擦力从外海方向到陆地一侧逐渐减小,波浪的作用力也自低潮线向高潮线逐渐减小。潮滩上各部分被水淹没的时间也不同。因此,即使潮滩上的潮流强度都一样也会因各部分所用时间不同而产生不同的沉积地貌。

4. 生物海岸

生物海岸主要是由生物构建的海岸,多分布在热带和亚热带地区,主要包括红树林海岸、珊瑚礁海岸、湿地沼泽海岸。

(1)红树林海岸。红树林是指生长在热带、亚热带低能海岸潮间带上部,受周期性潮水浸淹,由以红树植物为主体的常绿灌木或乔木组成的潮滩湿地木本生物(如草本、藤本红树等)群落。红树林海岸是由耐盐的红树林植物群落构成的海岸,主要分布在低平的堆积海岸的潮间带泥滩上,特别在背风浪的河口、海湾与沙坝后侧的潟湖内最发育。

红树林是公认的"天然海岸卫士",其特点是根系发达、树冠茂密,不但有防风、防浪、保护海岸的作用,还有减弱潮流、促进淤积和加速海岸扩展的作用。此类海岸除能有效地保护堤防外,还是海洋生物繁衍的优良场所,对促进海洋生态良性循环、维护海洋生态平衡具有特殊作用。合理开发利用红树林海岸丰富资源的同时,应予以妥善保护。

(2)珊瑚礁海岸。珊瑚礁海岸是造礁珊瑚、有孔虫、石灰藻等生物残骸构成的海岸。根据珊瑚礁的结构和形态,可分为岸礁(裙礁)、堡礁和环礁3类。岸礁是指靠近陆地的岸边呈带状分布的礁体,是最普遍的一种珊瑚礁。堡礁是指在离岸较远的浅海中,呈带状沿岸延伸的大礁体。环礁是指出露于海面上、高度不大的珊瑚礁岛,外形呈花环状,中央是个礁湖,湖水浅而平静,环礁的外缘是波涛汹涌的大海。

珊瑚礁有削弱波能及保护海岸的作用。当波浪进入岸礁带,多发生破碎,能量逐步消减,海岸得到保护。此类海岸也是鸟类和其他生物在海域中栖息的场所。珊瑚岛礁还可以成为海运补给与救捞基地、海洋研究基地、海洋开发(如渔业、采油与采矿业)基地,也能成为海防前哨。

(3)湿地沼泽海岸。湿地沼泽海岸是指沿海水深5m以上至陆上的最大风浪线,繁殖有大片草类,甚至乔木、灌木的低洼沼泽平原海岸,主要包括藓类沼泽、草本沼泽、灌丛沼泽、森林沼泽、沼泽化草甸,以及内陆盐沼等。其中,森林沼泽、灌丛沼泽、藓类沼泽和部分草本沼泽多分布在森林地带的林间地和沟谷中;草本沼泽和沼泽化草甸多发育在河(湖)泛滥平原、河漫滩、旧河道及冲积扇缘等地貌部位。草本沼泽中蒿草、蒿草-苔草沼泽大多分布在我国西部高原地区宽谷、河漫滩、阶地、各种冰蚀洼地(如古冰斗、围谷、冰蚀谷湿地)等地貌部位。

(二)人工海岸

1. 人工海岸的定义

人工海岸,又称人造海岸,是指根据海岸线地理特点和旅游开发、经济发展等需求,通过人为的填海工程或其他建设活动所形成的海岸。这些活动包括但不限于填海造地和修建防波堤、海堤、码头、护坡等永久性人工建筑物,以改变原有自然海岸的形态和特征。

2. 人工海岸的类型(刘洪军等,2019)

人工海岸建设复杂、用途多样、环境差异显著,存在多种分类体系。每种分类体系均是"合理性"与"局限性"的综合体。同时人工海岸的建设依托自然海岸,人与自然的冲突与融合又增加了人工海岸类型的多变性。从人工海岸的本质(人类的需求)进行考虑,结合海洋(岸)工程的分类,对人工海岸的类型进行区分,"合理性"大于"局限性",分类结果在实际应用中较为可行。根据这一分类原则,人工海岸可以分为5类:防护类、交通类、矿产与能源类、渔业类和旅游休闲类。

1)防护类人工海岸

防护类人工海岸主要有保护沿海社会、经济设施,保障沿岸居民人身、财产安全,发挥防风暴潮、抵御海水侵蚀等作用。防护类人工海岸主要由海堤、护岸及保滩设施等构成。

(1)海堤。

在沿海地区,特别是地势平缓的河口、潮滩等区域,为了防止大潮的高潮和风暴潮的泛滥,在原有海岸上修筑的以挡水为主要目的的建筑物称为海堤,江浙一带亦称为海塘。

(2)护岸。

护岸是对原有岸坡进行加固的工程措施,用以防止海浪侵蚀、淘刷等造成岸坡崩塌。护岸与海堤功能相近,两者区别在于海堤防止海水淹没,而护岸防止岸坡崩塌。护岸主要包括斜坡式护岸和陡墙式岸壁两种,也有两种结合的护岸。

(3)保滩设施。

保滩设施是对海堤与护岸的补充,常见的保滩建筑物与设施有丁坝、顺坝(离岸堤)等。

2)交通类人工海岸

交通类人工海岸主要包括港口、码头、船坞、防波堤等海港工程形成的海岸和滨海道路(非堤坝路)形成的海岸。港口类人工海岸主要包括防波堤、码头、修造船建筑物。在海岸周边往往需要设置陆上装卸、储存和运输设施,海上预留港池、泊地、进出港航道及其他助航设施。滨海道路类海岸主要通过占用原有海岸空间、改造原有海岸或顺岸填海的方式修建滨海道路,形成新海岸。

3)矿产与能源类人工海岸

(1)滨海电厂。

滨海电厂主要包括核电能、海上风能、潮汐潮流能、波浪能等发电设施。据最新估算,中国沿岸及近海区域海洋能的理论装机容量超过18亿kW(包括潮汐能、波浪能、海/潮流能、海洋温差能、盐差能与近海风能,不包括海洋生物质能)。其中,海上风能技术已经成熟,现已被规模化开发。除此以外,潮汐能技术最为成熟,发展迅猛。波浪能技术基本成熟,潮流能和温差能的利用目前处于实验研究阶段。

①核电。

核电站大体分为两部分:核岛和常规岛。中国核工业已有40多年的发展历史,海岸区域是核电发展的重点区域。

②风电。

风电是利用海洋上空气流动所产生的动能转化为电能。由于海上风能开发的特殊环境,海上风电在其技术环节上具有自身的特点和要求,主要由基础结构(塔头和支撑结构)和风电机组(转子、风速计、控制器、发电机、变速器等)组成。目前,中国海上风电发展迅速。

③潮汐能发电。

海面垂直方向的涨落称为潮汐,而海水在水平方向的周期性流动称为潮流。潮汐能是指海水潮涨和潮落形成的水的势能。潮汐能主要是通过海水的垂直升降将所具有的势能转化为电能,其原理和水力发电相似。

(2)盐田。

通过在海边修建很多像稻田一样的池子,采集海水通过太阳能蒸发晒盐,称为盐田法海水制盐。盐田生产方式需要构建堤坝挡潮和拦蓄海水,需要修建潮水沟、盐池和道路等工程。盐田构建的拦海大坝以及坝堤都成了显著的人工海岸。

4)渔业类人工海岸

在沿海有岩石、岸礁的海岸线,人工利用围堰圈养经济生物(如对虾、海参、鲍鱼等),被称为围堰养殖。海洋经济生物的人工养殖在给渔民们带来巨大经济收入的同时也改变了沿海水体环境,使得水体富营养化问题更为突出。

5)旅游休闲类人工海岸

海边旅游业的快速发展导致沿海省市大量兴建旅游建筑、木栈道和步行道等。北至辽宁省,南至海南省,许多省、自治区、直辖市以及香港特别行政区均实施了不同规模的围海造地工程,除用于工业和生活,还有相当一部分面积用于建设滨海旅游区。

3. 人工海岸的特点(刘洪军等,2019)

1)建设区域海岸环境多样

随着海洋开发的持续推进,几乎所有类型的自然海岸均有人工海岸的存在。砂(砾)质海岸、基岩海岸、粉砂淤泥质海岸和河口区等自然海岸地质地貌各异,海洋动力环境差别巨大,海岸生态系统类型多样。以上所提及的是人工海岸建设的优势条件,同时也是其限制因素。

2)海岸工程类型多样

伴随着多样化的自然海岸环境,人工海岸工程具有类型多样、设计各异的特点。其主要类型包括围海工程、海港工程、河口治理工程、海岸防护工程、渔业工程等。具体表现形式包括防潮堤、防潮闸、港口、码头、船坞、滨海道路、滨海电厂、人工沙滩、滨海木栈道、步行道和围堰养殖池等。

3)生态风险高,生态影响复杂

人工海岸建设区域环境的多样性和工程类型的多样性决定了人工海岸存在较高的生态风险。自然海岸区域是海洋生态系统多样性最为丰富的区域之一。许多海洋生物的产卵场、育幼场与索饵场等关键生境分布于海岸区域。自然海岸生态系统处于一个相对平衡、稳定的状态。人工海岸的建设不同程度地影响了海洋水动力条件,改变或侵占了海洋生物的原有生境,干扰了自然海岸生态系统的物质循环与能量流动。这就导致了人工海岸存在较高的生态风险。

人工海岸建设对自然海岸生态系统的影响极为复杂,充满了不确定性。这不仅包括影响范围的不确定性、影响时间的不确定性,也包括影响途径的不确定性和影响程度的不确定性。同时值得我们关注的是人工海岸建设的生态影响易产生叠加放大效应。同一工程的多方面影响易产生叠加放大。相邻区域的不同工程产生的影响也易产生叠加放大效应。

(三)原生海岸与次生海岸

帕姆·沃克和伊莱恩·伍德(2014)依据海岸特征主要是由陆地过程决定还是由海洋过

程决定,将海岸分成两个大类:主要由陆地过程塑造的是原生海岸;主要由海洋过程塑造的是次生海岸。

1. 原生海岸

形成原生海岸地貌的陆地过程主要包括降水(雨、雪、雨夹雪、冰雹)侵蚀、风和水携带的沉积物的淤积。以地质年代的尺度来衡量,原生海岸相当年轻,并且在很大程度上和大约6500年前上个冰河时期相同。原生海岸的形成源于泥沙、冰川、火山和地壳等。

1)泥沙

原生海岸上的泥沙曾经是陆地的一份子。它们有的是在风或奔腾的水流裹挟下移到这里并沉积下来,有的是被缓慢移动的冰川推移至此。少数海岸是由火山活动产生的火山灰构成,有些则直接由大块的陆地构成,这些大块的陆地来源于地震或断层带的移动引起的地壳变动。

在上个冰河时期,地球上海洋里的大部分水都结成了冰。因此,与现在相比,水平面低了很多,海岸线也后退了很多。那时,正如现在一样,有很多的河流注入大海,在它们流经的地方,冲出了一个个深深的"V"形河谷。数千年后,冰盖融化了,海平面升高了,海水便充满了或者说"淹没"了这些河谷。布满这种古老河谷的海岸被称为沉溺河或里亚斯式海岸(ria coast,源自西班牙语ria,意思是河口湾)。美国东海岸切萨皮克海湾就是这种海岸。

把泥沙推移和沉积到大海中,这一过程又形成了一种原生海岸,即外力塑造型海岸。三角洲就是这类海岸的一个很好的例子,它是由沉积物的淤积而形成的。地球上的河流搬运着大量的泥沙,其量的巨大令人难以置信,每秒钟可以把重达153t的泥沙送入大海。在河流的入海口处,水流趋缓。原本迅速奔腾的河水中,泥沙是悬浮着的;现在,水流放慢了速度,它们便开始淤积下来。如果在河流的入海口处,海水很深且蕴涵着很多能量,沉积物就会很快地再次被卷走;但如果流入的是海水流动较弱的部分(例如海湾等较为封闭的地方),这里,海洋动力变得较弱,泥沙就会渐渐堆积下来形成三角洲。例如,在密西西比河与墨西哥湾交汇的地方,就形成了美国最大的三角洲,而且它的规模仍然在继续扩大。世界上其他的一些比较大的三角洲主要位于尼罗河、罗讷河、波河和埃布罗河与地中海交汇的地方,还有恒河—雅鲁藏布江与孟加拉湾交汇的地方。

2)冰川

冰川是另外一种创造外力塑造型海岸的陆地上的自然力量。在上个冰河期,巨大的冰川在大陆表面向着大海缓慢滑行,它们在陆地上切削出一道道幽深的峡谷。在它们前面,被切削出的成吨的泥沙和石块,也在它们的推移下缓慢前进。当冰川融化的时候,被它们搬运的泥土遗留下来,形成一道道脊状山丘,即冰碛丘陵。遗留在广阔的海岸线上的冰碛物就变成了海岸的一部分。后来,海平面升高,有些冰碛丘陵就部分或完全被海水环绕起来。位于美国纽约和康涅狄格海滨不远处的长岛,马萨诸塞州(麻省)的鳍鱼角都是冰碛丘陵岛。美国东北部海岸上的玛莎葡萄园岛和楠塔基特岛也是冰碛丘陵形成的岛,只不过它们是由被冰川搬运得更远的沉积物形成的。

3)火山

火山活动也能形成一些外力塑造型海岸。在海洋的有些地方,海底的火山爆发喷出了大量的岩浆熔岩,形成一座座山脉,有些山脉露出水面,变成了火山岛(海岛)。随着火山的爆发、山脉的升高,熔岩流便成了海岸线的主要形成力量。夏威夷群岛就是火山活动形成的。

4)地壳

地壳的变动也能形成原生海岸。当大陆板块的相对位置发生改变时,便会产生被称为断层的巨大的裂口或狭缝。如果断层是在海滨形成的,海水涌进来,就成了断层湾。加利福尼亚湾,又称为科尔特斯海,位于下加利福尼亚半岛(墨西哥的一个州)和墨西哥大陆之间。在过去,下加利福尼亚半岛曾经是北美洲大陆的一部分。在地壳板块相对滑动穿越对方时,有一小块脱离了大陆,便形成了今天的下加利福尼亚半岛。

地壳板块不仅能水平运动形成断层湾,也可以上下垂直运动。如果海底地壳向下运动,而大陆块体保持不变,便形成了沿海的悬崖;另外,如果大陆块体向上运动,那些曾经沉在水下的地方就会上升,露出水面。在当地时间1964年3月27日阿拉斯加大地震后,这种类型的板块运动使威廉王子湾的大部分海底都升高了。

2. 次生海岸

次生海岸主要由海洋过程塑造而成。像原生海岸一样,它们最初也是在陆地过程的作用下形成的,但与初级海滨比起来,这些海岸一般有着更长的历史,长到足以让海洋活动去改变它们的外部形态。

海水、波浪、洋流是塑造次级海岸的海洋动力中其中3种。海水是溶解石块和泥沙中矿物质的一种溶解性很强的溶剂。除此之外,海水还可以携带许多颗粒物,像沙粒、小石子,还有由沙粒黏结而成的砂砾,这些都有利于海水侵蚀和海岸线的改变。

构成海岸岩石的成分、海水携带的泥沙和石块的类型、海水蕴涵的能量等诸如此类的因素,决定着海洋侵蚀海岸的速度。如果海岸是由像花岗岩这样坚硬的岩石构成,侵蚀速度就会非常慢。例如,美国的缅因州海岸是花岗岩石构成的,因此它们每10年也只消退2~5cm。相比之下,由沙粒或砂岩构成的海岸就松软多了,因而可能在短时间内发生惊人的变化,有时甚至能以每年若干米的速度消退。英格兰的北海悬崖是由松软的土石构成的,一次猛烈的暴风雨就能把它冲刷掉10m左右。

一些频繁遭到高能量海水侵袭的海岸,经常承受威力无穷的海浪和暴风雨、暴风雪的侵蚀。除了南美和南非南端的海岸外,美国和加拿大东部的海岸也是高能量区域。低能量区域通常出现在像海湾这样较封闭的地方,这里受封闭环境保护,即使天气恶劣,也很少有大浪发生。

第二节 海岸线的含义与划定

一、海岸线含义与特征

海岸线是海洋与陆地的分界线,更确切的定义是海水向陆到达的极限位置的连线。随潮水涨落而变动。由于受到潮汐作用以及风暴潮等影响,海水有涨有落,海面时高时低,这条海洋与陆地的分界线时刻处于变化之中。因此,实际的海岸线应该是高低潮间无数条海陆分界线的集合,海岸线处于动态变化过程中。

（一）海岸线的定义

在海域管理等过程中,我国将多年大潮平均高潮线定为海岸线,相关国家标准、行业标准和技术规程等均作出了明确规定(表2-1)。

表 2-1　部分标准下的海岸线定义

标准号	标准名称	海岸线定义
国海管字〔2002〕139号	海域勘界技术规程	海岸线指平均大潮高潮时水陆分界的痕迹线
GB/T 18190—2017	海洋学术语　海洋地质学	海岸线是指多年大潮平均高潮位时海陆分界线
GB/T 18190—2000	海洋学术语　海洋地质学	海岸线即海陆分界线,在我国系指多年大潮平均高位潮时海陆分界线
GB/T 12319—1998	中国海图图式	海岸线是指平均大潮高潮时水陆分界的痕迹线。一般可根据当地的海蚀阶地、海滩堆积物或海滨植物确定
GB/T 20257.1—2017	1∶500　1∶1000　1∶2000 地形图图式	海岸线指以平均大潮高潮的痕迹所形成的水陆分界线
CH 5003—94	地籍图图式	海岸线以平均大潮高潮的痕迹所形成的水陆分界线为准

（二）海岸线的特征

海岸线是陆地表面与海洋表面的交界线。王厚军等(2021)认为:由于受潮汐、风浪、气候、人类活动等影响,海水有涨有落,潮面不断变化,海洋与陆地的分界线也时刻在变化之中,实践上应该是高、低潮间无数条海陆交界线交互作用形成的集合,在空间上应是一条带。由于水、陆相互作用和人为活动影响,海岸线表现出脆弱的系统特征,反映出海岸线的动态性和不确定性特点。海岸线与水资源、土地资源、气候资源、生物资源等存在共生、互补、依托等关系,具有整体性,但由于受地球自转、公转以及太阳辐射、大气环流、水动力循环、地质构造和地表形态等因素共同作用,海岸线分布具有明显的地域差异性。在利用上,海岸线水陆结合的特点,使其适宜多种用途的开发利用,反映出功能多样性特征。总之,海岸线具有动态性、系统性、差异性和功能多样性等特征。

二、海岸线类型及划定方法

王厚军等(2021)对海岸线分类及其划定方法的总结相对较为合理,具体如下。

（一）海岸线的类型划分

1. 基于科学研究的分类

在众多学者的研究实践中，一般基于海岸线的自然属性、底质结构、空间形态和开发利用特征等，将海岸线分为自然岸线和人工岸线两大类。其中自然岸线一般又细分为基岩岸线、砂质岸线、淤泥质岸线、生物岸线和河口岸线等类别。人工岸线主要有两种分类方式：一种是依据构筑物类型分为防潮堤、防波堤、码头、道路、防潮闸等；另一种是依据功能用途分为渔业岸线、港口码头岸线、工业岸线、城镇岸线、旅游娱乐岸线等。在科学研究中，多利用遥感影像将成像时刻的瞬时水边线（或痕迹线）作为海岸线。

2. 基于海洋管理的分类

我国"近海海洋综合调查"专项（908 专项）海岸线修测技术规程将我国海岸线分为自然岸线、人工岸线和河口岸线3类。《海岸线保护与利用管理办法》，将海岸线分为自然岸线和人工岸线，其中，自然岸线包括砂质岸线、淤泥质岸线、基岩岸线、河口岸线及具有自然海岸形态特征和生态功能的岸线。浙江省在管理实践中主要采用浙江省地方标准《海岸线调查统计技术规范》（DB33/T 2106—2018），将海岸线分为自然岸线、人工岸线和河口岸线，其中，自然岸线包括砂砾质岸线、淤泥质岸线、基岩岸线、红土岸线等原生岸线以及自然恢复或整治修复后具有自然岸滩形态特征和生态功能的海岸线；人工岸线包括海堤、防潮闸、码头、船坞、道路等人工构筑物组成的岸线。

3. 基于陆海统筹的海岸线分类

海岸线分类是各项调查监测和科学研究的重点，也是实施海岸线保护与利用、海洋资源综合管理的基础依据，但基于科学研究的分类和基于海洋管理的分类，都不能充分体现当前陆海统筹的现实需求。因此，应统筹考虑管理和科学研究因素，制定符合我国海岸特征、科学统一、便于管理的海岸线分类标准。

海岸线分类应坚持以海岸自然属性为主、兼顾陆海统筹的管理需求原则，综合考虑海岸线的地质结构、地貌形态、物质组成、生态功能、历史成因及演变等因素，建议分为自然岸线、人工岸线、河口岸线和生态恢复岸线（具有自然岸滩形态特征和生态功能的海岸线），具体如表2-2所示。

自然岸线是指保持自然海岸属性特征，没有受到人类活动改变形态和属性的海岸线，应包括基岩岸线、砂质岸线、淤泥质岸线和生物岸线；人工岸线是指通过人工修筑堤坝、围堰等海岸工程，将自然海岸形态改变成人工海岸形态的人造海岸线，其应直观反映海岸线的人工结构属性，可分为防潮堤、防波堤、护岸、挡浪墙、防潮闸、码头、道路等；河口岸线是在海洋水面与河流水面交界区域的海岸线，分为河口水面、防潮、泄洪闸坝或桥梁；生态恢复岸线是通过人工直接或间接实施保护修复工程或在常年潮汐、冲淤等自然力作用下，将原来的人工岸线最大限度地恢复海岸自然形态、地貌单元，恢复和改善海岸生态功能的岸线。基于陆海统筹的海岸线分类体系是对原国家海洋局出台的《海岸线保护与利用管理办法》相关规定的细化和拓展，将河口岸线和生态恢复岸线从自然岸线中剥离出来，成为与自然岸线、人工岸线并列的一级分类。当前河

表 2-2　基于陆海统筹的海岸线分类（据王厚军等，2021）

一级分类	二级分类	说明
自然岸线	基岩岸线	—
	砂质岸线	—
	淤泥质岸线	—
	生物岸线	—
人工岸线	防潮堤	—
	防波堤	—
	护岸	—
	防潮闸	养殖区域或围填海区域进行水体交换的防潮闸
	道路	—
河口岸线	河口水面	河口区域岸线两侧均为水面
	防潮或泄洪闸坝、桥梁	河口区域岸线两侧均为水面河口区域，向陆一侧具有防潮或泄洪闸坝、桥梁
生态恢复岸线	自然生态恢复岸线	在原人工岸线基础上，经自然力作用形成具有自然岸滩形态特征和生态功能的海岸线
	生态海堤	整治修复建设的具有自然岸滩形态特征和生态功能的海堤

口区域多建有防潮或泄洪闸坝、桥梁，如将河口岸线作为自然岸线，不能体现该区域的陆域开发特征。生态恢复岸线多是在建设人工围堤、生态海堤等基础上，恢复或重塑了自然岸滩形态特征和生态功能的岸线，归并为自然岸线易引发歧义，不利于后续管理。基于陆海统筹的海岸线分类体系既能反映海岸线海、陆两侧的属性特征，也利于实施自然岸线保有率管控。

（二）海岸线的划定方法

1. 基于陆海统筹的海岸线划定方法

1）划定原则

（1）自然属性为主原则。应充分考虑海岸线所在区域的地质地貌类型、植被覆盖、潮间带生态特征、潮汐影响等自然属性，综合分析岸线属性空间分异和空间关联特征，科学合理地判定平均大潮高潮时海陆分界线或水陆分界线的痕迹线位置。

（2）便于管理原则。对涉及围填海、构筑物、围海养殖、盐田等人类开发活动的区域，应统筹考虑海洋工程的结构特征、权属类型、生态功能、管理沿革等因素，避免海岸线划定引发不必要的管理分歧和争端。

（3）易于辨识原则。海岸线是区分陆域管理或海域管理的分界线，岸线位置的界定宜选取便于明显识别和查找的两种不同地物类型或地貌类型的交界处,便于实地调查和行政管理。

2)划定方法

(1)自然岸线划定方法。

①痕迹线法。主要根据多年平均大潮高潮位留下的痕迹线,多有海蚀阶地(坎部)、海滩堆积物、滨海植物等痕迹。该方法多用于基岩岸线、砂质岸线、淤泥质岸线、生物岸线等具有明显痕迹特征的岸段。

②多年平均大潮潮位推算法。主要根据潮位站多年连续潮位数据和岸滩地形数据,利用潮汐模型和空间差值推算出多年大潮平均高潮位的位置,由于受岸滩地形多变和不规则的影响,该方法推算的岸线多呈锯齿状,较为曲折,不光滑。该方法多用于侵蚀较为严重、没有明显痕迹特征的岸段。

③综合研判法。对于砂质岸线、淤泥质岸线、生物岸线等周边存在堤坝、道路等防护设施的岸段,应综合考虑沙滩、潮间带、生物群落等生态系统的完整性和统一管理的需求,综合研判其具体划定位置。

(2)人工岸线划定方法。

人工岸线划定应充分考虑人类开发活动的方式、性质和构筑物结构属性,可分为填海造地形成的岸线、围海形成的岸线和构筑物岸线。人工岸线位置的划定还应统筹考虑海洋工程的结构特征、权属类型、生态功能、管理沿革、成因与演变等因素,采用综合研判法。

①填海造地形成的岸线划定。由于人工填海造地形成土地,完全改变了海洋的自然属性,破坏了海洋生态系统的完整性,原则上应划定在填海造地工程外界堤坝或护岸的干湿痕迹线处,考虑到便于实地调查和行政管理,也可划定到堤坝或护岸顶部外缘线处。

②围海形成的岸线划定。围海主要包括盐田、围海养殖和填海造地施工过程中围堰形成的围海。盐田和围海养殖由于仍有海水交换,存在部分海洋属性和生态功能,原则上应界定在围海养殖和盐田的靠陆地一侧的外边缘线,但考虑到管理沿革,已纳入土地管理的区域,宜划定到围海养殖和盐田的靠海一侧的外边缘线。填海造地施工过程中围堰形成的围海,要充分考虑其权属类型,如已确权发证,应界定在围海靠海一侧的外边缘线;如未确权发证,依据《中华人民共和国海域使用管理法》恢复海域原状的要求,其岸线位置应界定到围海靠陆地一侧的外边缘线。

③构筑物岸线划定。近岸构筑物主要分为顺岸构筑物、与海岸垂直或斜交式构筑物。顺岸构筑物由于与陆地已形成密不可分的整体,岸线位置应界定到构筑物干湿痕迹线处,或划定到堤坝、护岸等构筑物的顶部外缘线处。与海岸垂直或斜交式构筑物是占用海域的水工构筑物,其目的是抗拒、阻挡海水向内陆入侵,本身不能形成有效的土地,且建成后临海侧很快形成新的生态系统,其岸线位置应划定到构筑物根部与陆域连线处。

(3)河口岸线划定方法。

河口岸线应统筹考虑河流入海口的地形地貌、水文特征、盐度锋面、典型生物分布、河口闸坝或桥梁位置、管理沿革等因素,一般采用特征排序法。优先选用入海河口的历史管理习惯线或已明确的河口海陆分界线;其次采用入海河口的闸坝或桥梁外边界线;最后可选择河口突然展宽处的突出点连线。以上方法如仍不能划定岸线,需综合考虑河流入海口的地形地貌、水文特征、盐度锋面、典型生物分布等因素,采用多指标量化和空间差值技术推算出河口区域海陆分界线。

(4)生态恢复岸线划定方法。

生态恢复岸线划定的重点是制定海岸线恢复自然海岸形态特征和生态功能的认定标准，需综合考量海岸稳定性、防护能力、水质环境、潮间带地貌特征、生态系统的完整性与连通性、公众亲水性以及社会的认可度等因素，采用指标量化打分法，判断是否已达到生态恢复岸线认定标准。

2. 基于遥感技术的海岸线划定方法

卫星遥感技术的应用，为海岸线的测定提供了一种新的技术途径。张东等（2018）利用遥感技术提取海岸线。该方法以海岸线的定义为依据，利用遥感图像解译方法，从卫星遥感影像上确定出海岸线的位置，其本质是一种从二维图像上确定海岸线的方法。这种技术方法的优点是减少了大量的野外实地调查工作，能够实现大范围海岸线数据的快速更新，具有广阔的应用前景。

根据海岸线的科学定义，海岸线是"多年大潮平均高潮位时的海陆界线"，因此潮位是确定海岸线位置的重要依据。根据海岸线二级分类体系，按照潮位变化影响的不同，基于遥感技术的海岸线的提取可分为直接提取和间接提取。

1）可直接提取的海岸线

在基岩海岸和砂质海岸，岸滩坡度陡峭，潮位在海岸上以垂直方向的涨落为主，水平方向的进退很少，可通过遥感提取基岩海岸水边线或砂质海岸淤渣线的方法，直接得到基岩岸线和砂质岸线等自然岸线。在生物海岸，植被与光滩之间有明显的色调差异；在有人工岸线分布的岸段，人工岸线具有明显的线性地物特征以及光谱反射差异，可以通过遥感图像识别方法，直接提取出植被岸线和人工岸线。需要注意的是，人工岸线并不一定就是海岸线，需要根据潮位涨落情况来综合判断。

2）可间接提取的海岸线

在粉砂淤泥质海岸，岸滩具有自然冲淤变化特性，滩面宽广平坦，潮位变化对海岸线的位置确定影响非常大。同时在人类开发活动的影响下，高标准达标海堤、低标准围海养殖围堤不断向海推进，有人工海堤的岸段，平均大潮高潮上涨的潮水被人工海堤阻挡，无法深入岸滩上部；没有人工海堤或人工海堤远离海洋的岸段，上涨的潮水沿自然岸坡上溯，形成杂物或者贝壳堆积的自然痕迹线。这种情况下，可以采用间接提取的方法来确定淤泥质岸线的位置，其关键在于首先利用图像解译技术从遥感影像上提取出反映水陆分界的水边线，然后根据潮汐调和计算，综合利用多时相遥感水边线隐含的潮位信息和岸滩剖面的位置及坡度信息，推算出平均大潮高潮线的位置。在此基础上，淤泥质海岸的海岸线演变成为现有的人工岸线与平均大潮高潮线的结合：当推算的平均大潮高潮线在人工岸线的向海一侧，取平均大潮高潮线作为海岸线（淤泥质岸线）；当推算的平均大潮高潮线在人工岸线的向陆一侧，取人工岸线作为海岸线，从而实现淤泥质海岸的海岸线间接提取。

总而言之，基于遥感技术划定的海岸线，不同于已有的达标海堤岸线、海洋行政主管部门现实使用的管理岸线或者测绘部门GPS修测的海岸线，它是根据海岸带类型的不同和海域使用的差异，由遥感直接提取和间接提取得到的海岸线组合而成的，同时也是自然岸线和人工岸线的组合。上文所使用的海岸线数据均基于遥感技术提取获得，其提取结果主要适用于海岸线的动态变化监测和岸线岸滩宏观变化趋势分析。

3. 基于政策文件的海岸线划定方法

我国颁布的《中华人民共和国海域使用管理法》等海洋相关的政策文件明确了海岸线的划定方法。《中华人民共和国海域使用管理法》第二条规定:"本法所称内水是指中华人民共和国领海基线向陆地一侧至海岸线的海域。"但海岸线如何划定却没有明确,国家其他法律、法规也没有规定。在此基础上,地方政府出台文件进行了补充,如《山东省海域使用管理条例》第二条规定:"海岸线的划定,按照国家有关规定执行";第四十二条规定:"本省河流入海口与海域分界线,由省海洋行政主管部门会同省水利、黄河河务等有关部门划定后,报省人民政府批准。"这一规定明确了海岸线划分的执行方式。

第三节 海岸线保护与利用管理

一、海岸线保护与利用内容

(一)我国海岸线现状

我国沿海各地各种海岸线类型的长度如表2-3所示。

表2-3 沿海各地各种海岸线类型的长度统计(据刘亮等,2020) 单位:km

区域	岸线类型					
	泥质岸线	砂砾质岸线	基岩岸线	河口岸线	人工岸线	合计
辽宁	82	240	212	55	1521	2110
河北	14	39	34	5	394	486
天津	0	0	0	0	153	153
山东	399	755	888	25	1278	3345
江苏	0	2	8	8	871	889
上海	0	0	0	0	211	211
浙江	0	26	747	18	1427	2218
福建	357	254	1099	12	1765	3487
广东	408	715	384	35	2572	4114
广西	200	112	31	6	1280	1629
香港	34	21	214	0	126	395
澳门	0	0	0	0	21	21

由表 2-3 可知,广东省的海岸线合计最长,为 4114km,澳门的海岸线总计最短,为 21km,中国大陆(不含港澳台)海岸线合计最短的省级行政单位/直辖市为天津,仅为 153km。分不同类型岸线来看,在自然岸线中,泥质岸线合计最长的省级行政单位是广东省;砂砾质岸线合计最长的省级行政单位是山东省;基岩岸线合计最长的省级行政单位是福建省;河口岸线合计最长的省级行政单位是辽宁省;另外,人工岸线合计最长的省级行政单位是广东省,为 2572km。此外,天津、上海、澳门均无自然岸线,其境内海岸线均为人工岸线。

(二)我国海岸线开发利用情况

如表 2-4 所示,截至 2015 年,全国海岸线总长为 18 604.3km,其中自然岸线总长为 5 856.5km,人工岸线总长为 12 747.8km。人工岸线中养殖围堤、建设围堤岸线及港口码头占比较高,分别为 24.4%、11.9%以及 18.8%,3 种利用方式综合超过了全国岸线总长的 55%。养殖围堤岸线中广东省以 962.9km 位居首位,福建省和山东省养殖围堤岸线也均超过了 650km;港口码头岸线中辽宁省以 873.8km 居于首位,山东省也超过 825km。

表 2-4 截至 2015 年全国大陆岸线统计(据刘亮等,2020)

一级名称	二级名称	岸线合计/km	岸线占比/%	比例/%
自然岸线	基岩岸线	3 454.5	18.6	31.5
	砂质岸线	1 318.2	7.1	
	泥质岸线	395.9	2.1	
	生物岸线	592.4	3.2	
	河口岸线	95.5	0.5	
	小计	5 856.5	31.5	
人工岸线	养殖围堤	4 542.7	24.4	68.5
	盐田	717.9	3.9	
	农田围堤	790.7	4.2	
	建设围堤	2 213.7	11.9	
	港口码头	3 493.7	18.8	
	交通围堤	169.2	0.9	
	护岸和海堤	762.6	4.1	
	丁坝	57.3	0.3	
	小计	12 747.8	68.5	
合计		18 604.3	100.00	100.00

(三)当前我国海岸线保护与利用(管理)中存在的问题(张震等,2019)

1. 海岸线划定缺乏统一性和科学性

部分沿海地区的海岸线划定标准与相关国家标准和行业标准不统一,且科学性不足。例如,潍坊市以防潮坝为标准划定海岸线,与相关国家标准不符;东营市自然岸线和人工岸线的划定标准为沿海永久性和半永久性挡水(潮)堤坝向陆一侧是否存在平均大潮高潮时的自由纳潮水域,无法体现自然岸线和人工岸线的本质区别。

2. 对海岸线修测成果贯彻不力

对海岸线修测成果的信息公开不到位,导致管理权属不清晰。例如,山东省政府于2008年批复省海洋、国土部门联合报批的海岸线修测成果,但仅省海洋行政主管部门于2010年在市县级海洋行政主管部门范围内以印发文件的形式通知,导致日照市岚山港等多宗用海项目在同一海域出现海域使用权证和国有土地使用证并存的现象;江苏省盐城市也有类似情况,大丰区港区北部分海域"二证并存"现象较严重。

部分沿海地区未经批准自行调整海岸线,导致河海和陆海管理混乱。例如,2015年钦州市和防城港市将大风江和茅岭江河口海域划定为河道并按河道管理,与广西壮族自治区政府批准和公布的海岸线不一致。

部分沿海地区未执行海岸线修测成果,对占用自然岸线的用海项目继续实施土地管理,而规避围填海计划指标管控,且与海洋功能区划不符,导致海洋生态环境受损。例如,海南省琼海市将占用海域面积的某文化产业园项目调整至土地管理范畴;山东省东营市和威海市约 2.2 万 hm^2 的围海养殖在海岸线向海一侧未办理海域使用权证,而以养殖使用权证和养殖协议等代替。

部分沿海地区未按海岸线修测成果实施海域划界,导致管理交叉和缺位。例如,《上海市海洋功能区划(2011—2020年)》获国务院批准后,长江口区域仍按照《长江口综合整治开发规划》由水务行政主管部门管理,至今未纳入海域管理;《浙江省海洋功能区划(2011—2020年)》获国务院批准后,浙江省未及时调整其他相关规划,约 1.1 万 hm^2 区域未纳入海域管理。

3. 对海岸线管理政策落实不足

部分沿海地区落实海岸线管理政策"打折扣"。例如,河北省出台的多个文件中降低自然岸线保有率指标要求;江苏省市海洋功能区划确定的海岸线整治修复长度与省海洋功能区划相比有所缩短;天津市已触及自然岸线保有率的底线要求,但仍将大部分海岸线规划为填海项目,而仅保留海岸线两端,保护格局欠合理。

4. 海岸线开发利用失序、失度和失衡

涉海行业对海洋空间需求的排他性竞争加剧,海岸线开发利用矛盾突出。例如,鸭绿江口湿地保护区和大连斑海豹国家级自然保护区的环境保护让位于经济发展,实施的围填海项目破坏海岸线,并改变海域自然属性。

海岸线开发利用方式粗放，闲置、浪费甚至破坏现象较严重。例如，潍坊市、东营市和滨州市占用海岸线修建港口，但因建港条件较差，海岸线资源综合效益较低；盖州市和莱州市改变占用海岸线的项目用途，将公益性项目规划为住宅和商业等房地产项目。

大规模围填海等海洋开发利用活动导致海岸线生态系统破坏，优质沙滩和典型地质地貌等海岸线景观及其公共服务功能减少，公众亲海空间大幅缩减。例如，潍坊市防浪（潮）堤建设对海水动力产生影响，改变海岸线区域的潮位痕迹，自然岸线逐渐向海退移；潍坊市白浪河河口的填海工程破坏部分河口海湾典型生态系统；大连市小窑湾城镇建设和旅游基础设施填海项目致使自然岸线消失，纳潮量大大减少；山东省丁字湾、石岛湾、莱州湾和靖海湾等重要海湾因围海养殖被裁弯取直，海域自然属性改变，纳潮功能几乎丧失。

5. 海岸线管理体系建设不完善（刘亮等，2020）

《海岸线保护与利用管理办法》（国海发〔2017〕2号），是我国目前唯一一部专门针对海岸线的管理文件，其约束力和执行力还有待检验。其他涉及海岸带的法律针对性不强，缺乏强有力的综合协调管理制度。《中华人民共和国海域使用管理法》和全国海洋功能区划制度虽然建立了海洋保护与利用的基本管理制度，但是具有可操作性的海岸线使用管理的法律法规与规划体系尚未建立。在海岸线保护中，缺少针对性和层次性，未能形成统一有效的差别化管理模式，自然岸线分级分类保护制度尚不完善，没有一套统一和规范的体系，如何分级，如何保护等问题亟待解决。目前与海岸线管理有关的法律法规，既有涉海法规，也有不涉海法规，海岸带管理法规规范主要存在于涉海法律法规中，另有许多涉及海岸带的法规是以非海洋为专门使用客体的单行法中附带提及的，缺乏系统规范的海岸带管理体系。

岸线的管理职能存在交叉。我国目前涉及海岸线管理的主要法规包括《中华人民共和国土地管理法》《中华人民共和国海域使用管理法》《中华人民共和国渔业法》《中华人民共和国港口法》《中华人民共和国规划法》《中华人民共和国水法》《中华人民共和国环境保护法》和《中华人民共和国海洋环境保护法》。这些法律分别将海岸线的不同区域（如海域及陆域）和不同功能授予了不同的部门，如陆域的规划与管理权限是原国土部门，海域管理权限属于原海洋主管部门，海洋港口岸线管理权限授予交通主管部门，海洋渔业资源管理权限属于农业部门。这些授权具有交叉、冲突的特点。在海岸带范围内的活动包括港口、旅游、生活、养殖和生态保护等，涉及的管理机构众多，如海洋、国土、规划、农林、水务和旅游等，还涉及中央、省、市、县各级政府机构。由于各自管辖区域范围存在资源禀赋差异、利益归属主体差异、公众需求以及所处的地位等差异，其着眼点不同，决定了各管理部门之间处理问题的方式也不同。随着海岸线保护利用的不断深入，参与海岸线管理的部门逐渐增多，从而出现职能交叉的情况，甚至职能混乱无法捋清从而造成效率低下。

6. 海岸线整治修复手段单一，保护理念落后（刘亮等，2020）

针对海岸生态功能退化、岸线侵蚀、海水入侵、陆源污水直排、海岸景观破坏等环境生态安全问题，原国家海洋管理部门为恢复海岸线的自然形态、生态功能以及提高抵御近岸海洋灾害的能力，安排并实施了一批整治和修复项目。2011—2015年，国家海洋局利用中央海域使用金安排了整治修复项目230余个，其中重点安排沙滩修复养护、近岸构筑物清理与清淤疏浚整治、滨海湿地植被种植与恢复、海岸生态廊道建设等海岸线整治修复工程。2016年,财政部、国家海洋局积极落实推进中央财政支持实施"蓝色海湾"整治行动,海岸整治修复、保护自然岸线是蓝色海湾整治工程的重点内容。

然而,已开展的众多海岸线修复整治项目建设内容多为人工修建的物理防浪构筑物、在海岸进行植树种草、近岸清淤、砂质海滩补砂清理杂物等修复活动,人为干预成为海岸整治修复的主要手段,有的地方甚至是唯一手段,严重违背了生态修复的初衷和目标。这种修复工程完工多年后,如果脱离人工管理,修复效果会大打折扣,甚至退化至修复前状态。

二、海岸线保护与利用管理政策规定

海岸线保护与利用管理政策规定可分为国家层面相关政策规定与地方相关政策规定两大类,刘亮等(2020)对这两类政策规定进行了汇总。

(一)国家层面相关政策

2017年3月31日,国家海洋局(现为自然资源部)印发的《海岸线保护与利用管理办法》,是我国首个专门关于海岸线的政策法规性文件(表2-5)。此外,《中华人民共和国海洋环境保护法》对特殊生境海岸的保护提出了要求,明确了海岸工程建设项目环境保护要求和措施。《中华人民共和国防治海岸工程建设项目污染损害海洋环境管理条例》也从加强海岸工程建设项目的环境保护管理、严格控制污染、保护和改善近岸海洋环境的角度,对海岸工程建设提出了环境保护要求。《全国海洋功能区划(2011—2020年)》在目标中提出了严格控制占用海岸线的开发利用活动,至2020年,大陆自然岸线保有率不低于35%,同时开展海域海岸带整治修复。中共中央、国务院印发的《生态文明体制改革总体方案》明确提出了建立自然岸线保有率控制制度等措施严格控制自然岸线利用。《中共中央、国务院关于加快推进生态文明建设的意见》提出了自然岸线保有率不低于35%的目标。《国务院关于印发水污染防治行动计划的通知》(国发〔2015〕17号)提出将自然海岸线保护纳入沿海地方政府政绩考核,到2020年,全国自然岸线保有率不低于35%的要求。《中华人民共和国国民经济和社会发展第十三个五年(2016—2020年)规划纲要》提出加强海岸带保护与修复,自然岸线保有率不低于35%的目标。

(二)地方相关政策

海南省于2013年发布了《海南经济特区海岸带保护与开发管理规定》,是目前我国由省级地方人大制定的唯一现行有效有关海岸带管理的地方性法规。《海南经济特区海岸带保护与开发管理规定》明确了海岸带规划是海岸带保护管理的重要依据和手段,是加强海岸带管理的核心制度。

浙江省于2015年发布了《浙江省人民政府办公厅关于加强海岸线统筹协调管理工作的通知》,提出了建立健全海岸线统筹协调运行机制、加强海岸线保护与利用规划管理、规范海岸线保护与使用项目管理和加强海岸线资源动态监管等要求,为进一步加强海岸线统筹协调管理,规范海岸线资源开发秩序,有效保护和合理开发利用海岸线资源,促进海洋经济可持续发展提供了政策保障。

青岛市为加强海岸带设施的科学管理与合理利用,充分发挥海岸带设施在建设宜居幸福的现代化国际城市中的作用,于2014年下发了《关于加强海岸带设施管理的通知》,要求海岸带设施的建设和利用要以青岛市土地利用总体规划、海洋功能区划、海域和海岸带保护利用规划为依据,从自然环境与自然资源现状出发,根据全市经济社会发展的需要,依法组织实施,统筹兼顾经济效益、社会效益和环境效益。

葫芦岛市也于2015年11月经市人民政府第23次常务会议通过了《葫芦岛市海岸带保护与开发管理暂行办法》,对海岸线保护利用的管理、监督和规划等作出了规定。

国家和地方涉海岸线管理法律法规见表2-5。

表2-5 国家和地方涉海岸线管理法律法规(据刘亮等,2020)

层面	地区/部门	发布时间	名称	具体内容
国家层面	自然资源部（国家海洋局现自然资源部）	2017年3月	《海岸线保护与利用管理办法》	明确了大陆海岸线的保护、利用与整治修复管理规定
	国务院	2017年11月（修订）	《中华人民共和国海洋环境保护法》	对特殊生境海岸的保护提出了要求,明确了海岸工程建设项目环境保护要求和措施
	国务院	2016年3月	《中华人民共和国国民经济和社会发展第十三个五年规划纲要（2016—2020年）》	提出加强海岸带保护与修复,自然岸线保有率不低于35%的目标
	中共中央、国务院	2015年9月	《生态文明体制改革总体方案》	提出了建立自然岸线保有率控制制度等措施严格控制自然岸线利用
	中共中央、国务院	2015年5月	《中共中央、国务院关于加快推进生态文明建设的意见》	提出了自然岸线保有率不低于35%的目标
	国务院	2017年3月（修订）	《中华人民共和国防治海岸工程建设项目污染损害海洋环境管理条例》	从严格控制污染,保护和改善近岸海洋环境的角度,对海岸工程建设提出了环境保护要求,提出了严格控制占用海岸线的开发利用活动,至2020年,大陆自然岸线保有率不低于35%,同时开展海域海岸带整治修复,提出将自然海岸线保护纳入沿海地方政府政绩考核,到2020年,全国自然岸线保有率不低于35%的要求
	国务院	2012年3月	《全国海洋功能区划（2011—2020年）》	
	国务院	2015年4月	《国务院关于印发水污染防治行动计划的通知》	

续表2-5

层面	地区/部门	发布时间	名称	具体内容
地方层面	海南省	2013年4月	《海南经济特区海岸带保护与开发管理规定》	明确了大陆海岸线的定义与范围、管理原则、管理机构与职责、规划编制与实施、保护与开发的具体措施等管理规定
	浙江省	2015年3月	《浙江省人民政府办公厅关于加强海岸线统筹协调管理工作的通知》	提出了建立健全海岸线统筹协调运行机制、加强海岸线保护与利用规划管理、规范海岸线保护与使用项目管理、加强海岸线资源动态监管等要求
	青岛市	2014年5月	《青岛市关于加强海岸带设施管理的通知》	要求海岸带设施的建设和利用要以青岛市土地利用总体规划、海洋功能区划、海域和海岸带保护利用规划为依据，从自然环境与自然资源现状出发，根据全市经济社会发展的需要，依法组织实施，统筹兼顾经济效益、社会效益和环境效益
	葫芦岛市	2015年11月	《葫芦岛市海岸带保护与开发管理暂行办法》	对海岸线保护利用的管理、监督、规划等作出了规定

第四节 海岸建筑退缩线制度

一、海岸建筑退缩线定义

海岸建筑退缩线最早由美国于20世纪60年代后期提出，国内外学者有关海岸建筑退缩线概念的界定及其名称种类较多，较被认可的几种定义如表2-6所示。

海岸建筑退缩线的概念与定义，既有共性又存在差异。共同点为：海岸退缩线主要作用为管控以海岸线为起点，向陆一侧的海岸带区域。差异体现为：对退缩线管控区域的管控强度、内容以及手段各有不同。

我国关于海岸建筑退缩线的称谓多由"coastal construction setback line"一词转译而成。例如，《烟台市海岸带保护条例》中使用"建筑退缩线"一词，其强调对建设行为中的建筑实体的退缩管控。但对滨海陆地、近海区域的相关活动的管控并未做统一要求。另有国外学者将概念定义为"coastal setback line"，可转译为海岸建筑退缩线。

表 2-6　海岸建筑退缩线相关定义汇总（据叶昊儒，2020）

作者/管理办法	名称	定义
Cambers(1997)	coastal construction setback line	在规定的边界内，必须与景观或自然特征（如悬崖顶部、水道、海岸线或永久植被线）保持一定距离，在此范围内禁止一切或某些类型的开发或使用。后退线是在海岸向陆地一侧设置的边界
王东宇(2005)	海岸建筑退缩线	"距离海崖、河道、岸线或多年生植物边界等地貌要素的一定距离的界线，在此距离内禁止全部或者特定类型的开发行为
《地中海海岸带管理办法》（简称ICAM）(2008)	coastal setbacks line	欧洲沿地中海各国统一定义为"自海岸线向陆域100m的范围
王鹏(2009)	海岸建筑后退线	是指海岸上的陆地建筑，向陆域一侧后退，并距海岸线有一定宽度的限定线
文超祥(2016)	海岸线建筑后退距离	是指滨海陆地上的建筑物至海岸线的距离

本书综合考量多方观点后，将海岸建筑退缩线定义为：为规避或减少海岸带地区海洋灾害、开发建设等原因造成的负外部性，划定毗连海岸的陆地建筑物向陆一侧至海岸线距离的限定线。简单地说，就是工程建设应和海岸线保持一定的距离，从而更好地保护沿海的自然风光和生态环境，有效避免各类自然灾害影响。海岸建筑退缩线划定形成的区域即为海岸建筑退缩区，该区内的建设活动应予不同程度约束，空间环境应得到优化改善。

二、国外海岸建筑退缩制度参考

1971 年，佛罗里达州通过立法要求沿大西洋和墨西哥湾的砂质岸线建立海岸建筑退缩线。随后，美国约有三分之二的沿海州建立了海岸建筑退缩线来限制海岸带一定范围内的开发活动。《海岸带综合管理》(ICZM) 关于海岸建筑退缩线的议定书要求地中海沿岸 22 个国家（西班牙、法国、意大利、希腊、土耳其等）统一使用 100m 的海岸建筑退缩距离。英国、德国、丹麦、瑞典等国家也相继建立了海岸建筑退缩线制度。20 世纪末，联合国教科文组织以技术援助的形式为东加勒比海地区规划了海岸建筑退缩线。此外，新西兰、印度、智利、南非、澳大利亚西海岸等均有实施海岸建筑退缩线的政策。

(一)国外退缩线划定的既有管理办法(叶昊儒,2020)

沿海发达国家将海岸建筑退缩线作为一种统筹海岸带资源、治理海岸带地区空间环境的手段,被广泛采用。其在规避海洋灾害、维护海岸带地区生态安全等方面有重要作用。

例如,美国34个沿海州均采用海岸建筑退缩线来约束海岸带的开发活动。根据各沿海州的空间特点,结合海岸带的治理建议,形成了适应各州的海岸建筑退缩线划定方法,并纳入了州级行政立法体系,以满足各州海岸带地区发展与保护的需要。具体可以分为以下3类:

第一,社会经济角度。从经济社会角度出发不对海岸建筑退缩线进行划定要求。例如,阿拉斯加具有全美最长的海岸线和丰富的石油资源,该地区在海岸建筑退缩线划定过程中需要平衡经济发展和生态保护两个方面。由于石油开采及相关沿海开发可提升沿海居民的生活质量,弥补财政亏损,沿海社区和联邦政府共同承认,将海岸带地区的保护居至次位,并不设置海岸带退缩线。缅因州注重沿海的私人财产权利而非降低其财产风险,因而仍鼓励沿海土地私有者开展经济娱乐活动。

第二,灾害约束角度。北卡罗纳州立政府将海平面上升速率的长期影响和诸如飓风的极端事件因素相结合,制定海岸带退缩线距离,以适应该州海岸带地区的空间需要。

第三,生态景观角度。夏威夷是全美的滨海旅游胜地,其旅游业是全岛的支柱产业。因此保证地区海岸生态效益,维护自然景观是其海岸带退缩线划点的主要目的。其海岸带退缩线根据沿海建筑的规模和海岸侵蚀速率进行向陆域一侧的距离退缩,以保证沿海景观的公共性和生态系统的完整。

欧盟各国为缓解海岸带地区在工业化、城市化进程中的财产安全、自然遗产留存、滨海公共权利等方面的压力,曾倡议将沿海向陆100m范围作为海岸带退缩线的管控区域。但由于较为统一的管理方式,欧盟各国需要将国家的沿海利益和欧盟组织的海岸带退缩线划定要求进行统一协调,难以适应欧洲各国海岸带保护与利用的现实需求,因此海岸带退缩线的实施效果并不理想。

(二)国外海岸建筑退缩线的研究与实践(侯利萍等,2023)

尽管海岸建设退缩线在国际上已经被广泛应用,但是退缩距离确定方法和退缩起始基线并没有统一的标准。海岸建筑退缩距离的确定主要依据海岸带自然过程、海岸带类型、社会经济特征等多种因素(表2-7),以基于海岸带自然过程的研究最多。海岸建筑退缩起始基线一般根据不同海岸类型的物理或生物特征确定,基岩海岸退缩起始基线为陡崖靠海侧的基部;砂质海岸退缩起始基线一般为滩脊顶部,若滩脊不完整,退缩起始基线为沙生植被靠海侧的边界;淤泥质海岸退缩起始基线为大潮平均高潮位时的海水痕迹线或冲积物分布的痕迹线;生物海岸退缩起始基线为生物基质背离海洋的一侧边界;人工岸线退缩起始基线为海堤背离海洋一侧的海堤堤脚处。

表 2-7 海岸建筑退缩距离确定方法

退缩距离的确定方法		方法描述
基于自然过程的确定方法	多因素	综合考虑海岸带多种自然过程,包括极端事件(风暴潮)、淤积或侵蚀慢过程(海岸侵蚀)、气候变化(海平面上升)等因素的影响距离
	单因素	综合评价出海岸带多种自然过程中影响最大的因素,以影响最大的因素确定退缩距离
基于海岸带类型的确定方法	砂质海岸和泥质海岸	该类岸线很不稳定,退缩距离由多年海岸线变化的距离、风暴潮期间岸线侵蚀距离和未来海平面上升的预测距离共同决定
	基岩海岸	由质地较软的礁岩或砾石组成的断层海岸,需考虑年侵蚀速率的问题;由坚硬岩石组成的断层海岸,主要问题为突然崩塌造成的海岸后退,推荐使用海岸带第一条稳定植被带向陆延伸一定距离作为退缩距离;海拔较低的基岩海岸易受到洪水的危害,退缩距离应考虑洪水淹没范围
基于社会经济特征的确定方法	根据建筑面积确定	根据海岸带建筑面积的大小,确定其受保护的重要性,以此确定其退缩距离

(三)不同国家或地区采用的海岸建筑退缩距离

海岸建筑退缩线的划定最初是为防范海岸侵蚀和风暴潮灾害,主要依据是海洋动力条件。通常采用固定的长度,确定或考虑岸滩侵蚀和海洋动力变化,从而划定动态的海岸建筑退缩线。随着人类对海岸带开发利用程度的逐渐增强,根据海岸线的自然属性、开发功能和生态环保需求,海岸建筑退缩线的划定也逐渐考虑多种功能需求的影响。由于自然条件和开发利用需求不同,不同海岸线的海岸建筑退缩距离具有较大差异,通常在数米到数千米不等(表 2-8)。此外,由于各国对自然海岸线和管理海岸线的定义不同,海岸建筑退缩距离的起算基线也存在较大差异(王刚等,2021)。

表 2-8 不同国家或地区采用的海岸建筑退缩距离(据王刚等,2021)

国家或地区	退缩距离/m
巴哈马	4.5～9.0
厄瓜多尔	8
夏威夷	12
菲律宾(红树林绿色带)	20
墨西哥	20
巴西	33
新西兰	20
俄勒冈	永久性植被线(可变)
哥伦比亚	50
哥斯达黎加(公共地带)	50
印度尼西亚	50
委内瑞拉	50
智利	80
法国	100
挪威	100
西班牙	100～200
哥斯达黎加(有限地带)	50～200
瑞典	100(局部岸线大于300)
乌拉圭	250
意大利	300
印度尼西亚(红树林绿色带)	400
希腊	500
丹麦	1000～3000
黑海沿岸(苏联新工厂专用)	3000

三、我国海岸建筑退缩线研究与实践进展

我国海岸建筑退缩线的研究起步较晚,目前主要集中在海岸建筑退缩线划定方法及其相关实例研究上。海岸建筑退缩线的实践则体现在国内相关省份海岸退缩制度及其管理办法上。

（一）海岸建筑退缩线划定方法研究（张济婷，2021）

1. 固定距离

以固定距离划定海岸退缩线主要有两种做法，一种是为全部岸线规定统一的固定退缩距离。例如，《广东省海岸带综合保护与利用总体规划》（粤府〔2017〕120号）规定，海岸线向陆地延伸最少100~200m范围内，不得新建、扩建、改建建筑物等，确需建设的，应控制建筑物高度、密度，保持通山面海视廊通畅，高度不得高于待保护主体。《福建省海岸带保护与利用管理条例》（2018年开始实施）规定，限制开发区域与优化利用区域应当合理设置建筑后退线，未建成区建筑后退线为沿平均大潮高潮线起向陆延伸不少于200m，并提出：除国家重点建设项目，规划范围内的港口项目以及防灾减灾项目建设需要外，不得新建、改建、扩建其他建筑物、构筑物，已有建筑物、构筑物应当逐步优化调整至建筑后退线外。《海南省海岸带生态保护战略研究》（2010年12月通过评审）规定，海岸带旅游开发建设需严守200m退缩线，并在《海南经济特区海岸带保护与开发管理规定》（2013）中要求将高潮线向陆延伸200m范围内的重点生态功能区、生态环境敏感区和脆弱区等区域划入生态红线。

另一种是依据岸线或海岸带利用情况分类规定海岸退缩距离，例如《深圳市海岸带综合保护与利用规划（2018—2035）》为砂质岸线和生物岸线划定50m的退缩距离，为其他自然岸线和人工岸线划定35m的退缩距离，并提出了"原则上应以规划及建设公共绿地、公共开放空间为主，除指定情形外，原则上禁止规划及开展各类建设活动"的管控要求。王鹏等（2012）以大连市为例构建了海岸建筑后退线的评估模型，结合海岸灾害、景观价值和生态价值三方面因素，对海岸建筑后退线进行了分类定级，为港口区、临海工业区、城镇建设用海区等划定了45~105m不等的退缩距离，并提出后退线向海方向不得建造永久性和半永久性建筑物，不得进行任何破坏沙滩与植被的开发，但允许进行对国家和社会发展必需的一些活动等管控要求。

根据岸线类型分类确定的退缩距离精细程度不足，即使同类岸线仍然有可能面临不同的发展现状与问题。而且，若规定的退缩距离内已有建设，按固定距离划定退缩线是否依旧合理仍有待探索。

2. 根据侵蚀速率浮动设定

根据侵蚀速率浮动设定退缩线的方法源于美国，美国不同的州结合年侵蚀速率和沿岸建筑面积，根据各地实际管控需求，按照海岸侵蚀速率的30~90倍划定退缩线，退缩线向海一侧禁止或严格限制建筑开发活动。《威海市海岸带分区管制规划》依据蚀退速率为砂质岸线、基岩岸线和重点防海岸蚀退区3类海岸划定退缩线，例如砂质岸线在海岸年侵蚀速率60倍的基础上增加20m作为岸线退缩距离。孙苗等（2020）通过对国外案例的研究和对国内现状的分析提出了结合海岸现状本底，统筹生态系统保护和防灾减灾及开发利用等因素的退缩距离确定方法，认为砂质岸线应当按70倍的年平均侵蚀速率退缩，生物岸线在保证典型生态系统完整前提下将岸线侵蚀速率作为影响因子确定退缩距离，不再叠加其他海洋灾害影响，基岩岸线退缩距离不小于100m，人工岸线根据岸线实际类型确定退缩距离，并对退缩线向海一侧提出开发建设活动的准入清单，分新增项目、已批未建项目和已建用地项目3类分别提出管控要求。

根据侵蚀速率浮动设定退缩距离的较多考虑了以海岸侵蚀情况为主的防灾因素,而忽略了城市发展需求、生态保护等方面的要素,且跟固定距离退缩的思路一样,忽略了所确定退缩距离内的已有建设,这种退缩距离的确定方式较为粗放。

3. 国土空间规划背景下对退缩线划定的新探索

青岛市在国土空间规划下对海岸带管控与退缩线划定研究进行了最为丰富的探索,青岛市为城区和郊区分别划定 30m 和 100m 的退缩线,并提出港口、机场等重大基础设施以及赖水产业不作具体规定的,经环境影响评价及规划选址论证,可视实际情况实行"零退线",并对退缩线向海一侧区域提出"除经影响评估后对公共安全及服务必不可少的建筑物外,禁止任何建设活动;村庄及已建设施不允许任何新建行为;现有违规建设依法处理"的管控要求。此外,青岛市还提出将自然岸线转化为面域管理,向陆向海均需划定退缩距离的建议。叶昊儒(2020)统筹生态、防灾、经济等多重因素,根据不同类型海岸带空间的特征提出不同的海岸退缩线划定原则。可见,国土空间规划背景下对海岸退缩线划定的探索逐渐向精细化方向发展,但目前尚处于起步阶段,具体需要考虑什么因素、划定的详细技术思路如何仍有待深化。

(二)国内相关省市海岸退缩制度及其管理办法

1. 国内相关省市海岸建筑退缩线的主要政策文件

我国国家层面尚未出台海岸建筑退缩线制度,但多个沿海省市已提出海岸建筑退缩线的退缩距离及其管控要求。2007 年,山东省率先开展了海岸建筑退缩线探索,并于 2021 年发布了《关于建立实施山东省海岸建筑退缩线制度的通知》,还配套编制了《海岸建筑退缩线划定技术指南》(DB37/T 4662—2023)。另外,海南省、广西壮族自治区、广东省、福建省也均提出要划定海岸建筑退缩线(表 2-9)。惠州、深圳、青岛、中山、日照、烟台、东营、潍坊、秦皇岛、防城港、大连等地的海岸带条例或规划亦明确提出要划定海岸带建筑退缩线,严格控制退缩线范围内新建、扩建、改建建筑物(表 2-9)。

表 2-9 国内相关省市海岸建筑退缩线的实践(据侯利萍等,2023)

政策文件	退缩距离	管控要求
《山东省海岸带规划》 (2007 年 9 月 25 日)	平均高潮位线向陆 100~300m	除公共安全及服务必需的建筑物及必须临近海洋的项目外,退缩线内禁止建设
《海南省海岸带生态保护战略研究》 (2010 年 12 月)	海岸带旅游开发建设退缩 200m	严格保护海防林、自然保护区以及重要的湿地等生态关键区,保护原始自然风貌
《海南经济特区海岸带保护与开发管理规定》 (2016 年 5 月 26 日修正)	平均大潮高潮线起向陆地延伸最少 200m	根据敏感区域和脆弱区域不同,确定禁止行为

续表 2-9

政策文件	退缩距离	管控要求
《广西海洋生态红线划定方案》(2017 年 12 月)	砂质海岸高潮线向陆一侧 500m 或第一个永久性构筑物或防护林	禁止构建永久性建筑
《广东省海洋生态红线》(2017 年 9 月)	砂质海岸高潮线向陆一侧 500m 或第一个永久性构筑物或防护林	禁止构建永久性建筑
《福建省海岸带保护与利用管理条例》(2017 年 9 月 30 日)	在限制开发区与优化利用区的未建成区为沿平均大潮高潮线起向陆域延伸不少于 200m(特殊情况除外);已建成区由沿海各设区的市人民政府确定并公布	除国家重点建设项目、规划范围内的港口项目以及防灾减灾项目建设需要外,不得新建、改建、扩建其他建筑物、构筑物;已有的建筑物、构筑物应当逐步优化调整至建筑退缩线外
《广东省海岸带综合保护与利用总体规划》(2017 年 10 月 27 日)	海岸线向陆地延伸最少 100~200m	不得新建、扩建、改建建筑物等,确需建设的,应控制建筑物高度、密度,保持通山面海视廊通畅,高度不得高于待保护主体
《惠州市海岸带保护与利用规划》(管控导则)(2017 年 4 月)	人工生活型岸线原则上不小于 100m,人工生产型岸线原则上不小于 20m;砂质岸线退缩线分为三档,原则上分别不小于 100m、150m、200m;基岩岸线原则上不小于 100m;淤泥质岸线和生物岸线原则上不小于 400m	—
《深圳市海岸带综合保护与利用规划(2018—2035)》(2018 年)	核心管理区向陆一侧划定 35~50m 的管控距离,协调区划定 100m 的管控距离,鼓励有条件的区域扩大管控距离	新建及更新项目应严格落实管控退缩要求,已批未建项目宜按管控要求进行方案优化
《青岛市城市环境总体规划(2016—2030 年)》(2018 年 4 月)	环湾向陆域 30~100m	除必要的景观、交通、生态、安全设施外,禁止任何建筑物的建设

续表2-9

政策文件	退缩距离	管控要求
《中山市海岸线、河岸线退让规划管理办法》（2019年）	用海建设项目除外,生活、休闲岸线退让距离应大于等于200m,生产岸线退让距离应大于或等于100m	严格控制新建、扩建、改建建筑物;现状建筑只允许宅基地内房屋修缮和危房改造;已公开出让的土地可以按照土地出让合同约定的规划条件进行建设;非公开出让的土地,尚未取得建设工程规划许可证的应按照本办法规定退让标准执行;已经取得建设工程规划许可证,且在有效期内的,可按照已批准的建设工程规划许可进行建设
《日照市海岸带保护与利用管理条例》（2019年4月30日）	由市人民政府根据海岸带保护与利用规划,依法合理确定并公布	—
《烟台市海岸带保护条例》（2019年10月29日）	按照省、市海岸带保护与利用规划要求,科学合理划定海岸建筑退缩线距离	除国防安全、防灾减灾等建设需要外,不得新建、改建、扩建建筑物
《东营市海岸带保护条例》（2019年11月）	按照海岸带保护规划要求,科学合理划定海岸建筑退缩线	—
《潍坊市海岸带保护条例》（2019年11月）	按照海岸带保护与利用规划要求,划定海岸建筑退缩线距离	严格控制新建建筑物
《防城港市海岸带保护条例》（2019年11月1日）	管控距离为自海岸线起向陆域延伸200m范围内、特殊岸段100m范围内	除国防安全项目、国家和自治区重点建设项目、港口码头建设项目、市政公用项目、公共旅游景观工程项目以及防灾减灾建设项目外,不得新建、改建、扩建与海岸带保护无关的建筑物
《青岛市海岸带保护与利用管理条例》（2019年11月29日）	按照国家、省海岸带相关规划和保护要求,科学合理划定海岸线的建筑退缩线距离	除军事、港口、码头、公共基础设施以及赖水项目的必需设施外,不得新建、扩建建筑物
《秦皇岛市砂质海岸线保护条例(草案)》（2020年6月）	限制开发岸线和优化利用岸线应当合理设置建筑退缩线,范围由市人民政府确定	—
《大连市海洋环境保护条例》（2020年8月5日）	限制开发区域与优化利用区域应当合理设置海岸建筑退缩线,范围由市人民政府结合实际情况在规划中予以明确	除军事、港口、码头、安全防护、市政基础设施、亲水项目外,退缩线内不得新建、改建、扩建建筑物及构筑物;依法建成的,应当逐步调整至线外

2. 海岸建筑退缩线与其他管控线的关系(孙苗等,2020)

海岸建筑退缩线划定时应充分考虑国土空间规划中"三区三线"、灾害风险防御区等统筹协调关系。

1)与城镇开发边界协调关系

城镇开发边界是在一定时期内因城镇发展需要,可以集中进行城镇开发建设、以城镇功能为主的区域边界,包括城镇集中建设区、城镇弹性发展区和特别用途区。特别用途区主要包括与城镇关系密切的生态涵养、休闲游憩、防护隔离、自然和历史文化保护等地域空间,该区不得新增城镇建设用地。按照城镇开发边界的定义,其特别用途区可涵盖海域空间,即海岸带地区的城镇开发边界可能会包括海域空间,不能用海岸建筑退缩线来限制城镇开发边界。因此在海岸带地区,城镇开发边界向海一侧的界限与海岸建筑退缩线可交叉、可重合,海岸建筑退缩线应视为城镇集中建设区和弹性发展区的最远边界,即城镇集中建设区或弹性发展区的最远边界是海岸建筑退缩线,而不是海岸线。这种情况下,对特别用途区的管控应同时遵循海岸建筑退缩线的管控要求。详细关系如图2-2所示。

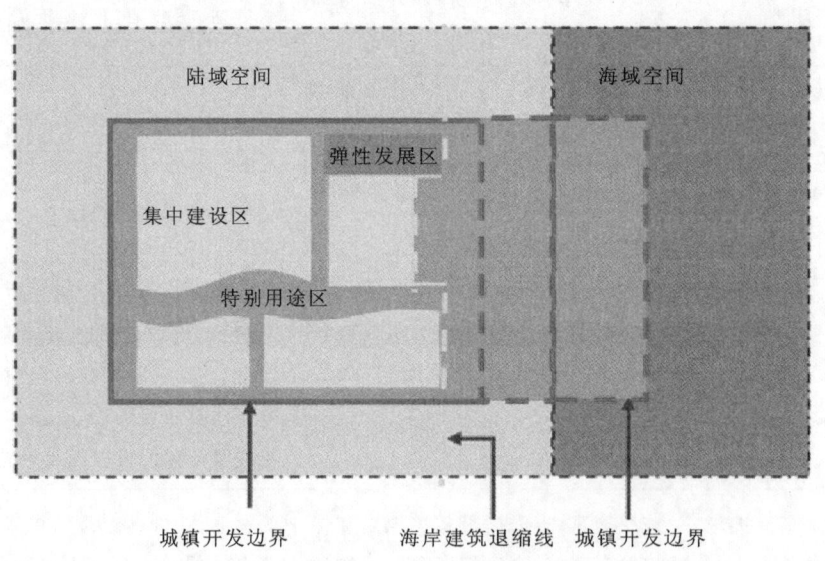

图 2-2 海岸建筑退缩线与城镇开发边界相对位置关系示意图

2)与生态保护红线协调关系

生态保护红线是指在生态空间范围内具有特殊重要生态功能、必须强制性严格保护的区域,生态保护红线内、自然保护地核心保护区原则上禁止人为活动,其他区域严格禁止开发性、生产性建设活动,生态保护红线区管控措施相对退缩线区域更加严格。因此,海岸建筑退缩区域划定后,若与生态保护红线区重叠,则重叠区域按照生态保护红线区管控措施进行管理;若退缩区域外向陆一侧存在生态保护红线区且不在退缩区域内的,应将退缩线与生态保护红线区间区域作为生态缓冲区域,衔接两个区域的管制要求。

3) 与永久基本农田协调关系

永久基本农田是为保障国家粮食安全和重要农产品供给,实施永久特殊保护的耕地,根据国家关于永久基本农田"总体稳定、局部微调、量质并重"的原则,退缩区域内若存在永久基本农田的,鼓励开展绿色种植,加强农药使用管控,原则上禁止使用农药,尤其是有害农药,最大程度降低对海域生态环境的影响,并适时启动调整,逐步引导其退出退缩区域。

4) 与其他区域协调关系

位于灾害重点防御区内的退缩线划定应采取"两者取大"原则确定退缩距离,即退缩距离大于或与灾害重点防御区陆域一侧边界重合时,退缩距离不变,当退缩距离小于其陆域一侧边界时应以灾害重点防御区边界向陆一侧划定海岸建筑退缩线。

主要参考文献

付元宾,杜宇,王权明,等,2014.自然海岸与人工海岸的界定方法[J].海洋环境科学,33(4):615-618.

侯利萍,何萍,彭勃,等,2023.我国海岸建筑退缩线研究进展、问题与对策[J].环境工程技术学报,13(2):1-10.

刘洪军,唐学玺,王其翔,2019.莱州湾人工海岸生态化建设理论与实践[M].青岛:中国海洋大学出版社.

刘欢,2020.海洋科学认识实习[M].广州:中山大学出版社.

刘亮,王厚军,岳奇,2020.我国海岸线保护利用现状及管理对策[J].海洋环境科学,39(5):723-731.

帕姆·沃克,伊莱恩·伍德,2014.海滨动物[M].程方平,胡煜成,译.上海:上海科学技术文献出版社.

孙苗,李晋,李佳芮,2020.海岸建筑退缩线划定与管控措施研究[J].海洋经济,10(4):65-70.

王刚,张甲波,白玉川,等,2021.海岸建筑退缩线的综合划定体系——以秦皇岛沿岸为例[J].海洋开发与管理,38(12):58-66.

王厚军,袁广军,刘亮,等,2021.海岸线分类及划定方法研究[J].海洋环境科学,40(3):430-434.

叶昊儒,2020.基于分级分类体系的海岸带退缩线划定方法研究[D].天津:天津大学.

张东,崔丹丹,吕林,2018.江苏省海岸线时空动态变化遥感监测技术、方法与应用[M].北京:海洋出版社.

张济婷,2021.从粗放到精细的海岸退缩线划定探索——以珠海市为例[C]//中国城市规划学会.面向高质量发展的空间治理——2021中国城市规划年会论文集(05 城市规划新技术应用).成都:2020/2021中国城市规划年会暨2021中国城市规划学术季:789-798.

张震,禚鹏基,霍素霞,2019.基于陆海统筹的海岸线保护与利用管理[J].海洋开发与管理,36(4):3-8.

第三章　海岛资源与管理

第一节　海岛的定义及类型

一、海岛的定义

1930年海牙国际法编纂会议规定:"岛屿是一块永久地高于高潮水位的陆地区域。"1956年国际法委员会的报告提出:"岛屿应是四周被水环绕的,除非异常条件,永久地高于高潮位的所有陆地区。"根据《联合国海洋法公约》第Ⅷ部分"岛屿制度",岛屿是四面环水并在高潮时高于水平面的自然形成的陆地(张相君和刘贞文,2019)。《简明不列颠百科全书2》中将"海岛"界定为"比大陆面积小并完全被水包围的陆地"。《中国大百科全书(简明版)》中将"海岛"界定为"海洋、湖泊和河流中四面环水的陆地"。《辞海(缩印本)》中将"海岛"界定为"散处在海洋、河流或湖泊中的小块陆地"。

我国现行国家标准《海洋学术语 海洋地质学》(GB/T 18190—2017)中关于海岛的定义也基本与此一致(中华人民共和国国家质量监督检验检疫总局,2017)。岛屿指分散在海洋湖泊、江河中、四面环水、涨潮时露出水面、自然形成的陆地和周边区域(郑建国和王茂君,2012),而海岛指的则是在海洋中的岛屿。

面积大于$1km^2$的岛方可称为岛屿(island),面积小于$1km^2$的则称为小岛(islet)(陈容文,1979)。1986年在波多黎各举行的"小岛持续发展及管理洋际研讨会",明确了小岛的概念,即陆地面积在1万km^2以下,人口不足50万人的岛屿,均列为小岛的范畴。岛屿是岛和小岛的总称。对于"岛"与"洲"的大小划定界限,世界上无固定的划分标准,人们习惯上以格陵兰的面积(270万km^2)为界限,面积大于格陵兰的陆地称为洲,面积小于或等于格陵兰的称为海岛,所以格陵兰成了世界第一大岛。对"岛"和"礁"的划分,在实际应用中比较模糊,一般以$500m^2$为界,即将面积小于$500m^2$的海中陆地称为"礁",将面积大于$500m^2$的海中陆地称为"岛"(徐质斌,2008)。

值得注意的是,岛屿不是陆地,而是海洋的一部分。

二、海岛的类型

(一)按传统成因类型分类

海岛按其成因可分为四大类——大陆岛、海洋岛、冲积岛、人工岛,前三者为自然形成,第四者为人工建造。

(1)大陆岛:亦称基岩岛,指地质构造上与邻近大陆相似或相联系的海岛,在地质历史上曾与大陆连在一起,由于地壳下沉或海面上升,才与大陆分离而成为岛屿。大陆岛一般面积较大、地势较高。主要分布在大陆阶地上,部分分布在陆缘弧、游离的或者沉没的微大陆上,其基础多固定在大陆架或大陆坡上,且地质、地貌和其他自然条件与大陆相似,如中国的台湾岛、海南岛,印度洋的马达加斯加岛,大西洋的大不列颠岛等。

(2)海洋岛:由海洋底部火山的喷发物质,如熔岩等堆积形成,或者由发育在沉没的火山顶上的珊瑚礁形成的海岛。其面积一般比大陆岛小,分布地区一般离大陆较远。其中,由火山喷发物质堆积而成的为火山岛,海洋中造礁珊瑚的钙质遗骸和石灰藻等生物遗骸堆积而形成的岛屿被称为珊瑚岛。

因为火山岛就是海底火山的山顶,所以火山岛一般面积不大,岛上常常有高山,坡度较陡,海岸边也有许多悬崖峭壁。既有单个的火山岛,如黄尾屿,也有群岛式的火山岛,如澎湖列岛。火山岛主要分布在太平洋西南部、印度洋西部和大西洋中部。我国的火山岛较少,主要分布在台湾岛周围,在渤海海峡、东海陆架边缘和南海陆坡阶地有零星分布,如赤尾屿、黄尾屿、钓鱼岛等。澎湖列岛和南海诸岛原来也是火山岛,但后来因岛屿下沉,珊瑚的不断生长形成珊瑚岛。我国最大的火山岛是位于广东省湛江市的硇洲岛,其总面积约 $56km^2$。

火山岛按其属性可分为两种,一种是大洋火山岛,它与大陆地质构造没有联系;另一种是大陆架或大陆坡海域的火山岛,它与大陆地质构造有联系,但又与大陆岛不尽相同,属大陆岛与大洋岛之间的过渡类型。

珊瑚虫的生长、发育要求温暖的海域,因此珊瑚岛礁分布在南北纬30°之间的热带和亚热带海域。珊瑚岛通常地势低平、多珊瑚沙,面积均不大。根据它形成的状态,可将珊瑚岛分为岸礁、堡礁和环礁3种类型:岸礁分布在大陆或岛屿的岸边,和海岸平行,呈长条形状,主要分布在南美的巴西海岸及西印度群岛,中国台湾岛附近所见的珊瑚礁大多是岸礁;堡礁分布在距岸较远,呈堤坝状,又宽又长,与岸之间有潟湖分布,最有名的就是澳大利亚东海岸外的大堡礁;环礁分布在大洋中,它的形状极其多样,但大多呈环状,环礁的表面又低又平,中央有一个浅水湖,有一个或几个缺口和大海相通,主要分布在太平洋的中部和南部,而且多成群岛分布(王祥珩,1957)。我国珊瑚岛主要分布在中国南海,东沙群岛、西沙群岛、中沙群岛、南沙群岛基本上均为珊瑚岛礁。我国最大的珊瑚岛为台湾省的澎湖岛,面积约 $82km^2$。南沙群岛的珊瑚岛面积较小,出露海面的高程也较低,但它是我国南海诸岛中分布面积最广,岛屿、沙洲、暗礁、暗沙、暗滩数量最多,地理位置最南的一个群岛。

(3)冲积岛又称堆积岛,主要由河流夹带泥沙在江河入海口处沉积而成,如崇明岛是长江所携带泥沙在河口上沉积而成的。冲积岛地势低平,一般只高出水面2~5m,主要由沙和黏土等碎屑物质组成,其形状、大小很不稳定,形成和消亡过程比较迅速,如果外界动力条件,例如河流的水流方向、流速、海边的风、浪等有了变化,它也会随着外界条件变化而变小消失,或移位变形。此外这些岛会慢慢地与陆地连接起来变成陆地的一部分,如长江口的崇明岛,在1000多年前的唐代,还是几个小沙洲,到了现代已变成一个有 $1100km^2$ 的大岛,今后它还可能与江苏北部的陆地连接起来,成为陆地的一部分(王锦康,2000)。

(4)人工岛,不同于前面3种自然形成的岛屿,人工岛是人类有计划、有目的地在海上建造的陆地,一般在小岛和暗礁基础上建造,或合并数个自然小岛建造而成,是填海造地的一种。人工岛屿、设施和结构不具有岛屿地位,它们没有自己的领海,其存在也不影响领海、专属经济区或大陆架界限的划定。

(二)按有无居民分类

无居民海岛是指我国管辖海域内不作为常住户口居住地的岛屿、岩礁和低潮高地等(邹永广和郑向敏,2013)。与之相对的为有居民海岛。

我国首次明确"无居民海岛"这一含义为在2003年颁布的《无居民海岛保护与利用管理规定》(国海发〔2003〕10号)中,将其规定为在我国管辖的海域内不作为常住户口居住地的岛屿、岩礁和低潮高地等。2010年3月1日正式施行的《中华人民共和国海岛保护法》中将海岛分为有居民海岛和无居民海岛。附则第五十七条中对"无居民海岛"进行了释义,是指不属于居民户籍管理的住址登记地的海岛。由此可见,无居民海岛不等于无人岛或者荒岛,其与有居民海岛的划分依据为是否有户籍登记、是否为居民常住户口所在地。随着人口迁徙流动,有些原本就存在户籍登记的海岛无人居住,这种情况下仍属于有居民海岛;有些海岛历史上未设立固定户籍登记,但其开发利用吸引人群居住,进行生产、生活活动,这类海岛仍然是无居民海岛。无居民海岛属于国家所有,国务院代表国家行使无居民海岛所有权。凡是无居民海岛开发利用,都必须报经省级人民政府或者国务院批准并取得海岛使用权、缴纳海岛使用金(全国人民代表大会常务委员会,2010)。2020年颁布的《中华人民共和国民法典》在第二编物权第五章第二百四十八条中同样规定了无居民海岛的所有权归属国家。中国海岛众多,共有海岛11 000余个,其中,截至2017年实施遥感监测的无居民海岛1万余个(中华人民共和国自然资源部,2018)。

有居民的海岛一般面积较大,有一定的行政建制,可以从事生产经济活动,我国有常住居民的岛屿约460个,人口近4000万人(孙兆明等,2010)。

此外,特殊用途海岛是指具有特殊用途或者重要保护价值的海岛,主要包括领海基点所在海岛、国防用途海岛、海洋自然保护区内的海岛和有居民海岛的特殊用途区域等。任何单位和个人不得擅自开发利用特殊用途海岛(国家海洋局,2012)。

(三)按海岛的组合与构成形态分类

根据海岛的组合与构成形态的不同,可把海岛分为群岛、列岛和岛三大类。

群岛是指海洋中相距较近、密切相关的岛屿,通常是聚集在一起成群分布,如舟山群岛、东沙群岛、西沙群岛、中沙群岛、南沙群岛等。群岛是岛屿构成的核心,也是岛屿组成的最高级别,它往往包括若干个列岛,如长山群岛包括了外长山列岛、里长山列岛;万山群岛包括了万山列岛、担杆列岛、佳蓬列岛、三门列岛、隘州列岛和蜘洲列岛等。每个列岛又包括若干个岛屿,有些大的群岛还包括次一级的群岛和列岛,如舟山群岛是我国最大的群岛,它由崎岖群岛和中街山群岛两个次一级的群岛和马鞍列岛、嵊泗列岛、川湖列岛、浪岗山列岛、火山列岛、梅散列岛6个列岛,共939个岛屿组成。

列岛指呈线(链)形或弧形排列分布的岛群,我国海岛中共有 45 个列岛,如石城列岛、嵊泗列岛、担杆列岛、马祖列岛、澎湖列岛、南澎列岛、七洲列岛等。

岛是海岛最基本的组成单元,既可以比较集中地组成列岛或群岛,也可以单个或几个在一起形成相对独立的孤岛。

(四)按行政建制分类

按照行政建制分类,我国有 2 个省级岛,2 个特别行政区,3 个地级岛,14 个县(区)级岛,191 个乡(镇)级岛。

我国有 2 个海岛省,分别是台湾省和海南省。最大的海岛是台湾省,总面积为 36 006 km^2。台湾省包括台湾岛、兰屿、绿岛、钓鱼列岛和澎湖列岛等岛屿,其中台湾岛本身面积最大,大约为 3.6 万 km^2。台湾岛属于南北狭长形,南北最长达 394km,东西最宽为 144km。海南省是我国第二大海岛,其范围包括海南岛及其周边的海岛和西沙群岛、中沙群岛、南沙群岛。全省海岛陆域总面积 33 956 km^2,其中海南岛陆域面积为 33 907 km^2。我国海岛中有 2 个特别行政区,分别是香港特别行政区和澳门特别行政区。香港特别行政区范围包括香港岛、九龙半岛、新界内陆地区,以及 262 个大小岛屿组成。香港特别行政区总面积大约为 1104 km^2,其中香港岛,大约为 81 km^2,其次是九龙半岛,大约 47 km^2,余下的新界及其他 262 个岛屿,大约 976 km^2。香港特别行政区南临珠海市的万山群岛;北边是深圳市;西边是珠江口;东边是大鹏湾。澳门特别行政区包括澳门半岛和附近的凼仔岛、路环(九澳)岛三部分,面积大约为 33.3 km^2。

我国现有 3 个海岛市,分别是舟山市、厦门市和三沙市。其中三沙市作为地级市,于 2012 年 7 月 24 日成立的,代替三亚市成为我国最南端的城市。三沙市包括西沙群岛、中沙群岛和南沙群岛。其中岛屿总面积约 13 km^2,海域总面积约 200 万 km^2,其总面积大约是全国陆地面积(960 万 km^2)的四分之一。三沙市成为我国最年轻、人口最少,陆域面积最小但是管辖总面积最大的地级市。

我国现有 14 个海岛县(市、区),其中浙江省最多,有 6 个;福建有 3 个;辽宁、山东、上海、广东、台湾各有 1 个;每个海岛县(市、区)都由若干个小的岛屿组成,一般面积较大的主岛离大陆较近,交通比较便利、与陆地联系密切、经济相对于其他岛屿来讲比较发达。

全国共有"191 个海岛乡(镇),2007 年全国海岛人口约 547 万人(不包括港、澳、台和海南岛),其中 98.5% 居住在上述市县乡中心岛上。"我国的海岛乡(镇)分布在 9 个省(区、市),最多的是浙江省,一共有 95 个;其次是上海市,一共有 28 个,最少的是江苏省、海南省和广西壮族自治区,各 3 个。另外,辽宁省有 9 个,山东省有 15 个,福建省有 13 个,广东省有 22 个。

(五)按与大陆的距离分类

陆连岛是一种特殊的海岛类型,它原是一个独立的海岛,后因 2 个原因与大陆相连:一种原因是自然原因,如山东烟台的芝罘岛和岠嵫岛通过连岛沙坝形成了典型的陆连岛;另一种原因是离大陆海岸较近,为了开发利用和交通运输的方便,由人工修建桥梁或堤坝等与大陆相连接,如玉环岛与楚门半岛间、东山岛与大陆间均用堤坝相连,使陆岛之间联系方便,这都是利用离岸近这一因素。

岛屿分布的位置离大陆的距离小于10km的海岛为沿岸岛,大于10km而小于100km的海岛为近岸岛,大于100km的海岛为远岸岛。我国沿岸岛约占我国海岛总数的57%,近岸岛数量约占39%,远岸岛数量约占4%(中华人民共和国自然资源部,2018)。由于沿岸岛离大陆较近,联系方便,开发利用程度一般较高。远岸岛由于远离大陆,开发利用有较多不便,但是,它们在我国与相邻或相向国家海上划界时有特有的作用。这类海岛主要分布在海南省的东部、西部和南部,广东省东沙群岛中的东沙岛,台湾省的全部岛屿。

第二节 海岛资源类型与特征

一、海岛资源的类型

分布在海洋岛屿的、可以被人类利用的物质、能量和空间均可归为海岛资源,主要类型有海岛生物资源、海岛空间资源、海岛旅游资源、海岛能源资源、海岛水资源等。

(一)海岛生物资源

海岛生物包括鱼类资源、软体动物资源、甲壳动物资源、哺乳类动物资源、海洋植物资源等。我国海岛地跨热带、亚热带和温带3个气候带和38个维度带,遍布我国的黄海、渤海、东海、南海四大海域,海岛滩涂和近海海域宽阔,环境复杂,物种资源极为丰富。

中国海岛拥有海洋资源的种类、数量都极为丰富。据不完全统计,我国近岛海域共有各类水产资源1500多种,包含鱼类、虾类、贝类和藻类等。截至2017年底,海岛及其周边海域发现国家一级、二级重点保护野生动物分别为24种和86种,国家一级、二级重点保护野生植物分别为5种和32种。

渔业资源是海岛最重要的资源,在渔业资源开发基础上发展起来的海岛渔业,过去是、现在是、将来仍将是海岛经济的重要基础。我国自北向南形成了渤海湾渔场、胶州湾渔场、长江口渔场、吕四渔场、舟山渔场、闽东渔场、闽南—台湾浅滩渔场、汕尾渔场、万山渔场、北部湾渔场、昌化渔场等主要捕捞区。广阔的海岛浅海滩涂,适合于不同种类的鱼、虾、蟹、贝、藻类及海珍品的增养殖。据概略统计,我国可供开发利用的增养殖浅海滩涂大约有900km^2。浙江、福建和广东的舟山群岛、玉环岛群、洞头群岛、东山岛、海坛岛海岛的滩涂面积大,大都具有发展海水增养殖的良好条件。在海岛四周的浅海及潮间带生物资源中,现在进行大规模养殖的种类主要有牡蛎、缢蛏、泥蚶、蛤等贝类和海带、紫菜,以及中国对虾、长毛对虾、日本对虾、石斑鱼、鲈鱼和鲷等。

2017年,实施遥感监测的一万余个无居民海岛植被覆盖总面积约为25 181.5hm^2,植被覆盖率约为52.0%,与2016年基本持平(中华人民共和国自然资源部,2018)。植物资源有药用植物、用材林、防护林、纤维植物、杀虫植物、油料植物、可食用植物及绿化美化环境的植物等。例如,红树林是热带、亚热带的常绿灌木和小乔木植物群落,分布在淤泥质而风浪又较小的潮间带上,耐盐、耐碱,是防止海岸遭受海浪潮和风暴侵蚀的天然防护带,又有固定土壤扩大陆地面积作用,同时红树林还能为人类提供木材、食品、医药、造纸和皮革等原材料,经济价值很高。

(二)海岛空间资源

海岛空间资源主要包括岸线资源、港址资源、土地资源等。

2017年,实施遥感监测的无居民海岛中,自然岸线长度约为5948km,其中沙质岸线长度约为312km,自然岸线保有率约为93.5%(中华人民共和国自然资源部,2018)。特别是深水岸线资源丰富。全国有人居住的海岛中,有深水岸线的海岛有150多个,岸线长约300km,占全国大陆沿海深水岸线的1/2以上。海岛岸线侵蚀的自然原因包括海平面上升、海洋动力作用增强以及岛陆沉降等;人为原因则源自不当的填海造陆、填海连岛、修造港口、修堤修桥、开通隧道以及对海岛岸线裁弯取直等工程建设,还有围垦滩涂、滥伐红树林、非法开采海滩砂矿和珊瑚等开发活动。海岛岸线的改变会破坏原本可能形成港口的岬角、海湾或锚地条件。优良的港口要求避风条件较好、海域水深适中、地质为泥质或沙质、浪小流缓、锚位足够,这都同海岛岸线状况存在直接或间接的联系;自海岸冲刷或刨挖下来的泥沙可能被搬运至他处海域,致使航道阻塞;岸线侵蚀对生物的栖息、繁殖与迁徙可能产生不利影响。

我国海岛大都属于基岩类岛,多数港口终年不冻,岸线漫长曲折,避风条件良好的港湾众多,海岸线漫长曲折,适宜建港的深水岸段长,天然锚地及深水水道多,港址资源十分丰富。我国海岛港口资源的优势,主要表现在两个方面:①区位条件。全国近300个海岛有港口,有的处在国际航线或大陆港口主要航线上,有的是海洋渔业生产和供给基地。②分布集中。海岛港口资源中,有的分布在河口,有的分布在大岛或半岛外围,可与大陆沿海港口组合成开发的优势。

海岛是我国前沿阵地、国防前哨。中华人民共和国成立初期,考虑国防因素,当时所建港口大多是渔港,兼顾岛民出行与岛间联系。由于港口规模小,一个海岛县全年港口货物吞吐量一般较小。改革开放后,海岛经济发展,交通部提出规划,凡5000人小岛建一小港口、码头,充分发挥陆岛间运输功能,提高海上运输便捷程度。于是各海岛县都不同程度地建设了大小不一的各种类型港口。如长海县不仅改造了四块石渔港,还在大长山岛上新建了鸳鸯港和金蟾港。进入21世纪,国家要发展大型深水港,为了第四代、第五代集装箱运输的停泊。从国家战略全局考虑,上海市、浙江省联合开发建设上海国际航运中心洋山深水港。洋山港区行政区域不变,其口岸、港政、航政归属上海管辖,建设项目投资按照市场化运作。开港至今发挥很大作用,2010年上海港港口货物吞吐量已占世界第一。随着技术的不断发展,桥隧通道建成,海岛与大陆连接,海岛港口腹地向陆扩大延伸,改变了原来海岛港口腹地范围小的局限状况。以上海洋山深水港为例,通过东海大桥的连接,来港的集装箱货物可通过大桥直达内陆腹地,扩大了海岛港口的腹地范围。

海岛上有一定的土地资源,可以为各行各业提供一定数量的土地,包括农业用地和工业用地。许多海岛有美丽的自然景观、平缓开阔的沙滩和浴场,海岛周围的滩涂也是海水养殖的良好区域。不少海岛还蕴藏着一些非金属和金属的矿藏。

(三)海岛旅游资源

有价值的旅游资源大约包括3类:一类是人文历史遗产,以博大精深的中华文化为脉络,如古代建筑文化、宗教文化、皇室文化等,游客在这些文化殿堂里感受到扑面而来的厚重的文化洗礼;二类是独特的自然风光,如黄山、泰山等,堪称中华名山大川的经典代表,这些锦绣河山同样蕴藏着深刻的历史、地理文化等;三类是历史名人故居或墓葬地,如郑成功、戚继光故里等。这3类旅游资源的特点是真实、自然、历史文化浓厚。由于我国海岛县南北跨越纬度大,气候差异明显,县内岛屿不同的地质、地貌类型以及海蚀、海积程度,形成了具不同特色的自然景点。受当地历史、社会经济、人文因素等影响,还有众多各具特色的人文景点和历史遗迹。海岛旅游资源优势主要体现在景观资源、群岛旅游资源和旅游区位条件上。

海岛是陆地生态和海洋生态的汇合。每个岛屿都构成一个独立的自然生态系统,它一般由岛陆、岛滩、岛基和环岛浅海4个小生境组成,每个小生境都有特殊的生物群落,从而构成其独特的生态系统。岛陆具有陆地生态系统特点,岛滩和沿海水域具有海洋生态系统特点,因此,在一定程度上,海岛具有海陆生态系统的特点。随着海岛被人类开发利用,社会经济与文化因素在海岛上传承。小岛屿独特的自然环境和传统文化,为旅游业提供了良好的发展机遇。

我国海岛具有山地景观旅游系统特征。我国海岛多数为大陆岛,是大陆山脉向海延伸的部分,如长山群岛是长白山脉向海的延伸,舟山群岛是浙东天台山脉向东北沉陷入海的外露部分。多数海岛是低山、丘陵地形,丘陵平均海拔在200~300m之间,山峰大于400m的有南澳岛大尖山(海拔588m)、平潭县海坛岛君山(436m),其他海岛县的山峰海拔在400m以内。海岛上具有作为旅游资源的山地地貌景观,如普陀山,这个面积仅12.93km^2的小岛就以"山"命名,普陀山是我国最有名的旅游海岛,还有东山岛花岗岩地貌形成的风动石景观等。

在海岛上还有古人类的文化遗迹,数量多,时间跨度大,如庙岛群岛已发现的遗址从旧石器时代到新石器时代,各种石刻工具和其后的彩陶文化、龙山文化、商周青铜器以及唐三彩、宁化瓷器等;舟山群岛新石器时代的孙家山遗址是我国人民反抗海上外来侵略的场所;福建东山建于明朝洪武年间防倭的铜山石城;广东南澳岛建于明代、继之清代的总兵府;相邻南澳岛的猎屿上的统城和建于清代的南澎岛灯塔。

截至2017年底,全国海岛上已确认自然景观1028处,人文景观775处。已建成投入各类海水浴场72个。已建成AAAAA级涉岛旅游区43个,AAA级涉岛旅游区25个(中华人民共和国自然资源部,2018)。

(四)海岛能源资源

海岛能源资源主要包括风能资源、太阳能资源以及潮汐能、波浪能和潮流能等海洋能,地处热带海域的海岛还拥有一定规模的温差能。

风力发电原理是利用风力促使风车叶片带动风轮旋转,通过增速作用将旋转速度提升进而使发动机发电。风能发电起步晚,但发展迅速,技术日趋成熟,规模急剧扩大。它具有分布广、取之不尽、无污染等优点,但又有时间、空间上不稳定、不连续的缺点,因此风能资源的利用因地因时而异。我国的海岛分布在沿海靠近大陆的海域,沿海地区的风能资源也在一定程度上反映了海岛风能资源状况。据中国气象局估算,全国风能密度为 $100W/m^2$,特别是东南沿海及附近岛屿,每年风速在 $3m/s$ 以上的时间近 $4000h$,一些地区年平均风速可达 $6m/s$ 以上,具有很大的开发利用价值。按全国风能资源区划指标,全国多数沿岸岛屿属风能资源丰富区和较丰富区,处全国风能开发最优越地位。海岛风能资源年平均风速大、有效风能密度高,因此其储量大,而且还具有高风速时间长、风速较稳定等特点。这些特点使海岛风能资源的开发利用条件好,经济效益高。

我国海岛风能资源最丰富的有广东、浙江、福建等省的外海,风能密度和有效时数分别在 $200W/m^2$ 和 $5000h$ 以上的风能资源丰富区有长海、长岛、千里岩、西连岛、余山、嵊山、下大陈、台山、平潭、东山、东澳、上川和南澳等岛区。福建的台山、平潭和浙江的南麂、大陈、嵊泗等海岛上风能很大。其中,台山风能密度为 $534.4W/m^2$,有效风力出现时间百分率为 90%,不小于 $3m/s$ 的风速全年累积出现 $7905h$。风力资源丰富的有广东南澳岛,它处于台湾海峡喇叭口,风力资源取之不尽。年有效风时 $7200h$,平均风速 $8.2m/s$,风况位于世界最佳之列。目前南澳开发利用风力资源已初具规模,成为全国第二大风电场和亚洲海岛第一大风电场。

我国的太阳能总辐射资源非常丰富,但主要分布在西北部的高原地区。东部沿海地区的年均日照小时数和辐射强度都要远低于西藏、青海、新疆等太阳能资源丰富的地区。根据中国气象局的统计数据,我国东南沿海地区的年均太阳总辐射量为 $3780\sim5040MJ/m^2$,年平均辐照度为 $120\sim160W/m^2$,属于第三类资源丰富地区,资源条件本身并不是十分理想。另外,海岛上由于海水的蒸发量大、空气潮湿,多雨多雾天气更加常见,再加上海上盐雾环境下太阳能电池板表面的盐雾结晶对光伏转换效率的影响,在海岛地区利用太阳能光伏发电的总体效率要比陆地上低。

潮汐能的主要利用方式是潮汐发电。潮汐发电的原理就是在海湾入口或有潮汐的河口建筑堤坝、厂房和水闸,与外海隔开形成水库,利用涨落潮时库内水位与外海潮位之间形成的水位差推动水轮机发电。潮汐能发电技术已经基本成熟。潮汐能发电研究在世界上已有 200 多年的历史,早在 18 世纪,法国就开始研究如何利用潮汐能发电,1912 年世界上第一座潮汐电站于德国建成(韩家新,2015)。我国潮汐电站建设始于 20 世纪 50 年代中期,曾经建设了 76 座潮汐电站,但由于未进行正规的勘测设计和选址规划,海水腐蚀和生物附着等问题也没有得到合理解决,大部分潮汐电站短暂运行后就停办甚至废弃。我国目前仍在运行的潮汐电站有 3 座,分别是浙江温岭江厦潮汐电站、浙江海山潮汐电站和山东白沙口潮汐电站。其中,江厦潮汐电站是装机容量最大的电站,总装机容量达到 $3200kW$,位于全球第四(刘伟民等,2020)。总的来说,我国潮汐能在开发利用技术水平、发电装置和设备等方面已具备较好的理论基础和丰富的实践经验。我国海域的潮差以东海最大,渤海和南海最小。潮汐能资源总的分布趋势是由东向西、由北向南、由湾口向湾顶逐渐增大,浙闽两省潮汐能资源丰富,开发利用条件最好。从平均潮差和海岸类型看,平均功率密度和库容大小以浙闽沿岸开发条件最为优越,其次是辽东半岛南岸东侧和山东半岛南岸北侧。上述海域平均潮差大,海岸类型以基岩海岸为主,海湾较多,是潮汐电站建设的理想区域。

波浪能的利用技术主要有两种基本原理：一种是利用物体在波浪作用下的升沉和摇摆运动将波浪能转换为机械能；另一种是利用波浪爬高将波浪能转换为水的势能，通过能量转换装置将波浪的能量转换为机械能，然后通过传动机构、汽轮机、水轮机或油压马达驱动发电机发电。我国对波浪能利用技术还不成熟，仍处于海况示范研究阶段。尽管对波浪能的研究已经开展了30多年，但只有10W航标灯用微型波力发电装置已经形成商业化产品（薛碧颖等，2021）。我国沿岸的波浪能资源以台湾省沿岸海域最丰富，总储量可达到4290MW，占全国波浪能资源总量的1/3；其次是在浙江省、广东省、福建省和山东省沿岸的海域较多，为1610～2050MW，其他地区沿岸波浪能资源很少（崔琳等，2016）。

潮流能发电的基本原理类似于风力发电，首先将海水的动能转换为机械能，然后再将机械能转换为电能。潮流能发电装置与潮汐能发电机组不同，它属于开放式的海洋能捕获装置，根据其叶轮旋转轴与水流方向的空间关系可分为水平轴式和垂直轴式两种结构。中国潮流能开发利用研究始于20世纪80年代。近年来，在国家科技计划和专项资金等项目的支持下，中国潮流能技术得到了快速发展。我国渤海、黄海和东海沿岸海域潮流性质为规则半日潮流，而南海沿岸海域潮流性质为不规则半日潮流。黄海和东海近岸海域的潮流整体上强于渤海，东海的浙江沿岸海域、杭州湾、台湾岛北侧以及台湾浅滩都是流速较强的海区，最大潮流流速超过4m/s（韩志等，2012）。我国近海主要水道的潮流能资源蕴藏量约为833.38万kW，技术可开发装机容量约166.67万kW。我国潮流能资源空间分布不均，浙江省沿岸海域潮流能资源最为丰富，约为516.77万kW，占到我国潮流能蕴藏量的50%以上，其次是山东、江苏、福建、广东、海南和辽宁六省，约占全国的38%，其他沿岸海域潮流能资源较少（韩家新，2015）。潮流能资源主要集中在一些地形狭窄的水道地区，因此在海岛开发利用潮流能资源主要受到资源条件的限制，浙江沿岸特别是舟山群岛地区的海岛比较适合利用潮流能资源解决能源与供电问题。而其他海域特别是流速小于1m/s的地区，目前受技术条件所限还难以开发利用潮流能资源。

温差发电是指利用海水的温差进行发电，其基本原理是借助一种工作介质，使表层海水中的热能向深层冷水中转移，从而做功发电。例如，使用低沸点的二硫化碳、氨或氟利昂做介质，在表层温水热力作用下汽化、沸腾，吹动透平机发电，再利用深层冷水把工作介质凝结成液态，一直循环往复，保持发电机运行（王祺等，2003）。目前，我国温差能发电装置处于试验验证阶段，总装机容量与国外相比仍存在量级上的差异。我国的温差能资源约90%分布在南海，中国近海及毗邻海域的温差能资源可开发装机容量为18.40亿～18.47亿kW，因此南海地区海岛的温差能利用潜力巨大，但目前海洋温差能的利用技术水平尚未达到应用阶段，这一丰富的海岛可再生能源资源还有待进一步地开发和利用（李允武，2008）。

由于海岛特别是偏远海岛的能源和淡水主要依靠从陆地运输，因此对可再生能源自发自用的供电形式的需求十分强烈。在海岛地区因地制宜的建设可以综合利用风能、太阳能和海洋能等多种可再生能源、与储能和柴油发电系统形成互补的独立供电系统或微网系统，是目前解决海岛能源电力供应问题的一种十分可行的措施和技术手段，也是可再生能源应用的一个重要的发展方向。

近年来,我国高度重视可再生能源的开发利用,相继出台了一系列的法律法规和政策来推动可再生能源的开发利用,包括《中华人民共和国可再生能源法》《可再生能源发展专项资金管理暂行办法》(财建〔2015〕87号)、《可再生能源发电价格和费用分摊管理试行办法》(发改价格〔2006〕7号)以及《可再生能源电价附加收入调配暂行办法》等,明确规定了国家将可再生能源的开发利用列为能源发展的优先领域,通过制定可再生能源开发利用总量目标和采取相应措施,推动可再生能源市场的建立和发展,国家扶持在电网未覆盖的地区建设可再生能源独立电力系统。国家财政还设立了可再生能源发展专项资金,用于支持偏远地区和海岛可再生能源独立电力系统建设。

在相关政策和措施的扶持下,我国先后在东海和南海的多个岛屿上建设了可再生能源的独立发电或微网系统,利用可再生能源来解决这些海岛的供电问题,并结合海水淡化装置和供暖/制冷系统,尝试在海岛地区实现水电或水电暖的联供,提高能源利用效率、降低发电成本。其中比较典型、有示范效应的海岛可再生能源微网项目包括浙江省东福山岛、广东省珠海市大万山岛、桂山岛和东澳岛的风光柴储互补式可再生能源微网发电系统,以及在山东省青岛市即墨区大管岛、浙江省舟山市摘箬山岛和珠海担杆岛上建立的带有海洋可再生能源发电设备的多能互补发电系统。

(五)海岛水资源

淡水资源是海岛经济发展的物质基础和支持条件。受海岛气候影响,水资源年际丰枯变化幅度大,年内分配不均。受地形地貌的影响,海岛上降水形成的径流有限,可利用的径流少;地表径流大多直接入海,水资源利用困难;地下水赋存条件差、水文地质生态条件脆弱、开发难度大,易遭破坏且难以恢复。与同纬度的大陆地区相比,海岛的降水量少、蒸发量大。海岛的水资源和常规能源相比较为短缺。海岛虽然置身于汪洋大海之中,面对的是取之不尽、用之不竭的海水,但却面临淡水缺乏的问题。由于海岛陆域狭小,河流源短流激,土质薄、蓄水能力差,加上降水季节分布不均等因素,造成中国海岛普遍缺水。

目前海岛淡水资源主要通过以下几种方式获得:常规水源、大陆供水、非常规水源。其中常规水源包括海岛上的地表水和地下水;大陆供水主要适用于距离大陆较近的海岛;非常规水源包括海水淡化水、雨水以及再生水等(张秀芝等,2015)。我国沿海的14个海岛县(区),包括南澳县、平潭县、长岛县、澎湖县、金门县、玉环县、嵊泗县、长海县、洞头县、岱山县、东山县、崇明县、定海区、普陀区,以常规水源为主,其最优淡水供应方式是水库塘坝和地表水。而其他大多数海岛远离大陆,其常规水源,如地表水和地下水,难以维持居民生活和进行持续开发的需求(宋代旺等,2016)。截至2017年底,全国已查明有淡水供应的海岛665个,其中有居民海岛452个,约占有居民海岛总数的32.4%,无居民海岛213个,约占无居民海岛总数的1.9%(中华人民共和国自然资源部,2018)。即使有淡水的海岛,其水资源也极为有限,开发成本往往比大陆高6~7倍,这给海岛开发和经济发展带来了诸多问题,并成为海岛人口积聚、经济发展的重要制约因素。海岛虽具有丰富的海洋能资源,但因经济、技术方面的原因,开发利用的难度极大。目前,海岛经济发展和人民生活主要依靠的能源是电力和燃料,而海岛电力和燃料的供应低于全国平均水平。据全国海岛资源综合调查,海岛人均能耗为0.2t

标准煤,仅为全国人均能耗0.6t标准煤的1/3。多数小岛,特别是离大陆较远的小岛,能源供应奇缺,岛上经济及人民生活受到严重的影响。

大多数海岛属于资源性缺水,面对日益严重的淡水危机,解决海岛水资源短缺问题的基本途径是开源节流,合理有效配置水资源。一是节水,提高水利用效率;二是实施必要的跨流域调水,兴建跨海引水工程,解决水资源分布不均匀的问题;三是进行海水淡化,增加水资源的有效供给总量,优化水资源结构。

二、海岛资源的特征

(一)海岛资源的生态脆弱性

海岛生态系统是一种独特的生态系统类型,一方面,其位于海洋和陆地交错地带,生态属性复杂,由岛陆、岛滩和环岛近海构成,其中岛陆是海岛生态系统的核心和依托,岛滩和环岛近海是岛陆的自然延伸,共同构成综合的海岛生态系统;另一方面,海岛作为自然地理实体,本身是一种自然生态系统,但随着人类活动的全球普遍性,海岛生态系统的某些组分或区域不可避免地受到人为影响,获得了人工生态系统的属性,从而使其同时拥有自然和人工生态系统的特征,即海岛生态系统实质上是一种自然-人文复合生态系统。综上所述,海岛生态系统是以岛陆为核心、以岛滩和环岛近海为延伸的自然和人文因子相互联系、相互作用形成的综合-复合生态系统。其中,自然因子包括岛陆、岛滩、环岛近海的气象气候、地质地貌、水文水资源、土壤/沉积物和生物因子,人文因子主要为人口、政治、文化、交通、科技等社会经济因素及与之相对应的开发利用活动。

脆弱及脆弱性常用来描述相关系统及组成要素易于受到影响和破坏,并缺乏抗拒干扰、恢复初始状态的能力(商彦蕊,2000)。基于海岛生态系统的特殊性,可将海岛生态脆弱性定义为"海岛生态系统由于独特的自身条件和复杂的系统干扰而长期形成的、时空分异的、可调控的易受损性和难恢复性"(池源等,2015)。

海岛普遍具有面积较小、生态系统较封闭和生物多样性较低等特点,生态系统整体稳定性较差,一旦开发利用不当,极易造成生态系统失衡,导致资源枯竭、环境恶化、物种减少和公共利益受损等问题,严重制约海岛经济的可持续发展。而炸岛炸礁、填海连岛、采石挖沙、乱围乱垦等活动会大规模改变海岛地形、地貌,甚至造成部分海岛灭失;在海岛上倾倒垃圾和有害废物,采挖珊瑚礁,砍伐红树林,滥捕、滥采海岛珍稀生物资源等活动,会致使海岛及其周边海域生物多样性降低,生态环境恶化。

海岛资源过度开发也是海岛生态面临危机的重要原因。海岛中基岩岛的岩石、砾石、暗滩沙石通常是建筑的优良材料,若遭无节制的采挖,就会造成沙滩面积缩小、砂质劣化、地质地貌景观破坏。拾捡海岸贝壳、珊瑚、鹅卵石、生物标本等也是对海岛生态的破坏。

除此之外,海岛清洁能源的利用,未必就不会对生态造成破坏。例如,风电场所需风电机组、集电线路、检修道路等工程施工架设,不仅会造成植被面积减少,严重影响植物种类(多样性)及分布,还会造成大面积地表裸露,水土流失风险增大。海风发电也会对海岛生态产生不利影响,除了海岛植被将遭受破坏外,动物也会被噪声和磁场所干扰、驱离。

除了与陆地类似的生态破坏问题外,海岛生态危机还呈现出一些独特的形态,它是近岸陆域与海域污染的重合,其原因通常是自然因素与人类活动的叠加,自然因素中也包含了人类活动间接影响的痕迹,例如人类活动至少加剧了气候变化,从而引发海平面上升,侵蚀海岛。陆源污染包括工业废水和生活污水的排放、垃圾倾倒、农业面源污染等。近岸岛、陆连岛所遭受的陆源污染相对更严重,一些海岛被作为垃圾倾倒场所。海岛本身不良的生活生产模式对外界环境尤其是对海洋的污染,也相当于陆源污染,尤其多数海岛还处于粗放型经营的阶段内,内生性陆源污染尚未得到有效控制。海源污染包括海水养殖业污染、海洋倾废、港口船舶污染物泄漏等,使海岛近海环境污染和海岛周围海域富营养化逐渐加重。例如,海岛近岸海水养殖的污染,可能来自养殖自污染、药物污染、底泥富集污染、海洋生物基因污染等多方面;此外,海岛岸线受波浪作用频繁,虽然可能承接到海浪从大陆架带来的丰富饵料,但垃圾也会被海浪推向海岛。

此外,海岛的成因、形态各不相同,气候、水文、地质、地貌等条件各有差异,都相对成为一个独立的地理单元,形成了相对独特的自然环境。海岛生态脆弱性存在明显的空间异质性,需提出与之相对应的适应和缓解策略(Mandal et al.,2017)。

近年来,我国充分认识到海岛的重要价值,并积极采取措施促进海岛经济的发展,如建设陆岛交通设施、完善海岛公共服务设施和加强海岛旅游开发等。截至2017年底,我国已经建成涉及海岛的各类保护区194个,比2016年底增加8个。中央财政累计投入生态修复资金约52亿元,地方及企业投入配套资金约39亿元,用于支持海岛生态整治修复项目198个。共修复海岛岛体面积约336hm^2,整治修复海岛岸线约39km,修复海岛沙滩约74hm^2,海岛生态修复工作取得了一定的成果(中华人民共和国自然资源部,2018)。

海岛的生态脆弱性可以用海岛生态指数(island ecological index, IEI)来衡量,主要用以综合评价某个海岛生态环境、生态利用与生态管理等情况,能直观反映当年海岛生态系统的状况。不过,目前国内外研究者对于脆弱性和海岛生态脆弱性等基本概念未达成共识,随着研究的不断深入,海岛生态脆弱性的研究范围已从早期单纯的生态系统逐步扩展到更复杂的社会-生态系统。近年来,威胁海岛社会-生态系统的自然灾害和公共安全事件频发,采取积极行动,提高系统应对外部干扰的能力和缓解生态脆弱性是当前面临的重要课题。应加强海岛生态脆弱性管理调控研究,建立全面、综合和系统的应对策略体系,为海岛的可持续发展提供科学的决策依据(李荔和马永驰,2018)。

(二)海岛资源的区位战略性

海岛是天然的国家海洋安全屏障,也是拓展海上战略空间的重要平台。根据《联合国海洋法公约》中对岛屿制度的规定,一座海岛可以像陆地一样,拥有领海和专属经济区,可以享有海岛及周边200海里以内海域的主权和主权权益。一个能维持人类居住或者其本身的经济生活的岛屿可以拥有43万km^{2}的专属经济区及该区域内的生物和非生物资源,从这个意义上讲,维护海岛安全就是维护海洋国土安全。一些边远海岛凭借其特殊的地理位置,成为决定国家间在划定海洋管辖界限的关键支点;一些边远海岛所构成的岛链,成为保障国家安全和海洋权益的战略前沿;一些边远海岛占据的重要海上航道,成为保护国家航运、能源安全和对外贸易的重要平台。鉴于边远海岛在维护国家安全和海洋权益方面的重要地位，其逐渐受到沿海国家的重视。正是基于边远海岛在海洋权益维护和资源开发与保护中所处的重要地位，这些国家因此也逐渐重视并采取有效措施推动边远海岛的开发与保护，并建立和完善相关管理制度。

我国所公布的77个领海基点，有71个基点都位于无居民海岛上。这77个领海基点，全部位于海岛上或低潮高地上（张耀光，2012）。这些海岛生态系统十分脆弱，自我恢复能力很低，其生态环境的破坏往往是无法逆转的。由此可见海岛在维护国家权益上具有十分重要的意义和作用。如果领海基点消失，将意味着基点周围海域的丧失。

此外，散布于辽阔海域之中的海岛、群岛在军事战略上具有重要意义。从军事利用的角度，作为特殊的战场空间，海岛可以建成为军事要地，控制海域的战略通道，成为"不沉的航空母舰"；也可建成为濒临大陆国家的海防前哨，为制海权提供重要的保证（林河山和廖连招，2010）。随着我国经济的开放发展，海洋通道已与国家利益紧密相连，海上交通要道和海上交通线对于我国比以往任何时候都更加重要，我国从北到南绵延数千千米、由岛屿所构成的海上第一道防线是世界上不可多得的天然屏障，诸如长山群岛、庙岛列岛、舟山群岛、万山群岛和南海诸岛，均为现代化的国防要塞，对维护我国海上安全有极为重要的作用。

我国濒临渤海、黄海、东海和南海，是世界上的海洋大国之一。我国岛屿众多、海岸线绵长、海洋资源十分丰富，同时海洋技术也日益成熟，加之世界主要大国纷纷制定海洋战略，此时正是我国进军海洋，发展海洋经济，开发利用海洋资源的重要战略机遇期。未来50年，国家进一步的繁荣富强离不开海洋经济的带动，发展海洋经济是转变经济发展方式，促进低碳经济和可持续发展的一种有效模式。因此，我国已将海洋产业列入国家战略性新兴产业。在当前海洋价值及重要性彰显，沿海省份经济快速发展、人口膨胀增快、土地资源日益紧缺的形势下，需要我们转变传统的土地思想，从关注陆地转向关注海岛，向海岛要资源，向海岛要空间，向海岛要环境。海岛不仅是祖国海洋领域的前哨，也能拓展经济发展空间的前沿阵地，为全国提供战略储备资源。

（三）海岛资源分布的不均匀性

根据全国海岛资源综合调查资料分析，中国海岛分布具有如下特征：

（1）分布范围广。中国海岛在地理位置上南北横跨38个纬度（4°N～42°N），东西纵横15个经度，地处温带、热带、亚热带3个气候带，分布范围较广。这一特征，使得中国海岛及其周围海域具有丰富、多样的海岛资源。

（2）总体分布不均。从省、自治区、直辖市看，浙江省海岛数量最多，占调查海岛的43.9%；其后依次是福建、广东、广西、山东、辽宁、海南、河北、江苏、上海；天津海岛数量最少，只有1个海岛。从海区看，东海岛屿数量最多，占全国调查海岛的66.3%；南海次之，占23.6%；黄渤海最少，仅占10.10%。就地区而言，长江口以北海岛占总数的10.2%，而长江口以南海岛占总数的89.8%，地区分布不均的特点极为明显。

（3）局部组团或成群岛分布。大多数海岛或环绕大陆成组团分布，或成群岛分布。如庙岛群岛、舟山群岛、玉环群岛、洞头群岛、马祖列岛、澎湖列岛、平潭岛群、东山岛群、南澳岛群、台山岛群、中沙群岛、东沙群岛、西沙群岛和南沙群岛等。这些群岛和岛群中，一般都有一个或几个面积较大的核心岛，已经进行了初步开发利用，这些核心岛的基础设施比较完善，经济发展水平也比较高，形成向周围辐射之势。中国海岛的这种组团分布或群岛分布，极有利于对海岛进行"据点式"区域开发，即通过核心海岛的开发，带动周围海岛的开发，进而在岛群或群岛内形成相互依存、共同发展的海岛经济区。

（四）海岛资源的封闭性

海岛的分散性、封闭性的特点，使得大陆与海岛、海岛与海岛之间的物流、能流、信息流流动不畅，无法满足海岛开发和经济发展的要求。物流、能流的缺乏，使得海岛经济发展缺乏"血液"；信息流的不畅，不但使海岛难以抓住发展的机遇，而且影响海岛人观念的更新。特别是在一些远离大陆的小岛，尚处于待开发状态。发展海岛经济必须首先解决港口、交通、能源、水源、邮电、通信等基础设施问题，尤其是交通运输和能源问题。然而，由于海岛分散在海中，规模又较小，不仅大陆的基础设施很难直接利用上，而且在一个海岛上搞基础设施，其他海岛也难以共享。这就导致了海岛基础设施难以达到规模经济水平，许多基础设施不办不行，办了以后使用效率又不高。如交通运输业，没有它不能与外界沟通，可建立起来以后，客货流量都不大，致使企业经营亏损，难以为继。

海岛大多数面积较小，资源种类单一，即使面积较大的海岛，岛上的资源也是不齐全的。同时，海岛本身市场容量有限。因此，海岛经济的发展，一方面要靠从岛外输入大量的资源、人才及技术；另一方面海岛生产的产品又需要销往岛外，通过岛外市场纳入社会经济大循环中。单纯依靠海岛自己的力量，只能像鲁滨逊一样在近似原始的、落后的生活水平上生存，甚至是根本无法生存。所以，海岛经济也具有天然的外向性。经济发展程度高的海岛，其外向性和对外依赖性也高。经济发展程度低的海岛，其外向性和对外界的依赖程度也低。海南岛经济之所以能在较短的时间内有较大的改观，除了海南岛具有自身的大岛优势以外，在很大程度上取决于海南岛实行的开放政策。

第三节　海岛保护与利用管理

一、海岛保护与利用管理的主要内容

海岛生态危机是气候变化背景下的全球性挑战。根据《生物多样性公约》第八次缔约方会议决定（COP8，2006）提供的数据，海岛加陆域中的岛屿共有10万多个，它们的土地及专属经济区面积的总和超过了地球总面积的1/6。然而，世界上大多数海岛面积较小、地理结构比较简单、资源较为单一、土地和淡水资源较匮乏、物种较单一且稳定性较差，因此资源环境承载力较低，生态系统十分脆弱。生态一旦受损便很难恢复，这可能直接削弱海岛对于全球整体的生态涵养和资源供给的贡献。尤其在气候变化引发海平面上升、海洋生态恶化、气候灾害增多、物种加速灭绝、淡水资源危机、土地荒漠化、森林植被破坏的大背景下，海岛的生存和发展面临更大挑战。因此，无论对世界还是对中国来说，海岛的生态保护均不应被忽视。如

何保护海岛脆弱的生态环境、修复海岛受损的生态系统、合理开发利用海岛能源资源、推动海岛的高质量可持续发展是世界各国关注的焦点。海岛生态保护是一切发展的前提,从海岛资源环境承载力评估、生态安全评价、生态修复技术到海岛生态保护模型的构建与应用,各国正基于本国海岛的地理区位及环境特点,不断拓展海岛保护方面的研究广度和深度。

海岛大多远离大陆且地域狭小,物种来源受限,因此生物多样性较低,但种间竞争少,一些珍稀物种得以保存,使海岛成为世界物种基因宝库。此外,海岛是鸟类栖息繁衍的绝佳场所,是众多经济鱼类"三场一通道"的重要依托,是重要珍稀动植物的庇护之地,是珊瑚礁等典型生态系统的重要分布区域(付元宾,2016)。珊瑚礁生态系统的物种丰富程度接近陆地热带雨林,被称为"海底雨林"和"生物多样性保存库"。海岛及其周边海域生物资源独特,如辽宁省的黑脸琵鹭和斑海豹、山东省的耐冬、河北省的河北杨、浙江省的鹅耳枥、广西壮族自治区的红树林以及海南省的珊瑚礁和中国鲎等(国家海洋局,2017)。

具体来说,海岛保护与利用管理工作主要包括以下5个方面。

(一)海岛整治修复

实施严格的生态红线制度,将需要特别保护的海岛纳入生态红线区域,实施严格的保护措施和环境准入制度。加快推进海岛监视监测系统建设与运行,基本掌握海岛自然形态变化和开发利用动态。开展海岛资源环境承载力监测预警评估,完善监测预警制度和指标体系,对超载地区实施严格的限制措施。保护海岛生态系统、生物物种、沙滩、植被、淡水、自然景观和历史遗迹等,维护海岛及其周边海域生态平衡。对珊瑚礁等具有重要生态价值的海岛实施整岛保护,强调自然保育,保护海岛生物多样性,建成海洋生态安全节点,维护海岛生态系统的完整性。

国内在海岛整治修复工程分类方面的研究工作日趋成熟,已在整治修复技术先期研究、造价、项目实施等不同应用层面建立了相关分类体系。海岛生态整治修复技术指南中将海岛整治修复内容(工程)分为连岛坝拆除、海岸保护、岛体保护与修复、岛陆植被修复、水资源保护、潮间带与周边海域整治修复、污染处理及能源利用七大类(国家海洋局海岛管理司,2011)。海岛整治修复项目造价标准中将海岛整治修复项目类分为八大类,分别为海岛岸线整治、岛体整治修复、植被修复、周边海域修复、景观修复、交通改造、能源利用与污染处理和科学研究与管理(国家海洋局,2013)。

王娜等(2017)以海岛生态修复工程为主导因素,结合其他非针对某个生态的修复工作及改善民生相关项目工程实施等,对上述已有工程分类进行有效修正,采用分析—组合—归纳模式,提出适用于我国整治修复现状的工程分类体系,分为两级,Ⅰ级12类,Ⅱ级46类。Ⅰ级分类分别为海岛岸线整治、岛体整治修复、植被修复与构建、周边海域生态修复、景观遗迹军事设施修复、基础配套设施建设、淡水资源保护、典型生态系统和物种多样性保护、污染防治工程、可再生能源建设、科学研究与管理、领海基点保护。具体工程类型分类如表3-1所示。

表 3-1 工程分类体系

Ⅰ级代码	Ⅰ级分类	Ⅱ级代码	Ⅱ级分类
1	海岛岸线整治	11	护岸工程
		12	海堤工程
		13	沙滩整治
2	岛体整治修复	21	山体损坏修复
		22	地形平整回填
		23	泄洪通道整治
3	植被修复与构建	31	乔灌木种植
		32	植物保护
4	周边海域生态修复	41	水动力恢复
		42	养殖区修复
		43	海藻修复
5	景观遗迹军事设施修复	51	自然景观修复
		52	历史遗迹修复
		53	军事设施修复
		54	休闲设施修复
6	基础配套设施建设	61	码头及配套设施建设
		62	桥梁及配套设施建设
		63	道路及配套设施建设
		64	供水设施建设
		65	电力设施建设
		66	管理用房建设
		67	建筑物整治
7	淡水资源保护	71	水污染治理
		72	海水淡化系统
		73	雨水收集和存储系统
		74	水源涵养工程

续表 3-1

Ⅰ级代码	Ⅰ级分类	Ⅱ级代码	Ⅱ级分类
8	典型生态系统和物种多样性保护	81	红树林生态系统保护与恢复
		82	珊瑚礁生态系统保护与恢复
		83	海草床生态系统保护与恢复
		84	物种保护工程
9	污染防治工程	91	生活污水处理
		92	生活垃圾处理
		93	油污清理
10	可再生能源建设	101	太阳能利用
		102	风能利用
		103	潮汐能
11	科学研究与管理	111	监视监测系统
		112	生态调查与实验
		113	生态实验基地
		114	海洋观测站
		115	科普展示中心
12	领海基点保护	121	领海基点勘测
		122	领海基点标志设置保护
		123	领海基点保护范围选划
		124	领海基点监视监测
		125	领海基点受损修复

《中华人民共和国海岛保护法》实施后,通过中央政府转移支付,投入了大量资金,支持地方实施了120多个海岛保护项目。通过项目实施,完成岸线修复与保护70km、沙滩整治约200万 m^3、植被修复约300万 m^2,有效改善了海岛基础设施条件和人居环境。辽宁菊花岛、江苏连岛、浙江洞头岛、广东南澳岛、福建惠岛及平潭海坛岛等海岛的生态整治修复工作都取得了良好成效,在全国起到了示范带动作用。

(二)海洋生态红线制度

2016年,国家海洋局印发《关于全面建立实施海洋生态红线制度的意见》(以下简称《意见》),并配套印发《海洋生态红线划定技术指南》(以下简称《指南》),指导全国海洋生态红线划定工作,标志着全国海洋生态红线划定工作全面启动。《意见》设立和划定了各省、自治区、直辖市海岛自然岸线保有率指标,通过分级分类管理措施切实保障保有率目标的实现,并将特别保护海岛纳入海洋生态红线区。为从技术上保障全国海洋生态红线划定工作的规范性、客观性、科学性,国家海洋局同时印发《指南》,对海洋生态红线的划定原则、控制指标确定、划定技术流程、红线区识别和范围确定等进行了全面详细的规范。

(三)生态岛礁工程

生态岛礁系指生态健康、环境优美、人岛和谐、监管有效的海岛礁(赵锦霞等,2016)。"生态岛礁"工程是《国民经济和社会发展第十三个五年规划纲要》确定实施的重点工程之一,通过生态岛礁建设,逐步探索建立绿色、高效、宜居的海岛保护与开发利用模式。按照"尊重自然、保护优先、注重民生、分类建设"的原则,开展生态岛礁工程建设。使有重要科研和生态价值的岛礁得到有效保护,生物多样性得以维持,海岛生态系统退化趋势得到初步遏制,海岛特色产业得到发展,实现生态岛礁建设与海岛地区经济发展协调推进。

《全国生态岛礁工程"十三五"规划》以海岛所处气候带及资源环境禀赋为基础,结合《全国海洋主体功能区规划》《全国海岛保护规划》,立足海岛保护工作与开发利用实际,将全国海岛分为渤海区、北黄海区、南黄海区、东海大陆架区、台湾海峡西岸区、南海北部大陆架区、海南岛区和三沙区8个分区,因地制宜,实施各具特色的生态岛礁工程。针对当前我国海岛保护和开发利用现状及主要问题,按生态保育、权益维护、生态景观、宜居宜游和科技支撑五类开展生态岛礁工程(国家海洋局,2016)。

1. 保育工程

保育工程对象是珊瑚礁、鸟岛、猴岛、蛇岛及生物多样性丰富的海岛等具有重要生态价值的,尚未受损的自然生态岛和复合生态岛。此类海岛没有明显的人与自然的矛盾,部分可能处于受胁状态,具有潜在的生态安全风险。通过实施保育工程,封岛保育,开展常态化监测和跟踪调查与评价,加强保护能力建设,提升海岛的保护能力,实现保护海岛生物多样性和生态系统的完整性,岛礁生态安全关键节点的生态建设目标。蝮蛇栖息地的蛇岛、大黑山岛;斑海豹洄游路线停歇海岛猪岛、虎平岛;车由、大公岛、海驴岛、九段沙、内伶仃岛、大襟岛、涠洲岛、东岛等鸟类栖息地海岛;生物多样性极高、典型生态系统完整的南麂列岛、中街山列岛、琅岐岛等均适宜实施保育工程。

2. 修复工程

修复工程对象是由于人类活动或自然作用导致岛体、植被、岸线、沙滩、自然景观、历史和人文遗迹、珍稀濒危和特有物种及其生境等受损严重的海岛。此类海岛具有明显的受损特征,如鸟类栖息地破坏种群数量锐减、珊瑚礁生态系统退化、泥沙岛严重侵蚀等。海岛受损既有人类活动直接造成的,如侵占海岸、破坏植被;也有人类活动间接造成的,如距离大陆较近的或河口地区的海岛受人类活动影响,生态环境差;还有部分海岛受损以自然作用为主,例如海平面上升导致的海岸侵蚀加剧等。根据修复对象不同,修复工程包括受损生态系统的修复、重要自然景观修复、海岛文化遗迹保护与挖掘。对受损生态系统,应开展珍稀濒危生物与特有物种的本底调查和物种登记,建设海岛物种标本库与种质资源库,评估生态系统受损状况,实施生境修复和生态工程,实现生境重建或迁地保护,使生物多样性和生态服务功能得以恢复。对受损的重要自然景观,对可以恢复的,应制订工程修复方案,经论证后实施,对无法修复的,应制订景观维护方案,遏制景观继续受损。加强海岛文化和海洋文化的保护和挖掘工作,保护海岛历史街区、村落、特色建筑、海防遗址、航海文化遗址等。

3. 权益维护工程

权益维护工程的对象是我国领海基点所在海岛和其他重要的权益类海岛。工程目的是保障权益海岛安全。主要是开展领海基点及潜在领海基点所在海岛现状调查,划定领海基点保护范围,设立保护范围标志;建立海岛监视监测系统,开展岛体、岸滩等修复和生态化改造,研究珊瑚礁退化机理和修复技术并示范。

4. 绿色产业工程

绿色产业工程的对象是规模开发的无居民海岛,建设目标是建成产业生态岛,即促进海岛特色产业发展壮大,提升海岛对经济社会发展的贡献率的同时,把开发利用对海岛的影响降至最低,使海岛、人与自然系统的关系逐步稳定,实现平衡。规模开发的无居民海岛不同于有居民海岛,人岛主要矛盾体现在产业活动与海岛资源环境和生态容量上;同时,规模开发的无居民海岛的开发强度远远超过一般的小型无居民海岛利用活动。因此,绿色产业工程的内容是引导和调整产业结构,控制用岛规模,集约节约用岛,合理安排生产、生活、生态空间,实施清洁生产和资源集约循环利用,使海岛建设活动与岛礁自然特征相协调,实现岛屿空间资源、岸线资源、景观资源节约高效利用。由于无居民海岛规模开发尚处于发展阶段,因此绿色产业工程可作为先行工程,建设内容包含在设计和论证中,从而贯穿于海岛产业建设的设计、建造、营运和维护全过程,实现生态岛礁建设的长效管理,建成一批具有示范性的生态渔业海岛、绿色石化岛、绿色工业岛、生态旅游岛等产业生态岛。

5. 宜居工程

宜居工程的对象是有居民海岛,其目标是解决长期以来,有居民海岛基础设施不足,人居环境恶劣,海岛环境污染和生态受损的问题,实现人类活动影响减小,海岛服务功能增强,处于稳定、可持续状态,海岛居民生态文明的意识得到提升,人与自然和谐平衡。综合运用新能源、新技术、新材料等技术,开展海岛供水、能源、交通、环保等基础设施和处置设施建设,改善海岛生产生活条件;推动节能减排、循环利用在海岛的应用,提高资源利用效率,减少对海岛环境的影响;加强防波堤、护岸等防灾减灾设施建设;开展垃圾堆、草堆、废弃渔具堆等环境整治。开展生态文明建设宣传,倡导尊重自然、可持续的海岛发展观,引导海岛居民积极参与生态文明建设,积极依法抵制破坏海岛生态环境的行为。

6. 公益服务工程

公益服务工程是其他海岛生态建设工程的基础和技术支持,建设对象是科研、公益性海岛,包括生态实验基地和综合公益服务工程两类。生态实验基地是通过海岛的监测与实验,掌握海岛资源环境动态,建设必要的实验设施和实验样地,为海岛依靠科技进行生态化建设提供技术支持。综合公益服务工程旨在发挥海岛独特的生态系统特点和地理区位优势,在保持海岛生态安全与稳定前提下,完善和优化海岛监视监测、助航导航、中转急救等公益服务功能,提升海岛公益服务水平,为我国海洋生态文明建设、海洋经济和社会发展提供基本资料和基础支持。

(四)海岛保护区建设

建立自然保护区是海岛保护的主要方式之一,各类自然保护区有效地保护了海洋资源,为修复、恢复海岛及海洋生态系统发挥了重要作用。建立海洋(包括海岛)自然保护区是目前保护海洋(包括海岛)、海洋环境和海洋资源的最有效措施,加强海洋(包括海岛)自然保护区建设是保护海洋生物多样性和防止海洋生态环境全面恶化的最有效途径之一。

在中国,涉及海岛的保护区包括海洋自然保护区和海洋特别保护区两种类型。海洋自然保护区即对有代表性的自然生态系统、珍稀濒危野生动植物物种天然集中分布区、高度丰富的海洋生物多样性区域、重要自然遗迹分布区等具有特殊保护价值的海岛及其周边海域,依法设立海洋自然保护区(樊祥国,2016)。作为兼顾保护与开发的海洋保护区类型,海洋特别保护区是中国保护和持续利用海洋,实现生态效益、经济效益和社会效益的综合统一的海洋保护区管理新模式,目前已成为国家海洋行政主管部门建设保护区的主要形式(孙元敏等,2012)。

海洋特别保护区即对具有特殊地理条件、生态系统、生物与非生物资源及海洋开发利用特殊需要的海岛及其周边海域,依法设立海洋特别保护区。自然保护区核心区内的海岛,禁止开发利用(樊祥国,2016)。

为了维护海岛生态系统的稳定,合理开发利用海岛资源,中国于20世纪80年代开始海岛保护区的建设管理工作。资料显示,中国第一个海岛保护区是1980年在西沙群岛建立的东岛白鲣鸟自然保护区(环境保护部自然生态保护司,2009)。1982年,《中华人民共和国海洋环境保护法》颁布实施,随后中国海岛自然保护区逐渐进入高速发展阶段;2002年3月,中国第一个海岛特别保护区——福建宁德海洋生态特别保护区批准建立,从2005年开始,中国建立的海岛保护区绝大多数为海岛特别保护区。2010年《中华人民共和国海岛保护法》正式实施,从法律制度上规范了海岛开发利用秩序,对海岛保护区的建设和管理具有重要的指导意义。

此外,还可以建立海洋自然保护区海岛宣传教育基地,加强对海洋自然保护区内海岛的科学研究。

(五)改善海岛人居环境

海岛人居,顾名思义就是在海岛环境中形成的人类聚居地,即满足人们在海岛自然环境中生存所需要的物质实体空间与人文精神的复合空间环境,它们之间相互影响、交织,且互为载体与内涵,并体现出人与自然和谐的人居空间系统。按照空间环境属性,可将其分为海岛自然环境系统、海岛聚落人工环境系统和海岛聚落社会文化环境系统三大方面。海岛自然环境系统是指未经过人工改造天然存在的环境,可分为气候环境、水环境、地质环境、地形地貌环境等;海岛聚落人工环境系统是指在自然环境的基础上经过人工改造所形成环境;海岛聚落社会文化环境系统是指海岛居民特有的传统文化、生活习俗与生产关系,以及在此基础上形成的海岛居民之间的社会关系的总和,包括信仰文化、传统渔业生产关系、邻里关系等。

具体工作内容包括但不限于:选取部分人口较为集中的海岛建设分散型污水处理工程和固体废弃物处理工程,防止污染海岛淡水和海水资源。支持海岛淡水储存、海水淡化和岛外淡水引入工程设施的建设。采取防止台风、风暴潮、海冰和地质灾害等自然灾害侵袭的措施,保障居住安全。开发建设优先采用海洋能、太阳能等可再生能源和雨水集蓄、海水淡化、污水再生利用等技术的工程项目。完善公共基础设施,推进教育、医疗卫生、社会服务等事业发展,满足海岛居民不断提高的生活需要。

二、海岛保护与利用管理的相关法律法规

(一)国际海岛保护的相关法律法规

国际社会对于海岛保护的关注可以追溯至联合国教科文组织于1971年发起的一项政府间跨学科的大型综合性的研究计划——"人与生物圈计划"(man and the biosphere programme,MAB),其将"岛屿生态系统的生态和合理利用"列入其14个研究项目之一。之后,国际法逐渐对海岛生态保护作出一些规定。1982年《联合国海洋法公约》第208条和第214条规定,沿海国应避免其管辖下的人工岛屿污染海洋环境。但对于天然岛礁的建设活动及其环保要求未作特别规定,那么就应当适用该公约有关海洋环境保护和保全的一般性规定。

联合国环境规划署(UNEP)在1995年发起的《保护海洋环境免受陆源污染全球行动计划》中提出,"推动对岛屿管理实行生态系统办法"。2001年,该全球行动计划第一次政府间审查会议(IGR-1)通过的《蒙特利尔宣言》,更被公认为是推动海岸、海洋、岛屿生态系统管理的有效途径,这一原为指导性的计划借由政府间审查机制,成了国际法的重要内容。2015年,联合国大会第70届会议上通过的《2030年可持续发展议程》,将"保护和可持续利用海洋和海洋资源以促进可持续发展"列为其17个可持续发展目标之一,内容涵盖可持续管理、保护海洋和沿海生态系统,增加小岛屿发展中国家通过可持续利用海洋资源获得的经济收益等。

构建大尺度海洋保护区网络是制止海洋退化和进行海洋养护的关键战略。对于海岛自然保护区的法律保护而言,《生物多样性公约》的第七、八两次缔约方会议决定起到了开创性作用。在《生物多样性公约》第七次缔约方会议之前,虽然国际法已开始推动将生态系统方法(ecosystem approach)扩大适用于全球、区域、国家和地方各级海洋和沿海生态系统,但其关注点仍聚焦在森林保护区上(林灿铃和林婧,2020)。

《生物多样性公约》第七次缔约方会议决定(COP7,2004)明确指出,海洋和沿海保护区是保护可持续利用海洋和沿海生物多样性至关重要的手段之一,虽然海洋和沿海保护区的数目越来越多,但其在海洋总面积中的占比仍非常低,且多因管理(包括由于缺乏资源)、规模和所覆盖的栖息地方面存在的问题,保护区的效果欠佳。就此,该决定提出详细的保护区工作方案,要求在2008年之前,为保护区和保护区网络系统的规划、选址、建立、管理和治理制定和

通过自愿性最低标准和最佳做法,并建议缔约方将保护区管理有效性评估的结果写入《生物多样性公约》下国家报告。自本次缔约方会议开始,几乎历次决定都设立了"保护区"专章。

《生物多样性公约》第八次缔约方会议决定(COP8,2006)更是将"岛屿生物多样性"列为首要议题,强调了岛屿生态系统的特殊性,开始留意到岛屿外来侵入物种问题,也注意到"从有岛屿的国家到全部由岛屿组成的国家,生物多样性的养护和可持续利用都会遇到机遇和挑战",提议将岛屿作为空间规划单位并建立全球岛屿伙伴关系,配套相应的工作方案,包括每个岛屿生态区域至少10%得到有效养护,通过全面、有效管理生态上有代表性的国家和区域保护区网络,使对生物多样性特别重要的岛屿地区得到保护等。并吁请在地方、国家和国际各级,评估、建立和执行各种养护融资机制,吁请全球环境基金积极处理执行岛屿生物多样性工作方案所需的资金。强调与《关于特别是作为水禽栖息地的国际重要湿地公约》《保护世界文化和自然遗产公约》等其他多边公约联络,并调整针对岛屿保护区的技术和财政资助。同时注意建立岛屿保护区网络并将适应气候变化的措施纳入其中,甚至鼓励酌情建立符合《联合国海洋法公约》的跨境海洋保护区。自本次缔约方会议开始,几乎历次决定都设立了"岛屿生物多样性"专项。

另有《国际湿地公约》第十三次缔约方会议(COP13,2018)决定,其中《加强沿海海龟栖息地的保护以及作为国际重要湿地的关键区域的指定》(Resolution Ⅷ.24),将不少海岛指定为国际重要的海龟栖息湿地保护区。

国外在海岛保护管理的体制上,有综合管理、行业管理、分类管理。其中分类管理又包括有海岛和海岸带生态系统的恢复与管理、信息系统管理、生态环境管理、数字海岛管理。国外对海岛的立法目标设置上,主要有开发和保护两种。以海岛开发作为立法目的的国家有日本、韩国、澳大利亚。以海岛保护作为立法目的的有美国、加拿大、澳大利亚。澳大利亚根据海岛的特殊性兼用这两种目的。

在海岛生态保护上,其管理机构的设置大体有两种类型:一种是建立中央和地方两级综合管理机构。美国加州建立海岸带委员会及地区委员会两级综合管理机构;另一种是建立独立的海岛综合管理机构负责环保工作。澳大利亚建立独立的大堡礁海洋公园管理局。在海岛生态环境保护的制度上有环境影响评价制度、海岸工程许可制度、海岛减灾防灾制度、环境污染防治制度和海岛自然保护区制度。几个典型的海岛自然保护区有澳大利亚大堡礁自然保护区、澳大利亚劳德哈伍岛海洋公园、荷属博内尔岛国家海洋公园。在海岛生态保护的具体措施上,美国根据造成生态环境损害的污染源,从介质上进行专门立法。日本侧重于污染治理,走了先污染、后治理的道路。韩国针对不同的规划采用不同的环境保护级别:保护海域,开发调整海域,港湾管理海域,准保护海域。

(二)国际海岛利用管理的相关法律法规

国外在海岛管理模式上,英国采用松散型多头共管,英国皇家地产管理委员会下设海洋地产委员会,经营海洋地产,工贸部负责石油开采,环境部负责协调,农渔食品部负责渔业资源,地方政府负责监管制约;美国采用的基本是综合管理模式,将海岛归于海岸带管理,由国家海洋与大气局及其下设机构管理,并专门成立海岛事务管理机构;加拿大采用中央和地方分管,海岛和土地管理一致,联邦政府负责联邦公有海岛,省政府负责省公有海岛;韩国采用混合模式,对待开发的海岛,由行政自治部长官根据直辖市长、道市长或道知事申请,经过岛屿开发审议委员会的审议,予以制定。制定后由市长、道知事负责管理。没有被指定的岛屿由土地管理部门负责;日本对海岛的管理由政府负责,首先由内阁总理大臣听取国土审议会的意见,之后由有关都道府县知事制定海岛振兴计划并报内阁总理大臣,由内阁总理大臣听取国土审议会的意见后最终确定海岛振兴计划,由都道府县知事负责组织实施。

具体而言,海岛综合管理的法律制度,主要涉及以下几方面内容。

(1)对于海岛的登临,各国区别海岛的不同类型,分别作出不同规定,大致可分为允许随意登临、要求登临许可两种情况。大部分海岛,特别是有居民海岛,对外来人员的登临都没有特殊限制。有些海岛因自然环境优美,或岛上存有历史文化遗迹,大力开展旅游业,将旅游作为海岛的一项重要经济来源,在岛上建有旅馆或别墅,对外出售或出租,并加强宣传以招徕游客。此类海岛对登临都采取了开放宽松的制度,除个别岛屿对游客有开放季节与开放时间的限制之外,不存在其他特殊的限制。这类岛屿数量很多,例如,美国北卡罗来纳州的巴德海德岛(Bald Head Island)、新西兰的怀赫科岛(Waiheke Island)等。对于一些比较特殊的岛屿,不允许外来人员随意登临,要登岛需要获得主管机构的许可。还有些岛屿即使对外开放,对外来人员包括游客的活动范围也有一定限制,有些领域禁止涉足。之所以如此规定,往往是因为岛上设有自然保护区或特别保护区,或者虽未设保护区,但在海岛上存在着某些珍稀的动物或植物,或者是岛上保存有珍贵的历史文化遗迹,为了保护这些珍稀物种或历史文化遗产,对外来人员登岛进行一定的控制,以防止游客过多,影响此类特殊海岛的生态环境或历史遗迹,造成难以弥补的损失。

对待开发的岛屿,韩国和日本都是由政府及各级行政官员作为主管机构负责实施开发。澳大利亚采用专门管理,针对一些面积大、资源丰富、有常住人口的特殊海岛采用不同的管理模式:对劳德哈伍岛设立劳德哈伍岛委员会(Lord Howe Island Board),负责管理岛上的日常事务。委员会的决策原则上采取多数裁决制,实行集体决策;对于弗雷泽岛(Fraser Island),联邦政府与昆士兰州政府于1997年进行联合管理。并建立了一系列管理机构,包括弗雷泽岛行政理事会、管理委员会、科学咨询委员会等;对诺福克岛实行行政长官负责制,岛上设政府具有法人资格,能以自己的名义起诉和应诉。岛上设行政长官负责行政管理,同时设执行理事会。

在海岛规划制度上,英国共有五级规划;加拿大三级;美国四级;日本海岛规划与土地规划不可分。海岛开发许可制度,英国、日本采用许可制,美国还需要海岸带使用许可证。马尔代夫对海岛上建筑物的建设也实行审批制。美国、英国、澳大利亚、日本、韩国都实行海岛土地登记制度。

海岛征用是国家为公共目的强制取得原海岛权利人的权利并给予合理补偿的一种行政行为,是各国海岛管理制度中的重要组成部分。这一制度在美国称为"最高土地权"的行使,英国法律中称为"强制收买",法国、德国法律中称为"征收",日本法律中称为"土地收用"或"土地收买",韩国称为"土地收用"。

(三)国内海岛保护的相关法律法规条例

我国海岛生态保护立法经历逐步推进的过程。1949年后,海岛的保护和管理主要参照国家相关法律;20世纪80年代开始,沿海地区相继出台政策和措施,鼓励海岛的生态保护和开发利用;同时,在土地、矿产和渔业等涉海法律,尤其是海洋环境保护和海域使用管理等立法中,加强了对海岛的保护和管理。

2010年3月,《中华人民共和国海岛保护法》正式颁布实施,标志着我国将海岛保护和管理纳入法制轨道,对海洋事业发展具有里程碑式的意义,即维护国家主权、领土完整和国家海洋权益,填补海岛保护法律空白,完善海洋法律体系,开创我国海岛保护和管理新格局。《中华人民共和国海岛保护法》颁布实施后,原国家海洋局和沿海地区相继出台配套政策、制度和标准,确保法律的贯彻落实,初步建立较完善的海岛保护和管理体系。

随着2010年《中华人民共和国海岛保护法》的施行,我国海岛保护与合理开发利用有了法律依据。2012年,国务院批准了《全国海岛保护规划》。2015年,中共中央、国务院印发《生态文明体制改革总体方案》,提出要"确定近海海域海岛主体功能,引导、控制和规范各类用海用岛行为"。2016年,国家海洋局在《全国海岛保护工作"十三五"规划》中提出"五大发展理念",要求在维持海岛生态空间稳定、生物多样性和推动社区共建共享等工作任务中将"生态+"贯穿始终。2017年6月,国家发展和改革委员会、国家海洋局联合发布《"一带一路"建设海上合作设想》,强调"保护海岛生态系统"。2017年11月我国修订的《中华人民共和国海洋环境保护法》重申对海岛应采取严格的生态保护措施。2019年,中国首次提出了"海洋命运共同体"重要理念,倡导国际社会共同保护海洋生态环境,题中之义自然也包括保护海岛生态环境。这不仅需要我国的倡导与践行,还需要借助国际合作与国际环境法的力量,应对海岛生态危机、加强海岛生态保护。

2022年,生态环境部、国家发展和改革委员会、自然资源部、交通运输部、农业农村部、中国海警局联合印发《"十四五"海洋生态环境保护规划》(以下简称《规划》),对"十四五"期间海洋生态环境保护工作作出了统筹谋划和具体部署。"十三五"以来,各有关部门和沿海地区认真落实党中央、国务院决策部署,渤海综合治理攻坚战阶段性目标任务圆满完成,陆海统筹的近岸海域污染防治持续推进,"蓝色海湾"整治行动、海岸带保护修复工程等深入实施,海洋生态环境总体改善,局部海域生态系统服务功能明显提升。但我国海洋环境污染和生态退化等问题仍然突出,治理体系和治理能力建设亟待加强,与美丽中国建设目标和人民群众对优美海洋生态环境的需求相比,仍有不小的差距,需要在已有工作基础上保持方向不变、力度不减,进一步推进和加强海洋生态环境保护工作。《规划》按照党中央关于统筹污染治理、生态保护、应对气候变化的总体要求,从5个方面部署了相关重点工作:一是强化精准治污,以近岸海湾、河口为重点,分区分类实施陆海污染源头治理,深入打好重点海域综合治理攻坚战,陆海统筹持续改善近岸海域环境质量;二是保护修复并举,坚持山水林田湖草沙一体化保护和修复理念,更加注重整体保护和系统修复,着力构建海洋生物多样性保护网络,恢复修复典型海洋生态系统,强化海洋生态监测监管,提升海洋生态系统质量和稳定性;三是有效应对海洋突发环境事件和生态灾害,加强海洋环境风险源头防范,全面摸排重大海洋环境风险源,构建分区分类的海洋环境风险防控体系,加强应急响应能力建设;四是坚持综合治理,系统谋划和梯次推进海湾生态环境综合治理,强化"水清滩净、鱼鸥翔集、人海和谐"的美丽海湾示范建设和长效监管,切实解决老百姓反映强烈的突出海洋生态环境问题;五是协同推进应对气候变化与海洋生态环境保护,开展海洋碳源汇监测评估,推进海洋应对气候变化的响应监测与评估,有效发挥海洋固碳作用,提升海洋适应气候变化的韧性。《规划》按照构建现代环境治理体系等要求,从4个方面提出了相关重点任务和支撑保障措施:一是健全完善海洋生态环境保护法律法规和责任体系,推进陆海统筹的生态环境治理制度建设,加强海洋生态环境监管体系和监管能力建设,建立健全权责明晰、多方共治、运行顺畅、协调高效的海洋生态环境治理体系;二是以科技创新为驱动和引领,着力补齐基础性、关键性支撑保障能力,推进国家、海区和地方海洋生态环境治理能力的整体提升;三是践行海洋命运共同体理念,促进海洋生态环境保护国际合作,切实履行海洋生态环境保护国际公约,积极参与全球海洋生态环境治理;四是明确了加强组织领导、加大投入保障、严格监督考核、加强宣传引导等组织保障措施。

(四)国内海岛利用管理的相关法律法规

我国最早有关海岛的立法大多数是有关海洋权益的规定,它们分散于1958年《中华人民共和国政府关于领海的声明》《中华人民共和国领海及毗连区法》《中华人民共和国专属经济区和大陆架法》等法律之中。从20世纪80年代开始,随着改革开放的不断深入,情况开始发生变化,沿海地区和社会各界逐步认识到海洋空间广阔、资源丰富,具有巨大的社会经济价值,其中海岛作为海洋开发建设的重要基地,成为关注的焦点(王忠,2006)。此时,有关海岛环境保护及资源利用的法律虽未作出专项立法,但是在《中华人民共和国海洋环境保护法》《海洋自然保护区管理办法》《中华人民共和国自然保护区条例》等法律法规中对海岛保护作了相关规定。此时,有关海洋环境保护及资源利用的法律虽未作出专项立法,但是在《中华人民共和国海洋环境保护法》《海洋自然保护区管理办法》《中华人民共和国自然保护区条例》等法律法规中对海岛保护作了相关规定。

1986年,国家经济贸易委员会提出了意见,关于进一步开发利用建设海岛的指导方针,要求因地制宜,只有在通过实地开展调研工作后,方能制定开发利用海岛的总体部署和规划,当前掌握的认知还不够全面具体。1987年,国务院及国家海洋局等部门坚定指出评估中华人民共和国成立以来海岛开发利用成果和进行全面开展海岛调查的必要性。随后在1988年,我国为全面开展海岛调查实验,分3批建立了无居民海岛开发利用试点。1996年,我国开始执行《联合国海洋法公约》,20世纪末,又制定了"大海洋"和"海洋强国"战略,并相继通过了相关议程与计划,以上内容也是我国海洋开发、保护、发展的指导方针和行为准则。2002年《中华人民共和国海域使用管理法》确立了海域功能区划的制度。同年9月,《全国海洋功能区划》出台,它进一步完善了我国管辖海域使用准则,也首次对海岛的相关使用情况作出了规定。2003年国家海洋局、民政部、总参谋部联合发布了《无居民海岛保护与利用管理规定》,这是我国第一部关于无居民海岛管理的制度,标志着中国无居民海岛管理已逐步纳入法制化轨道。2007年《中华人民共和国物权法》的颁布实施也为海岛权益保驾护航。2007年,国家海洋局细化了关于海岛保护规划编制以及海岛特别保护规定。2008年,由国家海洋局发布了著名的

"海十条",目的在于拉动内需,与其无序开发、破坏生态,不如对可供开发的无居民海岛进行规划,吸引民间资本的参与。2010年3月1日《中华人民共和国海岛保护法》,强调从经济层面上加大对海岛及其周边海域生态系统的保护以及有效利用。这是我国首次以立法的形式对海岛进行保护与管理,这对进一步加强无居民海岛保护与管理,规范海岛的开发利用秩序具有重要的意义。2010年10月18日,中共中央第十七届五中全会通过《关于制定国民经济和社会发展第十二个五年规划的建议》,并将"扶持边远海岛发展"列入该建议,"偏远海岛开发利用工程"被列入《全国海岛保护规划》十项重点工程之一,可见我国对海岛开发保护和管理的关注程度日益升级。2011年,在全面调查无居民海岛是否达到开发标准后,国家海洋局公布了《首批无居民海岛开发名录》,此次共公布了涉及8个省区、176个可供开发的无居民海岛,同时将开发利用的最长年限规定为50年。2016年,国家海洋局出台《全国生态岛礁工程"十三五"规划》,对海岛生态实施综合管理,以生态岛礁工程,推动海岛生态系统健康、生态服务功能强化、资源利用科学高效发展。

2010年8月1日起实施的《无居民海岛使用金征收使用管理办法》明确了我国实行无居民海岛有偿使用制度,无居民海岛使用权通过申请审批、招标拍卖等方式出让给个人或机构后,使用权人须在一定期限内缴纳海岛使用权出让最低价款,拒不缴纳的将被所属海洋主管部门依法无偿收回,使用金的征收主要用于海岛生态环境的保护、管理以及修复。2010年12月,国家海洋局印发了《无居民海岛使用权登记办法》,规范了无居民海岛使用权登记的流程,加强了使用权管理工作,目的在于保障使用权人的权益。2011年4月20日《我国无居民海岛使用申请审批试行办法》由国家海洋局制定发行,办法包括了审批权限划分、申请审批程序、审理内容以及其他事项。第一部分划分了专属国务院批准的8类用岛以及省、自治区、直辖市人民政府负责除8类用岛外无居民海岛使用的审批;第二部分规定了申请审批的程序,包括申请受理、下发批准、征收使用金、登记发证等各项职能的归属部门,避免了权责混乱;第三部分包括申请审批人应提交的材料以及审查部门应重点审核的内容;第四部分补充规定了公示、后续管理修复等。需要注意的是,在《中华人民共和国海岛保护法》颁布之前已经获得审批通过的项目,如果符合海岛整体保护规划布局的,只需要县级以上政府补编利用规划,由国家海洋局或者省级海洋主管部门补办使用手续,补缴无居民海岛使用金差价后,即可领取无居民海岛使用权证书。2015年,为了进一步科学合理开发利用无居民海岛,国家海洋局出台了《无居民海岛保护和利用指导意见》和《无居民海岛用岛区块划分意见》,对地形地貌、海岸线、动植物资源、淡水、人文遗迹及公益设施的保护和利用及废弃物的处理提出了要求与具体操作,积极倡导新能源新材料的广泛应用,规范用岛秩序,以工程设计标准为主要依据,参考行业规划编制,将无居民海岛划分为15种用岛区块,避免重叠利用,保持相对完整性。

近年来,无论是国家还是地方都在不断出台与海岛开发利用和保护相关的法律制度。以上海市为例,上海市海域面积不大,约有9000 km^2,但岛屿资源较丰富,拥有大小岛屿24个,岛屿岸线总长577 km,拥有港口航道、湿地滩涂、渔业、滨海旅游、风能潮汐能等海洋资源。上海市海岛开发中存在海岛开发速度快、发生环境灾害概率高;海岛开发缺乏合理规划,资源利用率较低;海岛开发规章配套不完善,监管能力薄弱等问题(李丕学和何金林,2011)。目前,上海市出台的海岛发展规划规范性文件有《上海市主体功能区规划》《上海市海洋功能区划

(2011—2022年)》《上海市无居民海岛、低潮高地、暗礁标准名录》等。这些配套规章使得上海市的海岛管理工作有法可依,有章可循。2015 年,上海市政府出台《上海市海岛保护规划》,通过强化海岛分区分类管理,实施海岛保护重点工程项目,为上海市海岛保护与开发利用提供科学指导,为海岛综合管理科学化、规范化和法制化提供规划引领,服务上海经济社会可持续发展。《上海市海岛保护规划》指出,海岛是上海市保护海洋环境、维护生态平衡的重要平台,是捍卫国家权益、保障国防安全的战略前沿,也是适度拓展陆域发展空间的重要依托。目前,上海市已初步形成配套海岛地方法律体系。

三、海岛保护与利用管理案例

(一)国外典型海岛保护模式

1. 利益相关者主导型保护模式——以圣地亚哥岛为例

优化岛屿生态系统管理的关键是确保不同核心利益相关者充分、自觉地参与管理,能够计划、协调、监督或控制土地利用的决策者(规划者、立法者和管理部门)并非实际土地利用行为的执行者(土地主及土地主协会)。由于各利益相关者在管理中的决策和执行能力不同,导致决策范围和执行范围之间的矛盾,往往会对双方造成负面影响(Cárcamo and Gaymer,2013)。因此,让所有决策者在早期阶段参与进来,有利于更好地了解岛屿综合管理方法和预期结果。

圣地亚哥岛位于北大西洋东南部,马尤岛以西 40km,福古岛以东 50km,距西非海岸约 640km,佛得角首都普拉亚位于圣地亚哥岛东南岸,为西非岛国佛得角领土。地理位置15°04′N,23°38′W,面积 992km^2,人口约 27 万人,人口密度为 272 人/km^2。圣地亚哥岛为火山岛,岛内山地沟深谷曲,部分沟谷有常流水源,最高峰海拔 1392m。海岸陡峭,多礁、石,偶有小海滩分布。高山区和部分谷地植物繁茂,而其他区域植物则难以生存。圣地亚哥岛属热带沙漠气候,年平均温度 25℃,年降水量 100~300mm。岛屿生物相独特,生息着诸多特有种动物和植物。圣地亚哥岛是佛得角共和国农业最发达的岛屿,主要作物为玉蜀黍,还产香蕉、咖啡、棕油、甘蔗、蓖麻等。圣地亚哥岛地区人地关系紧张、生态环境脆弱。土地利用类型变化是影响生态系统服务变化的最重要因素,而人口和经济的增长是生态系统服务变化最主要的驱动力。

圣地亚哥岛生态保护突破岛上居民的单一身份,树立其普通公民、政治家、投资者或开发商等多重身份。对于特殊参与者群体,重点考虑个体和组织行为的动机。这些动机取决于参与者的利益理念,在根本上与其每次执行或决策所能获得的(物质或非物质)利益有关。在岛屿可持续发展过程中,涉及利益相关者人数众多,管理决策必须充分发挥民主,协调好所有社会成员的多元利益、目标、理念和预期,因此圣地亚哥岛引入基于利益相关者的心理模型,实现岛屿生态系统保护与管理的契约化、问责制、有偿性。契约化主要通过与不同类型的利益相关者建立不同形式的协议,明确责任、赔偿、问责和担保方式,确保不同订约人能够明确与控制全部事项;责任制强调实施既定限令、禁令或约束,建立综合模型和仿真系统,确保利益相关者之间及其与管理部门之间建立信任关系;有偿性主要通过创立一种重复估价方法,达到对成本、收益或最终补偿(如对非商品产出的补贴或支付)的准确认识。建立有效的激励和约束机制能够改变现行的土地利用方式,提升土地利用效率,同时可以通过外部约束(如耕地保护)来倒逼岛屿土地利用效率提高。

岛屿资源极其有限,对其进行协商式管理尤为重要。圣地亚哥岛通过统一采集岛屿系统样本信息,运用综合参考系统对资源管理方案进行反复评估,确保全部利益相关者积极参与,优化各个地区、各个时期的管理方案。同时,有利于形成长期有效的岛屿系统资源评价体系。协商管理不仅是极为关键的保护策略,而且对减轻公民压力、提供交流和沟通渠道、实现公民参与管理具有重要意义。此外,公民参与岛屿管理和发展,不仅保障公民权益,还保障岛屿的自治权、独立性和文化特性。

2. 政府主导型保护模式——以科尔武岛为例

科尔武岛是亚速尔群岛最小的岛屿,为葡萄牙探险家迪奥戈·特维于1452年前后发现,在北大西洋中东部亚速尔群岛的最北端,南距弗洛里斯岛(Flores)仅16km。位于$39°42'6.75''N$,$31°6'6''W$,长6.3km,宽4km,面积$17.13km^2$,最高点戈多峰,海拔718m。科尔武岛行政上属奥尔塔市,是举世闻名的观鸟天堂,是燕鸥、海鸥和斑鸠等众多鸟类的家园,也被联合国教科文组织认定为世界生物圈保护区。科尔武岛自16世纪确立以来,经济发展主要围绕畜牧业和农业。而近年,经济基础趋向多元化,20世纪70年代逐步开始捕捞藻类,80年代商业性渔业逐渐普及,90年代之后旅游业开始发展。但科尔武岛拥有目前亚速尔群岛范围内规模最大的沿海保护区,总占地面积约$257.4km^2$。

科尔武首个自然保护区建立于20世纪90年代,保护区范围包括海岸和海洋部分。1993年亚速尔地方政府为避免帽贝贸易走向崩溃而采取的区域政策之一,就是在各岛包括科尔武岛依法成立帽贝沿海保护区。亚速尔群岛大学提供了科尔武帽贝保护区建设范围划定的基础科学数据。20世纪90年代初,欧盟(EU)的环境政策也促成了科尔武海洋保护区的建立,"栖息地指令"为在全欧洲范围内建立自然保护区网络提供法律基础,其中亚速尔群岛部分由地方政府主导、由欧盟委员会负责监督。1990年,根据欧盟"鸟类指令"(NATURA2000),首个科尔武岛海岸、海釜特别保护区(SPA)成立,成为第一个为多种海鸟提供保护的海洋保护区;1998年,科尔武岛建立第一个由2个总占地面积为$156hm^2$的海区组成的重要社群场址(SCI),为NATURA2000重要栖息地和科尔武海洋场所提供法律保护。这类保护区的特点是当地社区不需大量投入资金或人力,只需及时了解政府作出的相关决策。

伴随各类环保项目的开展,欧洲大陆可利用的环境保护资金越来越充足,研究者们得以投入更多的精力研究亚速尔群岛海洋环境。这些研究项目的开展促进了监测方法的标准化、海洋保护区设计基础数据的收集和首次社区宣传的举办,同时使发展当地社区和研究人员之间的合作关系成为可能。尤其是地方政府和亚速尔大学制定的MARE项目(1998—2003年),其目标是为NATURA2000的沿海和海洋区域制订管理计划,包括科尔武的SCI和SPA。

MARE项目之后,亚速尔地方政府致力于建立综合性自然公园,以促进国际对科尔武岛海洋保护的认可和支持。2006年,如MARE项目所提议,亚速尔地方政府批准建立科尔武地区自然公园的法规,但由于政府意识到需审查包含自然公园在内的保护区网络的相关法律体系,地区自然公园的名称没有生效。2008年,科尔武岛自然公园依法成立,其海洋区块被纳入"科尔武岛资源管理海岸保护区"的海洋保护区范畴,该海洋保护区的目标包括生物多样性保护、资源管理促进可持续利用和推动区域可持续发展。2009年,海岛自然公园建设全面启动,初期工作包括任命主管、配置资源、开展公园管理和咨询议会,后期陆续有来自地区、地方政府和主要利益相关者的代表加入。政府立法规定,所有海事活动必须经海岛自然公园许可,并颁布一些限制条款,包括禁止长线垂钓、拖网、深水张网和10m以上船只进入保护区水域。这些条款可以有效限制大型渔船在海洋保护区范围内作业,但并不影响小规模渔业发展。

科尔武岛自然公园的保护措施科学、目标清晰,包括海洋生态保护和海洋资源可持续利用。科尔武岛自然公园将亚速尔群岛最大的海洋保护区包含在内,其取得成功的关键因素主要包括:①保护能力得到著名国际机构认可与支持;②法律效力得到强大法律基础保障;③构成大面积保护海洋环境的海洋保护区网络的一部分。

3. 社区化管理主导型保护模式——以所罗门群岛为例

所罗门群岛位于澳大利亚东北方,巴布亚新几内亚东方,是英联邦成员之一。地理位置在南纬5°—12°、东经155°—170°,陆地总面积共有28 450km²,由瓜达尔卡纳尔岛、新乔治亚岛、马莱塔岛、舒瓦瑟尔岛、圣伊莎贝尔岛、马基拉岛(圣克里斯托瓦尔岛)、圣克鲁斯群岛和周围许多小岛组成。全国分为中部群岛、乔伊索、瓜达尔卡纳尔、霍尼亚拉(首都直辖区)、伊莎贝、马基拉岛、马莱塔岛、拉纳尔和贝罗纳、泰莫图、西部群岛9个省,总人口约57万人,人口密度为18.1人/km²。大多数人口以务农、捕鱼和种植为生,国民经济以种植业、渔业和黄金开采为主。所罗门群岛实施以渔业为生的社区化管理,赋权社区管理(或与其他主体共同管理)当地海洋资源的立法和政策,且社区化管理法往往在非政府组织的环境活动中占据主导地位。

近海渔业和海洋资源作为所罗门群岛社区成员每日蛋白质和微量元素的来源,也是主要资金收入来源之一,在农业经济和民生中发挥着重要而独特的作用。社区主要以块根作物(如木薯、甜马铃薯)或进口食品(主要为大米)为生,而动物性食品主要来源于近海海洋资源。面临人口增长、气候变化和资源退化等严峻挑战,所罗门群岛政府将保护近海海洋资源作为确保食品安全的核心策略,同时强调社区化资源共同管理是实现"2020年近海渔业和水产资源安全可持续"的核心内容。共同组织、构建社区支持的合法体系被公认为是社区化资源管理和治理得以延续的关键。

所罗门群岛社区的传统资源利用和管理制度为部落和部族掌管土地和海洋,而社区成员服从于部落首领或社区领袖。资源所有者可以(不同程度地)将资源授予广泛社区。对所有社区而言,规则很简单——除一年中特定时间点暂时解除封锁、允许捕捞外,禁入捕鱼场所,禁用渔具。在大多数情况下,禁令只对部分捕鱼场所或渔具使用局部范围产生影响。

对于海岛生态系统以及海岛周边资源而言,多中心、分散型管理方式比传统的集中式管理更适用于生态系统及资源综合管理。尤其适用于执法财政与人力资源有限、下辖偏远农村社区的海岛国家或地区。以社区化管理法为典型代表的分散型管理,能够根据地点和形势及时调整,具有高度灵活性和适应性。因此,赋权社区管理成为海岛保护及其周边资源管理的重要手段。资源社区化管理的影响因素包括：资源管理流程合法性；社区对资源管理支持程度；资源利用规则的存在与性质。首先，合法性对确保制度生效至关重要。社区成员对地方治理和规则制定机构的配合度主要取决于自身对其合法性的认识和判断。其次，资源社区化管理的制度化和持续推进作为集体化行动，没有广泛的社会支持是不可能成功的。集体化行动除了要求各参与方之间有一定程度的相互信任和社会资本，还要求其支持和认同集体化行动任务。然后，以公开规则与标准的形式明确告知社区居民在海岛生态系统及其周边资源利用与保护过程中什么能做、什么不能做，以及不遵守规则所可能产生的后果，以规范社区居民海岛开发与保护行为。最后，社区还需要积极学习、响应和妥善管理海岛生态系统的动态反馈，海岛开发利用与治理保护必须与当地海洋地理、生态相匹配。

（二）国内海岛生态保护和开发利用模式

1. 保护修复型——南麂列岛

针对资源环境独特且不可再生的海岛或领海基点海岛，须划定保护"红线"，建立保护区，维护海岛生态平衡；对于生态环境破坏已较严重的海岛，须及时采取修复措施，促进海岛生态系统良性循环。通过保护区建设，形成基于生态管理的海岛生态保护和开发利用模式。

以南麂列岛为例。南麂列岛位于浙江省温州市，自然环境优越，适合多种海洋生物栖息、生长和繁殖，有贝类400多种、藻类170多种和鱼类390多种；贝类和藻类均占我国海洋贝藻类总数的20%以上，且有30%的贝藻类为我国沿海分布的北限和南界，体现出良好的生物多样性和稀缺性。南麂列岛是我国海洋贝藻类的天然博物馆、基因库以及"南种北移、北种南移"的引种过渡驯化基地，被誉为"贝藻王国""海上神农架"，被公认在全球海洋生物多样性保护和持续利用方面占有重要地位。

南麂列岛海洋自然保护区是我国首批5个国家级海洋自然保护区之一，以海洋生物多样性为保护目标，保护对象为海洋贝藻类、鸟类、水仙花和海岛生态环境。1998年《浙江省南麂列岛国家级海洋自然保护区管理条例实施细则》中，明确一级保护区（核心区）实行封闭式管理，二级保护区（缓冲区）和三级保护区（试验区）实行保护和利用相结合的方式，并详列二、三级保护区禁止采捕的贝类、藻类和其他珍稀海洋生物种类，为保护区的保护和修复提供详细的政策依据。

此外，通过开展保护区人员管理技术培训以及加强保护区基础设施和科研能力建设，为实现保护目标提供保障。多年来，南麂列岛海洋自然保护区遵循保护为主、适度开发的原则，允许渔民向保护区管理局书面申报登记，在领取准予生产许可证后，在二、三级保护区海域按规定的时间、范围和采捕品种作业。保护区于2011年建立生态补偿制度，从旅游收入中落实近60万元作为岛上居民的生态补偿金，以协调保护与开发利用的关系。

1980年全国海岸带资源试点调查时，南麂列岛各离岛潮间带石沼和大干潮线附近岩礁均有铜藻分布，但1992—1993年调查时已不多见，至2003年多处已无铜藻。通过开展铜藻场生境修复工程，对重建的2个面积在100m^2的海藻场进行调查评估，在修复海区礁石上发现生长良好的铜藻幼苗，最大密度达100棵/m^2，基本达到修复的目的（彭欣等，2012）。

2. 生态利用型——獐子岛

海岛"渔、景、港"资源优势突出,是海洋经济发展的内在动力。对有居民海岛而言,生态利用更能体现可持续发展的理念以及人与自然和谐共存的要求。发展生态产业可降低对海岛生态环境的影响,逐步实现经济效益、社会效益和生态效益的统一。如提高渔业资源配置中的经济含量和科技含量,优先发展休闲渔业、创汇渔业和生态渔业;打造特色旅游项目,合理确定海岛旅游环境容量,建设生态旅游岛等。

以獐子岛为例。獐子岛位于辽宁省大连市长山群岛的最南端,由獐子岛、褡裢岛、大耗子岛和小耗子岛4个岛屿组成。獐子岛周边海域广阔,鱼、虾、贝、蟹、藻等渔业资源十分丰富,盛产鲍鱼、海参和扇贝等海珍品,是著名的"獐子岛海参"的原产地,素有"海上大寨"和"黄海明珠"之称。目前獐子岛以海水增养殖为主导,以水产品加工、国内外贸易、海岛旅游和海上运输等为辅助,已形成多元化结构的产业链。

獐子岛因地制宜发展海水增养殖业和海岛旅游业,建成规模化和标准化的世界级现代海洋牧场,覆盖海域面积1600km^2。近岸海域10m内水深的人工鱼礁为大型海藻繁殖、鱼类产卵以及仔稚鱼、鲍鱼和海参生长提供适宜环境,40~50m水深的人工鱼礁为大型鱼类索饵以及幼鱼生长和越冬提供优良场所。根据各海区历年虾夷扇贝的生产状况以及环境和生物等的分析数据,獐子岛海洋牧场采取"识别、避让、容量、良种、标准"5项适应性管理措施,即划分海域等级、避让不适合底播区域、尊重生态养殖最大容量、选择适宜良种开发和全流程标准追溯,实现年提供优质虾夷扇贝超过5万t,被誉为"世界海底银行"。

一方面,獐子岛构建以科学家团队技术为支撑的种业平台,研发"海大金贝"和"獐子岛红"虾夷扇贝、三倍体单体牡蛎、"大连1号"杂交鲍以及"斑马蛤"菲律宾蛤仔等系列新品种,并大力开展产业化推广。另一方面,獐子岛重视环境保护和生态建设,倡导渔业节能减排,建立虾夷扇贝、海带、鱼类、皱纹盘鲍和刺参等品种的立体循环养殖模式;建立完善的北黄海海洋环境监测体系,岛上禁止养殖畜禽且无工业污染源,生活垃圾全部压缩运送出岛,海水始终保持一类水质标准。并且重视科学规划和管理,编制生态海岛建设规划。基于对确权海域底质、环境、养殖容量和生态容量等认知的不断深入,加强对海域环境即时监控和预警预报、虾夷扇贝大规格苗种三级育成、深水贝类底播增殖、无害化高效采捕以及贝类增殖食品安全管控等产业关键技术和共性技术的集成,对确权海域实施科学有效的功能区划。基于功能区划,现已建成综合底播增殖示范区,主要包括虾夷扇贝增殖区、鲍鱼增殖区和刺参增殖区等,实现产业和生态的和谐发展。

3. 绿色开发型——舟山群岛

针对面积较大、区位条件优越、港口岸线资源丰富和基础设施建设较好的海岛,应充分发挥其天然良港的优势,引导发展绿色工业和港口贸易等。多措并举,探索绿色、协同的海岛生态发展之路。

以舟山群岛为例。舟山群岛是我国面积最大的群岛,海岛数量2092个,素有"东海鱼仓"之称,且港湾众多、航道纵横,是我国为数不多的天然深水良港。2011年舟山群岛新区成立,2012年舟山港综合保税区成立,2015年中国(浙江)大宗商品交易中心成立,2016年中国舟山江海联运服务中心和2017年中国(浙江)自由贸易试验区成立,为舟山群岛新区发展大宗商品储存、中转和贸易以及燃料油供应等现代海洋服务产业提供了优越的政策条件和发展平台。

舟山群岛背靠长三角地区广阔的经济腹地,具有辐射长江经济带和对接"21世纪海上丝绸之路"的区位优势。20世纪90年代前,舟山群岛以渔业为主,产业单一且层次低。21世纪以来逐步确立经济发展战略,不断调整和优化产业结构,形成以港口物流、绿色临港工业、海洋旅游和海洋渔业等为支柱产业的经济体系,海洋经济快速发展。根据《宁波-舟山港总体规划(2014—2030年)》(交规划函〔2016〕854号),舟山群岛港域共有11个港区;2016年宁波-舟山港累计完成集装箱吞吐量2 282.6万TEU,居全球港口第4位,增幅居全球港口之首。

此外,舟山群岛是我国最大的海产品生产、加工和销售基地,有2个国家级和2个省级旅游风景区。舟山群岛新区凭借较强的地缘优势,已形成海、陆、空三位一体的集疏运网络,成为我国"一带一路"建设前沿。

在此基础上,舟山群岛着力建设的海域海岛综合保护开发示范区,是群岛生态保护和开发利用模式的创新。对具备开发利用基础条件的重要海岛,强化建设过程中的生态保护,实现环境保护和水土保持设施与主体功能建设同步;对暂不开发利用的海岛,科学规划生态保育模式,预留发展空间。

第四节 海岛保护与利用规划

一、海岛保护与利用规划的主要内容

(一)全国海岛保护规划

海岛保护规划制度是《中华人民共和国海岛保护法》确立的重要制度,海岛保护规划是从事海岛保护、利用活动的重要依据。近年来,海岛保护规划体系不断完善,按照规定,我国的海岛保护规划制度分为三级三类,三级是指国家级规划、省级规划和市县级规划;三类是指海岛保护规划、海岛保护专项规划和可利用无居民海岛的保护和利用规划。2012年2月29日,国务院正式批复《全国海岛保护规划》。沿海各级海洋行政主管部门依据《全国海岛保护规划》,加紧制定本区域的海岛保护规划,浙江、福建、广东和广西4个试点省(自治区)级海岛保护规划先行启动编制工作并相继出台,随后辽宁、河北、山东、江苏4个省的海岛保护规划也陆续批准实施,上海市海岛保护规划于2015年批复实施。

《全国海岛保护规划》是全国范围内从事海岛保护、利用活动的依据。《中华人民共和国海岛保护法》中提出应依据国民经济和社会发展规划编制海岛保护规划,意味着国民经济和社会发展规划是海岛保护规划的前提和条件。海岛保护规划是以海岛开发、建设、保护与管理领域为对象的专项规划,是国民经济和社会发展规划在海岛保护领域的细化。总体规划比较宏观而具有指导性,海岛作为关系国民经济和社会发展全局的特定领域之一,因此,海岛保护规划更加具体,二者是"依据"关系。

《全国海岛保护规划》的主要内容是从各类各区海岛保护、海岛生态修复、海岛人居环境、无居民海岛开发利用等方面提出政策性指标。明确各类各区海岛开发利用的具体措施,确定海岛开发、利用、保护和管理的重点项目。全国海岛保护规划制定的成果主要体现为制定一系列的政策措施,同时确定一些战略性指标,如海岛生态修复指标、自然保护区建设指标、无居民海岛开发利用指标等。它还设置了海岛生态修复工程、海岛监视监测系统建设工程等10项工程。市级海岛保护规划应根据本市海岛及周边海域的实际情况,设置亟须实施的重点工程。如青岛市海岛保护规划设置了海岛整治修复工程、海岛基础设施建设工程等共9项工程。

(二)省级海岛保护规划

《海岛保护法》规定,省、自治区、直辖市人民政府根据实际情况,可以要求本行政区内的沿海市人民政府组织编制海岛保护专项规划,并纳入城市总体规划。省(自治区)级海岛保护规划是由省(自治区)级海洋主管部门会同本级人民政府、军事机关组织编制的。是地方性的专项规划,是在全国规划的指导下进行编制的。主要考虑各省(自治区)海岛分布不均,海岛开发利用程度不一样,在规划中对全国海岛保护规划中提到的要求进行细化,针对各类海岛制定相应的保护措施。对直辖市的有居民海岛专项规划直接纳入城市总体规划中,不再单独出规划。

根据《省级海岛保护规划编制技术导则》,其规划目的是通过对海岛进行分类登记,合理划分省级管辖区域内海岛的功能分区,科学设置重点工程,指导海岛保护和开发利用活动及海岛管理工作。

《省级海岛保护规划编制技术导则》将海岛分为三级共十类,其中有居民海岛分为特殊用途区域和优化开发区域,无居民海岛分为保护类、保留类和适度利用类3个二级类,并进一步细化为旅游娱乐用岛等8个三级类。市级海岛保护规划中有居民海岛的分区可以在省级规划技术导则的基础上进一步细化,分为特殊用途区域、重点保护区域、优化开发区域和限制开发区域;无居民海岛可沿用省级规划技术导则的分类体系,对适度利用类海岛可按照开发时序进一步细分为优先利用类和一般利用类。

海岛分区是指一般按照海岛地理位置的相近性对管辖范围内海岛开展分区管理,确定各分区内海岛的主导功能定位和保护措施。以青岛市为例,根据其海岛分布特征、海岛自然环境资源属性等,划分为海岛近期重点利用带、海岛控制发展区、海岛集约利用区"一带两区"的总体布局。

(三)沿海城市(镇)海岛保护专项规划和县域海岛保护规划

市级海岛保护专项规划虽然不是法定规划,但相对于省级海岛保护规划的宏观定位与总体控制,市级海岛保护规划更加具体与详细,可作为省级海岛保护规划的有力补充和重要支撑。随着全国和省级海岛保护规划的相继出台,部分沿海市也启动了海岛保护规划的编制工作:广西壮族自治区沿海城市组织编制了《北海市海岛保护规划(2013—2020年)》《钦州市海岛保护规划(2012—2020年)》《防城港市海岛保护规划(2013—2020年)》,于2014年3月获得广西壮族自治区人民政府同意实施;《青岛市海岛保护规划》于2016年经市政府批复实施。

从规划定位上看,全国海岛保护规划、省级海岛保护规划是市级海岛保护规划的上级规划,市级海岛保护规划应当符合上级规划分类和分区管理的要求,落实其规定的重点工程;同时,市级海岛保护规划是县市可开发利用无居民海岛保护和利用规划(单岛规划)的上级规划,要对管辖范围内可开发利用无居民海岛的功能定位、管理要求等进行明确说明。由于市级海岛保护规划的层级处于省级海岛保护规划与单岛规划之间,这也决定了市级海岛保护规划的内容较省级海岛保护规划更为详尽,实践性与可操作性更强,较单岛规划覆盖的范围更广,更有利于沿海市海岛保护与利用工作的全面开展。

县市可开发利用无居民海岛保护和利用规划,是对拟开发利用的单个无居民海岛编制的保护与利用规划。市级海岛保护规划和单岛规划都是市级(县级)人民政府在上级海岛保护规划基础上对海岛生态保护与开发利用进行具体的规划与定位,两者不同之处在于单岛规划仅需从单个海岛的资源环境现状出发来开展海岛的规划,而市级海岛规划则需要考虑管辖范围内海岛的整体统筹与协调发展问题,通过错位发展、整体布局来实现区域内海岛整体效益。因为海岛尤其是有居民海岛是一个复合的空间范围,包括土地、建筑、交通、道路等,与多项规划、区划的内容相交叉,市级海岛保护规划还要注重与当地的国民经济和社会发展规划、主体功能区规划、海洋功能区划、土地利用规划、城乡规划、环境保护规划、港口规划、旅游规划等相关规划、区划进行充分衔接与协调,在海岛保护的基础上充分服务地方社会的经济发展,使市级海岛保护规划切实可行。

沿海城市、镇所在地海岛保护专项规划,是城市、镇人民政府在组织编制当地总体规划时统一编制的,其成果为沿海城市、镇人民政府所在地总体规划中的专项规划。在编制本规划时,应当依据经批准的全国海岛保护规划和省级海岛保护规划,与之保持一致。规划内容包括:①禁止、限制和适宜建设的地域范围;②保护生态系统和自然资源的严格控制区域;③适宜开发地区的建设时序;④需要修复的地区,需要恢复物种分布的生存环境空间和生态系统;⑤有关保护、开发、建设、管理的其他事宜。

县域海岛保护规划明确用于指导制定可利用无居民海岛保护和利用规划应当维护生态平衡的相关要求和措施。规划内容包括:①制定可利用无居民海岛保护和利用规划的具体原则、保护规划的内容,用于指导可利用无居民海岛保护和利用规划;②县域海岛保护规划应当提出可利用无居民海岛维护生态平衡的相关要求和措施。

(四)可利用无居民海岛保护和利用规划

可利用无居民海岛保护和利用规划处于规划的最低层次,属实施性的规划,其内容应能达到详细规划的要求。规划内容应包含:①海岛开发的保护目标和开发目标;②海岛保护和利用的布局,包括海岛保护区、利用区和保留区在海岛上的布局;③海岛保护的对象和保护的具体要求;④海岛开发利用的要求。

二、海岛保护与利用规划的编制程序

(一)确定任务

由省级海洋主管部门从《海岛保护规划编制技术单位推荐名录》中选择规划编制工作承担单位。承担单位的规划编制人员应参加国家组织的海岛保护规划编制专业培训。

（二）资料收集

根据海岛保护规划编制的需要，尽量利用各类调查和海域使用动态监视监测系统的基础资料，全面收集规划区的自然环境、自然资源、开发现状、开发能力、社会经济、社会发展等背景资料，保护对象的调查、科研成果以及与此有关的规划和区划资料。

（三）实地调查、调访

在综合整理前期海岛调查资料的基础上，对资料缺乏或时效性不能满足要求的，以海岛为调查对象，结合遥感调查和现场登岛调查，开展必要的海岛资源环境开发保护现状的补充调查。

（四）编制实施方案

在资料收集和调查完成后，开始规划编制实施方案的编写工作。实施方案中应明确规划编制的领导组、专家组和编制组人员，并合理确定时间安排和任务流程，确保规划的编制保质保量地完成。

（五）规划编制

在前期调查资料的综合分析和预测的基础上，开展省（自治区）级海岛保护规划编制工作。同时要做好本省海岛保护规划与全国海岛保护规划、省级国民经济和社会发展规划、省级海洋功能区划、省域城镇体系规划和省、自治区土地利用总体规划、省级港口规划、省级旅游规划等相关规划的衔接工作。

（六）规划评审

在规划的初稿完成后，由省（自治区）级海洋主管部门组织专家会对规划评审。规划编制单位根据评审意见对规划进行修改、完善后形成规划报批稿。

主要参考文献

池源,石洪华,郭振,等,2015.海岛生态脆弱性的内涵、特征及成因探析[J].海洋学报,37(12):93-105.

崔琳,吴姗姗,栾富刚,等,2016.可再生能源利用对海岛可持续发展的贡献与问题思考[J].海洋开发与管理,33(S2):34-41.

樊祥国,2016.中国海岛保护与管理工作进展及发展思路[J].海洋开发与管理,33(S2):3-6.

付元宾,2016.保护独特的海岛生态系统[N].中国海洋报,2016-07-13(2).

国家海洋局,2017.2016年海岛统计调查公报[Z].北京:国家海洋局.

国家海洋局,2013.海岛整治修复项目造价标准[Z].北京:国家海洋局.

国家海洋局,2012.全国海岛保护规划[Z].北京:国家海洋局.

国家海洋局,2016.全国生态岛礁工程"十三五"规划[Z].北京:国家海洋局.

国家海洋局海岛管理司,2011.海岛生态整治修复技术指南[Z].北京:国家海洋局.

韩家新,2015.中国近海海洋——海洋可再生能源[M].北京:海洋出版社.

韩志,唐志波,丁广佳,等,2012.杭州湾潮流能资源储量估算[J].水道港口,33(4):303-309.

环境保护部自然生态保护司,2009.全国自然保护区名录(2008)[M].北京:中国环境科学出版社.

李荔,马永驰,2018.海岛生态脆弱性研究综述与展望[J].海洋开发与管理,35(10):60-67.

李丕学,何金林,2011.上海市开展海岛开发利用与保护的对策分析[J].海洋湖沼通报(4):122-125.

李允武,2008.海洋能源开发[M].北京:海洋出版社.

林灿铃,林婧,2020.论海岛生态的国际环境法保护[J].太平洋学报,28(12):68-78.

林河山,廖连招,2010.从海岛的战略地位谈海岛生态环境保护的必要性[J].海洋开发与管理,27(1):5-8.

刘伟民,刘蕾,陈凤云,等,2020.中国海洋可再生能源技术进展[J].科技导报,38(14):27-39.

彭欣,叶属峰,杨建毅,等,2012.基于海岛管理的南麂列岛生物多样性保护实践与经验[J].海洋开发与管理,29(5):93-100.

全国人民代表大会常务委员会,2010.中华人民共和国海岛保护法[Z].北京:全国人民代表大会常务委员会.

商彦蕊,2000.自然灾害综合研究的新进展——脆弱性研究[J].地域研究与开发(2):73-77.

宋代旺,刘玮,邱冠华,等,2016.中国海岛水资源和海水淡化技术[J].海洋开发与管理,33(S2):28-33.

孙元敏,林河山,陈庆辉,等,2012.中国海岛保护区的发展现状与管理对策[J].生态科学,31(5):507-512.

孙兆明,马波,张学忠,2010.我国海岛可持续发展研究[J].山东社会科学(1):110-114.

王锦康,2000.海岛与岛国[M].武汉:湖北少年儿童出版社.

王娜,王丰,徐文斌,等,2017.海岛整治修复工程分类体系构建及全国格局分析[J].海洋通报,36(6):682-688.

王祺,汪东,陈建秋,2003.海洋温差能发电的一种新设想[J].节能与环保(5):33-35.

王祥珩,1957.海岛知识[M].广州:广东人民出版社.

王忠,2006.我国海岛法制建设探究[J].太平洋学报(4):61-66.

徐质斌,2008.海洋国土论[M].北京:人民出版社.

薛碧颖,陈斌,邹亮,2021.我国海洋无碳能源调查与开发利用主要进展[J].中国地质调查,8(4):53-65.

张相君,刘贞文,2019.中国无居民海岛使用权二级流转法律制度构建研究[J].大连海事大学学报(社会科学版),18(5):9-19,30.

张秀芝,王静,郝建安,等,2015.海岛海水资源利用模式[J].水资源保护,31(3):115-118.

张耀光,2012.中国海岛开发与保护:地理学视角[M].北京:海洋出版社.

赵锦霞,张志卫,王晶,等,2016.浅谈我国生态岛礁分类建设[J].海洋开发与管理,33(S2):19-23.

郑建国,王茂君,2012.海洋地理[M].广州:中山大学出版社.

中华人民共和国国家质量监督检验检疫总局,2017.海洋学术语 海洋地质学非书资料:GB/T 18190—2017[S].北京:中国标准出版社.

中华人民共和国自然资源部,2018.2017年海岛统计调查公报[R].北京:中华人民共和国自然资源部.

邹永广,郑向敏,2013.国内无居民海岛保护与利用研究进展[J].经济地理,33(3):176-179,191.

CÁRCAMO P F, GAYMER C F, 2013. Interactions between spatially explicit conservation and management measures: implications for the governance of marine protected areas [J]. Environmental Management, 52(6):1355-1368.

MANDAL S, SATPATI L N, CHOUDHURY B U, et al., 2017. Climate change vulnerability to agrarian ecosystem of small island: evidence from Sagar Island, India[J]. Theoretical and Applied Climatology(1/2):1-14.

第四章 海洋湿地资源

第一节 滨海湿地及其生态价值

一、湿地与滨海湿地

根据湿地的广义定义,河流、湖泊、沼泽、珊瑚礁、泥炭地、海滩、盐沼等都是湿地;此外湿地还包括人工湿地,如水库、鱼(虾)塘、盐池、水稻田、景观湿地(具有湿地特征,但是以人工栽培植被为主,并且地下水仍然具有显著的盐碱特征)等(关道明,2012)。狭义湿地(wetland)是指地表过湿或经常积水,生长湿地生物的地区。湿地的研究活动往往采用狭义定义,美国鱼类和野生生物保护机构于1979年在《美国的湿地深水栖息地的分类》一文中,重新给湿地作定义为陆地和水域的交汇处,水位接近或处于地表面,或有浅层积水,至少有一至几个以下特征:①至少周期性地以水生植物为植物优势种;②底层土主要是湿土;③在每年的生长季节,底层有时被水淹没。定义还指出湖泊与湿地以低水位时水深2m处为界,按照这个湿地定义,世界湿地可以分成20多个类型,这个定义被许多国家的湿地研究者接受。

《关于特别是作为水禽栖息地的国际重要湿地公约》对湿地的定义具体表述是,湿地系指不问其为天然或人工、长久或暂时之沼泽地、泥炭地或水域地带,带有或静止或流动、或为淡水、半咸水或咸水水体者,包括低潮时水深不超过六米的水域。可包括邻接湿地的河湖沿岸、沿海区域以及湿地范围的岛屿或低潮时水深超过六米的区域。

《中华人民共和国湿地保护法》第二条规定:"本法所称湿地,是指具有显著生态功能的自然或者人工的、常年或者季节性积水地带、水域,包括低潮时水深不超过六米的海域,但是水田以及用于养殖的人工的水域和滩涂除外。""具有显著生态功能的"是指被列入生态保护红线之内的或者生态保护红线范围之外有国家级重点保护动植物物种或省级重点保护动植物物种栖息的。"自然或者人工的、常年或者季节性积水地带、水域,包括低潮时水深不超过六米的海域"来源于《关于特别是作为水禽栖息地的国际重要湿地公约》中关于湿地的定义。其中,积水地带主要是指沼泽和滩涂。此外,"水田以及用于养殖的人工的水域和滩涂"不再属于湿地范畴。

根据《关于特别是作为水禽栖息地的国际重要湿地公约》分类系统,湿地被分为三大类:海洋与滨海湿地、内陆湿地、人工湿地。《中华人民共和国湿地保护法》中的湿地定义与《关于特别是作为水禽栖息地的国际重要湿地公约》中的湿地定义基本保持一致,其湿地分类系统与《关于特别是作为水禽栖息地的国际重要湿地公约》中的湿地分类系统也是相同的。按照湿地成因,将中国湿地生态系统划分为自然湿地和人工湿地两大类。根据《中华人民共和国湿地保护法》第三十一条、第三十二条、第三十五条和第六十三条的规定,自然湿地又可以细分为河流湿地、湖泊湿地、滨海湿地和沼泽湿地。因此,综合《中华人民共和国湿地保护法》以上的规定,湿地被划分为河流湿地、湖泊湿地、滨海湿地、沼泽湿地和人工湿地。

滨海湿地(coastal wetland)是指陆地生态系统和海洋生态系统的交错过渡地带。滨海湿地又可分为12个小类,涵盖了不同的植被类型和基质类型。各类湿地可能在一个区域内同时分布,或是因为底质的不同而镶嵌分布,或是因为高程不同而呈带状分布,并且有些区域的滨海湿地由于形成过程的复杂而同时兼有几种滨海湿地类型的特征。按国际湿地公约的定义,滨海湿地的下限为海平面以下6m处(习惯上常把下限定在大型海藻的生长区外缘),上限为大潮线之上与内河流域相连的淡水或半咸水湖沼以及海水上溯未能抵达的入海河的河段。与此相当的用语有海滨湿地、海岸带湿地或沿海湿地等。

我国海岸地势平坦,多优良港湾,面积 $10km^2$ 以上的海湾有160个。我国滨海湿地范围包括了 $27\,000km^2$ 的浅海水域和 $22\,000km^2$ 的潮间带滩涂,滨海湿地的总面积近 $60\,000km^2$(关道明,2012)。

二、滨海湿地的生态价值

(一)气候调节与固碳

通常来说,减缓气候变化的措施包括2个方面:一是减排,通过提高能效、节能降耗、增加可再生能源的比例、加大森林和湿地保护等措施减少二氧化碳等温室气体向大气的排放;二是增汇,通过对自然生态系统的保护、恢复和可持续管理,如避免毁林、造林、森林管理、湿地保护和恢复、农田管理和草地管理等措施,从大气中吸收二氧化碳,增加碳储存,即碳汇或吸收汇。

湿地与气候变化有着密切的关联,湿地不仅对一定半径范围内的小气候具有明显的调节作用,同时湿地拥有很强的碳汇能力,利用湿地应对气候变化,能有效缓解温室效应,在应对气候变化方面发挥着不可替代的、极为关键的作用。

湿地中植物种类丰富,植被茂密,植物通过光合作用使无机碳(大气中的二氧化碳)转变为有机碳,并在湿地土壤中不断积累。而湿地中含有大量未被分解的有机碳,也在湿地中不断积累。湿地是陆地上碳素积累速度最快的自然生态系统。滨海湿地是由沿海盐沼和红树林组成的湿地生态系统,是海岸带蓝碳生态系统的重要主体,具有强大的碳汇功能(王法明等,2021)。保护和恢复滨海湿地生态系统,不仅可以保护碳储存、减少碳排放、增加碳吸收,还能极大地增强海岸带弹性,提高人类和生态系统适应气候变化的能力。在减缓方面,通常聚焦于红树林、盐沼和海草床三大生态系统,封存在这些滨海湿地中的碳被称为"蓝碳"。

滨海湿地中储存的碳可以在土壤中保存数千年以上,这使得滨海湿地成为缓解气候变化的长期解决方案之一。如果滨海湿地恢复到1990年的水平,每年将有可能增加2.74亿t固碳量,相当于抵消了20亿桶以上的石油燃烧所带来的碳排量。防止湿地进一步流失可以避免数千万吨的碳排放,保护和恢复沿海湿地的全球影响显而易见。

以红树林为例,单面积红树林植被碳密度79.9吨碳/公顷,全球储量12亿t碳。更重要的是,与陆地生态系统不同,由于潮间带土壤多处于厌氧状态,有机碳分解很少,有利于有机碳在土壤中的积累,进而形成碳汇。因此,红树林土壤可以不断地累积有机碳,土壤碳含量会随之持续增加,而陆地生态系统土壤有机碳达到平衡后就不再进行积累。据估计,红树林土壤有机碳年固定碳速率达1.39吨碳/公顷,全球红树林土壤年固1840万t碳。由于红树林土壤中存在大量硫酸盐从而降低了甲烷微生物的活性,所以与淡水湿地相比,红树林土壤几乎不产生甲烷。

保护和恢复滨海湿地,发挥湿地的固碳作用,将是我们建设更具弹性的海岸线、更安全的沿海社区的重要机遇。

在中国漫长的海岸带上,分布着盐沼、红树林和滩涂等类型的滨海湿地。各类型滨海湿地的固碳能力存在差异。研究发现,潮汐湿地沉积物的平均碳埋藏速率为$168g/(m^2 \cdot a)$碳(Wang et al.,2021)。长江口崇明岛东滩海三棱藨草群落和芦苇群落的固碳速率之和为$1.47 \sim 3.52 kg/(m^2 \cdot a)$碳(梅雪英和张修峰,2007),其明显大于中国陆地和全球植被平均固碳速率。黄河三角洲滨海湿地植被的平均固碳速率为$0.35 kg/(m^2 \cdot a)$碳(张绪良等,2012);土壤有机碳含量为$0.75 \sim 8.35 g/kg$(董洪芳等,2013)。杭州湾土壤有机碳含量的(平均值±标准误)为$(6.45 \pm 1.70)g/kg$(邵学新等,2011)。

(二)增加生物多样性和生态系统稳定性

基因资源是人类的宝贵财富。滨海湿地具有丰富的遗传多样性,其遗传多样性高于淡水和陆地生物种,同一物种的亚种群,滨海湿地内的杂合性要高于淡水种群。

滨海湿地是生物多样性和遗传多样性的重要区域,为多种野生动物提供优质的生存环境。滨海湿地是连接海洋和陆地的重要过渡地带,是许多海洋生物的繁殖育幼栖息地,包括珊瑚礁、红树林以及浅海海床等多种类型,被认为是地球上生物多样性最高的生态系统。滨海湿地是由多种不同类型的滨海湿地组成的"滨海湿地系统",呈现出多种多样的景观多样性。以我国北方典型滨海盐沼为例,从海向陆沿着海拔梯度的增加,湿地景观向滩涂湿地、海草床、互花米草、盐地碱蓬、柽柳和芦苇方向演替。

以红树林为例,红树林的各种气生根和呼吸根发达,在降低海水流速的同时,沉积了大量的泥沙,达到促淤造陆效益的红树林底层水流缓慢,是各种鱼、虾、蟹和贝类的优良栖息场所,也是各种水禽和候鸟的重要觅食、栖息和繁殖场所。

(三)蓄水与净水

湿地作为"天然的蓄水池",可以把大量的水储存在植物体内,湿地的土壤中具有孔隙度很大的草根层和泥炭层,可以大量持水起到涵养水源的作用。水与湿地关系密切,湿地是水资源的重要储存者和持续补给者,在蓄水、调节河川径流、补给地下水、改善水质和维持区域水循环中发挥着重大作用。湿地还被称为"鸟类的天堂"和"人类的聚宝盆"等,这与其维护生物多样性及调节气候等功能密不可分。

水质净化是生态系统吸附、降解和排除以及生物吸收转换污染物的生态过程。湿地有"地球之肾"的美誉,是指其对于地球的作用像肾脏对人体的作用一样,即能将污浊的泥水化作涓涓细流。湿地是自然环境中自净能力最强的生态系统之一,其净化能力是同等地域森林的1.5倍。湿地具有减缓水流、促进沉积物沉降的自然特性,其中生长的多种多样的植物、微生物也可以吸收污水使水体净化。滨海湿地具有生物净化功能,能够分解和消除通过水流流入海洋的各种污染物。

(四)减缓土壤侵蚀与减灾功能

土壤是陆生植物生活的基质,在一定程度上支撑滨海湿地生态系统运转。滨海湿地内部应力相对稳定,在控制土壤的侵蚀方面发挥着重要作用。滨海湿地能够储存多雨和河流涨水季节过量的水分,控制洪涝自然灾害,滨海河口湿地对减缓下游地区的洪涝具有重要作用,同时也为抵御海洋灾害、应对海平面上升和台风的极端天气提供了天然屏障。

如红树林具有显著的防风消浪、固堤护岸作用。海岸防护指保持生态系统中的土壤养分,具有防止土壤遭受侵蚀的功能。红树林防风固土的效果非常明显,被称为"海岸卫士"。由于红树林根系发达,通过消浪、缓流、促淤三大功能实现其防浪护岸的效应。红树林独特的支柱根、气生根及发达的通气组织和致密的林冠等形态外貌特征,可以网罗碎屑,具有较强的抗风和消浪性能,被称为热带、亚热带海岸第一道防护林,具有巨大的减灾作用(于洪贤和姚允龙,2011)。红树林特殊的根系和生长习惯对于防浪护岸有特殊作用,在维护和改善海湾、河口地区生态环境,以及在海啸和台风暴潮中的减灾作用中已越来越受到人们的重视。台风暴潮是我国沿海夏季主要的灾害,对于长有红树林的热带海岸受风暴潮侵袭程度明显小于无植被的裸滩。研究表明,在正常的涨退潮过程中林内海水的漫流和排泄流速仅为无红树林裸滩的1/3~1/4,在台风暴潮中红树林的降流消浪功效会更加突出。

第二节 滨海湿地类型及其特征

在《湿地:人与自然和谐共存的家园》中,滨海湿地的分类在兼顾了植被特征和底质特征的基础上更加趋于定量描述,具体标准如下(赵学敏,2005)。

(1)浅海水域:低潮时水深不超过6m的永久水域,植被盖度<30%,包括海湾、海峡。

(2)潮下水生层:海洋低潮线以下,植被盖度≥30%,包括海草层、海洋草地。

(3)珊瑚礁:由珊瑚聚集生长而成的湿地,包括珊瑚岛及有珊瑚生长的海域。

(4)岩石性海岸:底部基质75%以上是岩石,植被盖度<30%的硬质海岸,包括岩石性沿海岛屿、海岩峭壁。本次调查指低潮水线至高潮浪花所及地带。

(5)潮间沙石海滩:潮间植被盖度<30%,底质以砂、砾石为主。

(6)潮间淤泥海滩:植被盖度<30%,底质以淤泥为主。

(7)潮间盐水沼泽:植被盖度≥30%的盐沼。

(8)红树林沼泽:以红树植物群落为主的潮间沼泽。

(9)海岸性咸水湖:海岸带范围内的咸水湖泊。

(10)海岸性淡水湖:海岸带范围内的淡水湖泊。

(11)河口水域:从近口段的潮区界(潮差为零)至口外海滨段的淡水舌锋缘之间的永久性水域。

(12)三角洲湿地:河口区由沙岛、沙洲、沙嘴等发育而成的低冲积平原。

根据我国滨海湿地的特点,本章将对盐沼湿地、红树林湿地、海草床、珊瑚礁、河口沙洲湿地及基岩质海岸进行阐述。

一、盐沼湿地

盐沼湿地广泛分布于世界各地的中高纬度海岸带,是一个复杂的生态系统,与其周围环境处在动态平衡之中。植被和盐度是盐沼湿地的主要因素,根据《牛津生态学词典》,盐沼湿地的定义为:河口地区长有植被的泥滩,植被的成带分布特征反映了不同的潮汐淹没时间,由于水体盐度的影响,植被以盐土植物为主。

滨岸盐沼湿地主要分布在潮间带,也就是说这些湿地在高潮时被淹没,在低潮时露出水面。除了特别陡峭的海岸,一般海岸的坡度都能经受潮汐的冲刷并具有稳定的植被。减缓风浪的冲刷力是盐沼湿地的一个重要的物理特征。形成盐沼湿地的沉积物主要来自上游河道径流中的泥沙、近海沉积物的再悬浮和盐沼自身形成的沉积物。潮汐能对盐沼湿地的地形、化学、生物过程产生广泛的影响。其中包括积物的沉积和冲刷、矿物和有机物质的输入和输出、毒素的扩散和沉积物中化学还原电位的控制等(陆健健等,2006)。沼泽的下缘由潮水的深度和持久性、波浪的冲击、沉积物的有效性和侵蚀力共同决定。而盐沼湿地的上缘一般可以延伸到高潮带上缘,通常在平均高潮线和大潮最大高潮线之间,根据湿地的高程和潮水的特点,盐沼通常被分为2个带:高位沼泽和处在潮间带的低位沼泽。高位沼泽受潮水影响不规则,但必须至少连续10天暴露在空气中,而低位沼泽则几乎每天都受水淹,最多不能连续9天暴露在空气中。

潮沟是盐沼湿地,特别是低位沼泽的一个显著的地形特征。潮沟的发育和河流一样,都是由一些不规则的水流不断地偏向某一特定的水道形成的。潮沟是沼泽和周围水体物质与能量交换的重要通道。潮沟的盐度与周围河口和港湾的相似,其水深随潮汐的变化而变化。潮沟的微环境包括它岸边的不同的植被带,潮沟对于附近河口的水生食物链很重要。因为潮沟中的水流方向是双向的,不像溪流一样有很多的曲折而只能单向流动,这也使潮沟可能保持相对稳定。随着盐沼高程增加,潮沟逐渐淤积,数量大大减少。

盐沼湿地还有一个显著特征就是裸露滩地。出现在高位盐沼内的裸露滩地在最大潮时才被淹没,其中的水分不断蒸发,导致盐分积聚,可能会抑制植物的生长,随着降水的积累和周边地形的变化,这类裸地也可能成为浅水池塘,如果有沉水植物和挺水植物生长的话就可能成为理想的鸟类栖息地。大部分裸地位于潮间带,在低潮时甚至仍被水面覆盖。持续的淹水抑制了维管束植物的生长。沉积物和有机碎屑的不断漂移使这类裸地具有不断产生和消亡的动态特征。

盐沼湿地的植物区系以世界分布型为多,通常占40%以上,而无单一成分具有显著优势,体现出较为显著的隐域植被的特征。盐沼湿地自养生物群落主要由附生藻类、底栖硅藻和维管束植物组成。异养生物群落主要由碎屑食物链的动物类群组成,牧食食物链在盐沼湿地营养结构中相对较弱。盐沼湿地中或者说盐沼湿地表层的死亡植物体的分解是由细菌完成的,这为其他河口盐沼生物提供了更多的含有蛋白质的碎屑。盐沼向河口海岸输出大量的物质和能量。而这样的物质能量输出的途径很多,如有的主要依靠沿岸流,有的通过海洋生物转移,有的通过起始于盐沼的食物链传递。盐沼湿地中的营养盐主要以有机物的形式输出,但同时也有无机盐形式的营养盐输出。许多研究都表明,盐沼湿地是世界上生产力最高的生态系统之一。

尽管不同的物理过程可能是决定盐沼湿地形态的主要因子,但生物的影响也是一个不可忽视的因素。特别是在泥炭的形成过程中,几乎都是由沼泽植物的有机物产生的。已有研究表明,盐沼湿地垂直方向上的有机物积累主要是由地下有机生产决定的。矿物沉积非常重要,虽然它们不能直接控制沼泽的增长率,但显而易见,它们可以促进初级生产力并且在某种程度上可以延缓土壤的氧化还原作用。

盐沼湿地是我国最普遍的湿地类型之一,主要分布在长江口以北的滨海地区,但是随着米草等草本植物在南方沿海的蔓延,在长江口以南的沿海湿地,尤其是福建省,分布范围也在扩大。

二、红树林湿地

红树林是海岸带极为独特的生态景观,素有"海上森林"之称,是世界上生产力最高的生态系统之一,是唯一的水生森林生态系统,也是生物量最高的水生生态系统。

同盐沼湿地一样,红树林生长在有充足防护能够避免高能波浪的地区,典型的分布区有:能够得到保护的浅水海湾;能够得到保护的河口;潟湖;半岛以及岛屿的下风向区;能够得到保护的海上航道;沙嘴的背面;近岸海区或者砾滩小岛。没有植被的海岸带和有障碍物的沙丘往往能够保护红树林,它们的后面经常可以形成红树林群落。除了要求物理的保护措施之外,潮汐和径流也会对红树林沼泽的范围和功能造成影响。潮汐为红树林湿地提供了重要的能量补充,输入营养物质、为土壤通风、稳定土壤的盐度。盐水提高了红树的竞争力,潮汐为红树种子的运动与分布提供了条件。潮汐使得在红树林群落边缘的营养物质能够循环,这样就能够为底栖滤食性生物(如牡蛎、海绵、藤壶)和底栖动物(如蜗牛、蟹类)提供食物。同盐沼湿地一样,红树林湿地处于高潮线与低潮线之间。大多数红树林湿地处于 $0.5\sim 3m$ 的潮位之间,红树可以耐受洪水变化的范围较大。

另外,红树也往往生长在远离潮汐的内陆河流岸边。这些红树生长依靠河道流水中的物质,它们的营养物来源于河流径流、偶尔的潮汐流以及滨岸带稳定的地表水。这些内陆红树林依赖风暴潮,并没有与大海隔离,大海为其提供新鲜海水。红树林湿地的一个显著特点是有盐度,且盐度变化范围广。

总的来说,红树林湿地有以下几个特点:红树林湿地的盐度年际变化大;盐分不是红树生长的必需条件,而是与不耐盐植物竞争的优势所在;红树林湿地盐度一般较高,土壤间隙的盐度波动低于土层表面;由于土壤中盐度释放缓慢,防止了快速的盐度析出,土壤中的盐度向内陆扩散要比一般潮汐所能到达的地方还要远。盐度的季节性变化是多种因素共同作用的结果，这些因素包括潮水高度、高潮持续的时间、降雨强度、雨水的季节性变化，以及通过河流、溪湾、径流进入红树林湿地的淡水流量和季节性变化等。一般情况下，夏天或者洪水季节，红树林底质中盐的浓度降到最低，在冬季和早春的干旱季节浓度最高。在河岸生长的红树林湿地，由于常常有淡水流入，盐度低于普通的海水浓度。在低洼地发育的红树林湿地由于蒸发等原因，盐度高于海水。在没有潮汐交换的低洼地盐度最高。

我国红树林分布范围很广，自然分布从海南岛的南端至福建福鼎。20世纪60年代起，浙江温州乐清就开始引种秋茄，并在西门岛获得了成功，因此，可以视之为人工种植的北缘。我国红树林分布以广东省和海南岛为盛，有21科28属38种，其中红树科9种，占全世界红树科的53%。但是，由于我国热带面积少，红树林大部分分布在亚热带南缘，加之南方沿海人类经济活动干扰大，因此成熟的红树林面积很小，多为次生林，呈小乔木林或灌丛状。除了广东、广西、海南岛和香港的滨海自然保护区外，其余岸段的红树林均为零星或片段分布，普遍具有结构单一、幼林化的特点。

我国红树林的群落结构比较简单，发育较好的红树林一般可分成乔木、灌木和草本植物三层，还常见有鱼藤、球兰和眼树莲等藤本和附生植物。红树林植物具有非常显著的适应水淹生境的生理学特征，如支柱根（气生根）、呼吸根和板根等各种特化的根系，此外还有特殊的胎生繁殖现象，即它的种子在没有离开母树时就开始发芽，生长成为绿色棒状或纺锤形的胚轴，到发育成熟时，脱离母树而坠入淤泥中，或随潮水去往其他滩涂，能很快生根发芽，长为幼树。

根据红树林的生境和组成种类的特点，划分为海滩红树林（beach man-grove）和海岸半红树林（coast semi-mangrove）两类。海滩红树林指分布在海潮间歇性淹没的海滩上的红树林，亦称为"典型红树林"，在我国南亚热带、热带海滩分布广，面积大，种类组成丰富，约占红树林总种数的60%。海岸半红树林指分布在海岸堤边、海潮一般不易抵达，只有大潮或特大潮时才偶有海水淹没的地段上的群落。由于所在地受海潮浸渍机会少，加之雨水的淋溶冲洗，因而土壤有脱盐现象。pH值一般比海滩红树林低。土壤较坚硬，为重壤或沙壤土。海岸半红树林组成种类较复杂，以非红树科的两栖性植物为主，包括喜盐和耐盐的木本植物。

三、海草床

海草是一种在浅海生活的显花草本植物。海草能生长在世界大部分的浅海泥沙底的海岸及河口地区，通常在沿海潮下带形成宽广的海草床。尽管它的重要性可与红树林及珊瑚礁相提并论，但是海草床往往是被人们忽视的重要海洋生境。红树林和珊瑚礁的分布只限于热带或部分亚热带地区，海草却可以由热带地区延伸至温带地区。红树林和珊瑚礁因所需的环境因素有很大的差异，这两种生境很少同时出现在同一地区，但海草却可以自由地生长于红树林及珊瑚礁间。

海草床的重要生态意义体现在以下几个方面：

（1）海草通过光合作用，补充海水中的氧气，去除二氧化碳。通过其新陈代谢可以吸收利用海水中的氮、磷等营养盐，降解有毒有机化合物，分子化离子态的重金属，从而净化水体。

(2)密布的海草及其附生植物通过减缓水流使大量浮沙沉积,并且丛生的根茎体系可稳定沉积物,防止底沙上悬而浑浊水体。大量资料表明,海草还对浅海水体底下沙地的形成具有极其重要的作用。

(3)海草床是浅海水体食物网的重要基础,具备较高生产力,支持次级生产。海草不仅可被一些动物,如儒艮、绿海龟、海胆及一些鱼类直接取食和利用,同时叶面上可附生一些海藻和小型滤食性动物,如苔藓虫、海绵、水螅等,形成完整的生态系统。更为重要的是海草为许多经济鱼类、海鞘类和一些软体动物提供产卵与育幼场所。

(4)死亡后的海草仍具有很重要的价值,它是复杂的海洋腐生食物链形成的基础。细菌分解海草腐殖质,释放出氮、磷等营养元素,溶解于水中被海草和浮游生物重新利用,而浮游植物和浮游动物又是幼虾、鱼类及其他滤食性动物的食物来源。

中国海草的种类根据地理分布可以分为3个类群。①分布在热带地区的种类,有3种:海菖蒲、泰来藻和丝粉藻,还有泛热带—亚热带分布的喜盐草、小喜盐藻、贝克喜盐藻、二药藻、羽叶二药藻和全楔草。热带类群一般见于我国的海南岛、西沙群岛。②亚热带的种类只有1种,即针叶藻,仅分布于广西。③分布于温带的种类有大叶藻、丛生大叶藻和红纤维虾海藻3种。

我国热带亚热带自然分布的海草,消亡非常迅速,除广西、海南还有一些呈片状分布外,其他地方很难觅其踪影。它们被破坏的主要原因是围垦、挖沙虫、拦网、电鱼及集约型养殖等。

四、珊瑚礁

珊瑚礁是一类生物海岸类型,由珊瑚虫的遗骸夹杂其他各种造礁(如钙质藻类等)和附礁(如软体动物、软珊瑚、海葵和有孔虫等)生物遗体,经过地质年代的作用积累形成,其基本成分为碳酸钙。形成珊瑚礁的珊瑚被统称为造礁珊瑚。造礁珊瑚均为热带浅水底栖生物,与虫黄藻共生,进行钙化,一般附着于基岩或其他硬底,生活在水温20℃以上的温暖而清洁的海底。由于光线对藻类生长的限制作用,珊瑚礁都分布在水深50~70m以浅的海域。大多数造礁珊瑚营群体生活,群体中的每个个体都很小,一般直径为1~3mm,单个个体的结构与海葵相似。

珊瑚礁集中分布在水温20℃的热带水域,世界上最大的珊瑚礁是澳大利亚东部的大堡礁和中美洲加勒比海的珊瑚礁。我国现代珊瑚礁主要分布在北回归线以南的北部湾海岛、雷州半岛、海南岛的周边海域,台湾岛南端以及南海诸岛,以南海诸岛的珊瑚岛礁为多。台湾海峡、台湾岛东岸与东北部虽位于北回归线以北,但受黑潮的影响,也生长珊瑚并成岸礁。华南大陆不少岸段零星生长活珊瑚,但丛生的很少,聚成岸礁者仅见于大陆南端的雷州半岛灯楼角沙岬角东西两侧,沿岸离岛的岸礁仅见于北部湾的涠洲岛和斜阳岛。总的来说,大陆沿岸的分布数量极少。

珊瑚礁类型丰富,可细分为岸礁(裙礁)、堡礁(离岸礁)、环礁、台礁、塔礁、点礁和礁滩等多个种类(图4-1)。

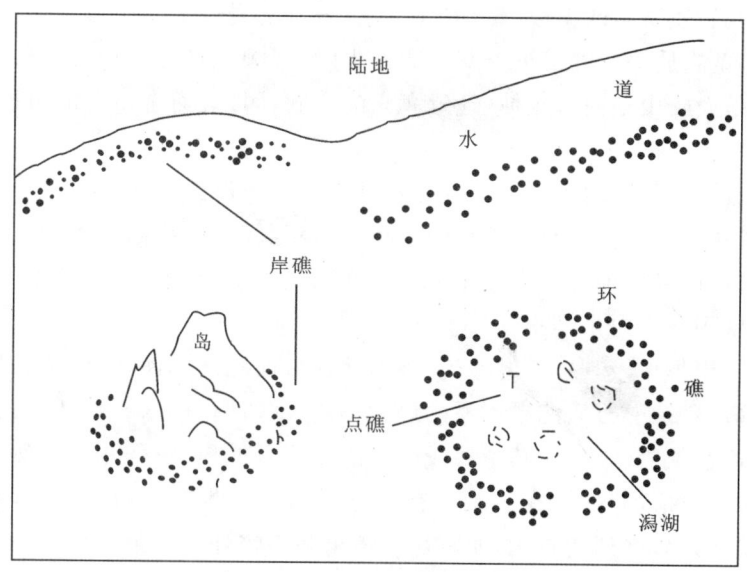

图 4-1 部分珊瑚礁类型

岸礁紧靠海岸，与陆地之间局部或有一浅窄的礁塘，为我国常见的珊瑚礁形态。堡礁和岸礁一样，其基底与大陆相连，但环绕在离岸更远的外围，与海岸间隔着一个较宽阔的大陆架浅海、海峡、水道或潟湖，会包括许多次级的台礁和环礁。环礁是呈马蹄形或环形的珊瑚礁，中间围有潟湖，如永暑礁。台礁呈实心似圆形或椭圆形，中间无潟湖，或潟湖已淤积为浅水洼塘，如华阳礁。塔礁是兀立于深海、大陆坡上的细高礁体。点礁则是潟湖中孤立的小礁体。礁滩是匍匐在大陆架浅海海底的丘状珊瑚礁，如曾母暗沙。

五、河口沙洲湿地

河口沙洲湿地是一类特殊的盐沼湿地，主要在大河高浊度河口，凭借径流的大量水沙输出，于海岸潮汐能较小的区域发育而成。上游径流携带大量的沉积物在水深较浅的河口或者近海的大陆架形成泽，这些河口和大陆架一般处在相当平静的海域。这些河口三角洲盐沼湿地的面积由河流的排灌盆地的注入量和排放量决定，但如果在大陆架，则主要取决于大陆架的坡度，也就是依赖于河流排放和潮汐幅度。较陡的坡度会受到较大的波浪冲击，在这种情况下，三角洲的边缘会被消除，就不可能向大陆架延伸。相反地，如果海岸的坡度很平坦，那么波浪的冲击力就会较小，河口三角洲湿地就可能向大陆架延伸。这样的河口湿地一般具有较长的岸线。河流排放和潮汐能相互作用决定了河口三角洲湿地的盐度，因为河流的淡水能降低盐度而潮汐作用可以使咸淡水交错带向前推进。

六、基岩质海岸

上述的各类滨海湿地除了分布在大陆边缘外，也都有在海岛分布的。我国的基岩质海岸分布很广，长约 5000km，约占大陆海岸线总长的 30%，在杭州湾以北，集中在辽东半岛和山东半岛；在杭州湾以南，基岩质海岸分布普遍。除了大陆海岸线外，海岛更是基岩质海岸湿地集中分布的地方。基岩质海岸的植被分布取决于气候条件、岩石上的土壤发育情况。如果严格按照湿地的定义,基岩质海岸的植被覆盖是非常少的,其潮上带范围通常呈狭长形。但是,基岩质海岸通常又是大陆山丘向海延伸,逼近海洋的余脉,因此,通常山上的植被直接受海洋的影响。

基岩质海岸最能让人领略到大自然的鬼斧神工。从地形图上看,基岩质海岸往往夹杂在各个海湾之间,形状各异的岬角与海湾相间分布,岬角之间的岸线圆滑内凹。通常,在岬角处以侵蚀为主,海湾内以堆积为主。在波浪和海流的交互作用下,岬角处侵蚀下来的物质和海底坡上的物质被带到海湾内来堆积。

海蚀是基岩海岸形成极其独特的地貌,当山地丘陵面临辽阔海域,波浪长期冲刷、侵蚀海岸能量集中的岸段,再加上石质海岸本身的风化作用及各部位的岩石性质、结构的不同,就会形成风格迥异的海蚀地貌。可见,其主要成因是经年累月的风、浪作用。当然,岩石本身的组成和性质也是生成海蚀地貌的内在因素。有的海岸向海一侧是陡峭的断崖,称海蚀崖,多见于岸坡较陡、波浪作用较强烈的岸段,尤其是在岬角和岛屿处分布最为广泛;有的海蚀崖前面有一个相对比较平坦的沙滩,称为海蚀滩;有的海蚀崖前面有一个相对比较平坦的石滩,称为海蚀平台;有的在岸边、海上竖立着孤独的石柱子或高耸岩体,称为海蚀柱,青岛的石老人景点就是一处非常生动的海蚀柱。此外,在海蚀崖、海蚀柱、岬角和海岸岩石的构造裂隙部位通常发育着海蚀洞穴等地貌形态。凡是基岩海岸的地方通常都可看到海蚀地貌,只有发育完全或不完全的区别。

第三节 滨海湿地保护与管理

一、滨海湿地保护与管理的主要内容

20世纪60—70年代,欧美国家开始关注滨海湿地的保护与修复工作。虽然中国在该领域的研究起步相对较晚,但是已经在滨海湿地的生态退化诊断、修复目标、修复措施、修复监测、修复成效评估等方面取得了一系列成果。滨海湿地生态修复目标主要包括恢复和保护退化滨海湿地生态系统的结构和功能,实现生态系统的可持续发展。

具体来说,滨海湿地保护与管理主要包括以下几方面。

(一)湿地生态修复

生态修复的整体思路:人为去除限制或者破坏原有生态系统发展的因子,使得生态系统回归到原来的发展轨道(张健等,2019)。生态修复核心技术有4类。一类是恢复,即主要依靠生态系统本身的自然恢复力得到恢复;二类是修复,即对原有受到破坏或者发生退化的生态系统进行修复;三类是替换,即利用另外一种生态系统来代替原有的但是已经不可恢复的生态系统;四类是重建,即选择合适的区域进行生态系统的人工重建(George et al.,2019)。滨海湿地生态修复技术又分为湿地植被修复技术和其他生物资源修复技术。目前,滨海湿地生态修复技术主要针对滨海湿地的四要素,即水文过程、水质、土壤、生物资源来进行。

1. 湿地水文过程恢复

水文过程是湿地形成的重要驱动机制,因此修复湿地水文条件是湿地修复成功的基础。湿地水文过程恢复技术是指通过筑坝、修建引水渠、补充淡水、疏浚等水文工程措施来养护湿地,改善湿地生境。随着水文连通强度的增大,大型底栖动物的总密度呈上升趋势,生物多样性更加丰富,分布更加均匀(王新艳等,2019)。但传统的地形改造等工程手段缺乏对湿地生态功能的思考,对湿地植被、底质等具有较大的破坏。湿地水系恢复要以生态优先为基础,采用"退围还湿"、生态引水、修建生态海堤和清淤疏浚等措施恢复湿地原有给水状态。在此基础上优化传统修复措施,例如可以利用湿地原有的地形材料和植被等营造水系、利用清淤或黏土代替硬质材料修筑堤坝、利用混装修复植物种子的麻袋修筑堤坝来引水等。

2. 湿地水质修复

源头治理是水质修复成功的关键,陆源污染物排放是引起湿地水域污染的主要因素之一。除此之外,在潮间带、浅海水域等区域进行围海养殖也是造成滨海湿地水质污染的另一个主要因素。河海一体化治理、总量控制、"退养限养"能有效从源头抑制水质恶化。对于湿地水质治理,传统的治理方法都是采用原位修复,例如清理打捞、引水冲污和絮凝沉淀等。但传统方法对湿地生境扰动较大,有可能造成二次破坏,且不能彻底解决污染问题。自然湿地具有一定的截留、降污和调节净化水质的功能(张绪良等,2010)。根据湿地特点建立人工减排湿地,可以提高湿地纳污能力,例如在湿地低洼处填充砂石等形成填料床,并在其上种植芦苇、香蒲和灯芯草等湿地修复植物,构建人工减排湿地。污水通过减排湿地的过滤吸附、化学沉淀、离子交换、植物代谢和微生物分解等过程被净化。除此之外,可以在污染区域开展"健康养殖"来减少养殖污染,例如自然养殖法和鱼虾贝类藻类混养等。

3. 湿地土壤修复

土壤基底是湿地微生物、浮游动物、鸟类和植被等物种生存繁衍的基础,因此基底修复显得尤为重要。湿地土壤质量能够反映湿地陆生生态系统的健康状况,也能影响湿地的生态系统结构和功能。通过地形改造和清淤等物理修复手段可以营造良好的地形条件,协助湿地自然修复。也有研究利用河道清淤和水道开挖等水动力修复过程产生的淤泥对受损区域进行吹填来对湿地基底进行修复(黄华梅等,2012)。对破碎湿地生境,可利用生态学的原理,通过选育种植生长快、适应性强的先锋物种来稳定、改善基底。对于受外界自然及人为负面扰动较强的湿地,可采取退耕还养、建设生态防护海堤等措施来保护、稳固基底。研究发现利用碎石、纤维编织网和土工布等材料结合湿地植被建设生态海堤可以有效地减少岸线侵蚀过程对湿地基底的影响(Kim et al.,2009)。对于受石油烃、有机物及重金属污染区域,可使用吸附材料、微生物、植物、底栖动物修复以及植物-微生物联合修复等技术手段对底质中的污染物通过吸附、转化、分解等过程进行去除(吉云秀等,2005)

4. 湿地生物修复

滨海湿地中的各种植物在提供重要生态系统服务的同时也塑造了各种湿地类型,如滨海盐沼、海草床、红树林和珊瑚礁湿地等。常见的湿地植物恢复措施有播种和物种选育、移栽等。湿地生物修复技术主要包括常规生物修复技术和综合生境恢复技术,具体包括先锋物种引进技术、物种保护技术、外来物种控制技术、种群调节技术、土壤种子库技术、鸟类栖息地模拟技术等,其核心是通过湿地生物修复为植物、鸟类、鱼类等湿地生物提供良好的栖息、繁殖、生长发育的生境,形成结构合理的生态系统,以达到恢复生物多样性的目的。对于生境条件较差的区域,在进行水动力、基底修复同时还应通过人为干预减少负面扰动来营造良好的生境条件协助植被的恢复(刘书锦等,2022)。

(二)湿地保护的空间管制——生态红线制度

生态红线是指为维护国家和区域生态安全及经济社会可持续发展,保障人民群众健康,在提升生态功能、改善环境质量、促进资源高效利用等方面必须严格保护的具有关键作用的最小空间范围与最高或最低数量限值。滨海湿地生态红线将确定出我国滨海湿地最为严格的生态保护空间,是确保国家和区域生态安全的底线。党的十八大提出了"建立生态保护红线制度"。2011年《国务院关于加强环境保护重点工作的意见》(国发〔2011〕35号)首次提出了"海洋生态保护红线"的概念。2016年国家海洋局发布的《关于全面建立实施海洋生态红线制度的意见》提出了海洋生态保护红线划定的宗旨和标准。2018年国务院发布的《国务院关于加强滨海湿地保护严格管控围填海的通知》强调了加强湿地保护以及严守生态保护红线。

生态红线的划定是为了兼顾发展的同时保住生态底线,因此以生态分区和分级保护理论为基础对目标湿地划定生态保护红线具有重要的意义。通过划定滨海湿地保护红线将重要湿地生态功能区、生态脆弱区、生物多样性保育区以及人居环境保障区等划定为重点管控的区域,并对划定区域进行严格分类管控,来实现对滨海湿地的保护和可持续利用。

生态红线划定的技术流程如下。

1. 生态红线划定范围识别

依据《国务院关于加强环境保护重点工作的意见》(国发〔2011〕35号),参照《全国主体功能区规划》《全国生态功能区划》《全国生态脆弱区保护规划纲要》《全国海洋功能区划》《中国生物多样性保护战略与行动计划》等文件,结合区域经济社会发展规划和生态环境保护规划,识别具有重要生态功能和生态敏感、脆弱的区域,确定生态红线的划定范围。

2. 生态保护现状分析与评估

在生态红线划定范围内开展区域生态保护现状调查,系统分析区域内自然生态系统结构与功能状况、时空变化特征及受自然与人为因素威胁状况,综合评估生态保护成效与存在的问题。

3. 生态保护重要性评价

依据生态红线划定的相关规范性文件和技术方法,在生态红线的划定范围分别进行生态系统服务重要性评价、生态敏感性评价,明确生态保护的目标与重点,在空间上识别生态保护的核心区域。

4. 生态红线边界确定

将各类生态红线进行空间叠加与制图综合分析,按照生态功能类型、生态重要性和敏感性等级确定边界。在高分辨率遥感解析的基础上,通过实地调查,对生态红线区进行地面勘界,最终划定生态红线的地理分布界线。

5. 生态红线划定成果集成

采用地理信息系统与数据库技术,编制不同类型生态红线专题图件和生态红线总图;调查与收集生态红线的基础信息,建立生态红线空间信息数据库,完成生态红线划定技术报告。

以下区域应纳入生态红线划定的优先区,即国际重要湿地、国家重要湿地、国家级自然保护区、省级自然保护区;国家海洋保护区、海洋特别保护区、国家海洋公园;世界自然遗产地;达到国际重要湿地标准、国际鸟盟重要鸟区标准以及东亚—澳大利西亚候鸟迁徙线标准的湿地;具有重要价值的鱼类洄游、产卵和育肥区域;濒危湿地生态系统,如珊瑚、海草床等。

(三)滨海湿地保护基础设施建设

1. 界碑、界桩等建设

通过对沿海地区的湿地设立界碑、界桩、标牌,建设巡护步道、机械或生物围栏,以明确标示湿地保护区域的范围,控制人畜对湿地的破坏。

2. 自然保护区建设

建立滨海湿地保护区可以隔绝人为因素对湿地环境的破坏,是保护海洋及湿地生物多样性的有效手段。通过建立滨海湿地保护区不但可以保护脆弱敏感的海洋及滨海湿地生态系统、保护恢复濒危物种及提高生物多样性,还可使退化的生态系统恢复一定的生态系统服务(张晓,2017)。

2016年国家海洋局印发的《关于加强滨海湿地管理与保护工作的指导意见》提出应建立海洋保护区,将重点滨海湿地纳入保护范围。自20世纪80年代起,我国海洋保护区建设脚步逐渐加快,截至2019年底,已建立271个海洋自然保护区,总面积约12.4万 km^2,占管辖海域面积的4.1%。

目前沿海地区已经建立了多处不同级别的各类湿地自然保护区,但很多保护区存在着"划而不建、建而不管"的现象,保护管理设施不健全,严重制约着湿地自然保护区的发展。重点对我国沿海地区的现有已建湿地类型的国家级保护区、国家重要湿地范围及周边敏感区域内已建的自然保护区和新建自然保护区进行保护管理设施建设,包括保护管理站、保护管理点的管理用房、生活场所及设施设备等。

3. 国家湿地公园建设

国家湿地公园在抢救性保护湿地中发挥了重要的作用,已成为我国湿地保护体系的重要组成部分。国家湿地公园的湿地保护基础设施建设工程包括保护管理站(点)、湿地公园基层保护管理站(点)的办公设施及配套基础设施等;保护围栏(网、浮标)、保育区和恢复重建区的界碑(桩)、野生动植物救护设施设备等;巡护设施设备:巡护道路、巡护车辆和船只等。在自然保护区、海洋特别保护区、湿地公园等保护形式的基础上探索建立国家公园,创新滨海湿地保护管理形式。

(四)滨海湿地保护能力建设工程

(1)湿地资源监测体系建设。开展迁徙水鸟的专项监测,重点开展中国鸟类迁徙路线东线上的湿地资源和迁徙水鸟种类、迁徙数量等监测。开展滨海湿地专项监测。以近海与海岸湿地的自然保护区和国家湿地公园为主布设监测网点,开展近海与海岸湿地、湿地动物、红树林等资源监测。

(2)宣传教育培训体系建设。滨海湿地宣教中心建设。依托滨海湿地自然保护区和国家湿地公园的湿地及其独特湿地景观、湿地文化等资源,打造国家级和省级湿地科普教育平台,统筹规划,合理布局,建设和完善湿地宣教中心、湿地博物馆和科普宣教基地的基础设施。

(3)开展湿地宣传教育培训。依托高等院校和科研院所,开展湿地保护、科普等教育培训工作,特别针对在职从事湿地保护的基层管理人员,主要培训内容为湿地基础知识,湿地保护与管理、湿地动植物保护、法律法规、信息系统等。

(4)基层机构的科研能力建设。加强沿海省份的省级湿地保护管理中心及湿地自然保护区的科研能力建设,加强人员技术培训。主要包括湿地自然保护区的科研监测中心、实验仪器设备、野外调查设备、湿地物种基因库等建设。

(五)建立滨海湿地保护的科技支撑体系

加强滨海湿地基础理论研究和适用技术研究,解决滨海湿地生态修复的关键技术难点,建立滨海湿地生态修复模式,为大规模实施滨海湿地生态恢复提供技术保障;建立滨海湿地生态监测评估体系,要加强滨海湿地生态状况监测,外来物种监测和监控,掌握滨海湿地生态特征的动态变化。

1. 制定滨海湿地监测指标体系与技术规范

湿地生态监测内容包括对湿地生态系统涉及的水体、土壤、大气及生物共四类生态因子进行动态监测。其中,生物要素监测包括植物种类数量、物候、迁徙水鸟种类数量、两栖和爬行种类数量等。要制定统一的湿地生态监测指标体系、监测规范和数据库。

2. 建立和完善滨海湿地生态监测网络

滨海湿地监测包括对湿地生态状况、威胁和湿地保护工程成效等方面的监测。在沿海地区,选择具有湿地生态系统类型代表性、区域代表性好的湿地自然保护区,建立湿地生态系统长期科学观测研究站,开展湿地的长期、系统的科学观测。在各个科学观测研究站的基础上,建立滨海湿地生态监测网络,定期提供动态监测数据与评估报告。在湿地生态监测中,要积极应用现代化的观测技术和方法,例如,高分辨率卫星遥感观测技术、视频观测技术、卫星GPS跟踪技术(用于候鸟监测)、物候观测技术、无人机观测技术、远程数据传输技术、大数据分析技术,提高湿地监测的准确性、监测频次和覆盖范围。

3. 坚持长期滨海水鸟同步调查

对滨海湿地最为重要的指示物种迁徙水鸟来说,需要进行定期的长期的种群监测。为了解滨海水鸟的分布及种群动态变化规律并分析其变化原因,可组织和协调滨海湿地保护区、观鸟会和非政府组织、观鸟志愿者共同开展沿海水鸟同步调查。根据候鸟栖息时间和栖息地特征制定同步调查规范和记录模板,一般同步调查为一个月一次,在迁徙季节可增加调查频次。按照统一的数据格式报送调查数据,编写调查报告。

4. 开展滨海湿地生态系统健康评估

基于滨海湿地生态监测网络的科学数据,建立滨海湿地动态监测数据库,针对不同数据来源,定期或实时更新滨海湿地信息。采用科学合理的生态系统评估指标和方法,针对滨海湿地生态状况及变化、威胁和保护管理成效等,开展滨海湿地生态系统健康评估。

二、滨海湿地保护与管理的相关规划

党的十八大以来,党中央把生态文明建设放在突出地位,湿地保护工作也受到了中央与地方政府的高度重视,实施了《全国湿地保护工程规划(2002—2030)》。标志着我国湿地保护工作开始进入新的历史阶段,之后湿地保护工作被纳入国民经济和社会发展的"五年计划"之中,例如,2012年《全国湿地保护工程"十二五"实施规划》、2016年《全国湿地保护"十三五"实施规划》以及2021年《全国湿地保护"十四五"实施规划》等。经探索研究,当前我国已成功建立并实施了湿地生态补偿制度,极大提高了我国重要湿地的保护管理能力。

2022年,国家林业和草原局、自然资源部联合印发《全国湿地保护规划(2022—2030年)》,立足我国湿地资源现状,规划明确了我国湿地保护的总体要求、空间布局和重点任务,提出到2025年,全国湿地保有量总体稳定,湿地保护率达到55%,科学修复退化湿地,红树林规模增加、质量提升,健全湿地保护法规制度体系,提升湿地监测监管能力水平,提高湿地生态系统质量和稳定性。《全国湿地保护规划(2022—2030年)》提出,到2030年,湿地保护高质量发展新格局初步建立,湿地生态系统功能和生物多样性明显改善。作为长江中游的湿地大省,近年来,湖南省开展洞庭湖水环境综合整治专项行动,累计修复洞庭湖湿地71.4万亩(1亩≈666.67m^2),拆除围网472处124.5万亩。洞庭湖湿地自然保护区内995个突出生态环境问题全部整改到位,洞庭湖湿地生态系统功能明显提升。

此外,在湿地科研支撑方面,原国家林业局成立了国家林业局湿地保护管理中心、国家高原湿地研究中心、国家湿地保护与修复技术中心,国家林业和草原局成立了国家林业和草原局湿地研究中心,自然资源部建立了我国北方滨海盐沼湿地生态地质野外科学研究观测站,中国地质调查局成立了滨海湿地生态地质重点实验室,相应一些科研院所和大专院校也成立了湿地研究机构并设立湿地学科专业,为我国湿地保护管理工作提供了强有力的技术支撑。

三、滨海湿地保护与管理的相关法律法规、条例

我国政府高度重视湿地保护工作,先后出台了一系列的湿地保护政策,包括2000年《中国湿地保护行动计划》、2004年《国务院办公厅关于加强湿地保护管理的通知》(国办发〔2004〕50号)、2005年《国家林业局关于做好湿地公园发展建设工作的通知》(林护发〔2005〕118号)、2013年《推进生态文明建设规划纲要》以及2013年的《湿地保护管理规定》(于2017年再次修订)等。

2016年,国务院办公厅印发了《湿地保护修复制度方案》,提出了8亿亩湿地总量管控目标,国家林业局、国家发展和改革委员会等八部委联合印发了《贯彻落实〈湿地保护修复制度方案〉的实施意见》,实施湿地保护修复工程和补助项目1500多个,恢复湿地350万亩,安排退耕还湿76.5万亩(国家林业局,2015),这是我国湿地保护从"抢救性保护"向"全面保护"的重要转变。值得重视的是,沿海湿地保护是我国湿地保护的"短板"。根据国家林业局于2014年公布的第二次全国湿地资源调查结果,按照相同的统计口径,天然湿地面积比第一次全国湿地资源调查减少了8.82%,而沿海11个省(自治区、直辖市)的滨海湿地面积减少了21.91%,因此滨海湿地保护更为迫切,任务更为艰巨。

2017年,国家林业和草原局贯彻落实国家《湿地保护修复制度方案》,并修订了《湿地保护管理规定》,27个省份出台了省级湿地保护立法。2019年,国家林业和草原局印发实施了《国家重要湿地认定和名录发布规定》。规范国家重要湿地管理,发布国家重要湿地名录及范围。指导各地制(修)订省级重要湿地、一般湿地的相关制度和办法,发布省级重要湿地、一般湿地名录及范围。

为了进一步加强湿地保护,实现人与自然和谐共生,2021年12月24日,《中华人民共和国湿地保护法》首部专门保护湿地的法律出台,标志着我国湿地保护正式走向法制化,为我国湿地保护创造了良好条件。聚焦湿地保护修复的完整性、原真性和稳定性,逐步建立起覆盖全面、体系协调、功能完备的湿地保护法律制度,为全社会强化湿地保护和修复提供了法律保障。目前,全国28个省(区、市)先后出台了湿地保护条例和办法。国务院办公厅印发了《湿地保护修复制度方案》,各地制定了省级实施方案,颁布了《湿地保护管理规定》等部门规章,确立了湿地保护管理顶层设计的"四梁八柱"。2022年12月,国家林业和草原局修订了《国家湿地公园管理办法》,在制度上加强国家湿地公园建设和管理,促进国家湿地公园健康发展。

此外,我国还成立了国家湿地科学技术委员会和全国湿地保护标准化技术委员会,建立了湿地领域标准化体系。

随着我国政府对湿地保护重视程度的提高,湿地保护取得了比较突出的成绩。近10年,中国新增和修复湿地80余万公顷。全国现有国际重要湿地64处、国家重要湿地29处、国际湿地城市13个,获得认证的国际湿地城市数量居世界第一。湿地类型自然保护地总数达2200余个,规划将1100万公顷湿地纳入国家公园体系,实行最严格的保护管理。初步形成了以自然保护区为主体、湿地公园和保护小区并存、其他保护形式互补的湿地保护体系。但我国沿海湿地保护还面临严峻的挑战,如围填海、湿地环境污染和外来物种入侵等情况仍然比较严重。

自然资源部、生态环境部、国家林业和草原局等湿地相关管理部门出台一系列法规、政策和制度,将湿地保护法律化、规范化、科学化、系统化,对新形势下湿地保护和修复做出了明确的部署及安排。地方政府也紧随其后,纷纷出台相关政策条例。

2017年1月,《江苏省湿地保护条例》施行,并相继出台湿地名录管理、湿地征收占用、湿地公园和湿地保护小区建设、湿地生态监测、小微湿地建设等制度或行业规范,初步建立了较为完备的湿地保护法规制度体系。同时,江苏还大力推进水污染治理,持续开展长江、太湖、洪泽湖、滨海等重要湿地修复治理,全省湿地生态质量逐步提升,湿地生态服务功能显著增强。

近年来,广东省修订发布了《广东省湿地保护条例》,印发了《广东省湿地公园管理办法》《广东省林业局关于广东省重要湿地认定和名录发布管理办法》,编制了《广东省红树林保护修复专项规划》《广东省红树林生态修复技术指南》,湿地保护修复制度体系初步构建。在湿地修复方面,广东省将红树林保护修复作为重要内容全力推进,稳步推进建设万亩级红树林示范区,印发《广东省红树林保护修复专项行动计划实施方案》,完善红树林营造修复奖励机制,重点支持红树林保护修复,以湛江为试点开展红树林综合利用实验项目,推进红树林及其周边生态养殖、碳汇交易、生态旅游和自然教育等相关绿色产业建设,全面加强红树林保护修复工作。在滨海湿地保护方面,2019年印发的《广东省加强滨海湿地保护严格管控围填海实施方案》,明确加强滨海湿地保护,新增一批海洋自然保护区、湿地公园、海洋特别保护区和水产种质资源保护区。将深圳市大鹏湾等亟须保护的重要滨海湿地和重要物种栖息地纳入保护范围。对保护区范围内的滨海湿地实行严格有效保护,对经批准征收、占用并转为其他用途的,要依照"先补后占、占补平衡"的原则,按1:1的比例恢复或重建。

主要参考文献

董洪芳,于君宝,管博,2013.黄河三角洲碱蓬湿地土壤有机碳及其组分分布特征[J].环境科学,34(1):288-292.

关道明,2012.中国滨海湿地[M].北京:海洋出版社.

国家林业局,2015.中国湿地资源 总卷[M].北京:中国林业出版社.

黄华梅,高杨,王银霞,等,2012.疏浚泥用于滨海湿地生态工程现状及在我国应用潜力[J].生态学报,32(8):2571-2580.

吉云秀,丁永生,丁德文,2005.滨海湿地的生物修复[J].大连海事大学学报(3):47-52.

刘书锦,曹海,李丹,等,2022.滨海湿地生态保护及修复研究进展[J].海洋开发与管理,39(7):29-34.

陆健健,何文珊,童春富,等,2006.湿地生态学[M].北京:高等教育出版社.

梅雪英,张修峰,2007.长江口湿地海三棱藨草(*Scirpus mariqueter*)的储碳、固碳功能研究——以崇明东滩为例[J].农业环境科学学报(1):360-363.

邵学新,杨文英,吴明,等,2011.杭州湾滨海湿地土壤有机碳含量及其分布格局[J].应用生态学报,22(3):658-664.

王法明,唐剑武,叶思源,等,2021.中国滨海湿地的蓝色碳汇功能及碳中和对策[J].中国科学院院刊,36(3):241-251.

王新艳,闫家国,白军红,等,2019.黄河口滨海湿地水文连通对大型底栖动物生物连通的影响[J].自然资源学报,34(12):2544-2553.

于洪贤,姚允龙,2011.湿地概论[M].北京:中国农业出版社.

张健,李佳芮,杨璐,等,2019.中国滨海湿地现状和问题及管理对策建议[J].环境与可持续发展,44(5):127-129.

张晓,2017.海洋保护区与国家海洋发展战略[J].南京工业大学学报(社会科学版),16(1):100-105.

张绪良,徐宗军,张朝晖,等,2010.中国北方滨海湿地退化研究综述[J].地质论评,56(4):561-567.

张绪良,张朝晖,徐宗军,等,2012.黄河三角洲滨海湿地植被的碳储量和固碳能力[J].安全与环境学报,12(6):145-149.

赵学敏,2005.湿地:人与自然和谐共存的家园[M].北京:中国林业出版社.

GEORGE D G, TEIN M, BETHANIE W, et al., 2019. International principles and standards for the practice of ecological restoration. Second edition[J]. Restoration Ecology, 27(S1):S1-S46.

KIM J, XUBIN P, ABEL G, 2009. Multi-level assessment of ecological coastal restoration in South Texas[J]. Ecological Engineering, 36(4): 435-440.

WANG F M, CHRISTIAN J S, ISAAC R S, et al., 2021. Global blue carbon accumulation in tidal wetlands increases with climate change[J]. National Science Review, 8(9):145-155.

第五章　红树林保护与管理

第一节　红树林特征及其生态价值

一、红树林的特征

红树林是指自然分布于热带、亚热带海岸带和潮间带的以红树植物为主的常绿乔木、灌木组成的木本植物群落,是海岸区域重要的湿地类型之一。作为一种高生产力生态系统与重要的"碳汇",红树林具有重要的社会、经济、生态价值,在防风消浪、造陆护堤和维护海岸生态平衡等方面发挥着重要作用(王文卿和王瑁,2007)。

(一)红树林的分布

红树林广泛地分布在全球热带、亚热带地区的124个国家或地区,生长在隐蔽的海岸、潟湖、河口和三角洲等潮间带。红树林的分布虽受气候限制,但海流的作用使它的分布超出了热带海区。在北美大西洋沿岸,红树林到达百慕大群岛(北纬32°20′),在亚洲则见于日本南部(北纬31°22′),在南半球红树林分布范围比北半球更远离赤道,可至澳大利亚南部(南纬38°45′)、新西兰(南纬38°59′)。根据Hamilton和Casey的估算,2012年全球红树林的有林面积为83 495km^2,其中印度尼西亚、巴西、马来西亚、巴布亚新几内亚、澳大利亚、墨西哥、尼日利亚、缅甸、菲律宾和泰国等20个国家拥有全球85%的红树林(Hamilton and Casey,2016)。

我国红树林分布于海南、广东、广西、福建、浙江、台湾、香港和澳门等地。主要分布在北部湾海岸和海南东海岸,其中北部湾海岸包括广东湛江、广西沿海及海南的西海岸。我国红树林自然分布的北界是福建省的福鼎市(隶属宁德市),人工成功引种的北界则为浙江乐清西门岛。

中国现有原生红树植物21科37种,其中真红树植物11科14属25种,半红树植物10科12属12种。此外,外来引种的2种真红树植物,无瓣海桑(Sonneratia apetala)和拉关木(Laguncularia racemosa)已成为我国的广布种。除长期生存于林下的蕨类外,红树林群落内外的草本植物和藤本植物一般不被列入红树植物范畴,而属于红树林伴生植物。随着纬度的升高,红树植物种类逐渐减少,其中海南拥有最多红树物种,我国已记录的物种在海南均有分布;浙江只有引种的秋茄(Kandelia obovata)1种。

(二)红树林分布的影响因素

潮间带的生境条件是限制红树植物生长和成活的关键要素,因此宜林地的选择是红树林生态修复的关键因素之一。同时,这些生境条件对红树林生态系统的生态学过程,例如初级生产力和营养物质的循环也有影响。

1. 气候

温度是调节生物生长繁殖最重要的环境因子,也是控制红树林天然分布的决定因素。红树林植被为热带或亚热带海岸物种,对低温较敏感,宏观分布的纬度界线主要受温度(气温、水温或霜冻频率)控制,尤其与水温关系更为密切。纬度决定了所在区域的气候特征,最低月气温决定了红树林能否安全越冬。但是通过人工驯化,某些红树植物的种植范围可超越天然分布的界限(陈少波,2012)。

从地理分布可以看出,红树林植物种类的分布与纬度有很大的关系,随纬度的增加,红树植物的物种多样性逐渐减少;相比其最适宜分布区,随着纬度增高红树植株也逐渐矮化。

2. 盐度

红树植物对盐度有一定的适应范围,在盐度为2‰~35‰的河口海岸线生长较好,但在淡水和盐度较高的海水中生长不良。不同种类的红树植物对盐度的耐受性不同。桐花树属、老鼠簕属、白骨壤属均具有泌盐特性,其体内只能容纳一定的盐分,随着环境盐度的增大,植物体内盐分吸入量增加后有能力将相应的盐分排出体外,因而能适应较高盐度环境。在生长上,红树植物总体呈现低盐促进生长高盐抑制生长的规律。盐度过高时会严重影响红树植物的生物量累积。

3. 底质类型

底质类型是控制红树林天然分布的重要因子。学者把红树林划分为软底型(河口海湾环境淤泥潮滩)、硬底型(大洋环境砂砾质潮滩)及其间的过渡类型,表明了红树林海岸沉积物的巨大差异。尽管红树林也可以生长在砂质、基岩和珊瑚海岸,但它们主要是分布在软泥型的环境中。不同底质类型对红树林的生长状况影响也很大,砂质地、排水不畅的烂淤地、干涸地均不利于红树林生长。

4. 水文条件

红树林适宜生长在受良好屏蔽的港湾、河口、潟湖、海岸沙坝或岛屿的背风侧、珊瑚礁坪后缘,以及与优势风向平行的岸线等,而不能分布于受波浪作用较强的开阔岸段。强波浪妨碍底质的泥沙沉积,并且阻碍红树林植物幼苗扎根和生长。极端天气现象造成的强波浪和风暴潮会对红树林造成破坏,热带气旋和飓风产生的波浪对红树林可以产生负面影响甚至毁灭性的打击(彭逸生等,2008)。

红树林一般分布于平均海面与大潮平均高潮位之间的滩面,这是红树林总体受潮汐浸淹控制的表现,过长时间的淹浸或滩地积水将会干扰某些红树植物的正常生长及生理活动。红树植物对浸淹的耐受程度决定了红树植物在潮间带横向的分布状况,这对于各区域造林物种的选择至关重要。

(三)红树植物对海洋的适宜

在潮间带生境的高度盐渍化、酸化、土壤(沉积物)的缺氧、高光辐射及周期性的海水浸淹的条件下,经长期的自然选择和进化适应,红树植物逐渐形成了一套独特的生态特征(张乔民等,1997)。

(1)具有独特的气生根和支柱根形态。由于缺氧和潮汐冲刷,红树植物发育各种形态的气生根,如支柱根和呼吸根。

支柱根:适应泥泞的红树植物,从茎基伸出拱形下弯的支柱根或宽厚的板状根,以抗御风浪。

呼吸根:为适应土壤中缺氧的环境,红树植物一部分根背地向上生长,露出地面用于呼吸,这类根有发达的通气组织,其表皮有皮孔。

(2)胎生现象是红树植物重要特点之一,可分为显胎生和隐胎生。

红树植物中,红树科的果实成熟时仍留在树上,种子在母树的果实内发芽后,从果中伸出,形成一个下垂的胚轴,为显胎生;胚根成熟掉落后插入泥中,即可成苗;若掉入潮水中,由于胚轴有气道,可远漂传播,在几个小时内就可以生根。

白骨壤、桐花树等非红树科红树植物,种子萌发后,仍留在果皮内,把果皮填满;当果实掉入水中,果皮吸水胀破后,幼苗才伸出果皮,插入泥中,即开始生根固着下来,为隐胎生。

(3)耐盐机制在高盐环境中生长的红树植物形成了拒盐、排盐和渗透调节等适应机制。红树植物的根系是非常有效的过滤系统,可将根系吸收水中的大部分盐分过滤掉。对于进入体内的多余盐分,可通过盐腺泌盐、落叶脱盐等方式排出体外。红树植物的叶片出现典型的旱生植物特点,叶片往往较小,革质,肉质化程度较高,被认为是避免盐分浓度过高的一种稀释机制。红树植物也能通过将多余盐分输送到枯黄的叶片并凋落来排除盐分。而为了增强从海水中吸收水分的能力,红树植物通过积累大量渗透调节物质的方式来实现叶片的低水势,增强吸收水分的能力。

(4)富含单宁是红树植物在化学成分上的显著特征,对红树植物具有重要的生态意义。红树植物树皮和果皮的单宁含量高,形成一个有效的保护层。由于单宁有涩味,避免或减轻了动物对植物活体的直接啃食。同时,单宁有抑制微生物活动、杀灭病原菌的效能,增强了红树植物的抗病能力和抗海水腐蚀的能力。

(5)特殊的次生木质部结构中,导管直径小、分子长、分布频率高。红树植物生长在海滨滩涂,含盐量高,渗透压大,植物吸水需要更多的负压,导管直径小能提高植物的负压,增加植物的吸水能力。窄导管的输导效率虽低,但抗负压强,不易倒塌,且窄导管单位面积上的数量多,即使有部分导管被气泡堵塞,也不会导致整个输导系统丧失功能,这样可保证水分运输的安全性。

二、红树林生态价值

红树林具有维持海岸生态系统结构和功能的作用,发挥着防风消浪、促淤护岸、净化水体等作用,同时为各种海洋生物提供栖息地、产卵场和食物来源,维系着近岸的生物多样性,特别是一些濒危哺乳动物、爬行动物、两栖动物和鸟类。红树林也为沿岸社区提供木材和其他经济产品、休闲娱乐等服务,支撑社会经济发展。近年来,包括红树林在内的滨海湿地在固碳和减缓气候变化方面发挥着重要的作用,引起了全球性的广泛关注。

(一)维系近岸生物多样性

红树林作为河口海区生态系统初级生产者支撑着广博的陆域和海域生态系统,为海区和海陆交界带的生物提供食物来源,也为鸟类、昆虫、鱼虾贝类等提供栖息繁衍场所,并构成复杂的食物链和食物网。红树植物的凋落物,特别是凋落叶,直接或者间接地为红树林生态系统内和邻近系统的大型底栖动物提供食物来源。此外,红树植物的根系、枝干和枝条可以为大型底栖动物提供栖息和附着场所,红树林植被能改善潮间带高温和高蒸腾作用等不利环境,因此吸引了大量的大型底栖动物,这些动物同时又是其他无脊椎动物和鱼类的食物来源。

(二)固碳减缓气候变暖

红树林具有高的净初级生产力,它们的净初级生产力高于陆地森林和其他海洋生态系统,可以吸收大气 CO_2 并储存在它们的生物量中。通常红树林30%左右的植物净初级生产力以凋落物的形式进入生态系统周转,或者输出到毗邻海域,意味着有多数的初级生产力储存在其生物量中得以保存(陈雅萍和叶勇,2013)。

红树林位于海陆交接的潮间带,通过潮汐作用与外界环境发生物质交换。湿地植被复杂的地上结构(地表支柱/呼吸根和茂密的植株)发挥的消浪作用有利于促进潮水中颗粒有机碳的沉降。植物凋落物(枯枝落叶)和死亡的根系经过底栖动物摄食和微生物分解后部分也能埋藏到沉积物中。湿地沉积物缺氧的状态则限制了埋藏在其中的有机碳的好氧分解,有机碳得以长期保存。

(三)消浪促淤

红树植物具有复杂的地上结构,包括它们的地表支柱根、呼吸根和它们茂密的植株。因此,当潮水经过红树林时,除地表沉积物的摩擦外,植物的地上结构通过波浪破碎和摩擦损耗等作用消耗破浪能量。红树林对浪的消减效应与林带宽度、植物地上根、树干、株高、密度及树冠等多个植被特征有关。红树林植被也通过减弱波浪动能和潮流影响滩涂的沉积环境,促进潮水中悬浮泥沙和有机颗粒物在林内沉积,也降低了潮水对地表沉积物的扰动。

(四)净化水质

植物的生长过程中需要吸收大量的水分、无机盐和营养,进而会吸收一定量污水中的污染物和营养物,所以植物对污染物和营养物的吸收作用被许多人认为在净化水质中起重要的作用,红树林湿地和人工红树林湿地被视为很多污染物廉价而有效的处理场所,对于富含营养盐废水的处理可能特别有效。相比红树植物,红树林湿地沉积物中微生物代谢在氮的净化中发挥着更重要的作用。

三、红树林破坏与生态退化

在沿海地区人口和社会经济发展的压力下,红树林由于围垦造田、水产养殖和盐田生产,以及填海造地等开发活动而被破坏,其全球面积自 1980 年的 1.88×10^3 万 hm^2 下降至 2005 年的 1.52×10^3 万 hm^2。这种衰退在亚洲、加勒比海和拉美地区尤为明显,主要归咎于大规模的水产养殖和旅游设施建设;其中印度尼西亚、墨西哥、巴基斯坦、巴布亚新几内亚和巴拿马红树林的丧失速率最快。2000—2012 年,全球红树林下降 16.64 万 hm^2,东南亚国家的红树林丧失尤为明显,其中印度尼西亚的红树林丧失面积居全球之首(7.49 万 hm^2),缅甸则是下降速率最快的国家。

红树林的丧失和退化引起了全球范围内红树林保护意识的提升,推动了红树林生态保护和修复的开展。截至 2000 年,全球约有 6.9% 红树林被纳入现有的保护地网络(IUCN 的 Ⅰ~Ⅳ 级保护地),形成政府、非政府组织和社区等多方投入的保护修复机制;自 20 世纪 70 年代后期开始,世界各地采取了一系列措施减缓和遏止红树林退化丧失的趋势,在美洲、大洋洲、亚洲等地区也进行了大量红树林的恢复种植。在全球范围内,也推出发展中国家 REDD+(减少发展中国家毁林和森林退化排放,以及森林保护、森林可持续经营和增加碳汇机制的活动)、红树林行动计划(Mangrove Action Project)等政府间或公益性保护行动。

尽管如此,当前我国红树林的保护仍面临着挑战,红树林受到的威胁由 20 世纪的大规模毁林转变为近年来因人为和自然因素等原因导致的退化,生物入侵、围填海、环境污染、病虫害、岸线侵蚀和生境丧失等问题威胁着红树林的保护和健康,其中互花米草入侵和病虫害已经成为全国性的问题。近年来红树林病虫害问题尤为突出,病虫害的爆发趋于频繁,害虫的种类多样化、影响的区域进一步扩大。红树林的退化将影响红树维持生物多样性、防护海岸线等生态功能,削弱了海岸线对极端气候事件的抵御能力。

(一)近岸污染

红树林湿地对污染物有较强的净化能力,适度的污水进入湿地能够促进红树植物的生长,但是湿地对污染物的净化能力是有限的。养殖、工业及生活污水的排放、近海石油泄漏会对红树林造成威胁。污染物进入红树林后,可能会造成沉积物环境的缺氧,并对红树林植物和林下动物造成胁迫。此外,城市周边生活垃圾的倾倒和海漂垃圾在红树林中堆积,不仅对植物幼苗造成直接的物理伤害,对种子萌发和植物的自然更新造成影响,对底栖动物群落也可能造成影响。

(二)海堤建设和海平面上升

沿海地区修筑和维护海堤对滨海湿地也造成破坏。我国大陆 60% 长度的海岸线已修筑人工海堤。我国现存的红树林中,80% 以上的红树林分布在海堤前缘。海堤建设需要占用大量土地,影响自然海岸的地貌和沉积环境,限制陆地生态系统和海洋生态系统的物质、能量及信息交流,进而影响滨海湿地的自我维持能力。海堤的建设也减弱了红树林植被应对海平面上升不利影响的能力,在海平面上升的作用下,红树植物无法向陆缘后退,将导致其物种的演替或植被的消亡。

(三) 民众林下讨小海和家禽养殖

红树林为诸多海洋动物提供良好的栖息和生存环境,湿地中有不少具有较高经济价值和较好食用价值的物种,如贝类、青蟹和星虫。在红树林和周边滩涂进行经济物种的捕捞和采集是我国沿海地区的传统开发活动。但是,长期的过度捕捞活动导致了湿地中底栖动物经济物种资源的衰退。另外,在红树林进行挖捕,频繁的挖掘还将损伤植物根系、践踏植物,造成植被的破坏。

红树林区的养殖家禽,会觅食林下的底栖动物、破坏红树植物幼苗,造成生物群落的衰退,家禽觅食过程中破坏了林下沉积物的稳定性,排放的粪便引起水体的污染,其不利影响引起了广泛的关注,也被认为是造成红树林团水虱爆发的主要原因。

(四) 岸线侵蚀

由于城市建设对砂石料的需求量不断增加,对采砂行业的管理尚不完全规范,国内许多河流存在着无序采砂的状况,加上江河上游的水利工程建设和水土流失的治理减少了泥沙的入海量。这些因素改变了已相对稳定的河床形态和河汊分流比例,改变河流流势和流速,致使河床下切流势改变,直接造成河口沿岸的岸滩下陷和侵蚀,导致红树林的消亡。一些海岸工程或者围填海项目也改变了局部区域的海洋动力过程,对周边的红树林岸滩稳定性构成威胁。

(五) 生物危害

互花米草、薇甘菊、鱼藤、浒苔和病虫害等生物危害已经成为影响红树林生态的主要因素之一。

互花米草由于繁殖力强、生长快,扩散能力强,已在我国多数沿海地区造成严重的生态入侵。尽管互花米草被认为与红树林的生态位有所重叠而可能产生竞争,但在郁闭的红树林冠层下互花米草难以生长,互花米草的危害更多地体现在对红树林外围滩涂的侵占,以及对退化和稀疏的红树林或幼林构成威胁。

病虫害是近年来受到广泛关注的、对湿地植被造成严重危害的威胁因子之一。目前全国多地红树林均受到病虫害的影响。20世纪90年代以来我国红树林病虫害逐渐加重,表现在原有的病虫害规模扩大、危害加重,造成影响的虫害种类增加。

近年来,红树林中常见的伴生植物鱼藤也对我国多地的红树林造成严重危害。鱼藤成片攀附于红树树冠上并蔓延覆盖,影响红树植物的光合和生长,导致红树植物的死亡和植被的退化。

(六) 生境丧失

除上述因素造成生境的退化,历史上我国沿海的多次开发活动和海堤建设,破坏了中高潮带的红树林,造成了适生于中高潮带的红树植物资源和生境的丧失,这也是造成我国红树物种濒危化程度高的原因。目前我国37种红树植物(包括真红树和半红树)中有20种处于不同程度的濒危状态,而红榄李、海南海桑、卵叶海桑和拉氏红树处于极危状态。

第二节 红树林保护与修复

一、红树林保护与修复现状

红树林是当今海岸湿地生态系统中唯一的木本植物,它的生态、旅游价值正逐渐被人们所认识,并引起了世人的关注。全球的红树林大致分布于南北回归线之间的范围内,共有两个中心,一个是东亚,一个是中南美洲。然而,从全球的红树林资源现状来看,形势并不能让人们感到乐观。东南亚是红树林遭受破坏的重灾区,印度尼西亚原有红树林 250 万 hm^2,从 20 世纪 60 年代末期开始,经过 10 年的大规模围海养殖,70 万 hm^2 的红树林消失了,至 2000 年,又有 80 万 hm^2 的红树林被农田所取代。马来西亚有近 60 万 hm^2 的红树林,至今已经减少了 25%,预计在未来 10 年内还会继续减少 20%。菲律宾已有 30 万 hm^2 的红树林消失,至今还有 10 万 hm^2 岌岌可危。泰国的红树林从 20 世纪 50 年代至今,消失了一半。另外,加勒比地区的红树林现状同样令人担忧,在 20 世纪 20 年代这一地区的红树林覆盖率超过了 60%,如今只有 10%。波多黎各已有 75% 的红树林彻底消失了。墨西哥为了在海湾开采石油,大量砍伐红树林,至今已有 40% 的红树林消失了。

我国是全球红树林生长的北缘地带,分布的范围北起浙江温州乐清湾,西到广西中越边境的北仑河口,南到海南三亚,在 19 世纪初期有 25 万 hm^2 左右,到 20 世纪 50 年代仅剩 5 万 hm^2,经过多年的修复和种植,红树林面积开始逐步回升。但由于人类活动以及其他因素的影响,红树林的生存仍存在巨大的威胁,在我国倡导"双碳"目标的背景下,修复、保护和继续规划发展红树林十分紧迫。

(一)红树林保护管理的基本认识

1. 红树林是中国南部沿海重要的典型海洋生态系统

红树林是热带和亚热带沿海潮间带特有的一类木本植物群落,是世界四大最富生产力的海洋生态系统之一,具有重要的生态、经济和环境价值。决定红树林生长的本质因素是地貌。我们仔细观察就会发现,通常只有在入海河口、海湾、潟湖、三角洲、溺谷这些近岸海域才能生长红树林。我国南方广东、广西、海南沿海分布有较多的红树林。

红树林更多的是以一个生态系统而存在并发挥作用,为其他海洋生物提供了很好的繁衍、栖息、觅食场所。红树林区域生物多样性的大小,对红树林会有不同的影响:生物多样性大,则物种丰富,有利于红树林适应不同的潮间带类型和在同一潮间带内占据不同的位置生长;生物多样性大,也更适宜作为其他物种的生长和繁衍场所,可供人类利用的红树林的物种、基因也更丰富。

2. 红树林保护是海洋环境保护的一项重要工作

《中华人民共和国海洋环境保护法》第二十条规定:"国务院和沿海地方各级人民政府应当采取有效措施,保护红树林、珊瑚礁、滨海湿地、海岛、海湾、入海河口、重要渔业水域等具有典型性、代表性的海洋生态系统……"国务院和南方沿海各省、自治区政府批准实施的海洋开发规划、海洋功能区划、海洋生态建设规划和海洋自然保护区发展规划都将保护红树林作为重要内容之一。

3. 红树林与人类生活息息相关

目前中国南部沿海的红树林生长密集区，一般都靠近人类聚集区。一方面，红树林的防浪、护堤、促淤、固岸功能为沿海城镇人民提供保护，使其免遭或减少台风、风暴潮的损害。另一方面，附近居民也从红树林周边区域中捕获经济海洋生物，采摘红树林果实，从红树林提取药物等。近年来，红树林这一独特景观还作为旅游资源得到适当开发，为周边社区提供更多就业机会。

（二）国外红树林的保护与修复现状

红树林分布于全球118个国家和地区，2000年全球红树林的总面积为1 377.60万 hm^2。按区域进行划分，红树林面积占比排序为亚洲（42%）＞非洲（20%）＞北美洲和中美洲（15%）＞大洋洲（12%）＞南美洲（11%）。其中，印度尼西亚、澳大利亚、巴西、墨西哥、尼日利亚和马来西亚六国的红树林面积占近50%。截至20世纪末，全球红树林面积已损失35%。2000年后，平均年净损失率降为0.2%，但仍高于热带和亚热带森林的损失速率。

在全球范围内，自然资源从私有到政府所有，存在不同的所有权和管理权。由于红树林的重要性和受威胁性，国际上已经采取行动，对全球范围内的红树林进行保护与可持续开发利用。官方保护协议包括联合国森林论坛（UNFF）、华盛顿公约（CITES）、生物多样性公约（CBD）、联合国气候变化框架公约（UNFCCC）以及拉姆萨尔湿地公约（The Ramsar Convention）等。除国际层面的保护协议外，许多国家和地区也制定了红树林保护及管理相关的政策法规，并通过建立保护区、实施政府和社区共管以及生态补偿等方式，减少红树林的破坏行为。其中，建立自然保护区是全球应用最普遍且成效显著的红树林保护方式，但是目前仅有6.9%的红树林被纳入世界自然保护联盟（International Unionfor Conservationof Nature，IUCN）的保护范围。尽管全球范围内已开展红树林保护及恢复工作（如建立保护区、开展人工造林和退塘还林等），但由于物种和恢复地选择不当以及政府管理等问题的存在，使得大规模造林的成林率较低，红树林得不到正确的恢复及有效的保护，全球红树林面积仍呈现缓慢减少趋势。亚洲红树林面积及生物多样性位居世界首位。虾塘养殖和过度开发是亚洲红树林面积减少的主要原因。早在1966年，多个亚洲国家和地区便开展了沿海红树林造林工程，同时，通过颁布政策法规以及加入《国际湿地公约》保护与恢复红树林，但由于缺乏持续的财政投入和人力支持，保护工作常遇到阻碍。在非洲，红树林作为食物、木材和药物等来源地，受到不同程度的开发和破坏。大多数非洲国家缺乏红树林保护与修复的法律法规，红树林自然扩张极少，仅毛里求斯、几内亚、贝宁和厄立特里亚等少数国家开展红树林造林工作与红树林相关教育活动。在北美和中美洲，部分国家开展红树林的保护与恢复工作，包括清退虾塘恢复红树林、大规模人工造林和加入《国际湿地公约》等。在立法方面，仅有少数国家具有专门针对红树林保护与恢复的法律，保护与恢复工作执行力有待提升，沿海开发是该区域未来红树林面临的主要威胁之一。大洋洲23个国家和地区拥有红树林,生物多样性仅次于亚洲。建立保护区和公园是该区域红树林生态系统保护的有效方式,同时,立法限制红树林的减少,造林工程使得面积得以恢复。南美国家通过政府立法、建立保护区和开展造林工程等,使红树林受到不同程度的保护与恢复,但非法砍伐和破坏仍存在。除圭亚那外,南美其他国家均加入《国际湿地公约》。南美的红树林近一半分布在巴西,巴西2020年撤销红树林作为永久保护地的法规,红树林面临转变为养殖虾塘及海岸带地产开发等毁林威胁。

(三)中国红树林的保护与修复现状

1. 国家层面

中国红树林分布于东南部海岸带,福建、广东、广西、海南和港澳台地区均有天然林分布,此外浙江也人工引种秋茄林。2000年是中国红树林面积变化的转折点。2000年以前,由于人类破坏和城市开发(围填海运动、基围养殖和港口码头建设等),中国红树林经历面积急剧减少阶段,降至2.2万hm^2,而中国的红树林保护与恢复工作也在此期间逐步展开(王浩等,2020)。2000年后,随着政府和民众对红树林保护意识的提高以及红树林保护、恢复工作持续有效地开展,我国红树林面积的年平均净增长率达1.8%,成为全球红树林面积恢复最有成效的国家之一。中国红树林保护与修复工作的开展以政府为主导。我国红树林的保护措施包括出台相关政策法规,建立严格控制的自然保护区,建设兼顾红树林保护和湿地资源开发利用的湿地公园以及开展红树林自然教育等。我国出台的涉及红树林的法律法规包括《中华人民共和国海岛保护法》《中华人民共和国海洋环境保护法》和《湿地保护管理规定》,为红树林保护提供了政策依据。同时,通过制定全国范围的红树林保护与修复规划,提出计划目标,有效地推进红树林保护与恢复工作的顺利开展。1975年,我国最早的自然保护区——米铺红树林湿地在香港建立。20世纪80年代后,我国陆续建立红树林相关保护区和湿地公园59处,包括43个自然保护区和16个湿地公园,其中国家级自然保护区9个(5个被列入拉姆萨尔国际重要湿地名录)。至此,67%的红树林被纳入保护范围。近年来,在对现存红树林进行严格保护和合理生态开发的同时,我国还开展大量的红树林修复工程。2000—2017年,我国开展红树林湿地修复工程360余项。以国家和地方政策为指导,多由政府出资进行红树林营造与修复,并建立示范基地和示范区等,在红树林恢复上取得显著的成效。

2. 省级层面

1)福建省

福建是中国大陆地区天然红树林面积最小的省份,红树林总面积为1429hm^2,宁德市福鼎市是我国红树林自然分布的北界(王瑁等,2019)。福建全省红树林树种资源较少,15种红树植物中,有6种为外省引种,天然林仅占40%(杨忠兰,2002)。由于围填海、围塘养殖、城市化建设和人为污染等,福建红树林在1999年仅剩260hm^2。随着政府对红树林保护的重视,通过一系列有效措施,目前红树林面积恢复至20世纪50年代的近两倍,省内64.4%的红树林已纳入保护范围(胡文佳等,2020)。福建省发布的红树林有关政策法规,发挥了对红树林保护与修复的政策指引作用,促进省内红树林保护修复工作的顺利开展。福建省政府部门积极探索兼顾植被修复、入侵植物控制、退塘还林和鸟类生境恢复的海陆一体化生态修复模式，注重生物多样性和生态系统功能的恢复，在恢复植被的同时，有效地改善各类生境与区域景观。这种海陆统筹的红树林生态修复模式在全国红树林的保护与修复方面起到积极的示范作用。

2）广东省

红树林广泛分布于广东省56个市县的海陆交界区，总面积为14 256 hm^2。其中，湛江红树林面积最大，占全省的80%（林益明和林鹏，1999）。作为经济发展强省，广东省红树林生存面临严重的威胁，围填海、围塘养殖、工程建设和环境污染等致使全省红树林在20世纪90年代下降至3813 hm^2，其后，通过严格的保护以及开展大量的红树林修复工程，红树林面积迅速增加，2000年后，红树林恢复面积和年恢复速度位列全国首位。目前，广东建设红树林相关保护区以及湿地公园合计26处，远高于其他省区，其中包含两处国家级保护区且特点显著，分别是位于湛江的全国面积最大的红树林保护区（7230 hm^2）和位于深圳的面积最小、唯一位于城市腹地的国家级保护区（367.64 hm^2）。广东省政府部门对红树林的保护提供了极大的政策支持，出台的政策法规明确了红树林资源的管理权属、保护与修复规划、开发与利用方式、控制目标和工作组织等，对省内实施红树林保护与修复工作起到了政策指引作用。作为广东省内红树林修复的主战场，湛江市通过有效的"政策法规＋保护地建设＋鱼塘清退＋生态补偿＋生态开发＋国际合作＋共管计划"全面保护与恢复模式，使得红树林面积迅速恢复。作为中国特色社会主义先行示范区，深圳市在红树林管理及多方参与方面进行大胆的探索与尝试，针对不同区域红树林的特点以及社会功能，构建"政府严管＋委托社会公益组织/央企管理"的新型管理与运营模式，创新了红树林的生态保护、开发与管理模式，充分发挥红树林的生态和社会价值。

3）广西壮族自治区

自然资源部和国家林业和草原局2019年联合组织的调查结果显示，广西红树林总面积为9 330.34 hm^2，受保护面积占44.11%，广西沿海三市海岸线均分布有红树林，分布岸线广且不连续。广西拥有两个国家级红树林自然保护区和一个国家级湿地公园。作为纲领性文件，2018年9月30日公布的《广西壮族自治区红树林资源保护条例》明确了红树林的保护、规划与管理细则。2021年3月正式印发的《广西红树林资源保护规划（2020—2030年）》，对广西未来10年红树林保护工作的开展提供了政策支持和依据。

虽然广西的立法时间稍晚于其他省，但造林工作早在20世纪80年代就已开展，2000年后开展大规模造林，防城港市、钦州市和北海市均开展造林工程，人工造林面积近4000 hm^2，成林面积占造林面积的近1/3。在红树林的保护与恢复方面，广西积极发挥红树林的生态功能，率先提出红树林生态海堤理念，探索"海堤＋红树林"的建设模式并进行实践；充分发掘红树林的生态价值和经济价值，打造生态农场示范基地，实现可持续利用。

4）海南省

海南省红树林面积为4900 hm^2，榆林港是中国红树林自然分布的南界。由于优越的地理位置及气候条件，海南原生真红树种类高达24种，生物多样性高，是国内种类最丰富的省区。

海南省对红树林的保护工作开展较早,《海南省红树林保护规定》是我国颁布的最早且唯一的红树林省级保护规定,同时,海南最早将大部分红树植物列入省级重点保护植物名录。海南1980年便开始在东寨港建立我国大陆最早的红树林国家级保护区,并于1992年首批纳入拉姆萨尔国际重要湿地名录。

5)浙江省

浙江省红树林均为人工引种秋茄林,总面积为163.4hm^2,玉环市为我国红树林人工引种的北界。浙江红树林引种造林早在1957年便开始,但由于天气影响和人为破坏,红树林造林保存率低。浙江拥有一处红树林国家自然保护区和一个国家级湿地公园。

浙江省暂未出台针对红树林的特定政策法规,2012年出台的《浙江省湿地保护条例》是省内红树林保护与管理的法律依据。浙江在红树林造林期间,勇于探索红树林生态补偿模式,并成功实践。

6)港澳台地区

香港早在1950年便开展红树林保护工作,1984年建立米铺红树林鸟类自然保护区,面积为380hm^2,1995年被列入拉姆萨尔国际重要湿地名录。香港创新性地尝试"行政区政府所有＋渔农自然护理署管理＋基金会管理"多方参与管理模式,并取得成功,兼顾湿地保护、科普教育、生态开发和生态旅游的可持续发展方式,成为多个国家和地区学习的典范。

澳门和台湾也建立了红树林相关的自然保护区,包括澳门路凼城生态保护区、台湾淡水河口红树林自然保护区、关渡自然保留区和北门沿海保护区,在保护红树林的同时,兼顾科普教育与生态旅游。

二、中国红树林保护与管理的对策

红树林作为重要的典型海洋生态系统,又与人类生产、生活息息相关,对其的研究、保护与管理,就应站在海岸带这一海陆交互作用区域的平台之上、采用海岸带综合管理理论与方法进行。海岸带综合管理是国际倡导的海岸带地区的综合性管理模式,它主张多部门介入、兼顾各个利益相关者、调动全社会力量参与、强调海陆互动、推动和保障海岸带地区的可持续发展。它在美国、日本、韩国、中国、菲律宾等国家得到了较好的实践。我国厦门市的海岸带综合管理进行了10年,目前海洋资源利用科学、各方关系协调良好、海洋经济得到飞速而持续的发展。红树林的保护不能只采取单一的手段,也不能只靠一两个部门的力量,不能无视周边区域的利益,应引导和吸收周边社区对红树林保护工作的参与。

(一)综合运用好红树林保护管理的基本手段

红树林保护管理从国家和政府的角度看,通常采取3种基本手段,即行政手段、法律手段和经济手段。行政方法是指国家管理机关或有行政管理职责的海洋保护区管理机构运用行政手段,按照行政方式,通过行政程序,直接管理红树林保护工作的一种方法。而行政手段,则是指各种海洋政策、海洋规划以及行政命令、指示、决议、决定等行政文件。目前我国的红树林保护管理涉及海洋、环保、林业等若干部门。

法律方法是指国家行政机关或海洋保护区管理机构运用法律手段,依法管理的一种方法。它不仅指那些以强制手段调整海洋活动中各种关系，使其符合海洋管理目标的活动，也指那些依法保证行政方法、经济方法等其他方法有效实施的活动；不仅指司法机关通过司法程序进行刑事制裁，同样也指国家行政机关和海洋保护区管理机构依法通过行政程序进行行政制裁或经济制裁。它主要包括立法和执法两个方面。目前我国进行红树林保护的主要法律是《中华人民共和国海洋环境保护法》《保护区管理条例》等，以及相关红树林保护区的管理办法。

经济方法是指国家行政机关或海洋保护区管理机构运用经济手段间接管理红树林的方法。所谓经济手段，主要有税收、利润、财政援助、收取费用以及资金、罚款等。使用经济方法实质是贯彻物质利益原则，使社会经济利益重新分配，从而调节海洋活动中各种经济关系，使海洋活动中各种经济组织的活动方向、活动规模和发展速度等沿着有利于科学保护、合理开发、利用红树林的方向变化。

在社会主义市场经济体制下，这3个基本手段互为补充、互为依存。依法行政，强调了所有行政行为必须有法律依据；适当引入经济性约束或奖励，可以从经济利益上引导、规范人们的行为。

（二）红树林保护要树立以人为本的理念和坚持科学发展观

强调要树立以人为本的理念和坚持全面、协调和可持续的科学发展观是本届政府在执政上的一个重要特点。它同样适用于红树林保护工作。如前所述，红树林是中国南部沿海的重要典型海洋生态系统，与当地人类生产、生活的许多方面关系密切。红树林保护不能为保护而保护，不能采用僵化的、孤立的、片面的、短期的观点和方法，而要采用灵活的、系统的、整体的、长期的观点和方法，要着眼于长远、着眼于整体。海洋开发有时会涉及红树林，这要求我们要做好规划、区划，要做好科学的、严格的论证，在保护好红树林的同时，尽可能创造出海域的最佳价值。海洋功能区有必要调整的应依法适当调整。

（三）红树林保护管理工作应该引进"生态经济学"和"生态经济管理"的概念

海洋本身是一个多级生态系统。在有人类活动的海洋区域，人类的经济活动与海洋自然生态系统结合，又形成生态经济系统。因此，应依据客观上不同的生态经济区作出综合管理规划，形成由有关行政区域的政府行为、市场行为、公众行为协调一致的管理活动。在"生态经济学"这一理论中，红树林生态系统应属于特殊海洋生态区域。对红树林生态系统，也应当可以采用以下生态经济管理的基本理论和手段去管理。

1. 应用生态资源的资本理论建立海洋生态资源产权制度

根据生态资源的资本理论，政府可以建立海洋生态资源产权制度，并通过各种政策比较科学地进行资源管理。即将生态资源量化为资本，拥有者（国家或企业、事业法人）可通过经济手段对使用生态资源的行为进行调控。用于红树林的保护管理，主要以经济手段，如税收、收费、海域使用金等对直接涉及红树林的开发利用活动进行调控，以明确责任，针对损害人和损害程度或保护人和保护贡献大小予以惩罚或奖励。

2. 应用生态经济管理的供求理论研究海洋生态资源的可持续利用问题

供求理论包括生态资源供给和生态资源的经济需求。其中生态资源供给是指生态资源满足人类生产过程中需求的潜力,包括物质和能量的现存量和更新量。生态资源的经济需求是指满足人口增长和生活质量提高对生态资源的潜在和现实的需求量。用于红树林保护管理,可从加强红树林的保护和恢复,改良红树林的群落结构,建立红树林城市公园以提高其观赏、游览价值等着手。

3. 应用生态资源的外在性理论加强环境管理

外在性是一种成本外溢现象,即某种商品的生产者或消费者自身不承担有害或有益影响的副作用。生态经济管理的重要任务之一就是通过各种措施,对外在性进行干预,使生态环境成为资本的一部分,生态环境损失进入成本。用于红树林保护管理,可采用税收办法、补助办法、市场办法、法规和产权办法、教育和规划办法等,可以使这种外在性内在化,达到保护生态环境的目的。

4. 区域化管理是其基本思路

对不同特点的区域采取不同的方法。我们可将红树林作为一特殊区域加以管理,在中国应着重于保护,并引导和规范周边社区进行适度开发。

(四)借助科学技术进步推进和保障红树林保护管理工作

综观世界发展史,科学技术一直都是人类进步的重要催化剂和最基本的支撑。正是有了科学技术研究与应用的不断深入和创新,我们的劳动生产率、资源利用率才能得到不断提高,资源利用对象和利用方式才会得以不断发现和发明,GDP才会不断地变"轻"和变"绿",人类的生活质量才会不断得到提高。我们注意到,发达国家的红树林保护通常要比不发达国家好,同一个国家中发达地区也比不发达地区好,这不仅是因为发达国家(地区)有更多资金去保护红树林,更重要的他们已不需要采用砍伐红树林作为薪材和进行围塘养殖等落后的方式去利用红树林。随着红树林研究的深入和海洋开发利用方式、方法的进步,对海洋的开发将向远离海岸的方向推进,近岸区域涉及红树林的开发也将不以直接获取经济利益为主而是转向注重社会效益、生态效益和间接经济效益为主。因此,对红树林的保护管理不能脱离社会现实和当今的科学技术水平,一味求高(标准)、求严(格)。

三、红树林生态修复

红树林生态系统具有防风消浪、促淤护岸、固碳储碳和维持生物多样性等重要功能。20世纪,随着人口增长和社会经济发展,沿海地区开展的围垦造田、围建盐田、围海养殖、填海造地等活动,造成我国红树林面积大幅萎缩,生态服务功能严重衰退。当前,红树林面临的威胁已由早期的毁林破坏转变为因人为和自然因素共同作用导致的生态退化,海洋污染、全球气候变化、外来生物入侵、病虫害频发和岸线侵蚀等因素对红树林的负面影响日益凸显,给我国红树林生态保护和修复带来了极大的挑战。

加强红树林保护和修复是我国海洋生态文明建设和国土空间生态保护修复的重要内容。近年来,沿海各地通过实施"蓝色海湾"整治行动、海岸带保护修复工程、沿海防护林建设工程、湿地保护修复等重大工程,不断加大红树林保护修复力度,取得积极进展。在全社会的共同努力下,我国初步扭转了红树林面积急剧减少的趋势,成为世界上少有的几个红树林面积增加的国家之一。

尽管如此,当前我国的红树林生态修复工作中仍存在诸多不足之处。例如,把植被恢复作为单一目标,较少关注红树林生态系统的整体性修复,对退化红树林和濒危红树物种保护修复的重视程度不够。在植被修复过程中,对于修复区域的选址、修复技术和方法的使用科学性不足,修复效果不理想。2020年8月,自然资源部、国家林业和草原局印发了《红树林保护修复专项行动计划(2020—2025年)》,要求对现有红树林实施全面保护,推进红树林自然保护地建设,逐步清退自然保护地内的养殖塘等开发性、生产性建设活动,恢复红树林自然保护地生态功能;实施红树林生态修复,在适宜恢复区域营造红树林,在退化区域实施抚育和提质改造,扩大红树林面积,提升红树林生态系统质量和功能。

(一)红树林生态修复的原则

红树林生态修复是指通过将红树植物繁殖体/幼苗引入退化的红树林区域,或者通过改善原有红树林的生境条件,使其可以形成稳定的红树林生态系统并具有与原生红树林生态系统相似的生态功能和服务。开展红树林生态修复应遵循下述原则:

(1)坚持生态优先,自然修复。注重天然红树林和原生物种,尤其是濒危红树物种的保护和修复,优先开展退化红树林的修复;红树林生态修复宜充分利用红树林的自然再生能力,实现植被和生态系统的自然恢复。

(2)坚持因地制宜,科学修复。生态修复的必要性充分,修复目标清晰,选址和修复技术方法科学合理;在植被修复的同时要充分考虑其他生物群落和生态过程,实现生态系统的修复;重视红树林周边滩涂和浅水水域的保护和修复,保障红树林地理空间的完整性和连通性。

(3)坚持统筹规划,稳步推进。修复项目应与区域发展和国土空间规划相吻合,避免因红树林生态修复破坏鸟类栖息地、海草床和盐沼等其他重要湿地,以及对泄洪通道等其他用途空间产生影响。

(4)坚持公众参与,合理节约。考虑邻近社区民众的生计和受益,鼓励修复地周边区域公众的积极配合和参与;在保证红树林植被恢复的前提下应尽量采用成本经济的修复手段、技术和原材料,减少生境改造等造成的工程投入。

(二)红树林生态修复基本内容

1. 目标

早期的红树林湿地生态修复相对比较单一,主要是针对育苗技术、造林技术、宜林地的选择与种源选择等技术开展的以单个物种、种群、群落或单个生境的植被恢复为主。进入21世纪以后,研究更加系统、全面,更加注重红树林湿地生态系统的整体性与可持续性,且以修复红树林湿地生态过程、生态系统结构与服务功能为主要目标,即建立或重建一个健康的、稳定的、可自主调控的、持续的、近自然的红树林湿地生态系统。

2. 内容

根据红树林湿地生态修复的主要目标,即重建或建立一个近自然的湿地生态系统,最直接的表现就是恢复或增加生态系统中植被的覆盖率,增加植被覆盖率以及与此相关的生态修复技术也是过去恢复生态学的主要研究内容。随着研究的不断深入,红树林湿地生态修复更加注重生态系统的整体性与系统性,并将植被恢复与生境中的土壤结构与理化性质、底栖动物群落、微生物群落、鸟类栖息地、景观规划、生物地貌参数、有害生物、外来入侵物种以及海岸带生态系统的美学功能与精神需求等相结合开展了相关研究。

具体来说,就是要对退化生态系统或宜林地进行评估,综合考虑退化生态系统或宜林地的干扰程度与类型、生境特征、物种组成与群落结构等特征进而确定生态修复目标;尊重自然规律,秉持自然恢复、人工辅助生态修复与生态重建的先后顺序,采取相关生态修复技术,因地制宜地制订出红树林湿地生态修复计划方案,并进行后续生态修复监测与生态修复成效评估,研究内容更加全面、系统。

3. 生态修复尺度与范围

早期的红树林湿地生态修复主要是在小尺度上进行小范围的或局部的植被恢复或生境恢复。随着研究的不断深入、生态修复目标的升级以及对滨海湿地生态系统重要性的认识,红树林湿地生态修复的空间尺度与时间尺度不断延伸,逐渐形成了同时将陆域与海域考虑在内,从国家、区域以及景观水平出发,有多方参与的湿地生态修复。

4. 技术流程

红树林生态修复的工作内容包括生态本底调查、退化诊断、修复目标设定、修复方式确定、修复方案编制、修复工程实施、跟踪监测、修复效果评估和适应性管理等。总体上,红树林生态修复按照如下步骤进行:

(1)在生态本底调查的基础上掌握退化红树林及其周边区域的生态环境现状,确定红树林的退化程度并分析退化原因。

(2)制定生态修复的中长期目标,确定生态修复方式。

(3)根据生态退化的现状和生态修复目标编制方案,制定具体的修复内容和技术措施等,明确修复项目短期内实现的具体目标。

(4)修复工程要根据修复方式实施分类验收,各子工程完成后进行阶段性验收,实施修复区域的管护,在总项目完成后要进行总验收。

(5)修复工程在实施后开展修复项目跟踪监测和阶段性修复效果评估,了解修复目标的实现情况,开展适宜性管理。

1)生态本底调查

(1)生态本底调查目的。

生态本底调查目的在于掌握红树林生态系统现状,为分析红树林退化状况并确定修复方式、制订生态修复方案提供依据,同时为修复效果评估获得修复前的红树林或参照生态系统的生态现状。通过调查获取红树林植被、红树植物繁殖体、生境要素、威胁因素和保护、管理与利用现状等信息。

红树林植被调查目的为了解区域内和周边地区红树林分布现状、生态质量、退化现状等。

红树植物繁殖体情况调查目的为掌握红树林植被自然再生能力、种苗类型和种植形式等。

生境要素调查目的为了解区域红树林（或某个具体物种）生长对生境条件的需求，诊断红树林的生境是否退化，并为选划适宜的修复区域提供基础数据。

威胁因素调查可为红树林退化诊断、消除威胁和生态修复后林地管护方案制定等提供依据。

利用管理状况调查目的为了解红树林生态修复与区域发展规划的一致性，明确利益相关者，以及可能对红树林造成不利影响的人类活动因素。

（2）生态本底调查区域。

对于退化红树林、滩涂或退养的养殖塘等已经具有明确修复对象的项目，调查区域包括拟修复的区域及其周边区域。生态本底调查阶段应明确可设定为参照生态系统的红树林。

针对某个区域内的红树林进行生态修复但未明确具体的修复区域时，调查区域宜涵盖红树林分布区域所在河口、海湾等区域，必要时可以包括周边的河口、海湾等区域。

（3）生态本底调查内容和方法。

生态本底调查的内容包括红树林植被、红树植物繁殖体情况、生境条件、威胁因素，以及保护、管理与利用现状等。

生态本底调查通过资料收集、遥感分析和现场调查的方式进行。

2）生态退化诊断

在生态本底调查的基础上，分析退化红树林和参照生态系统红树林的状态，包括生物群落和生境条件的状态，条件允许时也宜分析红树林重要生态过程和功能的状态。

分析红树林退化原因、退化程度，识别引起退化的主要威胁因素，评估退化红树林的可修复性。基于退化红树林和参照生态系统的对比，识别出退化因子及其退化程度；结合红树林区域内及其周边区域的人类活动等威胁因素，分析导致红树林退化的原因，退化因子是否需要通过修复措施恢复，以及修复技术措施的可行性。但需要注意，轻微的外部干扰可能会引起生态系统的正向响应。在此基础上，识别退化红树林中需要开展修复的要素（可以是某一生境因子、生物因子，或生态过程等）。

滩涂或者养殖塘的生态修复，在退化诊断时主要判断其生境条件是否满足红树林的宜林条件，如不满足，进一步明确是否可修复至宜林的条件。

对于区域性的红树林生态修复项目，根据调查结果分析区域内红树林的历史变化和土地利用类型转变，以及现有红树林的退化情况，明确需要开展生态修复的红树林区域，并确定作为参照生态系统的红树林。可通过对比红树林分布边界、面积和郁闭度的历史变化，了解红树林是否出现退化；或通过其他的一些表象初步判断红树林是否出现退化。

3)修复目标与方式

生态修复目标:根据退化诊断结果,确定红树林生态修复的目标。生态修复目标是生态修复内容、技术措施设定和选择的依据,也是评价生态修复是否成功的标准。生态修复目标包括中长期目标和短期目标,两类目标均要明确实现的期限,并充分考虑生态系统及其参数的恢复轨迹,设定阶段性的目标。

(1)中长期目标。

中长期目标反映了经过一定时期修复后的红树林生态系统预期达到的状态及水平。总体上考虑生物群落、自然环境、重要生态过程和功能的恢复等方面内容,设定目标时明确对应的生态系统参数并量化其恢复的水平。

中长期目标的设定可参考以下内容。

生物群落的恢复:植被、底栖生物、鸟类、微生物、鱼卵仔鱼等。

重要生态过程的恢复:沉积、初级生产、植被更新、凋落物的周转、与周边水体环境的生物和化学物质的交换等。

重要生态功能的恢复:消浪缓流、固碳增汇、维持生物多样性和净化环境等。

设定中长期目标的实现期限时,生物和自然环境因子可设定为 20 年,生态过程和生态功能的恢复以 40 年为宜。

(2)短期目标。

根据中长期目标进一步明确修复项目在短期内要实现的具体目标。短期目标反映在修复项目实施期限内或者修复后的初期,被修复的具体对象/生态系统要素预期达到的水平。修复项目短期目标的实现期限以 3~5 年为宜。

具体目标可结合工程实施的具体内容进行设定,考虑以下内容。

红树林植被的修复:种植或自然恢复的红树林的面积、斑块、物种数量、郁闭度/覆盖度、密度、自然更新幼苗的密度等。

红树林生境条件的修复:水体盐度、底质类型、沉积物营养状况、水文动力条件和高程等修复的程度。

威胁因素的消除:减少红树林区民众活动、污染物排放、外来物种、病虫害、污损生物、海漂垃圾的数量和影响程度等。

设定生态修复目标时,应考虑以下几个方面:

①红树林生态修复的开展是通过具体可操作的措施形成稳定的植被群落和生态系统并提供与原生红树林相似的生态功能,实现生态系统层面的恢复,但通常难以通过人工修复的手段使红树林达到与退化前或者天然红树林完全相同的状态。因此,在设定修复目标时应注意目标的可实现性和科学性。

②红树林植被是红树林生态系统最主要的初级生产者,是维系生态系统结构和功能的基础。因此,红树林植被的恢复是红树林生态修复的关键目标。

③设定重要生态过程和生态功能的修复目标时,应明确对应的参数、表征和计算方法。

④目标值的设定参考参照生态系统的调查结果。

4)生态修复方式

(1)退化红树林生态修复。

退化红树林生态修复的方式包括自然恢复、人工辅助修复和实施人工种植的重建性修复三种类型。

①自然恢复。

红树林内有足够繁殖体,在去除外界压力或干扰后红树林植被可通过自然再生实现自我修复,不需要实施人工修复措施。需对退化的红树林实行封围或采取其他管理措施,消除引起退化的干扰因素等。采用的措施包括限制民众在红树林采集渔获物或红树果实、禁止红树林区废水排放、禁止红树林区家禽养殖、防治轻微的病虫害和清理海漂垃圾等。

②人工辅助修复。

如红树林存在严重的威胁因素(如敌害生物爆发)出现死亡,或生境条件退化不再满足红树林自然生长的要求,只依靠保护和管理不能实现红树林的自然恢复时,通过消除威胁因素并修复生境条件后,在原地利用生态系统再生能力,或者进行少量干预(如补种等)促进生态系统自然恢复。

③重建性修复。

在威胁因素消除和生境条件恢复到满足红树林生长需要的水平后,生态系统无法通过再生或者在少量人工辅助下实现自我恢复的,采用人工种植等手段进行重建性修复。

(2)滩涂红树林生态修复。

对于红树林已经完全丧失为滩涂,如周边没有红树林分布或红树植物繁殖体无法通过自然条件进入该区域并形成稳定的植被,可采用人工种植的方式进行重建性修复。应优先选择生境条件适宜的地块开展植被修复。如滩涂生境条件不适宜需要进行生境改造的,应合理选址、科学设计,减少生境改造工程量和投入。如滩涂上有养殖活动(如底播养殖和牡蛎养殖),在清理废弃养殖设施、平整滩涂恢复滩涂的地形地貌条件后开展植被修复,促进生态系统的修复。

(3)退养养殖塘的生态修复。

红树林被破坏并建设成海水养殖塘的区域,根据养殖塘的类型和养殖区域的生境条件因地制宜选择修复方式。

低位养殖塘退养后,首先通过围堤开口或者平整滩面恢复水文条件,并根据养殖塘的高程和底质类型等条件,采用植被自然恢复或开展人工种植恢复红树林植被,或通过生境改造后进行植被恢复。

高位养殖是在海边滩涂或陆地上人工建造养殖塘,多位于红树林内侧沿岸区域,潮水和养殖池塘无法自然交换,需将海水抽到养殖池内。高位养殖塘清退后,需通过打开潮闸和开挖潮沟等措施恢复水文条件,并进行高程改造使其满足红树林生长的需要,实现植被的自然恢复或开展人工种植。

养殖塘开展红树林生态修复时,可适当营造生态养殖、水生生物栖息和水鸟的觅食空间,提高修复项目的生态和社会效益。

(4)区域性的红树林生态修复。

开展区域性的红树林生态修复,根据红树林土地利用类型转变和现有红树林退化现状,明确保护和修复的空间布局,综合采用自然恢复、人工辅助修复和重建性修复等措施。

应优先开展现有红树林的保护和退化红树林的生态修复,并充分考虑鸟类栖息地、重要水生生物栖息地、海草床和盐沼等湿地的保护,防洪泄洪通道保护,以及岸线防护和生态减灾功能提升等需求。

主要参考文献

陈少波,2012.应对气候变化的红树林北移生态学[M].北京:海洋出版社.

陈雅萍,叶勇,2013.红树林凋落物生产及其归宿[J].生态学杂志,32(1):204-209.

胡文佳,晁碧霄,王玉玉,等,2020.基于最大熵模型的福建省红树林潜在适生区评估[J].中国环境科学,40(9):4029-4038.

林益明,林鹏,1999.福建红树林资源的现状与保护[J].生态经济(3):16-19.

彭逸生,周炎武,陈桂珠,2008.红树林湿地恢复研究进展[J].生态学报,28(2):786-797.

孙海平,李红,楼毅,等,2020.浙江省玉环市红树林现状及保护发展对策[J].华东森林经理,34(3):15-18.

王浩,任广波,吴培强,等,2020.1990—2019年中国红树林变迁遥感监测与景观格局变化分析[J].海洋技术学报,39(5):1-12.

王瑁,王文卿,林贵生,2019.三亚红树林[M].北京:科学出版社.

王文卿,王瑁,2007.中国红树林[M].北京:科学出版社.

杨忠兰,2002.福建省红树林资源现状分析与保护对策[J].华东森林经理,16(4):1-4.

张乔民,于红兵,陈欣树,等,1997.红树林生长带与潮汐水位关系德研究[J].生态学报,17(3):258-265.

HAMILTON S E,CASEY D,2016. Creation of a high spatiotemporal resolution global database of continuous mangrove forest cover for the 21st Century (CGMFC-21)[J]. Global Ecology and Biogeography,25(6):729-738.

第六章 海洋矿产资源与管理

在我国960万km²的陆地上蕴藏了丰富的矿产资源,基本保证了国家工业化对矿产资源的需求。曾有一个时期我们忽视了300万km²蓝色国土中蕴藏的矿产资源。海洋矿产资源应用前景广阔,解决中国资源短缺的希望在海洋。从20世纪开始,海底矿物资源就被世界各国所重视,海底矿物资源被视为陆地资源的替代产物,各国经济的动力源泉。我国海洋资源多种多样,包括锰结核、富钴结壳、沿海砂和可燃冰等,储量非常大,具有很好的开发利用价值,其可以广泛地应用于生产生活中。海洋矿物资源是海洋中蕴藏的矿物资源的总称,其主要分布在公海部分,位于专属经济区。从广义上讲,海洋矿产资源包括海底矿物资源和海水中的矿产资源。从狭义上讲,海洋矿物资源一般是指海底矿产资源,属于海洋化学资源。海底矿产资源分为沿海砂矿、海底自生矿产和海底固结岩中的矿产。目前,中国开发的海洋矿产资源主要包括石油、天然气和沿海砂矿等。中国沿海砂岩种类丰富,存储量大,具有经济价值的矿产资源主要包括海洋石油资源、海洋天然气资源、滨海砂矿、大洋锰结核等。

我国海洋矿产资源丰富,不仅可应用于工业生产,还可以造福人民。我国海底金属硫化物储量较大,有3万亿t,东海冲绳海槽竖井有7个喷射点,有效地促进了我国海洋经济的发展。我国是一个海洋大国,海域广阔,海洋资源丰富,必须大力开发海洋资源,推动社会经济持续发展。智能完井技术的出现,使得实时数据采集成为可能,有助于勘探、开采深海石油资源,有效降低了生产成本。当前,我国更加注重绿色发展,注重落实可持续发展战略。海洋资源的开发和利用要遵循可持续发展理念,因此研究海洋矿产资源的可持续利用和发展,意义重大。随着工业4.0时代的到来,人们更加注重工业发展的科学性和合理性,提倡绿色发展、持续发展,从追求发展速度转而追求发展质量。当前,资源的保护性开发呼声日益提高。现阶段,人们对矿产资源的需求日益增加,而陆地上的许多矿产资源面临枯竭的危险,难以满足相关需求。为满足经济发展需求,人们开始将目光投向海洋。海洋资源的开发和利用引起人们的广泛关注,如何做好资源开发工作,促进资源的可持续开发和利用是人们关注的重点。

第一节 海洋矿产资源类型

海洋矿产资源是人类社会可持续发展的重要物质基础,要实现海洋矿产资源的可持续利用,应不断提高海洋资源的开发利用水平,统筹兼顾资源开发与环境保护,实现海洋资源与海洋经济、海洋环境的协调发展。以海洋地质工作为先导,不断增强海洋地质矿产勘探水平。海洋地质工作应坚持以国家需求为导向,在基础性、战略性和公益性的综合海洋地质调查和研究工作中不断增强地质矿产勘探水平,尤其是资源评价和普查勘探力度。制定海洋矿产资源开发利用规划,不断增强海洋矿产资源管理水平。在对中国海域矿产资源调查摸底的基础上,尽快制定海洋矿产资源开发利用规划。要对中国海域的优势矿种加以保护,根据国民经济发展合理安排各类矿产资源的开发利用。此外,在海洋矿产资源管理中要加强有偿使用、持证开采、落实环境保护责任等措施,加强海洋矿产资源开发利用的宏观调控和政策引导。

海洋矿产资源是海洋中产出矿物材料的总称。海洋矿产资源的种类很多,不同学者对其分类也有差异。按照矿物资源形成的海洋环境和分布特征,分为滨海砂矿、海底油气、磷钙土和海绿石、海底热液硫化物、锰结核和富钴结壳、天然水合物等资源类型。本书主要介绍滨海砂矿、常规油气资源、海底结壳与多金属结核、天然气水合物等海洋矿产资源。

一、滨海砂矿

当陆上碎屑物质被径流搬运至河口、海滨地带,或者原地残留的物质和海底产物经波浪、潮流、沿岸流反复冲刷,其中一些化学性能稳定和密度较大的有用矿物在滨海地带富集成矿,称为滨海砂矿。

我国目前已发现具有工业价值的滨海砂矿矿种有锆石、钛铁矿、独居石、磷钇矿、金红石,磁铁矿、石英石等12种。现已探明砂矿产区90余处,各类矿床191个(其中大型35个、中型51个、小型105个),矿点135个。总地质储量164 137万t(其中保有储量162 244万t),具有良好开发前景。圈定的浅海重矿物Ⅰ级异常21个,Ⅱ级异常28个,高含量区19个,具有进一步调查研究的必要。

我国滨海砂矿主要分布在海南、广东、广西、福建、台湾、山东和辽宁。而河北、江苏、浙江三省虽有少量矿点和异常区,但因品位低,均未形成工业矿床。就工业矿种而言,独居石、磷钇矿、钛铁矿、金红石、锡石、铌钽矿主要分布在广东、广西和海南三省区;锆石、石英砂、砾石遍布于沿海各省;砂金分布在辽宁、山东、台湾三省;金刚石见于辽宁省复州湾。按其所处大地构造位置,我国滨海砂矿的分布受华北、华南两大地块控制。华北地块陆架区以富含砂金、金刚石等矿产为特色,华南地块陆架区以有色、稀有、稀土矿物砂矿为主体。

(一)华北地块陆架区砂金、金刚石砂矿成矿带

主要矿种有金、金刚石,其次有锆石、独居石、磁铁矿、石英砂等。华北地块发育有最古老的变质岩(泰山群、胶东群、桑干群、鞍山群),吕梁运动时期侵入的岩浆岩经区域变质和混合岩化作用已成为基底岩石的一部分,后经印支期—燕山期岩浆岩大量侵入,获取了变质岩中的金,于有利构造部位富集成一系列原生金矿床。这些原生矿床和含金地质体为该区滨海砂矿富集成矿提供了大量物质来源。该区处在郯庐断裂的东侧,受其长期活动影响,在其两侧形成了一系列由次级断裂构造控制的含金刚石金伯利岩筒,经长期风化剥蚀,剥露程度已很深,为滨海金刚石砂矿富集提供了物质基础。

(二)华南地块陆架区有色、稀有、稀土矿物砂矿成矿带

主要矿种有锡石、锆石、独居石、磷钇矿、铌钽铁矿、钛铁矿、砂金、石英砂矿等。该带地处

华南地块边缘，其基底为变质的复理石—类复理石建造。受印支、燕山、喜马拉雅三次大的构造影响，广布一系列富钾的钙碱性侵入岩，不但本身富含锆石、钛铁矿等稀有、稀土副矿物，而且由于岩浆岩的侵入而形成了一系列原生矿床。上述岩体和矿体是砂矿富集成矿的主要来源。已探明大、中型金属、稀有稀土矿物砂矿床数十处，小型百余处。主要分布在海南、广东、广西、福建沿海及台湾地区西海岸。另外，台湾地区东南沿海和海南省西海岸有砂金矿分布。

二、常规油气资源

我国常规与非常规油气资源十分丰富，常规石油地质资源量 1075×10^8 t，常规天然气地质资源量 83×10^{12} m³（吴晓智等，2022）。陆上油气资源主要分布于渤海湾（陆上）、松辽、鄂尔多斯、塔里木、四川、准噶尔、柴达木七大盆地。海域油气资源主要分布于渤海湾（海域）、东海及南海北部的珠江口、北部湾、莺歌海、琼东南六大盆地。未来我国油气勘探应始终坚持"资源战略，稳油增气"战略，坚持"非常并进、海陆统筹"积极进取勘探思路；常规勘探领域的陆上地层岩性、前陆、海相碳酸盐岩与潜山领域，以及海域的渤海海域构造与基岩潜山是当前地质勘探的重点领域。

（一）常规石油资源潜力与分布

我国常规石油地质资源量 1075×10^8 t，技术可采资源量 271.6×10^8 t，总探明率为 39.7%；陆上 866.8×10^8 t，可采资源量 208.8×10^8 t，探明率为 40.2%；海域 208.2×10^8 t，可采资源量 62.8×10^8 t，探明率为 37.3%。常规石油资源主要分布于陆上渤海湾、松辽、准噶尔、塔里木、羌塘、鄂尔多斯、柴达木、二连、措勤、吐哈和海拉尔等 11 大含油气盆地（吴晓智等，2022）。

层系上，常规石油地质资源量，新生界 452.0×10^8 t（技术可采资源量 124.8×10^8 t），中生界 472.5×10^8 t（技术可采资源量 117.3×10^8 t），上古生界 64.5×10^8 t（技术可采资源量 13.9×10^8 t），下古生界（包含元古宇与太古宇）86.0×10^8 t（技术可采资源量 15.6×10^8 t），分别占 42.0%、43.9%、6.0%、8.1%。

深度上，常规石油地质资源量，浅层 505.5×10^8 t，中深层 369.9×10^8 t，深层 132.2×10^8 t，超深层 67.5×10^8 t，分别占到 47.0%、34.4%、12.3%、6.3%。截至 2020 年底，常规石油剩余地质资源量，浅层 264.6×10^8 t，中深层 243.4×10^8 t，深层 84.3×10^8 t，超深层 56.5×10^8 t，分别占 40.8%、37.5%、13.0%、8.7%，剩余常规石油资源多集中于浅层与中深层。

品位上，常规石油地质资源量，特高渗 79.2×10^8 t，中高渗 319.1×10^8 t，低渗 430.8×10^8 t，特低渗 246.0×10^8 t，分别占 7.4%、29.7%、40.0%、22.9%，剩余常规石油主要为低渗与特低渗部分。

地理环境上，常规石油地质资源量，陆上平原+草原 390.9×10^8 t，黄土塬 57.3×10^8 t，丘陵+山地 32.3×10^8 t，沙漠+戈壁 272.3×10^8 t，沼泽+滩海 36.7×10^8 t，高原地区 77.3×10^8 t，分别占陆上常规石油总资源量的 45.1%、6.6%、3.7%、31.4%、4.2%、9.0%。海域中浅海 143.7×10^8 t，深海 64.5×10^8 t，分别占海域常规石油总地质资源量的 69.0%、31.0%。

勘探领域上,陆上常规石油地质资源量,碎屑岩岩性地层 $354.6×10^8$ t,海相碳酸盐岩领域 $121.3×10^8$ t,前陆 $130.3×10^8$ t,复杂构造 $132.3×10^8$ t,潜山 $63.6×10^8$ t,火山岩 $36.5×10^8$ t,复杂岩性 $28.2×10^8$ t,分别占常规石油总资源量的 40.9%、14.0%、15.0%、15.3%、7.3%、4.2%、3.3%,陆上剩余常规石油资源主要分布于岩性地层、前陆、海相碳酸盐岩、复杂构造(碎屑岩)、潜山与火山岩领域。海域常规石油地质资源量,构造 $122.4×10^8$ t,生物礁 $25.1×10^8$ t,深水岩性 $37.4×10^8$ t,基岩潜山 $23.3×10^8$ t,分别占常规石油总资源量的 58.8%、12.1%、18.0%、11.1%,海域剩余常规石油资源主要分布于构造、深水岩性与基岩潜山领域。

(二)常规天然气资源潜力与分布

常规天然气地质资源量 $82.7×10^{12}$ m³,技术可采资源量 $49.2×10^{12}$ m³,总探明率 20.1%;陆上 $44.3×10^{12}$ m³,可采资源量 $23.9×10^{12}$ m³,探明率 16.3%;海域 $38.4×10^{12}$ m³,可采资源量 $25.3×10^{12}$ m³,探明率 24.5%。陆上常规天然气资源主要分布于陆上四川、塔里木、准噶尔、柴达木、鄂尔多斯、松辽和渤海湾 7 大含油气盆地。

层系上,常规天然气地质资源量,新生界 $38.0×10^{12}$ m³(技术可采资源量 $23.7×10^{12}$ m³),中生界 $16.5×10^{12}$ m³(技术可采资源量 $9.8×10^{12}$ m³),上古生界 $9.9×10^{12}$ m³(技术可采资源量 $5.9×10^8$ t),下古生界(包含元古宇与太古宇)$18.3×10^8$ t(技术可采资源量 $9.8×10^8$ t),分别占 46.0%、20.0%、12.0%、22.0%。

深度上,常规天然气地质资源量,浅层 $12.8×10^{12}$ m³,中深层 $29.1×10^{12}$ m³,深层 $22.7×10^{12}$ m³,超深层 $18.1×10^{12}$ m³,分别占 15.5%、35.2%、27.4%、21.9%。截至 2020 年底,常规天然气剩余地质资源量,浅层 $8.5×10^8$ t,中深层 $23.0×10^8$ t,深层 $19.2×10^8$ t,超深层 $15.4×10^8$ t,分别占 12.9%、34.8%、29.0%、23.3%,剩余常规天然气资源多集中于中深层、深层、超深层,主要分布于我国 3 大克拉通盆地(四川、塔里木、鄂尔多斯)。

品位上,常规天然气地质资源量,特高渗 $1.2×10^{12}$ m³,中高渗 $23.5×10^{12}$ m³,低渗 $48.4×10^{12}$ m³,特低渗 $9.6×10^{12}$ m³,分别占 1.5%、28.4%、58.5%、11.6%,剩余常规天然气资源主要为低渗与特低渗部分,主要分布于深层超深层领域。

地理环境上,常规天然气地质资源量,陆上平原+草原 $5.2×10^{12}$ m³,黄土塬 $3×10^{12}$ m³,丘陵+山地 $21.6×10^{12}$ m³,沙漠+戈壁 $11.2×10^{12}$ m³,沼泽+滩海 $1.4×10^{12}$ m³,高原地区 $1.6×10^{12}$ m³,分别占陆上常规天然气总资源量的 11.7%、7.4%、48.8%、25.3%、3.2%、3.6%。海域中浅海 $1.2×10^{12}$ m³,深海 $37.2×10^{12}$ m³,海域常规天然气资源主要分布于海域深水区。

勘探领域上,陆上常规天然气地质资源量,碎屑岩岩性地层 $3.8×10^{12}$ m³,海相碳酸盐岩 $20.8×10^{12}$ m³,前陆 $9.2×10^{12}$ m³,复杂构造 $2.4×10^{12}$ m³,潜山 $2.3×10^{12}$ m³,火山岩 $4.4×10^{12}$ m³,复杂岩性 $1.4×10^{12}$ m³,分别占常规天然气总地质资源量的 8.6%、46.9%、20.8%、5.4%、5.2%、9.9%、3.2%,陆上剩余常规天然气资源主要分布于海相碳酸盐岩、前陆、火山岩、地层岩性、复杂构造、潜山领域。海域常规天然气地质资源量,构造 $17.5×10^{12}$ m³,生物礁 $10.2×10^{12}$ m³,深水岩性 $9.0×10^{12}$ m³,基岩潜山 $1.7×10^{12}$ m³,分别占常规天然气总资源量的 45.6%、26.6%、23.4%、4.4%,海域剩余常规天然气资源主要分布于构造与深水岩性领域。

在现阶段,我国既要认识到实现"双碳"目标的必要性和紧迫性,合理控制化石能源消费;同时也要认识到,实现"双碳"目标必须在保障能源安全的前提下,合理布局新型能源体系建设,在可再生能源尚不能成为主体能源时,要有选择性地、分步骤地统筹安排不同品种化石能源的退出。石油、天然气作为相对清洁低碳的能源品种,可在替代煤炭和稳产保供方面发挥重要作用,能为统筹"双碳"目标的实现和保障能源安全提供必要支撑(陈洪波和杨来,2022)。碳中和是急不得也等不得的战略目标。一方面,减煤势在必行;另一方面,能源安全关乎国计民生和国家安全,保障能源安全须臾不可松懈,过度依赖非化石能源在短期和长期都存在不同程度的风险。要统筹推进碳中和与能源安全,有必要充分认识合理开发利用油气资源的战略意义。油气资源是相对清洁低碳的化石能源,替代煤炭有助于碳中和目标的实现。

我国油气资源开发利用现状与其要统筹推进"双碳"目标实现和保障能源安全的战略地位尚不匹配,其自身发展仍然面临诸多困难与挑战。

(三)常规油气资源贫乏,开采难度大、成本高,原油稳产增储潜力有限

我国常规油气资源贫乏,人均储量和储采比较低,开采难度大、成本高。2020年,我国石油可开采储量为35亿t,人均可开采储量为2.48t,仅为世界平均水平的7.7%。而且,油田小而分散,油田单井平均日产量仅为2t,不到中东地区平均日产量的0.3%。新增储量中80%是低渗透、超低渗透的难采油藏,开采条件差,生产成本高,2018年的平均开采成本达50美元/桶,是中东地区的10倍。2020年,我国天然气可采储量为8.4万亿m^3,人均可采储量为6000m^3,是世界平均水平的24.2%。此外,天然气也存在气田规模小、地质构造复杂、开采难度大和开采成本高等问题(王庆一,2017)。

经过半个多世纪的开发,我国大部分主力油田已经进入开发的中后期阶段。例如,胜利油田已进入开发后期;辽河油田投入开发50余年,产量递减快,吨油成本高,稳产难度大。新增探明储量中,低品位、难动用资源占比很高,勘探开发成本不断增加。此外,我国油气资源勘探开发科技水平总体上无法满足增储上产的需要,尤其表现在海洋油气开发方面,例如,海洋钻井平台自动化、智能技术水平普遍较低,自动化控制系统技术落后,维护难度较大;海洋钻井装备在一些关键核心技术上不够成熟,特别是适用于深水和超深水钻井作业的关键设备、高端金属材料、工程材料等(赵涛等,2022)。总之,我国油气资源开发已经整体进入高勘探程度、特高含水开发阶段,开采难度大,开发成本高,剩余油藏流场更加复杂,传统的开发技术在兼顾大幅度提高采收率与降本增效方面面临严峻挑战(吉利洋等,2022)。

三、海底结壳与多金属结核

多金属结核是铁和锰氧化物的聚集体,含有20多种元素,如锰、铁、镍、钴和铜,通常呈黑色或棕色。地球海底储存大约3万亿t多金属结核。其中,锰储量可以供世界使用1.8万年,镍可以使用2.5万年,经济价值高。锰、铜、钴和镍四种金属具有很高的经济价值,而我国资源储备不足,目前需要进口,随着社会经济的发展,资源需求将大幅增加。国家海洋局先后组织科考人员在热带太平洋海域进行科学调查,获得大量数据和样本。

深海多金属结核的形成过程主要受到水成和成岩两种沉淀过程的控制,两种沉淀物质围

绕着海底硬质核心包括岩石碎屑、鲨鱼牙等不断沉淀并持续生长,最终形成球状、椭球状、菜花状、连生体状等不同形态类型的多金属结核。水成沉淀过程主要发生在沉积速率低、富氧海水的深海海底或者表层沉积物中。海水中溶解态的 Mn^{2+} 和 Fe^{2+} 被氧化,并以 Mn^{4+} 和 Fe^{3+} 氧化物胶体形态在硬质核心层持续沉淀,形成水成型的多金属结核(水成结核)。水成结核多以中型的球(3~6cm)为主,表面较为光滑。成岩沉淀过程主要发生在高表层海水生产力、次氧化性的海底环境和表层沉积物中。深海沉积物中有机质被氧化发生分离和溶解,释放出镍、铜、锂等金属离子,这些金属离子在沉积物孔隙水中向海底表面运移,与富氧的上覆海水混合并被氧化成锰氧化物,形成岩型的多金属结核(成岩结核)。成岩结核以中型和大型为主,形态较为复杂,可见菜花状、盘状、连生体状,结核常发育多核心。

当前,深海多金属结核资源勘探研究程度较高的海区主要位于东太平洋CCZ区、西北太平洋海山盆地、菲林海盆、南太平洋库克群岛的专属经济区(EEZ)、中印度洋海盆和秘鲁海盆等。根据多金属结核主要成矿金属元素含量特征,可把这些区域划分为3种多金属结核矿床类型。其中东太平洋CCZ区和中印度洋海盆发育混合成因的多金属结核矿床类型,该类型的结核矿床以高含量的锰、镍、铜和中含量的钴、钼和锂为特征。秘鲁海盆发育成岩成因的多金属结核类型,该类型矿床以高含量的锰、镍和锂为特征。西北太平洋海山盆地、菲林海盆和库克群岛EEZ区发育水成成因的多金属结核矿床类型,该类型结核矿床以高含量的钛、钴和稀土元素(REE)为特征(初凤友等,2021)。

随着对海洋矿物资源勘探研究的深入,人们意识到多金属结核、富钴结壳和多金属硫化物等是具有战略意义的海洋有色金属矿产。近年来,随着地球物理勘探技术的发展,勘探深度逐渐从浅海过渡到深海,加深了人们对深部有色金属资源的认识,深海有色金属资源逐步成为世界各国关注的热点。近十年来,我国在深海矿产资源领域的研究取得了一系列的重要进展(郭振威等,2023)。

随着工业社会对各种资源需求的快速增长及陆地矿产资源的枯竭,开发海洋中存在的资源已成为长远发展的战略性趋势。蔚蓝的海洋孕育着丰富的矿产资源,现已发现的深海金属矿产主要包括多金属结核、多金属硫化物、富钴结壳以及稀有金属矿产。现阶段人们对海洋资源的评估表明,上述的深海金属矿产储量远高于陆地,深海矿产因此成为地球上最大的潜在战略矿产资源。

多金属结核作为深海矿物主要类型之一,其中锰、钴、镍、铜等元素含量高,具有较高的潜在经济价值,是人类最早发现的深海矿产,重点分布在4000~6500m水深的深海盆地。位于东北太平洋海盆的克拉里昂、克里帕顿断裂带之间的CC(克拉里昂—克里帕顿)区是全球多金属结核经济价值勘探区(赵羿羽等,2016)。

富钴结壳是继多金属结核资源之后发现的又一深海沉积固体矿产资源,分布于400~4000m水深的海底,多发育于海山地带,多含如钛、铈、镍、铂、锰、铊、碲、锆、钨、铋和钼等金属和稀土元素。结壳中钴含量很高,可高达2%,是陆地矿物钴含量的20倍以上(栾锡武,2006)。2011年,研究表明,仅太平洋海山的富钴结壳中锰、钴、镍、铜的金属量与陆地上这几种金属资源量相比,富钴结壳的含量非常可观(张富元等,2011)。

多金属硫化物是海底热液活动的主要产物,因其富含铜、锌、铅、金和银等金属元素成为一种具有开采价值的海底矿产资源,赋存于2000~3000m水深的大洋中脊和地层断裂活动带(陶春辉等,2014)。到2015年,据估算,在大洋中脊仍有超过900处热液喷口(Beaulieu et al.,2015)。海底热液硫化物矿床的一个重要特征是海底热液活动作为正在发生的成矿作用,分析海底热液循环活动有助于研究新的成矿模式,有利于指导陆地找矿工作,对研究板块运动、构造演化也有积极意义(姜秉国,2011)。

20世纪60年代,深海矿产资源研究进入快速发展期,世界发达国家开始发起了深海"蓝色圈地运动"。2001年,中国大洋协会首次与国际海底管理局签订了《勘探合同》,获得了东太平洋海盆CC(克拉里昂—克里帕顿)区的专属勘探权和优先开采权,由此拉开了我国大洋多金属结核勘探与开发的序幕(周平等,2016)。多金属结核形成于广阔的深水深海平原,其中经济意义最大的金属是镍和钴,其次是铜和锰;结核还含有微量的其他商业相关元素,包括铂和碲,它们是光伏电池和催化技术等产品的重要成分。海底多金属结核矿裸露在海底表面,富藏在深海区,主要的勘探手段是水下照相技术、深拖系统、海底摄像系统等。

在海底深处,许多黑色不规则的"壳状"沉积广布于水下海山上,呈层叠覆盖,厚度为20~200mm,在低纬度海域1~3km水下平顶海山的斜坡上发育最好,这些黑色的"壳状"沉积经过数千年的演变,一动不动静静地隐藏在这里,它就是海底的富钴结壳。当前全世界对钴资源的需求非常强烈,例如电池对于钴的需求,目前充电电池对钴资源具有较高需求,预计2025年全球钴需求量约22万t,2030年约38万t,其中80%用于充电电池的生产。全球陆地钴的储量为700万t,而我国钴资源十分稀缺,储量约为8万t,仅占全球储量的1%。同时,我国却是全球最大的钴消费国家,每年消耗约5万t钴,其中有90%的钴需要从国外进口。对钴资源的依赖使得我国必须尽快找到属于自己可开采的钴资源,只有这样,才能在未来的发展中占据主动。大洋底部蕴藏的钴资源是未来的可接替资源。富钴结壳和多金属结核在太平洋、印度洋、大西洋的海底均有大量分布,全球海洋中大约覆盖了5400万km^2的富钴结壳和多金属结核,根据目前的科学研究成果统计,具有商业开采潜力的矿石资源量达750亿t。钴是人类生活、工业生产不可或缺的重要元素,它是充电电池、合金、染料、催化剂、磁铁、电镀、健康医疗、电子元件等生产制作的重要原料。其中新能源汽车充电电池、手机充电电池对钴的依赖最强。从这个角度看,钴资源将直接影响我们的生活方式和生活质量,由于其是极为重要的战略资源,它还被世人称为"工业牙齿"。由此可见钴资源对于一个国家而言,具有极为重要的作用。然而富钴结壳在陆地的储量是有限的,但它在大洋水下矿产资源中却是一种含量非常高的矿产,因此研发海底钴结壳的开采技术,对于未来钴资源的储备具有决定性作用。目前世界上大多数基于海底钴结壳自动采矿车的开采方案都处于基础实验阶段,现众多研究对未来的海底钴结壳开采进行畅想,以此为未来海底钴结壳的开采设备的研发提供可行性思路(鞠星等,2020)。

结核和结壳有如下不同的矿物组成特征:(1)结核中主要锰矿物有$\delta\text{-}MnO_2$、钡镁锰矿和钠水锰矿。产出环境不同,结核锰矿物组成不同。海丘结核中$\delta\text{-}MnO_2$含量最高,丘谷和深海平原结核中钡镁锰矿含量明显增加。埋藏型结核顶部和底部锰矿物组成亦不同。完全裸露于海水中的顶部$\delta\text{-}MnO_2$含量相对较高,埋藏于沉积物中的底部钡镁锰矿含量增大,钠水锰矿含量降低。钡镁锰矿含量较大的结核中钠水锰矿含量则较低。(2)结壳中主要锰矿物是

$\delta-MnO_2$,含量最高可达99%以上。个别结壳中也有钡镁锰矿和钠水锰矿形成(张丽洁等,2001)。

1978年,Menard和Frazer等研究发现锰结核中铜和镍的品位与海底矿产赋存的丰度呈负相关关系,这为多金属结核资源预测提供了新的理论。1982年,Reys等系统研究了多金属结核的生长速度与元素含量的关系以及金属元素供给来源,指明了多金属结核勘探的远景区。1985年,Moustier等用托马斯·华盛顿号船上的12kHz多波束回声测深系统测量了多金属结核场的正入射反射率,并用来推断结核覆盖范围,提供了一种有效地用于确定潜在矿区的地形和结核覆盖率的方法。1990年Wdydert等研究了不同环境下声学向后散射方法的测量结果,证明该方法能够区分不同环境海底地层,加快海底地质调查速度,原则上该方法可以确定结核大小和结核覆盖范围。1992年,Scanlon和Masson等根据GLORIA远程侧扫声呐数据显示出异常高的声学后向散射特性,对比绘制推断结核场的范围。2013年,刘永刚等对多金属结核CC区已有调查站位数据进行了机器学习的模型训练,分别建立锰、钴、镍、铜金属品位与洋壳年龄均值、沉积物厚度、地形起伏度、沉积类型等区域控矿要素之间的关系模型,得到了该区多金属结核资源定量评价有效模型(刘永刚等,2013)。2014年,梁东红等利用海底视像资料,计算多金属结核覆盖率,并从结核覆盖率分布的角度研究多金属结核的小尺度分布特征(梁东红等,2014)。近年来,随着深度学习的发展,越来越多的学者开始研究利用深度学习算法快速识别计算多金属结核数量。2017年,Hari等基于人工神经网络对太平洋CC区结核参数进行建模,预测结果与国际海底管理局的基准十分接近(Hari et al.,2017)。2018年,Gazis等将自主水下航行器(AUV)在比利时多金属结核采矿区内获得的高分辨率测深多波束和光学图像数据结合起来,以创建预测随机森林机器学习模型,揭示了多金属结核分布和地形特征之间的非线性关系(Gazis et al.,2018)。

富钴结壳,形成于海底的山坡和山顶,根据等级、吨位和海洋条件,赤道位置的太平洋具有最好的结壳开采潜力,特别是在Johnston Island、Marshall Islands和mid-Pacific seamounts的国际水域。自1997年起,我国首次在"海洋4号"DY95-7航次中,对太平洋的5个海山区的28座海山富钴结壳资源进行了调查。1993年,Moustier等提出利用多波束回声探测仪和水深侧扫声呐系统对海底富钴结壳进行探测。2003年,何清华和袁碧华等对比了电磁法测量富钴结壳厚度,探讨了声波检测富钴结壳厚度方法的可行性。2005年,何高文等首次联合应用浅地层剖面测量和海底摄像,精准确定了平顶海山富钴结壳分布上界,对于估算富钴结核资源量起到关键作用。2015年,李丽和席振铢等通过分析深海钴结壳的电性和物性特征,建立了探测深海钴结壳的地电模型,验证了瞬变电磁法对于富钴结核勘探的可行性。同年,杜德文等提出最佳网格海山斜坡面积拟合法,用于定量估计海山富钴结壳的空间分布。2014—2016年,中国大洋协会利用"海洋六号"船和"向阳红09"船在合同区开展资源与环境调查及采矿试验工作,履行勘探合同义务。

锰结核、钴结壳、热液硫化物中富含的锰、钴、镍等重要金属是新能源行业中三元锂电池的正极材料。钛、铂、钼、铊等关键金属也是电子芯片、计算设备等产业的关键金属材料。在未来的15年,我国将会继续依据面向2035的海洋开发战略,逐步加强对于海洋资源的勘探与开发。如何实现海洋矿产资源的可持续开发是未来需要研究的重要问题。在这一背景下,人类对于深海矿产资源的探索也才刚刚开始。伴随着海洋矿产资源的勘探与开采,开发过程中对于环境的影响,对于海洋生态的影响,需要同步进行研究。

在未来,海洋多金属结核与富钴结壳的开发,随着新能源行业的崛起,将占领电池行业的重要一席。我国应该加大对于大洋多金属结核矿产资源的勘探与投入。尽早在国际市场上占领更多的资源点以及自主开发权,用以满足在"双碳"目标驱动下的电池行业对于锰、镍、钴等关键金属矿产资源的战略需求。海洋地球物理发展过程中,应该积极面对挑战,研发高精度、高灵敏度的勘探装备,提高仪器的勘探准确度。同时,海洋地球物理研究的问题也并不只有矿产勘探这一个环节,在资源开发利用过程中,产生的环境问题如何监测、如何避免海底地质灾害也是未来地球物理领域重要的研究方向。

四、天然气水合物

天然气水合物是天然气和水分子在高压和低温下合成的一种固体结晶物质。世界海洋天然气水合物中含有的甲烷气体总量为 $2.1\times10^{16}\text{m}^3$,约为世界煤、石油和天然气总碳含量的两倍,是世界年能耗的 200 倍。

中国是能源消费大国,近年来油气对外依存度不断攀升,天然气等清洁能源的消费占比和对外依存度也逐步提高。近十多年来中国的天然气消费量普遍以 10% 以上的速度增长。2009 年中国天然气表观消费量为 895.2 亿 m^3,至 2021 年增长至 3726 亿 m^3,仅次于美国和俄罗斯,居世界第三位。2021 年中国清洁能源(包括天然气)在一次能源消费中的占比为 25.5%,国内天然气产量约 2051 亿 m^3,天然气对外依存度为 44.9%。据专家预测,到 2035 年中国天然气需求量约为 6178 亿 m^3,对外依存度超过 50%,届时中国天然气年产量约为 3025 亿 m^3,非常规天然气将成为未来中国天然气产量增长的主力,约占总产量的 50%。因此,大力发展非常规天然气,对未来中国能源实现清洁绿色低碳转型具有十分重要的意义。

天然气水合物俗称"可燃冰",主要分布于水深大于 300m 的海洋及陆地永久冻土带。据估算,全球天然气水合物含碳量约为已探明其他化石燃料碳储量的两倍,其中海洋天然气水合物资源量约占全球天然气水合物资源总量的 97%(陈光进等,2020)。最新估算结果表明,中国天然气水合物的资源量约为 84.0 万亿 m^3,主要分布在中国南海和青海冻土带,其中南海约占总资源量的 78%,冻土带占总资源量的 15%,东海也发现天然气水合物存在的标识。南海是中国天然气水合物资源的主要赋存地,目前已发现 11 个潜在目标区,是中国目前天然气水合物开发研究的主战场。2017 年天然气水合物被列为中国第 173 个矿种,但目前尚没有明确的矿权区域划分。

21 世纪世界油气工业可能存在"三大革命",分别是 2000 年的页岩气革命、2030 年的页岩油革命和 2050 年的天然气水合物革命。因此,推进天然气水合物勘探开发是保障中国天然气绿色能源可持续供给的重要战略布局,对实现中国能源绿色低碳和可持续发展具有长远的现实意义和战略意义。

中国已启动神狐和琼东南海域两个天然气水合物商业化开发先导示范区建设工程,目前已初步建立海域天然气水合物勘查技术和装备体系,实现精细目标勘探,初步锁定先导示范区内富集区和甜点。该示范区的建设可以基本形成天然气水合物规模化商业开发所需的技术和产业体系,为保障中国可持续天然气绿色能源的安全供给提供支撑。

天然气水合物规模和产业化开发是极为复杂的系统工程,面临砂质水合物发育有限、资源品质低、成藏机制和开采理论仍不成熟等问题,规模开发所面临的装备安全、控制安全和环境安全技术尚未根本突破,技术经济可采性有待系统、深入、长期的攻关。如何在保证安全的前提下,大规模、安全、经济地开发利用天然气水合物资源,是目前制约天然气水合物产业化的最大挑战。总结目前的试采案例,分析认为目前天然气水合物开发面临的主要问题和挑战如下。

(一)天然气水合物成藏机理及相关理论尚不完善,海域资源调查工作不均衡

目前,国际上天然气水合物成藏动力学及相关理论尚不完善,沉积物中气体的运移方式和富集机制亦需进一步研究,对于水合物成矿区块资源评价、资源分类、储量计算等目前尚缺乏统一的规范和标准。

中国尚未建立天然气水合物成藏机制和资源评价方法,还没有掌握资源家底,未锁定富集区。中国南海北部陆坡水合物发育区的面积约为 31 万 km^2,目前仅在东沙、神狐和琼东南等海域小范围开展调查;东海陆坡水合物有利发育区面积约为 8.6 万 km^2,目前仅在中部和北部陆坡开展资源普查;南海南部和西部水合物有利发育区面积达 45 万 km^2,尚未开展实质性调查工作,亟待加强这些地区的水合物资源勘查研究工作,维护中国海洋资源权益。目前中国海域尚未找到丰度高、资源品质好的砂质水合物矿区。此外,中国管辖外国际海域,例如南极和北极、西南太平洋海域等,仅限于资料收集,未开展实质性勘查工作。

(二)尚需探索天然气水合物稳定试采和规模开发的技术

天然气水合物储层与常规油气资源存在的本质差别在于,天然气水合物储存在深水沉积层或冻土岩层中,特别是目前中国已发现的海洋水合物基本都存在埋深浅、压力窗口窄、为泥质粉砂类水合物等特征,潜在目标区大多没有完整的圈闭构造和致密盖层,传统的油气渗流理论无法提供水合物开发技术研究所需要的理论支持。

中国已获取的水合物样品主要分布在南海北部陆坡区埋深几米到300m左右的泥岩或弱胶结的岩石中,水合物本身就是岩石骨骼结构的重要组成部分,在水合物开采过程中,其原有的固态结构将被破坏。天然气水合物分解过程是集解析、相变、传热、渗流和多相流为一体的复杂耦合过程,目前采用的降压、注热、注剂、CO_2置换等试采方法大多还是借鉴常规油气开发技术。这些常规油气开发技术无法完全移植到水合物开发利用上。因此,虽然中国的试采已实现"产气总量、日均产气量"两项世界纪录,但存在单井日产量过低,生产不能持续等关键问题。整体上,无论国内国际,天然气水合物实现稳定试采、规模开发和产业化的技术和装备尚未根本突破。

(三)天然气水合物稳定规模开发存在的潜在环境风险评价体系欠缺

一方面,目前的天然气水合物试采方法存在单井产量低和不能持续生产等问题,例如日本的三次海上试采因为砂堵而中断;另一方面,天然气水合物本身即为储层骨架,试采时间有

限(最长 2 个月),只能证明试采所用的技术可以从天然气水合物储层中获得天然气,而长期大量天然气水合物开发可能带来的设备安全、人员安全和地质塌陷等环境风险并没有很好的解决方案,目前制约天然气水合物产业化的三大瓶颈——装备安全、生产安全和环境安全,国内外都尚未根本突破。

(四)海域天然气水合物勘查、规模开发的核心装备需尽快突破

水合物资源勘查开发是一项高新技术密集的庞大系统工程。在各项科研计划的资助下,中国自主研制的部分关键技术和装备,例如遥控无人潜水器调查、海底地震仪调查、可控源电磁技术、保压取芯、试采工艺等在南海北部进行了初步应用,但精度、效率、实用性有待进一步提高和验证,功能有待扩展,尚不能达到产业化和推广应用的要求。同时,中国水合物降压试采所使用的井下举升系统、水下测试树等均依赖国外技术;固态流化试采尚无可规模开发的工艺技术及配套装备,需要进一步开展研制工作。

(五)天然气水合物开发成本过高

目前,针对冻土区和海洋天然气水合物短期生产测试所得的最大单井日产量为 3.5 万 m^3/日,最大日均产气量为 2.87 万 m^3/日。参考海洋常规油气开发经验,初步判断,若想在海上实现规模化经济开发,至少需要达到单井日产 20 万 m^3 气体以上。由此可见,国内外水合物开发成本都距离商业开发的经济门槛还有很大距离(庞维新等,2022)。

第二节　海洋矿产资源开发管理

一、我国海洋矿产资源开发现状

伴随着我国发展迅速的工业,人们对于资源的需求也在日益攀升,陆地资源已经被人们开发得所剩无几,开发量已经无法满足人类的需求,人们只能将目标转移到海洋,进行海洋矿产资源的开发。所以,新能源的开发十分重要,因为它能在一定程度上替代旧能源,减缓能源危机。

石油油气开发已经成为重点,但还主要集中在浅水区。对于我国石油,其平均探明率为 39%,在海洋的石油探明率仅为 12%,而世界平均探明率在 70% 左右,美国则达到了 75% 的探明率,而我国天然气情况也近似相同,其平均探明率和海洋的平均探明率也远远低于世界平均探明率,这与一些发达国家的差距明显可见。在最近几年,我国在这方面的发展确实有了明显的进步,但是目前的勘探仍处于早中期阶段,以现在的探明量虽然可以保证石油产量以倍速递增,但是在几年过后,产量将会急剧下滑。我国在四大海区都有进行油气勘探工作,但由于油气分布不均,所以主要的油气勘探开发力量主要集中在北部的渤海地区,在其他 3 个海区的开发寥寥无几,比如南海,基本没有油井,然而,周边的许多国家却在南海每年开采出大量油气,所以,我们要加大对南海油气开发的力度。

我国有多处滨海砂矿床,开发起步较早,但规模有限,而且都爱采集砂矿非常富集的地

方,却往往遗忘了砂矿含量少的地方,这样就造成了不均匀的现象。同时,我国的开采技术也大大落后于其他发达国家,技术不达标,就导致了开采时只能开采一种或几种矿物,造成了矿物的大量浪费,还有就是一些矿商把许多珍贵价值高的矿物当作建筑材料卖掉了,这样造成的损失也是巨大的。

总体而言,中国海洋矿产资源开发起步较晚,技术相对落后。但是,中国矿产资源开发进度较快,前景广阔,但也存在部分问题。

(1)勘探工艺落后,矿产回收率低。基本海洋地质和矿产资源勘探相对落后,设备不发达,导致无法对我国矿产资源进行综合勘探,矿产回收率低,资源浪费严重。

(2)海底矿产资源缺乏可持续的安排。由于管理不当,个人或集体挖掘和破坏海洋自然景观。有时,石油生产中会发生油气泄漏、渗漏和井喷,造成生态环境污染。

(3)整体规模较小,缺乏国际竞争力。中国海洋开采在海洋经济中的比例仍然很小,与其他先进国家相比,差距很大。随着工业化的发展,人们对矿产资源提出了新要求,陆地上的各种矿产资源开始面临枯竭的风险,无法满足人们的需求。因此,人们开始将矿产资源开采从陆地转向海洋。海洋采矿资源的开发利用已成为许多国家的共识。现阶段,我国正处于产业转型阶段,社会发展对原料、能源的需求量大,矿产资源供需矛盾比较突出。因此,人们要做好海洋矿产资源勘查,促进其实现可持续发展。

二、我国海洋矿产资源可持续发展的对策

(一)坚持可持续发展的原则

人们要坚持可持续发展原则,努力实现科学、合理、高效的海洋矿产资源开发利用。人们要根据市场需求,合理开发利用海洋矿产资源,制订科学的开发计划,保护优质矿产资源。国家要采取许可开采、有偿使用和环境保护等措施,不断完善海洋矿产资源管理制度。随着科学技术的进步,人们要不断深入开发海洋矿产资源。海洋矿产资源开发具有技术含量高、投资高、风险大的特点。中国应不断加强海洋高科技的研究和利用,以海洋地质工作为先导,提升海洋地质矿产资源勘探水平。

(二)坚持同等重视海洋矿产资源开发和环境保护的原则

人们应该正确处理海洋资源开发、海洋经济发展和海洋环境保护的关系。在海洋矿产资源勘探开发过程中,人们要大力推进清洁生产,减少污染,保护海洋生态环境。

(三)以市场需求为导向

人们应以市场需求为导向,积极开展地质矿产勘查,特别是资源评估和普查,不断提高海洋地质工作水平。我国要做好海洋矿产资源的调查工作,同时要做好海洋矿产资源的管理工作,科学地制订开发方案,推动海洋矿产资源的保护性开发,以绿色发展理念为指导,积极开展各项工作。人们要保护中国海域优势矿产资源,合理安排各种矿产资源的开发利用,以满足国民经济的持续发展需求。此外,国家还应完善海洋管理制度,科学管理海洋矿产资源,如

有偿使用、许可开采和环境保护,加强对海洋矿产资源开发利用的宏观调控政策指导。海洋采矿业是新兴产业,中国海洋矿业企业应增强清洁生产意识,合理规划,采取各种措施,提高海洋矿产资源的绿色开发水平。

中国海洋矿产资源丰富,浅海石油、天然气水合物资源储量较大,市场前景广阔,丰富的海洋矿产资源是我国经济发展的重要物质保障。当前,人们要顺应社会发展要求,本着保护性开发的原则,努力实现绿色发展,做好海洋矿产资源开发的规划工作,制订合理的开发方案,统筹安排,促进海洋矿产资源的勘探和开发,推动开采和冶金技术的不断发展,最终实现海洋矿产资源的合理开发,达到海底矿产资源的可持续利用与发展的目的。

三、滨岸和浅海砂矿开发展望

我国是一个海域辽阔、岸线曲折而海底砂矿资源较丰富的国家,其潜在资源优势和经济价值在我国整个资源位置中占有一定比例。超前做好我国海洋砂矿的找矿和研究工作是当务之急,也是各级决策部门必须考虑的现实问题。现提出如下看法:

(1)以高科技为支撑,发展海洋勘查、测试手段。由于成因和分布上的特殊性,海洋砂矿的调查较陆上砂矿复杂得多,因此,加强高精度、高质量和高分辨率的探测仪器和测试技术的攻关和技术引进非常必要,走一条引进、消化、开发、研制的道路,以发展我国滨海和浅海开发技术,加快海洋砂矿的调查和评价。

(2)加强对以往海区调查资料的再研究。我国在以往海区综合地质调查过程中已做过大量底质取样(表层和柱状样)、沉积物和重矿物分析,并进行了充分研究。但限于当时调查范围、时间不同,各单位采用规范要求不统一,所反映的成果也不一样。加上原始资料分散在各调查单位,使这部分资料一直未得到充分利用,造成了浪费。为此,建议主管部门首先应归拢这些资料,然后组织技术力量对这些资料重新进行整理、综合研究,这对我国的海洋砂矿进一步评价大有益处。

(3)建立滨海砂矿勘查试验区。我国滨海砂矿在区域分布上具有南北分带的规律,根据这种规律,结合我国国民经济需要矿种,建议建立滨海砂矿勘查试验区。试验区的设置应以成矿远景区为依据,以急需资源需求为基础,以金刚石、金、锡、稀有稀土矿种为目标。

(4)建立滨海砂矿评价专业技术队伍。海洋固体矿产调查研究和评价是一个系统工程,单纯依赖于调研单位分散的勘查,不足以解决问题。必须建立一个综合性专业技术队伍,整理和综合以往海上做过的全部砂矿调查成果和正在实施的项目资料。只有通过对全国砂矿资料的综合研究,才能对该资源作出客观的总体评价。

四、常规油气资源开发管理

进入21世纪以来,海洋油气产业迎来了前所未有的大好机遇,但地方政府尤其是民企和民间资本大规模参与海洋油气资源勘探开发领域还面临着诸多挑战。中国海洋油气资源具有独特优势,在政策和技术上,海洋油气资源开发条件皆已具备。发展海洋油气业具有得天独厚的区位优势,但也面临着人才、技术以及配套产业的制约。推动海洋油气业发展要从体制机制入手,使产业发展模式及布局更加合理,充分发掘海洋资源的巨大潜力(许建平,2016)。

随着海洋经济的发展,海洋地质调查与勘探作为先导性、基础性工作日益受到重视。2006年,国务院发布《国务院关于加强地质工作的决定》(国发〔2006〕4号),提出要实施海洋地质保障工程、地质矿产保障工程及地质环境保障工程等重大决策,将海洋地质工作的重要性及其作用提到新的高度。《国土资源部中长期科学和技术发展规划纲要(2006—2020年)》与《全国地质勘查规划》,更是对油气资源领域、海洋地质调查技术和重大科技计划、科技队伍,以及基础条件支持体系建设等提出目标任务和总体部署。2011年1月,我国提出要在"十二五"期间实施对天然气水合物、矿产资源勘探开发利用技术的研究任务,海洋地质调查与勘探工作将进入一个里程碑式的快速发展阶段。

海洋油气资源大开发时代已经来临。2012年,国务院发布了《全国海洋经济发展"十二五"规划》,其中涉及海洋产业及海洋相关产业(包括海洋渔业、海洋船舶工业、海洋油气业、海洋工程装备制造业、海洋可再生能源业等)。"十二五"期间,中国海洋生产总值将年均增长8%,2015年占国内生产总值的比重达到10%。该规划还明确要加大海洋油气勘探力度,稳步推进近海油气资源开发,加强勘探开发全过程监管和风险控制。中国将提高渤海、东海、珠江口、北部湾、莺歌海、琼东南等海域现有油气田采收率,加大专属经济区和大陆架油气勘探开发力度,将依靠技术进步加快深水区勘探开发步伐,提高深远海油气产量。到2015年,争取实现新增海上石油探明储量10亿～12亿t,新增海上天然气探明储量4000亿～5000亿m^3,海上油气产量达到6000万t油当量。统计结果也已表明,近10年来,中国新增石油产量的53%来自海洋,丰富的油气资源对于中国来说具有重要意义,中国已进入海洋石油大开发的时代。

海工装备制造业的国家支持力度大。2010年10月,《国务院关于加快培育和发展战略性新兴产业的决定》(国发〔2010〕32号)将海洋工程发展列入新兴产业高端装备制造中。中国"十一五"期间用于海洋油气资源开发的投入已达1200亿元,市场容量巨大。目前而言,中国海洋油气业尚处于勘探中期,具有雄厚的资源基础,产业化潜力巨大,是未来中国能源产业发展的战略重点。2011年,国家发展改革委、科技部、工业和信息化部、国家能源局发布了《海洋工程装备产业创新发展战略(2011—2020)》,提出未来10年将围绕发展主力海洋工程装备、新型海洋工程装备和前瞻性海洋工程装备等五大战略重点,推动中国海洋工程装备产业由低端制造向高端集成发展。2013年7月,国务院印发《船舶工业加快结构调整促进转型升级实施方案(2013—2015年)》,明确提出大力发展海洋工程装备,加大海洋油气资源勘探开发力度,发展钻井平台、作业平台、勘察船、工程船等海洋工程装备。2013年10月,国务院发布《国务院关于化解产能严重过剩矛盾的指导意见》(国发〔2013〕41号),确定船舶行业为五大严重过剩行业之一,并明确指出要鼓励现有造船产能向海洋工程装备领域转移。目前,中国海洋石油产量约占全球海洋石油总产量的33%,预计到2030年该比例将提高到45%左右。由此可见,不仅中国海工装备制造业的繁荣很快就会到来,全球海工装备市场也将保持长期快速增长的态势。

目前,中国海洋油气资源的勘探开发存在"南轻北重"的局面。为此,加大对中国南部海域海洋资源的开发力度,充分发掘东海海洋资源的巨大潜力,加快东海陆架盆地的油气勘探,对浙江省乃至整个长江三角洲地区海洋经济的转型升级和能源结构调整有着重大战略意义的共识已经基本形成。应该看到,中国东海海域油气资源丰富,适当调整各海域开发力度,实现共同开发,将对东海海洋经济乃至全国经济的可持续发展起到举足轻重的作用。

在油田开发中,会遇上如油气开发与海洋生态红线交织重叠,深水勘探开发技术难题和挑战等情况。如何贯彻落实新发展理念,推动海洋资源开发能力建设。

一是坚持保护中开发,开发中保护。将海洋生态文明建设与资源开发有机结合,强化海洋生态修复,实现资源开发和环境保护共赢。对近海开发与生态红线交织问题,通过环评后,建议自然资源部对矿权立体、分层系管理的可行性进行研讨;对矿权设置在先、划定自然保护地在后的重叠矿权,建立多部委沟通协调机制。

二是政策上继续大力支持深海油气开发。建议完善我国深海能源开发战略和体制机制,维护国家深海利益,解决深海投资大、作业和工程难度大及地缘政治风险等问题,继续加大南海深水勘探开发力度。

三是抢占深水技术创新高地。国内"深水舰队"具备在全球海域提供3000m以内水深勘探开发和生产能力;我国首个自营深水油田群投产,首个深水自营大气田开发项目在建。但深海勘探开发技术与国际先进油气公司相比仍有差距,须及时整合资金、资源解决核心设备制造及产业升级难题;当前世界科技前沿的海洋天然气水合物资源勘查技术难度大,要加大技术攻坚。

四是建立专项研究中心,整合国家力量。建议依托中国工程院,挂靠中国海油,联合中国石油、中国石化、高等院校、研究院所、企业组建跨行业、跨部门的"国家深水工程技术和装备研究中心",为建设海洋强国提供坚实技术保障。

随着海洋油气勘探开发的强度日益加大,日常排污及其突发事故造成的海洋油气污染呈加重趋势。海洋油气资源开发的生态补偿作为解决生态成本的外部性问题和协调各相关方利益的有效制度安排,在实践中受制于政策供给、法律制度、管理体制和多方监督方面的现实困境,为促进海洋油气资源合理开发的同时实现海洋生态环境的有效保护和资源的可持续发展,需突破困境,厘清并提出完善我国海洋油气资源开发生态补偿的具体路径。

(一)加快海洋油气资源开发生态补偿的政策建设

第一,确立海洋油气资源开发生态补偿的政策战略高度。目前我国并没有海洋生态补偿的专项政策,只是在建立一些相关政策时涉及生态补偿,而且也只是从生态补偿某个要素出发涉及一些原则性规定,不具有可操作性。因此,必须将海洋油气资源开发生态补偿政策提升至政策的战略高度,以海洋油气资源开发生态补偿为目标订立政策,从海洋的全局出发,在制定专项的、全面的、细致的补偿政策基础上加强综合管理,确保政策的完整性和可执行性。

第二,建立健全海洋油气资源开发生态补偿的财税政策,加大财政转移支付力度。首先,由中央政府统筹规划设立海洋油气资源开发生态补偿专款,且必须专款专用,提高海洋油气资源开发生态补偿资金占政府财政支出的比重。海洋油气资源开发生态补偿的关键在于补偿资金的充足,目前我国的生态补偿资金缺口较大,主要依靠政府的财政资金。其次,开征生态环境税,是生态补偿成本内在化的途径。国际经验表明,通过开征生态环境税的方式来保护资源与环境,不但不会影响经济发展,反而可大幅提高经济效益。

第三,由"输血型"补偿政策向"造血型"补偿政策转变。目前我国海洋油气资源开发生态补偿的资金还主要依赖于政府财政资金的支持,属于国家"输血型"海洋油气资源开发生态补偿政策。但是从长期发展来看,为保障资金的连续性,应当扩充海洋油气资源开发生态补偿资金的来源渠道,搞好海上油气资源生态结构调整,由"输血型"的海洋油气资源开发生态补偿政策向"造血型"海洋油气资源开发生态补偿政策转型,确保生态补偿的长效性和稳定性。

(二)健全海洋油气资源开发生态补偿的法律制度

第一,明确海洋油气资源开发生态补偿立法的基本原则。我国海洋油气资源开发生态补偿的基本原则应当包括:一是公平性原则。我国海洋油气资源是全民的财富,任何公民都享有平等开发利用的权利。在建立补偿法律制度时,必须坚持公平性原则,如果有人在开发利用海洋油气资源时损害了他人的合法权益,必须让损害者付出一定的代价,给予受损害者一定的补偿,从而保证生态补偿法律制度的公平性。二是因地制宜原则。由于我国沿海各省份海洋油气资源的分布以及社会经济发展并不平衡,在建立海洋油气资源生态补偿法律制度时,必须结合沿海各地油气资源的自然环境和社会环境的实际情况,遵循因地制宜原则。不能对国外或国内某地的海洋油气资源生态补偿法律制度照搬照抄,要根据当地的特点灵活制定地方规章制度。三是权、责、利统一原则。目前来看,我国在海洋油气污染事故发生后存在十分严重的执法部门不作为现象,执法部门不及时履行职责,贻误时机、推脱责任,根源在于海洋油气资源生态补偿执法部门权、责、利不统一。因此,海上油气污染事故一旦发生,必须严格行政问责制。

第二,完善海洋油气资源开发生态补偿的相关立法。第一步可以先由国务院制定海洋油气资源生态补偿政策,明确国家关于补偿的各项指导意见。第二步可以由国务院的相关部门制定《海洋油气资源生态补偿条例》,正式进入行政法规阶段。第三步颁布《海洋油气资源生态补偿法》。

第三,细化海洋油气资源生态补偿的流程。第一步要对海洋油气污染和破坏的范围与程度进行调查确定,第二步要分析海洋油气资源生态补偿的利益相关者,第三步确定补偿的标准,第四步选择合理的方式和手段进行补偿。这就要求我国在进行海洋油气资源生态补偿立法的同时,必须在明确补偿的主体、补偿的对象、补偿的标准、补偿的范围、补偿的方式、补偿的手段这些方面,确保海洋油气资源生态补偿工作的顺利实施。

第四,明确海洋油气资源开发生态补偿的执法管理主体。建立专门的海洋行政执法主体是完善的海洋油气资源开发生态补偿的执法管理体制的内在要求。专门的海上执法队伍的建立保障了责、权、利的统一,从而有利于行政效率的提高。

(三)完善海洋油气资源开发生态补偿的管理体制

第一,建立海洋油气资源开发生态补偿的专门管理机构。目前,国家海洋局是我国海洋生态环境管理的最高权力机构,但我国并没有海洋油气资源开发生态补偿的专门机构,在涉及海洋生态补偿问题时,经常出现海洋、海事、环保等部门多头管理的情况。因此,我国应当建立海洋油气资源开发生态补偿的专门管理机构,代表国家行使海上油气资源生态补偿的管辖权。具体来说,可以建立海洋油气资源开发生态补偿专门委员会,由国家海洋局负责管理,统领全国的海洋油气资源开发生态补偿工作。在各沿海地方建立海洋油气资源开发生态补偿办事机构,负责所辖地区海域的海洋油气资源开发生态补偿工作。

第二,完善海上油气污染损害价值评估专业机构。海洋油气资源开发生态补偿的补偿方式可以包括货币补偿、政策补偿、生态修复和智力补偿等,但不论采取何种补偿方式,都首先要对海上油气污染进行损害价值评估。准确的损害价值评估机制是进行海洋油气资源开发生态补偿的基础,因此须建立海上油气污染损害价值评估机构,评估机构可以由全国各地海洋油气专业科研机构中的专家兼职组成,这样既节约了生态补偿的成本,又进一步提高了补偿的可操作性。

第三,严格海洋油气资源开发生态补偿的行政问责体制。海上油气污染事故一旦发生,除追究污染者的责任外,还要严格追究相关部门和负责人的责任,并将保护海洋生态环境的指标纳入到行政领导的绩效考核之中。

(四)加强海洋油气资源开发生态补偿的多方监督

第一,规范海洋油气资源开发生态补偿政府监管。就当前情况来看,我国一些政府机构在海洋油气污染事故发生后存在着监管不严的情形,政府监管部门的不作为现象往往使得污染事故最终付出了巨大的经济、环境代价。因此,必须严格海洋油气资源开发生态补偿的政府监管制度。要将监督权力和责任赋予同一政府部门行使,海上油气污染事故一旦发生,如果出现政府部门监管不严、不作为等情形,必须要坚决落实行政问责制度,严格追究责任。

第二,促进海洋油气企业进行自我监督。与政府监管、社会公众监督等外部监督方式相比较,促进海洋油气企业自我监管则更能从根本上解决问题。海洋油气企业不同于一般小企业,海上一旦发生油气泄漏等事故,将会给整个海洋生态环境造成难以估量的损害后果。海洋油气企业必须加强自我监管,把安全、监察等相关部门的工作落到实处,改变以往应付政府检查敷衍了事的状况,切实认识到监察工作的重要性,从源头上避免海上油气污染等问题。

第三,加强海洋油气资源开发生态补偿的社会公众监督。我国许多公众对国家生态补偿并不了解,相当一部分公众认为生态补偿是有关政府部门巧立名目,增设收费项目的借口,这也成为阻碍我国生态补偿发展的重要原因之一。因此,必须利用大众媒体和新兴网络微博等方式,积极开展民众生态补偿的宣传工作,增强利益相关者对生态补偿的认知与参与,改善社会公众生态补偿观念滞后的现状。只有让社会公众参与进来,在海洋油气资源开发生态补偿的监督过程中建立政府监督、自我监督和社会大众监督相结合的监督体制,才能真正保障海洋油气资源开发生态补偿工作的有效实施(刘慧,2015)。

五、海底结壳与多金属结核开发管理

富钴结壳的开采活动发生在水深800~3000m的深海海底矿山地区。受富钴结壳开采影响的生态系统与结核区生态系统大不相同,由包括海山动物群(大多数附着在坚硬的基底上)以及生活在邻近沉积区等的多种物种组成。结壳开采活动分为沉积物扰动、外壳去除以及栖息地改变3个方面,本书结合结壳开采过程中集矿作业产生的噪声对赋存环境的影响进行分析。开采过程对环境的部分影响与多金属结核开采相似。例如,在富钴结壳的开采中同样会因沉积物扰动而导致含沉积物的柱状水柱、颗粒载荷以及沉积物粒度改变,集矿作业时会产生噪声等。不同的是,在结壳开采中,羽流很可能顺着海底山的侧翼流下,从而加大受影响的范围,甚至包括未开采区域。底部的浮游动物和捕食悬浮物的生物可能会因此而窒息死亡。

由于富钴结壳的赋存环境多为海山等坚硬岩石表面,当富钴结壳的开采去除了部分外壳时,产生的影响是长期的,可能是几百年到几千年。同时,因为这一过程会导致附着在外壳上生存的动物栖息地被破坏,从而导致表面生物数量、种群结构和密度改变,其恢复也可能很慢,通常为几十年到几百年。而且因为需要从海山表面研磨或刮掉外壳,所以与结核开采相比,富钴结壳开采时产生的海底噪声可能更大。

深海固体矿产资源的开采会对其原有赋存环境产生影响。矿产提取、采集、提升、洗涤、海上处理,以及运输过程都会对原有海洋的海底、水柱和海面环境产生不同程度的影响。多金属结核、富钴结壳和多金属硫化物三种矿产资源开发过程对海洋环境的影响具备一定程度的相似性,共性主要体现在:①对海底区域的影响。深海采矿活动可能会因为扰动而对海底赋存环境产生直接影响,例如矿产开采工具工作过程对海底的影响、来自过滤水体的次表层羽流对海底区域产生的潜在影响等,主要包括矿物与栖息地的迁移、羽流、光、噪声和振动(HARIVN,2018)。②对水体的影响。矿产提升过程中,来自加工机械的废物、油污和噪声污染等也会对周围环境产生影响。③对海面区域的影响。输送管道向上运矿、生产支持船、矿从生产支持船运作支撑、驳船/散货船矿物转移等矿产收集过程均会对海面产生潜在影响,包括照明、噪声、常规排放,以及其他影响(刘大海等,2022)。

上文从多金属结核、富钴结壳、多金属硫化物等主要深海矿产资源的采矿活动过程入手,通过分析其赋存环境、开采中扰动环境和开采后监测环境影响,总结了沉积物羽流、集矿作业的噪声等对海洋环境的影响。针对深海采矿环境保护面临的问题与可持续发展的需求,从环境评估、数据采集、设备创新、规则制定等方面提出以下对策建议。

(一)持续跟进开发环境预评估、实时监测及影响评估、开采后评估

深海矿产资源开采对环境影响的研究应结合采矿规模和采矿方法,依次进行预评估、实时监控及影响评估、开采后评估,将环境保护意识贯穿整个采矿过程。由于目前对不同采矿环境下恢复研究不足,采矿实验应该在采矿规模与种类上进行充实,更注重对采矿前后环境变化、生态系统恢复过程与时长的研究,并在开采结束后进行长期且连续的恢复监测及评价。依据不同矿产种类、海域以及海底采矿规模建立针对性监测评估体系,全方位完善环境影响监测技术体系。该研究可加深对采矿系统恢复潜力的认识,为采矿预评估、采矿过程控制以及开采后恢复提供参考。

(二)充实并加大对深海采矿环境评估有关数据的采集

深海矿物开采过程环境评估仍受到多方面的限制,主要有基线数据不足、采矿作业的细节不足、数据和生态系统方法的综合性不足、评估和考虑不确定性差、对间接影响的评估不够、对累积影响的处理不够、风险评估不够以及考虑环评与其他管理计划的联系不足等。目

前,关于深海采矿环境评价皆为试验性阶段。Markussen 提出"试验性"环境影响评价的研究应在试验采矿系统进行,以便在深海海底采矿对环境的预期影响方面提供更现实的资料。而在对深海采矿的现有数据进行工程和环境评估时,Chung 等认为在规模和系统上测试足以代表商业采矿规模的底栖生物扰动。不管采用何种方法,深海采矿环境数据的收集都有利于更好地评价深海采矿的潜在影响和制定减轻影响的措施。

(三)依据环境保护需求进一步加强采矿技术与设备创新研究

深海矿产资源开采过程,即为采矿设备对相关海底及海域环境产生扰动的过程。为了使相关区域受采矿影响最小,矿产收集系统与海底环境的相互作用应该最小:从沉积物(或其他碎片)中分离矿物时,应尽可能靠近海床,以减少中层水的影响,但此举有可能增加对底栖生物和深海生物群落的影响;进行条形(或"斑块")采矿,留下交替的未受干扰的海底条形,让邻近地区的生物重新繁殖;底水和碎屑的排放应在水柱的不同水平,最好是在含氧量最低的区域以下,因为那里的动物密度相对较低。通过深海固体矿产资源开采过程中相关设备对环境影响的研究,对采矿设备在开采过程中的布局和技术提出进一步的要求。在确立深海矿产资源开发发展理念的基础上,明确关键技术装备研究任务,实施深海多金属结核开采示范工程。在多金属结核开采中,通过开发低扰动行走、精确采集结核的设备,减少对深海沉积物的扰动。从开采后恢复潜力角度考虑,在多金属硫化物的开采方面,应多研发适于在活跃海底火山口使用的设备,减少在非活跃火山口的开采。除此之外,控制海底固体矿产开采中废水废物的排放过程,例如通过设定合适的排放高度尽量减少羽流沉积物的扩散范围。在现代信息技术、人工智能等新兴技术的支持下,深海矿产资源开发系统可以在提高精准作业、协同控制、长期运维和实时调控等方面,进行高精度和智能化的开采装备研究。

(四)深海采矿环境保护规则应与自然科学和社会科学紧密结合

《联合国海洋法公约》第十一部分第 145 条授权管理局制定适当的规则和规章,以保护海洋环境不受"区域"内矿产勘探和开发活动的影响。为了更好地对深海环境进行保护,深海采矿环境保护规则需要同时从自然科学和社会科学方面考虑。从自然科学的角度分析深海采矿对环境的影响,为深海矿区环境保护政策的制定提供科学依据;从社会科学角度考虑平衡利益相关者,分析矿业利益和环境保护之间的平衡。

(五)推进深海固体矿产资源开采环境保护相关法律制定进程

基于海底矿产资源开发与海洋环境保护和保全并重的理念,相关规则和法律制度制定对海洋环境的保护与完善有极大意义。在进行海底资源开发时应始终坚持海洋环境保护原则,坚持先评估后开采,遵守深海底环境保护第一、合理开发海底资源第二的原则。应健全深海矿产资源开采相关环境问题的责任制度,规范深海底资源开发行为,进而实现可持续发展的目标(刘大海等,2022)。

全球绿色能源、高技术和可再生能源产业的蓬勃发展使得国际上对钴、稀土元素等关键稀有金属资源的需求激增。深海多金属结核资源富含多种关键稀有金属元素,加上采矿、选冶等技术储备日趋成熟,其开发前景近年来再次引起关注。与此同时,国际海底管理局正在抓紧出台"开发规章",这将使得国际海底区域活动主体从"勘探"转向"开发",势必引起深海多金属结核勘探领域发展趋势的巨大变化。我国拥有 3 块深海多金属结核资源矿区,资源量巨大、矿床类型不同,勘探工作程度相差较大。因此,如何应对未来新一轮深海多金属结核资源勘探活动领域的变化将是我们面临的一项巨大挑战。

深海多金属结核资源开发可为国家经济发展提供重要战略保障。美国和欧盟 2017 年和 2018 年相继公布了对其自身安全和经济发展至关重要的关键金属资源名录,分别包括 35 种和 27 种金属矿产资源,它们认为这些金属资源的供给极易受到影响。我国在 2016 年发布《全国矿产资源规划(2016—2020 年)》列出了 24 种对于保障国家经济安全、国防安全和战略新兴产业发展的战略性矿产目录,其中包括 19 种金属资源。深海多金属结核资源富含十余种具有综合利用前景的金属元素,其中分别有 13 种、9 种和 8 种金属被列在了美国、欧盟和我国的战略或者关键金属矿产名录中。

对我国深海多金属结核资源勘探工作的建议:东太平洋 CCZ 区是多金属结核资源勘探程度最高的海底区域,中国大洋协会和中国五矿矿区均位于此,区内多数多金属结核资源矿区承包者已完成矿址圈定。CCZ 区内结核矿床类型单一,过多的采矿项目同时实施势必会增加市场的金属供应,从而导致金属价格的迅速下降,未来只能有少数承包者的矿区能够进入开发阶段。因此,东太平洋 CCZ 区必将是未来开发活动竞争最大的区域,区内所能容纳的"开发合同"数量必定少于"勘探合同"。北京先驱矿区是目前唯一发育水成型结核矿床类型的区域,将在 2021 年开展勘探工作。但是,南太平洋的库克群岛已在 2020 年 12 月发布了其专属经济区内多金属结核资源勘探项目的招标信息,该区与北京先驱的结核矿床类型类似。为了能够缩小与早期承包者之间的差距,以在未来开发活动占据一席之地,北京先驱和中国五矿应加大勘探工作投入,尽快完成多金属结核矿址的圈定,以期具备申请开发合同的必要条件。国际海底管理局发布的"开发规章草案"中明确指出申请"开发合同"需要提交"采矿工作计划",其中基于可行性(预可行性)研究的多金属结核储量及相关数据是强制要求内容。国际海底管理局在 2015 年提出了"海管局矿物勘探结果评估、矿产资源和矿产储量报告标准",明确了矿产资源量和储量转换因素。我国在 2020 年发布的《固体矿产资源储量分类》(GB/T 17766—2020),与国际海底管理局标准一致。目前,在国际上尚未看到开展深海矿床资源储量评价工作的报道,各国在深海多金属结核资源储量评价方面处于同等水平。基于此,中国大洋协会、中国五矿、北京先驱可考虑共同建立深海多金属结核采矿示范区,统筹考虑采矿、选冶、环境监测等工作,解决回采率、回收率、综合利用率等储量评价的关键技术参数,以期在国际上率先开展深海多金属结核资源的储量评价工作,这将有助于我国在新一轮的深海多金属结核开发活动中发挥重要作用。

六、天然气水合物开发管理

基于中国天然气水合物开发技术发展现状,为了支撑先导示范区的建设,尽快实现天然气水合物的商业化开发,对中国的天然气水合物核心技术和装备发展方向提出以下六大建议。通过攻克这些技术,建立多类型天然气水合物勘查技术体系、试开采到产业化技术体系、经济技术评价体系和环境保护体系,逐步推进天然气水合物和常规油气一体化勘探开发进程,早日实现天然气水合物的商业化开发。

(1)加大砂岩类高品质天然气水合物勘探。开展以地球物理为主结合重磁等综合探测技术的研发,探寻天然气水合物—常规油气同盆共生成藏地质背景,力争发现高品质天然气水合物矿藏,这是实现天然气水合物商业化开发的基础。

(2)天然气水合物、浅层气和深部气多气合采技术。依托海上常规油气开发设施进行天然气水合物开发是降低其成本的有效途径,重点攻克多气合采过程中的相互作用机制和产能控制技术,推进常规和非常规全层系天然气综合勘探立体开发,可为海洋天然气水合物的商业化开发提供新的技术路径。

(3)CO_2封存-置换开发天然气水合物一体化技术。研究CO_2在沉积层内的溶解、扩散、迁移规律,攻克CO_2水合物规模化形成技术,明确其稳定性,在开发天然气水合物的同时,拓展具有海洋工业特点的CO_2地质封存技术研究方向,服务于国家碳达峰、碳中和目标。

(4)天然气水合物开发基础理论研究。虽然已经进行了多次试采,但目前的试采结果均离商业化开发的门槛还很远,其中一个重要原因是水合物开发的基础理论尚未获得根本突破,对试采过程中的储层变化规律、出砂影响和控制技术等尚未攻克,尚需进一步开展基础研究。

(5)开展水合物试采关键装备研制。水合物试采所使用的绝大部分设备与常规油气相同,少部分设备具有水合物自身和本阶段的特殊性,需要单独研发。例如顶流立式采油树、可搬迁紧凑型管汇等,具有尺寸小、重量轻、安装方便等特征,可降低成本,适用于水合物试采。

(6)安全监测和环境风险评价技术。与常规油气不同,天然气水合物本身就是储层构造的一部分,开采过程中随着水合物的分解,储层会发生结构变形,目前进行试采的时间较短,数以年计的长期开发对地层结构的影响及其带来的风险尚不明确。大多数水合物没有封闭盖层,开发过程中水合物是否会不可控地无序分解,造成环境风险和装备风险,尚不明确。针对上述技术发展方向,结合目前的研究进展,对天然气水合物开发关键技术突破的时间节点预测如下。

2023年:基本突破海域天然气水合物电磁等综合探测技术和装备、海底原位钻探取样测试装备、样品带压转移、样品在线测试装备、降压和固态流化试采井下监测技术和设备井下机具、深海浅层天然气水合物井下流化和分离回填关键工具。

2025年:海域天然气水合物多气源成藏机理和目标评价技术、海域浅层泥质粉砂天然气水合物储层水平井技术、控压钻井等技术和机具、稳定试采的工艺将实现重大突破;天然气水合物试采船基本建成应用。

2030年:海域天然气水合物与浅层气合采工艺、安全监控技术、海上天然气水合物规模开采装备、天然气水合物试采水下装备等取得重大突破;开采船及水下生产系统等关键设备实现产业化,建立海域天然气水合物绿色开发装备标准体系,满足天然气水合物规模化开发需求。

2035年:各项技术、装备不断完善,实现远景资源量到可采资源、稳定试采到规模开发先导试验的重大跨越,形成支撑10亿m^3/年天然气产量的技术和配套装备能力。

2050年:建立规模开发所需要的技术、装备支撑,实现规模开发示范,成为中国天然气资源量的主要增长点。

从试采案例结果可以看出,目前已实施的天然气水合物试采普遍存在试采不能持续、日产量低、安全问题尚不明确等难题,为了进一步降低水合物开发成本,早日实现天然气水合物的商业化开发,除上述技术发展建议外,提出如下发展战略。一是海陆并举发展天然气水合物事业。除现在重点研究的海洋天然气水合物开发外,亦可加大陆上天然气水合物开发研究力度,对比致密气和煤层气开发可知,中国致密气的单井平均日产能约为 6800m^3/日,煤层气的单井平均日产能约为 1000m^3/日,而水合物目前海上试采日均产能可达 28 700m^3/日,且致密气和煤层气埋藏深度远深于水合物,钻井成本比水合物高。初步判断,水合物陆上开发可能是突破商业化开发的一个重要方向。二是加强国际合作。结合中国天然气水合物技术发展现状、产业化研判和国外技术发展水平,建议在高精度综合勘查、可持续水合物开采工艺、风险评价和控制等技术研究方面,采用联合研究的方式与欧洲国家、日本等开展联合攻关。在关键装备研制方面采用参与的策略,与国际重要石油装备制造公司联合攻关,以尽快服务于天然气水合物的开发。

七、中国参与深海矿产资源治理的现状和挑战

(一)现状

20 世纪 70 年代末,中国开始进行了大洋多金属结核资源的调研;1984 年,国务院明确提出加强国际海底多金属结核资源的调查工作;1990 年,中国将国际海底多金属结核资源列为国家长远发展项目,设立大洋专项,并以中国大洋矿产资源研究开发协会的名义向联合国海底筹委会申请矿区登记;1991 年 3 月,中国在联合国海底筹委会登记注册为国际海底先驱投资者,使中国成为继印度、苏联、日本、法国后的第五位国际深海先驱投资者。截至 2017 年底,中国已先后组织了 40 余个航次的深海资源、环境和生物多样性的调查,并且获取了大量的实物样品和数据资料。

为了维护我国的海洋权益,进一步拓展我国的海洋空间、获取海洋资源,我国积极参与国际海底的矿区申请工作。2002—2013 年,中国大洋协会分别在太平洋 CC 区、南印度洋地区获得了多金属结核、多金属硫化物、富钴铁锰结壳 3 个矿种的矿区,成为世界上第一个同时拥有三种金属矿区的国家。2015 年,中国五矿集团成功在位于太平洋 CC 区的多金属结核保留区获得了矿区,使我国成为了世界上获得矿区最多的国家。

中国作为全球最大的发展中国家,既是联合国安全理事会常任理事国,又是《联合国海洋公约》的缔约国,一直以来都是国际海底管理事务的重要参与者和建设者。自从联合国成立国际海底筹备委员会以来,我国先后有 5 位专家担任筹备委员会委员和海管局法技委委员,4 位专家担任财政委员会委员,直接参与了国际海底事务的管理。另外,上海交通大学极地与深海发展战略研究中心于 2017 年 8 月正式获得了国际海底管理局观察员席位,直接参与国际海底相关事务的监督和讨论。同时,国内参与国际海底管理研究的机构也逐渐增加,并积极参与到海管局的全球治理中来。

为了规范中国公民、法人或者其他组织在国家管辖范围以外海域从事深海海底区域资源勘探、开发活动,2016年2月26日,十二届全国人大常委会第十九次会议通过了《中华人民共和国深海海底区域资源勘探开发法》,并于2016年5月1日开始实施;2017年4月27日,国家海洋局又印发了《深海海底区域资源勘探开发许可管理办法》,并继续出台相关的规范文件。这一系列法律及规范的出台也表明了中国认真履行国际义务的态度,以及积极参与国际海底区域活动的意向。

(二)挑战

尽管中国自20世纪80年代开始,就参与了国际海底事务的管理,但是在参与深度、治理能力、话语权和影响力等方面还存在不足,主要表现在以下3个方面。

1. 国际海底"区域"内矿产资源开发规章的制定,偏向于西方发达国家意志

开发规章的起草工作以西方发达国家的专家为主导,立法精神和立法思想体现了西方国家的法制思想和管理理念。尤其在环境规章、缴费机制、优先权原则的制定中,均体现了西方发达国家的思想,使我国在勘探矿区的开发活动面临着如何适应新要求的挑战。

2. 西方发达国家已掌握深海采矿技术,我国面临着技术垄断

20世纪50年代末,西方各国开始投资深海资源的商业性开采,不仅占据了最具商业远景的资源区块,而且形成了多种矿产资源的商业开采技术储备,并在多项技术领域拥有知识产权。如果短期内转入开采阶段,我国势必要引进相关技术装备,关键技术将受制于人,从而导致采矿成本增加。

3. 研究程度不够,难以提出有国际影响力的观点

长期以来缺乏国际海底领域的技术人才、外交人才、法律人才和管理人才,使得我国活跃在国际海底事务管理舞台上的人员稀少,使我国的观点和立场难以在国际上形成较大影响力。另外,由于长期以来对国际海底管理事务社会科学研究领域的重视程度不够,我国相关研究机构难以提出在国际上有影响力的研究成果和观点,难以引导规则制定。

(三)提升中国参与深海资源治理的路径

1. 加强对海底矿产资源的调查力度,拓展调查区域

继续加大海洋地质调查力量和投入,拓宽调查区域,力争发现更多的资源富集区域,为我国申请新矿区提供目标。在开展调查的同时,加强深海资源开发对生态环境影响的评价研究,加强深海采矿过程对生态平衡损害、海水污染、诱发地质灾害等问题的预测研究,抢占海底矿产开发与环境保护研究的制高点。

2. 加强对深海稀土的调查和研究,并引导国际规则的制定

深海稀土作为最新发现的矿产资源,由于其庞大的储量和浓度,使其拥有较好的商业前景。目前,海管局还没有将深海稀土的勘探规章制定提上日程,中国应该抓住时机,提前开展该领域的研究,并加强在全球的调查力度,掌握其在各大洋的分布及禀赋特征和选治特点,为我国研究其勘探和开发规则的制定奠定基础。另外,要充分发挥我国在稀土领域选冶、加工等技术领域的优势,加强对深海稀土开发利用的研究,进一步巩固我国稀土在国际上的地位。

3. 借助"一带一路"倡议,加强双边和多边在海底资源调查中的合作

国际海域属于全球公域,国际海域的调查对技术、装备、人才的要求较高,尤其是发展中国家有这方面的需求,但没有这方面的装备和技术。因此,中国可以借助"一带一路"倡议的契机,与海上丝绸之路沿线国家加强交流和合作,共同开展调查和研究,以资源调查、共同研究、人才培训、合作申请矿区等方式为纽带,建立利益共同体,强化中国在国际海底事务中的影响力。

4. 提高在深海采矿系统领域的自主创新能力,打破技术垄断

深海采矿系统包括采掘系统、提升系统、海面平台和处理系统,技术含量高,涉及领域广。我国由于起步晚,基础弱,在深海采矿领域较发达国家还有较大差距,还没有掌握深海采矿的核心技术。为此,要加大技术研发力度,提高自主创新能力,加大深海资源的采集、输送、分选以及废渣、废液处理等技术研发力度,增加技术储备,不仅为我国勘探矿区未来的开发提供技术支持,也可以走出去,承包其他国家在海底矿产资源的开发。

5. 提升国际海底事务在中国未来战略的重要性,加强参与国际海底治理的能力

当前世界各国对国际海底资源的勘探竞争越来越白热化,我国应重视在国际海底中的战略定位,加强顶层设计,制定国际海底战略,并将该战略纳入到国家海洋战略中,提高对国际海底事务的认识。同时,加强对《联合国海洋公约》及配套法律、政策的研究,以及海管局勘探规章及开发规章草案的研究,提出建设性建议,提高我国在该规章制定中的话语权和影响力。同时,积极培育社会组织,充分发挥 NGO、研究机构、智库、公司、个人的力量,使其能够在国际海底事务中与政府相互配合,打造合力,共同提高我国在国际上的话语权和影响力。

(四)建立海洋矿产资源"一张图"的大数据体系

海洋资源是自然资源的重要组成部分,开展海洋资源数据管理体系设计是将其有机融入自然资源大数据体系的一项基础工作。

党的第十八届中央委员会第三次全体会议通过的《中共中央关于全面深化改革若干重大问题的决定》指出,要健全国家自然资源资产管理体制,统一行使全民所有自然资源资产所有者职责;完善自然资源监管体制,统一行使所有国土空间用途管制和生态保护修复职责。习近平总书记在《关于〈中共中央关于全面深化改革若干重大问题的决定〉的说明》中提出打造"山水林田湖生命共同体"。党的十九届三中全会吹响了政府机构全面深化改革的号角,自然资源部应运而生,行使自然资源"两统一"的职责,意味着全民所有自然资源管理体制改革迎来了历史性的重要一刻,自然资源领域一场信息化建设革命也正在展开。海洋资源作为自然资源的重要组成部分,在新时代和新形势下,已被纳入国家自然资源的统一监管体系。2019年11月,自然资源部印发了《自然资源部信息化建设总体方案》,明确了自然资源信息化建设的总体要求、目标任务与总体建设思路,部署了自然资源信息化建设的主要任务和实施计划,强化建立统一、全面、准确的自然资源数据底板。海洋资源数据是自然资源信息化的重要基础之一,在自然资源信息化"一张网""一个平台"的支撑框架下,以现有海洋数据管理体系为基础,亟待设计和建设运行海洋资源数据管理体系,为履行自然资源"两统一"职责、实现国家治理体系和治理能力现代化,提供海洋基础、数据与信息支撑。

主要参考文献

陈光进,孙长宇,马庆兰,2020.气体水合物科学与技术[M].2版.北京:化学工业出版社.

陈洪波,杨来,2022."双碳"目标和能源安全下中国油气资源开发利用的战略选择[J].城市与环境研究(3):56-69.

陈新明,高宇清,吴鸿云,等,2008.海底热液硫化物的开发现状[J].矿业研究与开发(5):1-5+19.

初凤友,姜静,刘禹维,等,2021.我国深海多金属结核资源的勘探进展及思考[J].中国有色金属学报,31(10):2638-2648.

高晶晶,刘季花,张辉,等,2019.太平洋海山富钴结壳中铂族元素赋存状态与富集机理[J].海洋学报,41(8):115-124.

郭振威,李方达,柳建新,等,2023.海洋有色金属矿产地球物理勘探进展[J].中国有色金属学报,33(1):285-306.

吉利洋,曹学博,杨剑,等,2022.双碳战略下天然气发电在石油钻探行业的应用前景[J].能源与节能,207(12):70-72+163.

鞠星,周坚鑫,牛海波,等,2020.海底钴结壳开采的畅想[J].中国矿业,29(S1):559-562.

梁东红,何高文,朱克超,2014.中国多金属结核西示范区的结核小尺度分布特征[J].海洋学报(中文版),36(4):33-39.

刘大海,万浏,王春娟,等,2022.基于深海采矿过程的环境影响分析与管理对策建议[J].海洋科学进展,40(3):367-378.

刘永刚,杜德文,曲镜如,等,2013.基于FuzzyARTMAP的CC区多金属结核资源定量评价[J].海洋地质与第四纪地质,33(2):169-179.

栾锡武,2006.大洋富钴结壳成因机制的探讨:水成因证据[J].海洋学研究(2):8-19.

罗春雷,胡均平,刘伟,等,2002.钴结壳开采装置及方法[J].中南工业大学学报(自然科学版)(6):617-620.

庞维新,李清平,周守为,2022.天然气水合物开发研究现状和发展战略分析[J].国际石油经济,30(12):33-41.

孙春宝,吕继有,李浩然,2006.大洋多金属锰结核酸浸贵液中铁锰元素的脱除[J].中国有色金属学报(3):542-549.

陶春辉,李怀明,金肖兵,等,2014.西南印度洋脊的海底热液活动和硫化物勘探[J].科学通报,59(19):1812-1822.

王庆一,2017.2015中国能源效率评析[J].中国能源,39(6):43-47,42.

韦振权,何高文,邓希光,等,2017.大洋富钴结壳资源调查与研究进展[J].中国地质,44(3):460-472.

吴晓智,柳庄小雪,王建,等,2022.我国油气资源潜力、分布及重点勘探领域[J].地学前缘,29(6):146-155.

许建平,2016.浙江省海洋油气业与海洋经济转型升级研究[J].中国海洋经济(1):68-82.

张富元,章伟艳,朱克超,等,2011.太平洋海山钴结壳资源量估算[J].地球科学(中国地质大学学报),36(1):1-11.

张丽洁,姚德,崔汝勇,2001.海底铁锰结核和结壳物质组成特征及其形成控制因素[J].海洋地质动态(9):1-4.

赵涛,黄元元,贾向锋,等,2022.我国海洋油气钻井装备技术现状及发展展望[J].石油机械,50(4):1-17.

赵羿羽,曾晓光,郎舒妍,2016.深海采矿系统现状及展望[J].船舶物资与市场(6):39-41.

周平,杨宗喜,郑人瑞,等,2016.深海矿产资源勘查开发进展、挑战与前景[J].国土资源情报(11):27-32.

周艳晶,李颖,2014.安全视角下的中国钴资源供应分析[J].矿床地质,33(S1):883-884.

朱坤娥,蒋训雄,冯林永,等,2019.大洋多金属矿选冶研究现状[J].中国资源综合利用,37(5):99-104.

BEAULIEU S E, BAKER E T, GERMAN C R, 2015. Where are the undiscovered hydrothermal vents on oceanic spread in gridges? [J]. Deep Sea Research Part Ⅱ: Topical Studies in Oceano graphy, 121: 202-212.

GAZIS I Z, SCHOENING T, ALEVIZOS E, et al., 2018. Quantitative mapping and predictive modeling of Mn nodules' distribution from hydroacoustic and optical AUV data linked by random forests machine learning[J]. Biogeosciences, 15(23): 7347-7377.

HARI V N, KALYAN B, CHITRE M, et al., 2017. Spatial modeling of deep sea ferromanganese nodules with limited data using neural networks[J]. IEEE Journal of Oceanic Engineering, 43(4): 997-1014.

第七章 海洋能源资源

21世纪是资源紧缺的时代也是开发海洋的时代,各个沿海国家都将目光聚焦到海洋资源的开发上。在能源消费量持续攀升和传统能源日趋紧缺的外部环境影响下,积极探寻与发展海洋能源,保障我国能源安全,优化能源结构已经成为大势所趋。

海洋能源主要包括埋藏于大陆架和深海海床的化石能源(石油、天然气、可燃冰)与依附在海水中的可再生海洋能。海洋能是指海洋通过各种物理过程接收、储存和散发能量,这些能量以潮汐、波浪、温度差、盐度梯度、海流、风能等形式存在于海洋中(史丹和刘佳骏,2013)。

1. 我国海洋油气资源开发现状

从整体上看,我国海洋油气资源丰富,但勘探开发处于早中期阶段,产业发展潜力较大,是未来我国能源产业发展的战略重点。我国海域的油气资源主要由近海大陆架油气资源和深海油气资源两大部分组成。我国管辖的海域面积约300万km^2,其中近海大陆架约130万km^2,蕴藏了丰富的油气资源。按照2008年公布的第三次全国石油资源评价结果:中国海洋石油资源量为246亿t,占全国石油资源总量的23%;海洋天然气资源量为16万亿m^3,占总量的30%。在上述我国海洋的油气资源中,70%又蕴藏于深海区域。据统计,我国海域共发现16个中新生代沉积盆地,总面积有130余万平方千米。其中,近海大陆架上的沉积盆地9个,面积近90万km^2;深海区的沉积盆地7个,面积40多万平方千米。近海已经形成渤海、东海、南海东部和南海西部4个石油和天然气生产基地。尽管我国海洋油气资源开发取得较大进展,但开发程度低于世界平均水平。目前,世界海洋石油平均探明率为73%,而我国仅为12.3%;世界海洋天然气平均探明率为60.5%,我国仅为10.9%。我国南海具有丰富的油气资源和天然气水合物资源。据估计,我国南海可燃冰储量达650亿toe(吨油当量),其中已探明南海北部陆坡神狐海域可燃冰气体储量约194亿m^3,约合185亿toe,相当于南海深水勘探已探明的油气地质储备的6倍,占我国油气总资源量的三分之一。钻探区可燃冰富集层位气体主要为甲烷,其平均含量高达98.1%,获得可燃冰的3个站位的饱和度最高值分别为25.5%、46%和43%,是目前世界上已发现可燃冰地区中饱和度最高的区域,但可燃冰的开发尚未进入产业化阶段。

2. 我国海洋能开发利用现状

我国大陆沿岸和海岛附近海洋能储量丰富、品位高,开发潜力巨大,至今却尚未得到应有的开发,是我国未来可再生能源开发的重点区域。从总体上看,在我国大陆沿岸和海岛附近蕴藏着较丰富的海洋能资源,海流能、温差能资源丰富,能量密度位于世界前列;潮汐能资源较为丰富,位于世界中等水平;波浪能资源具有开发价值;离岸风能资源和海洋生物质能资源具有巨大的开发潜力。我国潮汐能可开发的资源量约为2200万 kW,其中潮汐能资源最丰富的地区集中于福建和浙江沿海,潮差最大的地区(如浙江的钱塘江口、乐清湾,福建的三都澳、罗源湾等)平均差为4~5m,最大潮差为7~8.5m;我国海流能可开发的资源量约为1400万 kW,其中以浙江沿岸最多,有37个水道,资源丰富,占全国总量的一半以上,其次是台湾、福建、辽宁等省份的沿岸,约占全国总量的42%;我国波浪能可开发的资源量约为1300万 kW,可开发利用的区域较多,其中以台岛沿岸丰度最大,占30%以上,浙江、福建、广东三省沿海共占40%以上,山东沿海也有较丰富的蕴藏量,占10%以上;我国温差能资源蕴藏量在各类海洋能中占居首位,可开发的资源量超过13亿 kW,其中海域表、深层水温差在20~24℃,是我国近海及毗邻海域中温差能能量密度最高、资源最富的海域;我国离岸风能相当丰富,全国海上可开发利用的风能约7.5亿 kW,是陆上风能资源的3倍,其中以福建、江苏和山东省海洋风能最为丰富;我国拥有大量富油藻类种群,适合开展海洋生物质能开发利用研究工作。

海洋可再生能源开发利用对促进节能减排、应对气候变化具有重要的潜在作用。我国海洋可再生能源资源总量丰富,仅近海海域的海洋可再生能源资源可开发量就高达数百吉瓦。近年来,我国海洋可再生能源资源开发利用技术取得了快速发展,海洋可再生能源装机规模已进入世界前列。碳达峰、碳中和目标下能源电力绿色转型战略的实施,为我国海洋可再生能源资源开发利用提供了至关重要的发展机遇。

近年来,积极应对气候变化、发展低碳经济已成为国际社会的普遍共识。根据《巴黎协定》,缔约方将在21世纪末"把全球平均气温较工业化前水平升高控制在2℃之内,并为把升温控制在1.5℃之内而努力"。《巴黎协定》反映出全球向绿色低碳转型,构建清洁能源体系已成为趋势。从全球来看,主要经济体都制定了明确的中长期减排目标。如英国2011年通过"碳预算"法案,规定到2025年将在1990年基础上减排50%、2030年减排60%、2050年减排80%。在节能减排目标驱动下,发展可再生能源已成为许多国家推进能源转型的核心内容和应对气候变化的重要途径,全球可再生能源开发利用规模不断扩大。近期,英、美等主要经济体更是提出了各自的碳中和时间表。全球海洋能资源的巨大储量,将为各国碳中和提供重要的支撑手段。同时要认识到,海洋能开发利用需要重点解决海洋能资源不稳定、能量密度较低、海上生存条件恶劣等问题,才能加快提升海洋能技术成熟度。此外,经济合作与发展组织(OECD)2015年发布的一项研究结果表明,国际海洋可再生能源产业对未来中长期经济增长和创造就业具有重要贡献潜力,特别是欧洲沿海国家,欧盟估计到2035年海洋可再生能源产业将创造4万个就业岗位。同时,开发利用海洋可再生能源还具有保持能源供给独立性等优势。随着越来越多国际知名企业的进入,国际海洋可再生能源产业化进程不断加快,有望成为未来能源供给的重要组成部分和未来海洋经济的重要增长点。

第一节　海洋能源资源类型及特征

海洋可再生能源一般是指依附于海水水体的可再生能源,主要包括波浪能、潮流能、潮汐能、温差能、盐差能等。开发利用海洋可再生能源,就是将上述能源资源转化为可用的能源形式(通常是电能)。广义的海洋可再生能源还包括海上风能、海上太阳能、海底地热能等能源,这些能源利用海洋空间进行开发利用,属于可再生能源的范畴。不同国家和地区对海洋可再生能源的定义有所区别,欧洲地区将海上风能与波浪能、潮流能等统称为海上可再生能源,而美国通常将海上油气、海上风能与波浪能、潮流能等统称为海洋能源。本书围绕我国波浪能、潮流能、潮汐能、温差能及盐差能资源的开发利用展开论述。在认识到海洋能开发利用对于节能减排的重大意义后,世界上的主要海洋国家都在大力发展海洋能,尤其是英、美等国更是在近年来加大了投入力度。我国海洋能资源丰富,具有极大的开发潜力。加快海洋能技术研发,推动海洋能规模化利用,发展海洋能产业,将有力支撑我国碳达峰、碳中和目标的实现。

我国海洋可再生能源资源总量丰富,仅近海海域的海洋可再生能源资源技术可开发量就超过 70GW,深远海海域的波浪能资源远远超过近岸海域。此外,深远海的洋流能资源也比较丰富。根据 2004 年国家海洋局组织的"我国近海海洋综合调查与评价"专项开展的海洋能资源调查与评价,我国近海海洋可再生能源资源理论装机容量约 697GW,具有巨大的开发潜力。

一、潮汐能资源

潮汐现象来自月球引力的变化。潮汐导致海水平面周期性地升降,给利用其发电带来了可能。潮汐能是指海水潮涨和潮落形成的水的势能,其利用原理和水力发电相似。潮汐能的能量与潮量和潮差成正比,或者说与潮差的平方和水库的面积成正比。和水力发电相比,潮汐能的能量密度很低,相当于微水头发电的水平。世界上潮差的较大值为 $13\sim15$m,我国的最大值(杭州湾澉浦)为 8.9m。一般来说,平均潮差在 3m 以上就有实际应用价值。全世界潮汐能的理论估算值为 10^9kW 量级,我国的潮汐能理论估算值虽为 10^8kW 量级,但实际可利用数远小于此数。根据中国海洋能资源区划结果,沿海潮汐能可开发的潮汐电站坝址为 424个,总装机容量约为 2.2×10^7kW。

我国潮汐能资源主要集中在东海沿岸,浙江省潮汐能资源最多,福建省潮汐能年平均功率密度最大。浙江省和福建省大部分海域潮差不低于 4m,具有很好的潮汐电站建设条件。潮汐能资源最优港湾包括浙江省钱塘江口、三门湾,福建省兴化湾、三都澳、湄洲湾等。

为进一步开发中国蕴藏丰富却未得到大力利用的潮汐能资源,提高绿色能源占比,丰富能源结构,降低对传统化石能源的依赖。从潮汐能的形成原理、潮汐能及中国潮汐能的三大特点、潮汐能电站的工作原理、中国潮汐能开发现状与展望 4 个方面较为充分地阐述了潮汐能,并根据实际经验指出了目前潮汐能开发利用的 3 个困境和未来潮汐电站发展的 4 条建议(李晓超等,2021)。

（一）潮汐能的形成原理

潮汐现象其实包含潮和汐两种现象。潮汐能主要是由太阳和月亮共同对地球的引力作用形成的。其中月亮的引力作用影响更大，之所以受到引力，是因为天体在运动过程中彼此间会产生万有引力，相互吸引。日常生活中一天会涨两次潮，而一个月又有两次大潮，这种现象又是怎么形成的呢？因为天体在运动时，不光只受到万有引力，还会受到离心力，因为天体的运动半径很大，所以天体近似做匀速圆周运动，这样它在运动时也会受到离心力的作用，方向沿半径方向向外，且天体所受万有引力与离心力矢量和为零，使得其继续做匀速圆周运动。由于月球绕地一周的时间是一个月，一个月内会有两次太阳、地球与月球三者处于一条直线上，当出现这样的情况时，万有引力和离心力方向重合，作用叠加，这时候二力结合称为潮力，这也是地球受到潮力最大的时候，为大潮现象，大潮现象一般是每月的农历初一和农历十五。除了大潮，当月亮与太阳对地球的引力方向相互垂直时，此时合力最小，就会形成小潮现象，小潮的产生时间是每月的农历初八和农历二十三。由于月亮的引潮力占主导地位，对地球上同一地点而言，一天会有两次离月亮最近或最远的时候，此时地球所受的引潮力为一天内最大，于是就形成了一天出现两次的涨潮，即白天涨潮的"潮"和夜晚涨潮的"汐"的现象。

潮水在水位变化时会产生很大的能量，而且这种能量是绿色无污染的、可再生的能量。当海水涨潮时，水的流动会蕴含很大的动能，随着海水的水位上涨，其本身的动能就转化为势能。等到海水落潮，水位会变低，其中蕴含的势能再次转化成动能。潮差即潮水涨落的水位差值，这是衡量一个地区潮汐能丰富与否的重要指标，如果平均潮差达到 3m，该地区的潮汐能就具备了实际应用价值。地球上潮差较大的地区潮差甚至能够达到 13～15m，如果能很好地利用潮汐能，这将给生活带来很大的福祉。

（二）潮汐能的特点

随着国家"十四五"规划的开篇布局，保护生态环境的重要性愈加突出，习近平总书记说过：绿水青山就是金山银山。清洁能源才是人类所需要的，传统的化石能源污染大且具不可持续性，所以终将被清洁能源代替。潮汐能就是清洁能源的一种，它主要有3个特点：①无污染可再生。显而易见，潮汐能随着每天的涨潮退潮，蕴含着无穷的能量，它是可持续的、可再生的清洁能源。对于沿海地区，使用潮汐能发电不仅能应对能源不足的问题，而且对生态影响非常小，还能成为沿海地区国防建设和人民生产生活的重要补充能源。②实用可靠。潮汐电站一般都是建设在海口港岸等人迹罕至的地方，不仅不会造成移民、毁田等问题，还可促进水产养殖等企业落地，助力当地经济发展。潮汐能水头不大，建筑水坝不高，遇到地震等自然灾害时，即使水坝被破坏，也不会产生严重灾害。③稳定。潮汐能依据天体运动产生，能量不随月圆月缺变化，也不存在丰水枯水季，不论风吹雨打，或晴或阴，总是如约而至，周期涨落，十分稳定。

虽然潮汐能具有以上众多优点，但是在实际应用中，因港口海岸地貌特殊，而潮汐电站选址对地形要求较高，所以潮汐电站施工难度很大；虽然潮汐能和众多新能源一样是一次性投资，但其水轮机是低水头、大流量型，体积庞大，如果双向发电，再加上兼具泵水功能，结构会更复杂,投资将会更大,而且潮汐电站的海水腐蚀、泥沙淤积等问题较为棘手,更使潮汐电站的开发难上加难。在不同的区域,潮汐系统也会有所区别,有着其独有的特点。目前对于潮汐领域探索不深,潮汐领域出现的问题比较难解决,但是潮汐能电站已经可以做到准确的预报,在潮汐能发电上也获益匪浅,不需要辅助其他运输成本,相信以后随着探索越来越深,能让潮汐能完全被掌控,用来造福人类。但是潮汐能电站建设的成本太大,比传统的火力发电站的成本高得多,它与水电站相似,属于一次性成本大、发电成本低的类型。如果潮汐发电站能够使用的时间足够长,那它的经济效益也是很可观的,并能缓解人类的能源压力。

(三)潮汐能电站的工作原理

如何将潮水中蕴含的能量收集利用起来?潮汐能主要有两种利用形式。一种是将潮水的动能利用起来。由于涨潮与退潮时的水流流速很高,如果直接利用潮流这种巨大的动能推动水力机组发电,就是潮流发电,风力发电方式也是利用动能,与该发电原理类似。但如果仅利用潮水中蕴含的动能,就会造成潮汐能源的浪费。这是因为潮水的涨落不但拥有强大的动能,还有位能、压能等势能,正是这些能量的共同作用,才使水流拥有了摧枯拉朽的力量。因此就潮流发电而言,目前应用较少。另一种就是建造大坝,通过大坝蓄水,利用落差发电,这种重点利用潮汐的位能、压能等势能的发电方式即潮位发电,其发电原理与水力发电中的抽水蓄能原理类似,但抽水蓄能电站一般为正向作水轮机发电运行,反向为水泵耗电运行;潮汐电站的水力机组则兼具正反向发电、泵水功能,既可双向发电也可在需要时两向泵水。潮汐电站是在涨潮时,水库中的水位低于海水水位,大量海水会通过机组流道进入水库,海水冲击水轮机,水流蕴含的动能和势能就转化为水轮机的机械能,而水轮机又带动发电机旋转发电,最终产生电能;退潮时,水库中的水位高于河海的水位,海水由水库注入大海时又带动水轮发电机组转动。通过海水的不断涨落,从而使发电机组不停地发电。根据具体发电方式的差异,又可分为单库单向电站、单库双向电站和双库连续发电电站三种类型。

(四)中国潮汐能开发现状与展望

中国潮汐能开发与利用经历了以下3个时期。第一个时期是20世纪50年代。修建了很多潮汐电站,大都因选址不当、施工粗糙、经营不善等原因相继废弃。第二个时期是20世纪70年代。总结吸收了上一时期潮汐发电的教训和经验,对潮汐电站的动工与建设,进行了科学论证、合理选址,且更加注重潮汐电站的工程质量。江厦潮汐电站这一中国截至目前最大装机容量的潮汐电站就是在这个时期修建的。第三个时期是1980年至今。对已建成的潮汐电站出现的问题进行了治理和相关改造,还顺利建成了江厦潮汐电站、幸福洋潮汐电站等。同时,完成了中国潮汐资源新一轮的普查工作,并经科学论证,规划了部分潮汐电站。

中国仅有江厦潮汐电站在运行发电,浙江海山电站还在升级改造中,其他潮汐电站大多因无法实现盈利而相继关停。中国的潮汐电站无论是开发利用程度、建设规模还是单机容量均有待进一步提高。潮汐电站的发展还仅位于初级阶段,潮汐能开发量远远没有达到中国潮汐能实际可开发利用量,潮汐能开发利用技术需进一步完善。潮汐能源是清洁能源,绿色无污染,但要开发潮汐能还有诸多限制,主要有以下几个方面:①地理条件要求高。潮汐电站的选址要结合海湾、河口的天然构造,首先从外形上观察地区是否具备进行潮汐发电的可能性,然后要结合该地区的地质情况,考察地基、泥沙含量等,要先选择合理的大坝建址,最后才能进行施工,开发利用潮汐能。如果该地区有一个天然的环形港口,水库的修建就会省去很多人力物力,而且大坝的长度也可以依托有利的现有地形适当减少,要是该地区的地质好,泥沙含量低,在后续的电站运行过程中,就不会造成严重的泥沙淤积,也不会有烦琐的清淤工作。

②目前的发电成本较高。潮汐电站除了一次性投资大之外,目前潮汐能的上网电价很高。有学者指出江夏潮汐电站的上网电价达到了 2.58 元/(kW·h),比其他发电的电价高出很多。原材料是免费的海水,不需计成本,但潮汐电站电价之高其实是由于运行技术水平不高所致的,潮汐电站在一天之内水头变幅很大,这就需要潮汐电站运行部门设计出科学、合理的运行方案,使发电效益最大化,而目前的潮汐电站运行技术还不够成熟,使得潮汐发电产生不连续性和波动性。其次就是潮汐电站的大部分部件都是暴露在海水中的,海水比普通的河流腐蚀性大得多,这就增加了后期的设备维护成本,这也是使潮汐电站上网电价较高的一个因素。

③材料技术水平的限制。海水不像陆地的淡水河流,海水里含有高强度的金属盐成分,会对发电设备产生化学、电化学等腐蚀性作用,而且海洋当中孕育着多种多样的生物,这些生物有的也会产生对潮汐电站发电设备具有腐蚀作用的物质,而且还有微生物的附着,这更加考验材料的生产工艺制造水平,而目前中国的材料技术虽然取得了巨大的进展,但是仍然有很多工作需要努力,建议未来着重加强以下几个方面的研究:一是科学地选择潮汐电站建址。选择适当的地形条件不仅会大大降低对生态环境的影响,而且还会节省很多不必要的投资。二是根据实际生产经验不断总结规律,研究更加科学合理的运行方案,更好地使设备运行,降低运行成本,从而降低上网电价,促进潮汐电站的发展。三是加快中国材料工艺的发展,减轻设备的维护成本,进一步助力潮汐电价的降低。四是潮汐电站涉及水文、水电、材料等多学科知识,需要重点培养交叉性学术人才。

潮汐发电有以下三种形式。单库单向电站:即只用一个水库,仅在涨潮(或落潮)时发电。单库双向电站:用一个水库,但是涨潮与落潮时均可发电,只是在平潮时不能发电。双库双向电站:它是用两个相邻的水库,使一个水库在涨潮时进水,另一个水库在落潮时放水,这样前一个水库的水位总比后一个水库的水位高,故前者称为上水库,后者称为下水库。水轮发电机组放在两水库之间的隔坝内,两水库始终保持着水位差,故可以全天发电。

潮汐发电需要的条件较为苛刻,潮汐的幅度必须大,至少要有几米。其次,海岸的地形必须能储蓄大量海水,并可进行土建工程。20 世纪初,欧美一些国家开始研究潮汐发电。第一座具有商业实用价值的潮汐电站是 1967 年建成的法国郎斯电站。该电站位于法国圣马洛湾郎斯河口。郎斯河口最大潮差 13.4m,平均潮差 8m。一道 750m 长的大坝横跨郎斯河。坝上是通行车辆的公路桥,坝下设置船闸、泄水闸和发电机房。郎斯潮汐电站机房中安装有 24 台双向涡轮发电机,涨潮、落潮都能发电。总装机容量 24 万 kW,年发电量 5 亿多千瓦时,输入国家电网。

随着时间的推移,世界上适于建设潮汐电站的 20 多处地方,都在研究、设计建设潮汐电站。随着技术进步,潮汐发电成本的不断降低,进入 21 世纪,将不断会有大型现代潮汐电站建成使用。

中国早在20世纪50年代就已开始利用潮汐能,尚在运行的潮汐电站还有近10座。最大的潮汐电站是浙江乐清湾的江厦潮汐电站,装机3200kW。是亚洲最大的潮汐电站。

二、潮流能资源

潮流能又称海流能,是指海水流动的动能,主要是指海底水道和海峡中较为稳定的流动以及由于潮汐导致的有规律的海水流动。海流能的能量与流速的平方和流量成正比。发电原理是将水流中的动能通过装置转化为机械能,进而将机械能转化为电能。适宜开发潮流能的区域通常是指流速峰值大于2m/s的位置,发电装置通常在潮流流速为0.8m/s时启动。开阔海域的潮流速度通常仅为0.1m/s,但潮波与邻近陆块之间的岬角、岛屿和狭窄海峡等海岸地形的相互作用可使得流速超过2m/s。相对波浪而言,潮流能的变化要平稳且有规律得多。潮流能随潮汐的涨落每天2次改变大小和方向。一般来说,最大流速在2m/s以上的水道,其海流能均有实际开发的价值。全世界海流能的理论估算值约为10^8kW量级。利用中国沿海130个水道、航门的各种观测及分析资料,计算统计获得中国沿海海流能的年平均功率理论值约为$1.4×10^7$kW。其中辽宁、山东、浙江、福建和台湾沿海的海流能较为丰富,不少水道的能量密度15~30kW/m^2,具有良好的开发价值。值得指出的是,中国的海流能属于世界上功率密度最大的地区之一,特别是浙江舟山群岛的金塘、龟山航门和西堠门水道,平均功率密度在20kW/m^2以上,开发环境和条件很好。

潮流能作为海洋可再生能源中的重要组成部分,相比其他海洋能而言,其具有较强的规律性和可预测性,且潮流能开发利用装置一般安装在海底或漂浮在海面,无须建造大型水坝,对海洋环境影响小,也不占用宝贵的土地资源。与风能和太阳能相比,潮流能的能量密度高,约为风能的4倍、太阳能的30倍。为提高海洋能开发利用能力,推进海洋能技术产业化,拓展蓝色经济空间,在"十三五"期间(2016—2020年)出台的海洋经济发展规划中,更是把绿色发展作为海洋经济发展的基本原则之一,这些都为我国开发利用潮流能提供了有利条件。

我国海域辽阔,各海域潮流能资源分布情况存在较大差异。我国沿岸潮流能平均功率密度分布情况如下:东海沿岸是以半日潮为主的海岸线,浙江沿岸与舟山群岛之间水道众多,极大增强了潮流流速,水下多为基岩且水深足够,尤其以龟山航门、西堠门水道、杭州湾北部等处,属于潮流能资源丰富区,实测最大流速可达3.4m/s,被认为是我国潮流能开发利用的理想场所。侯放等(2011)对比分析了舟山群岛最大潮流流速超过2.5m/s的8处水道的潮流能分布状况,结果表明,该海域重要水道的潮流能理论蕴藏总量约1400MW,其中在资源丰富的重要水道的技术可开发总量约200MW。其次,福建沿岸也有着较为丰富的潮流能资源。例如,金永德等对福建莆田南日岛附近海域进行了潮流能估算,得到该海域大潮期间可开发潮流能功率在0.5~1.0MW之间,小潮期间可开发潮流能功率在0.2~0.4MW之间。福建还有三沙湾口、罗源湾口等处流速较大,海况平稳,具有较为优越的开发环境。渤海海峡位于辽东半岛和山东半岛之间,其中潮流以规则半日潮和不规则半日潮为主,大部分海域的流速0.5~1.0m/s。但在老铁山角附近海域存在超过2m/s的大片海区,武贺等指出老铁山北侧近岸海域最大可能流速约2.5m/s,平均能流密度超过500W/m^2,具有可开发的价值。另外,吴伦宇等(2013)计算模拟得出老铁山有的区域超过了3m/s,最大值为3.3m/s,这也是渤海海峡模拟的最大流速,潮流能能流密度超过 100W/m² 的区域就高达 515km²。与此同时,位于山东沿岸的北隍城北侧与成山头外的两处海域最大流速超过了 2m/s,能流密度超过 4kW/m²。杨利利(2012)采用 Flux 方法估算得到成山头外海域潮流能的总蕴藏量为 122.85MW,可开发量为 18.43MW,并且海域潮差小、离岸较近,适宜开发。南海大部分海域潮流流速小于 0.5m/s,只有琼州海峡和珠江口等少数地区潮流流速大于 1m/s,能开发的区域主要位于琼州海峡,琼州海峡内大部分海域最大可能流速都超过 2.4m/s,表层大潮年平均功率密度大于 1500W/m²,开发区离岸 10km 以内海域作为优先开发利用区域,该区域面积可达 192W/m²,具有广阔的开发前景。

1986 年,国家海洋局部署开展了对海洋能源储量的调查,在《中国沿海农村海洋能资源区划》中统计了我国 130 个水道潮流能的资源,我国沿岸潮流能理论平均功率为 13 950MW,其中大部分都在东海沿岸,占可利用潮流能总量的 78.6%。其中浙江沿岸 37 个水道,理论平均功率为 7090MW,占全国总量的一半以上,其次为福建、山东、辽宁、海南等地。在 2004 年,国家海洋局开展了我国近海海洋综合调查与评价专项(简称 908 专项),进一步摸清了我国近海 99 条主要水道中潮流能蕴藏量为 8330MW,技术可开发量为 1660MW。我国的潮流能主要分布在东海沿岸,如舟山群岛有着众多的水道,且其流速、地形条件较为优越,能供潮流能站址选择余地大,当前已有不少研究机构和企业在此建设了多个潮流能示范工程项目。在政策方面,我国于 2012 年首次将海洋能纳入"五年规划",将发展海洋能产业提升到国家战略层面,充分展现了我国发展可再生能源的强烈愿景。在装机容量方面,截至 2019 年 6 月底,我国潮流能电站总装机容量达 2.8MW,累计发电 350 万 kW·h。

潮流能作为海洋可再生能源的重要组成部分,其储量丰富且可持续利用,具有很大的发展潜力。潮流能资源主要分布在海岬、岛屿及河口区域,这对有着漫长海岸线和众多岛屿的我国有着巨大的吸引力。目前,许多机构、高等学校和企业已经开始对潮流能发电装置进行深入研究并建设了示范工程,预计在不久的将来会取得快速发展。本书总结了潮流能资源的分布现状,梳理了潮流能发电装置的分类,介绍了当前国内外主要的潮流能示范工程。我国已经为潮流能商业化做了大量的准备,但还面临着诸多难题。①虽然我国早在 1978 年就开始研究潮流能,但直到 21 世纪,政府部门才开始系统规划海洋能产业,为避免海洋能规章制度与产业现状的脱节阻碍我国潮流能产业未来的发展,需尽快拟定针对该领域的专项法律草案;②当前主要使用的几种潮流能资源评估方法结果存在一定差异,只能满足初步的预测需求,为更好地了解和利用资源储量,需进一步完善评估方法;③随着潮流能行业的发展,经济性是首要考虑的问题之一,不同的水轮机支撑结构对成本的占比有较大差异,如何在特定海域选用合理的水轮机结构,使其保证水轮机在复杂工况下安全运行是关注的重点;④无论布置多能互补式平台还是单类型潮流水轮机,只有在海中进行阵列式多点布放,才能高效地利用海域,但是阵列布局对周围流场产生的影响以及随之带来水动力环境的改变也是不可忽视的问题;(5)潮流能开发过程中带来的生态环境效应尚未明确,水轮机装置与海洋生物及其生境的相互作用还需进一步探究,并研发相应的技术以确保构建良好的水下生态。尽管潮流能发电当前正面临着各种各样的难题与挑战,但其长远的经济效益及环保效益都难以估量,因此,加大对潮流能开发利用的研究和建设势在必行(张继生等,2021)。

三、波浪能资源

波浪能是指海洋表面波浪所具有的动能和势能。波浪的能量与波高的平方、波浪的运动周期以及迎波面的宽度成正比。波浪能是海洋能源中能量最不稳定的一种能源。

波浪能资源可再生、无污染、无危害。持续的雾霾、愈加恶化的自然环境越来越受到人类社会的高度重视。在煤、石油等常规能源日益紧缺的当今世界,各发达国家分别通过法律、减免税收等措施鼓励新能源的开发。目前,太阳能和陆上风能已实现产业化、规模化,但受资源地域限制严重;核能的能量巨大,但对人类存在较大的潜在威胁,如2011年日本海啸引起的核泄漏、1986年苏联切尔诺贝利核泄漏;波浪能属于清洁能源,安全、无污染、可再生。

储量大、分布广、全天候。波浪能以机械能形式出现,是海洋能中品位最高的能量,功率密度最高,在海洋中无处不在,无时不有,也就是说可以全天候地利用波浪能。太阳能受到白昼的限制,每日可以用于能源开发的时间不足一半。波浪能的平均密度可达 $2\sim 4 kW/m^2$,明显高于太阳能($100\sim 200 W/m^2$)、风能($400\sim 600 W/m^2$)等新能源。根据联合国教科文组织出版的《海洋能开发》,全球波浪能资源的量级为 $10^9 kW$。世界能源委员会公布的数据显示:全球可利用的波浪能达到20亿kW,相当于目前世界发电量的2倍。马怀书(1983)的研究发现,中国近海及周边海域的总波浪功率为 $5740\times 10^8 kW$。程友良等(2009)曾指出中国波浪能的理论存储量为7000万kW左右。南海蕴藏着丰富的波浪能、温差能、海流能、盐差能等,以波浪能、海上风能资源的优点最为突出,尤其是南海北部海域。

节约土地资源、隐蔽性好、防破坏能力强。波浪能开发不占用岛礁宝贵的土地资源。在军事应用方面有很好的隐蔽性:①波浪能装置在海表,不易被敌侦察,隐蔽性好于风能、太阳能装置;②建立水下充电站,可以为自主式水下航行器(autonomous under water vehicle,AUV)、无人水下航行器(unmanned under water vehicle,UUV)等充电,增强其续航、隐蔽能力。波浪能装置还具有很强的防破坏能力:①在关键海域大面积散点布设,能有效避免战时被敌方全部摧毁,保证电力的不间断供给;②抵抗台风打击、船舶撞击的能力强(如LIMPET电站在艾莱岛安装后的第1个冬季,遭遇50年一遇的波浪却安然无恙)。海浪发电在军事上可以作为一种有效的"软实力",为提高战力服务。

促进走向深远海、边远海岛。很多岛礁虽远离大陆,但却有着无法替代的战略地位(如我国的永暑礁、赤瓜礁、黄岩岛等),紧张的电力和淡水状况,严重制约着岛礁的经济和军事活动。由于舰船往返周期长、成本高,这些岛礁的补给困难,尤其在恶劣海况下。因地制宜,发挥波浪能的优势,可以为海上孤岛、石油平台、海上灯塔、海水养殖场、海上气象浮标等提供能源。边远海岛大多生态脆弱,一旦遭到破坏极难修复,清洁的波浪能有利于保护岛礁脆弱的生态,避免常规能源发电带来的破坏。目前,微型、小型波力发电技术也趋于成熟,随着科学技术的飞速发展,综合考虑发电成本、环境污染等外部成本,海浪发电将极具竞争力。离网式海浪发电对于实现岛礁的电力、淡水自给自足、海洋国防工程有着实用的价值,可以克服补给和输电困难,促进走向深远海。

缓解能源危机、环境危机。大力开发波浪能资源将有效缓解能源危机、环境危机,促进人类社会的可持续发展。以我国为例,沿海地区经济发达,国内生产总值(GDP)占全国的70%

左右,但也是我国的电力负荷中心,用电量占全国的50%以上。能源困境已经成为制约沿海地区持续快速发展的瓶颈,为实现沿海地区电力可持续发展,国家采取了"西电东送""西气东输"、大力开发核电等战略,即便如此,电力供应仍有很大的缺口。发挥沿海、边远海岛的波浪能优势,将有效缓解能源危机、环境危机。

波浪能资源也并非十全十美,大家熟知的我国海军解救马尔代夫淡水危机,便可以折射出波浪能装置(海水淡化装置)存在的隐患。波浪能的不足表现在:①季节性、区域性差异显著,能量分散不易集中,利用难,这就更要求做好先期的评估工作;②对材料抗海水腐蚀的要求高;③设计施工复杂,投资造价高;④容易受浮游生物的影响,需要特殊涂料处理以防止浮游生物的附着;⑤目前,波浪能资源的转换效率仍然相对比较低;⑥并网困难(郑崇伟和李崇银,2016)。

台风导致的巨浪,其功率密度可达每米迎波面数千千瓦,而波浪能丰富的欧洲北海地区,其年平均波浪功率也仅为 20~40kW/m,中国海岸大部分的年平均波浪功率密度为 2~7kW/m。全世界波浪能的理论估算值为 10^9 kW 量级。利用中国沿海海洋观测台站资料估算得到:中国沿海理论波浪年平均功率约为 1.3×10^7 kW。但由于不少海洋台站的观测地点处于内湾或风浪较小位置,故实际的沿海波浪功率要大于此值。其中浙江、福建、广东和台湾沿海为波浪能丰富的地区。广东省和海南省近海波浪能资源占我国波浪能资源总量的55%以上。福建南部、广东东北部、海南西南部以及台湾大部分沿岸海域波浪能能量密度大于 4kW/m。

波浪能发电装置工作的基本原理:通过捕能机构捕获波浪中的能量,再利用能量转换—传递系统将捕获的能量进行传递、存储、变换等处理,最终以电能形式输出。波浪能从获取到利用一般包含三级能量转换过程:一级转换是利用物体在波浪作用下的升沉和摇摆等运动将波浪能转换为机械能或者利用波浪的爬升将波浪能转换成水的势能;二级转换是通过能量转换传递系统将捕获的波浪能转换为发电机所需的能量;三级转换主要是通过发电机及电力变换设备输出用户所需的电能。因此,波浪能装置子系统主要包括水动力子系统、能量摄取子系统、反作用子系统及控制子系统。其中,根据水动力子系统工作原理可将波浪能装置分为振荡水柱式、聚波越浪式及振荡体式3种,根据波浪能发电装置所处地理位置及水深可分为固定式(近岸浅水区域)及漂浮式(离岸深水区域)。

在近年世界各国普遍注重发展新能源的大背景下,波浪能储量巨大、能流密度高、绿色清洁,是应对未来化石能源短缺及全球气候变暖问题的重要选择之一。欧洲海洋能源中心(EMEC)发布的数据显示,2017年全世界正在研发的波浪能发电装置达200余种,且技术成熟度发展不一,波浪能发电装置的技术类型未达到收敛,各型式装置均具备一定的发展前景。然而波浪能装置的进一步商业化应用仍然面临着3个主要的问题:①从能量转换率来看,波浪能转换的技术发展还处在不成熟的阶段;②波浪俘获海域的环境条件带来的能源开发不确定性;③波浪能开发在目前阶段存在经济性问题。基于以上3个问题,目前开发任意特定海域的波浪能都需要进行技术投资成本及利润的评估和可行性分析(史宏达和刘臻,2021)。

现今,波浪能利用正处于一个关键的转折期,各国科研机构、新能源企业的研发突破重点从机理技术研究转变为如何降低波浪能开发的能源成本,以获取与其他各类新能源进行市场竞争的机会。为解决高成本问题,首先,需要继续深入研究各类主流波浪能发电装置的机理,优化控制策略,提升捕能效率;其次,多元化和综合利用是波浪能发展的新方向,可将波浪能发电装置与其他海上结构耦合开发,综合利用,例如将沉箱防波堤与振荡水柱发电装置相结合,利用传统的浮子式波浪能发电装置作为漂浮式风机基础,同时捕获波浪能与风能;最后,需广泛开拓波浪能利用领域,可利用波浪能进行海水淡化、制氢、提取海洋贵重金属等,可将海岛供电作为市场需求的突破口,利用海岛周边自有的波浪能解决传统能源供电不便的问题,海能海用。

随着波浪能发电装置高效性、可靠性、生存性、可维护性等技术的日趋成熟,波浪能发电与传统能源发电的电力成本差距会被进一步缩小,进而吸引政府和能源企业投资,在合适的区域补充或替代传统能源发电。

四、温差能资源

温差能作为海洋可再生能源的重要来源之一,储量仅次于波浪能,其合理开发对于改善能源结构、控制气候变化和解决环境污染问题具有重要的意义。相比其他海洋能,温差能的能量更加稳定,周期波动较小,尤其是东海黑潮区和我国南海海域,温差能资源储量丰富,开发条件优越。随着近年来"海上丝绸之路"的不断发展,走向深蓝、发展海洋经济已经成为国家经济发展的重要战略。"十三五"期间(2016—2020年)海洋经济发展规划中,更是把绿色发展作为海洋经济发展的基本原则之一,这些都为我国开发利用温差能提供了有利条件。温差能概念起源于1881年的法国,之后美国、日本等国对温差能发电技术进行了不断的完善和发展。我国从20世纪80年代开始逐步开展温差能的相关研究,也取得了显著进展。

温差能是指海洋表层海水和深层海水之间水温之差的热能。在南北纬30°之间的大部分海面,表层和深层海水之间的温差在20℃左右;如果在南、北纬20°海面上,每隔15km建造一个海洋温差发电装置,理论上最大发电能力估计为500亿kW。海洋的表面把太阳辐射能的大部分转化为热水并储存在海洋的上层。另外,接近冰点的海水大面积的在不到1000m的深度从极地缓慢地流向赤道。这样,就在许多热带或亚热带海域终年形成20℃以上的垂直海水温差。利用这一温差可以实现热力循环并发电。全球范围内来说,温差能储量十分丰富,但主要集中在南北回归线之间且最大水深达到1000m的热带海域,而且温差能储量存在明显的季节性变化,夏季储量相较于冬季更为丰富。全世界海洋温差能的理论估算值为1010kW量级。

我国海域广袤,各海域温差能资源分布情况存在较大差异。渤海海域纬度较高,表层吸收的热量较少,且水深较浅(平均水深仅18m),表层和深层温差不大,基本不存在温差能开发价值。黄海海域平均水深44m,温差较小,虽然在夏秋季节存在黄海冷水团,但现阶段温差能转换效率较低,这种不可持续的资源开采经济效益差,可行性较低。

东海受黑潮、暖流和黄海冷水团的影响,温度分布较复杂,陆架区水深较浅,温差能资源随季节变化波动较大,开发难度较大。按照王传崑的评估方法,我国东海温差能蕴藏量约为每年 72.11×10^{18} J(约相当于 2×10^{13} kW·h),但是吴文等研究表明东海中国海区温差能蕴藏量约为每年 22.5×10^{19} J(约相当于 6.25×10^{13} kW·h),两者存在一定差异。

根据中国海洋水温测量资料计算得到的中国海域的温差能约 15×10^8 kW,其中 99% 在南中国海。南海的表层水温年均在 26℃ 以上,深层水温(800m 深处)常年保持在 5℃,温差为 21℃,属于温差能丰富区域。

我国南海温差能资源丰富,南海东南部海域和西沙群岛附近海域 1000m 等深线处距离海南岛或其他海岛不足 100km,具有较好的温差能电站建设条件。

1930 年 Claude 在古巴的近海,首次利用海洋温度差能量发电成功,但是,由于发电系统的水泵等所耗电力比其所发出的电力更大,结果纯发电量为负值。然而人们并没有泄气。1979 年,夏威夷的 MINI-OTEC 发电系统第一次发出了 15kW 的净发电容量。从技术上实现了温差能发电的可能。

海洋温差能储量巨大且绿色环保,并能在一定程度上反哺海洋养殖,具有很大的发展潜力。高精度数值模拟方法是未来温差能工程运营中资源评估、可行性分析和环境影响评估的主要手段与发展趋势。提高温差能发电系统的效率和净功率,加强对温差能发电装置安全稳定性和冷水后处理的研究,提高装置使用寿命和冷水的利用率,以此提升温差能发电的综合经济效益是未来温差能发展的重点。在今后发展中,应该贯彻海能海用、就地取能、多能互补的重要思想,将温差能和其他海洋能互补,借鉴并结合其他海洋平台的发展经验,使其早日在深海远洋中为人类创造价值(张继生等,2019)。

五、盐差能资源

盐差能是指海水和淡水之间或两种含盐浓度不同的海水之间的化学电位差能,主要存在于河海交接处。同时,淡水丰富地区的盐湖和地下盐矿也可以利用盐差能。盐差能是海洋能中能量密度最大的一种可再生能源。通常,海水(35‰盐度)和河水之间的化学电位差有相当于 240m 水头差的能量密度。这种位差可以利用半渗透膜(水能通过,盐不能通过)在盐水和淡水交接处实现。利用这一水位差就可以直接由水轮发电机发电。全世界海洋盐差能的理论估算值为 10^{10} kW 量级,我国的盐差能估计为 1.1×10^8 kW,主要集中在各大江河的出海处。我国沿海河流众多,年入海径流丰富,盐差能资源总量大但地理分布不均,季节变化剧烈且年际变化明显。我国盐差能资源主要分布在上海市和广东省海域(王项南和麻常雷,2021)。同时,我国青海省等地还有不少内陆盐湖可以利用。

海洋盐差能发电的设想是 1939 年由美国人首先提出的。盐差能发电的原理:其基本方式是将不同盐浓度海水之间的化学电位差能转换成水的势能,再利用水轮机发电,具体主要有渗透压式、蒸汽压式和机械化学式等,其中渗透压式方案最受重视。实际上开发利用盐度差能资源的难度很大。为了保障海水盐度梯度,需要不断地往水池中加入盐水。如果不断进行,水池水面会高出海平面数百米。这样就需要高功率的水泵,耗能巨大且不经济。而蒸汽压力法:使水蒸发并在盐水中冷凝,利用蒸汽气流使涡轮机转动,则太消耗淡水,在战略上不可取。目前对于盐差能发电的具体模式,还在探索之中。

渗透压能法和反电渗析法的核心是渗透膜。目前采用这两种方法发电的成本都很高,设备投资大;能量转化效率低,能量密度小。应该通过以下 3 个方面解决这些问题。

(1)提高单位膜面积的发电功率。渗透压能法要研制透水率高的渗透膜,提高膜的工作性能；反电渗析法要研制高选择性的离子渗透膜，还要有效降低装置的内电阻，降低短路电流和寄生电流等附带的能量损失。

(2)降低膜的制造成本。昂贵的膜材料是设备投资费用高的直接原因，尤其是反电渗析法需要耗费大量的膜材料。如果能廉价地制备膜件，一定能极大地推动渗透压能法和反电渗析法的发展。

(3)延长膜的使用寿命。一方面是提高膜的抗污染性能，另一方面是进行预处理和定期的清洗。

蒸汽压能法发展缓慢。这种方法使用的装置太过庞大、昂贵。它的最大优势是不需要使用渗透膜，这样避免了与渗透膜有关的问题，但随着膜成本的降低和膜性能的提高，它的这一优势也逐渐丧失。

盐差能发电是一项新兴的绿色能源，对环境零排放、零污染，蕴藏范围广（河流入海口），能量密度大，工作时间长（全年可达7000h），在环境污染日益严重、能源形势日益紧张的背景下具有重要的战略意义。随着高效、耐久、廉价渗透膜的研制，盐差能发电的成本将不断降低，能效和功率密度将不断提高，相信在不久的将来盐差能发电会得到很大的发展（刘伯羽等，2010）。

第二节 海洋风力资源利用

进入21世纪以来，随着现代化水平的不断提高，我国的经济也迅速发展，经济发展对能源的需求量也越来越大，而现有的化石能源已经远远不能满足社会发展的需求。而且随着化石燃料的大量使用，不仅使得能源总量不断减小，还造成了大量的环境污染，生态环境日益恶化。而风能作为一种洁净高效的可再生能源，具有很高的开发价值和利用价值；西方发达国家早就制定了完善的风能开发政策，保证不断推进风能产业发展，健全风能市场。我国作为世界上海洋风能资源最为丰富的国家之一，也应该做好风能资源开发的长远规划。

太阳辐射导致地球表面受热不均，引起大气层压力分布不均，从而使空气沿水平方向运动，空气流动所形成的动能称为风能。风能是太阳能的一种转化形式，是一种清洁的可再生能源，它取之不尽，用之不竭。风能的利用已有数千年的历史，目前风能的开发利用主要集中在风力发电、风帆助航、风力提水和风力制热等方面。国际上风能开发利用的主要形式是风力发电，随着风力发电技术的成熟和向大规模、大型化、产业化方向的发展，目前风力发电已成为世界上最引人注目的新型能源。

我国位于亚欧板块的东部，我国地域的东部濒临渤海、黄海、东海、南海，且与太平洋相望，具有辽阔的海域面积，辽阔的海域面积也给我国带来了巨大的海洋风能。由于风能是一种可再生能源，使用起来不仅清洁安全，而且具有较高的效率，而且对环境也不会产生不良的影响。随着国际上环保政策的大力推崇，风能已经成为新能源的主力军，逐渐成为国际能源界"新宠"。海洋风能也具有很好的开发前景，是一种不可多得的可再生能源。而且近年来在国家相关部门的不断开发下，风力资源已经成为绿色可再生能源投入商业运行的第一选择。所以在这样的背景下，大力开发海洋风力资源，改善现有的能源结构，减少化石燃料的过度消耗，已经成为缓解环境污染、实现能源可持续发展的重要手段。

一、各国海上风能开发利用战略

近年来,全球各国都面临着减碳以及能源供给安全的双重挑战。为了解决以上挑战,我们要致力于能源转型,具体策略为大力发展可再生能源替代化石燃料以及降低碳排放。因此,未来全球可再生清洁能源的增长速度将会大幅上升,带动各类可再生能源市场迅速发展。风能是可再生清洁能源之一,发展风电是推动能源转型、降低能源价格、促进经济发展、创造就业市场的好机会。而海上风电与陆上风电相比,又有着风力更稳定、风机利用率更高、受地域限制小,以及可就地消纳等优势,因此成为了全球新兴发展的新能源产业。接下来将对各国的海上风电政策进行分析并总结全球海上风电发展趋势以及面对的挑战。

中国:"十四五"时期,海上风电平价时代已到来,我国的政策重点从补贴新建海上风电项目转向加快制定海上风电开发技术标准,推动深远海、漂浮式海上风电的建设。我国于2022年颁布的《关于促进新时代新能源高质量发展的实施方案》《工业领域碳达峰实施方案》等多项政策均表明,海上风电产业将是我国未来实现双碳目标的关键性产业之一,国家会大力支持海上风电装备技术水平的提升与突破。

日本:在2021年10月批准发布的第六次能源基本计划中,日本政府提出优先发展可再生能源,并致力于将2030年国内可再生能源发电所占比例,从此前的22%~24%提高到36%~38%,并计划海上风电总装机容量在2030年前达到10GW,2040年前达到40GW。根据来自Fitch Solutions的亚太区电力和可再生能源分析师David Thoo的说法,这一计划将大幅推动日本国内光伏发电和风力发电产业的发展。

2022年9月,日本宣布了3个海上风电发展的"促进区域":秋田、新泻和长崎。同年10月,日本修改了海上风电拍卖的投标规则,根据新规则,在多个海域同时招标时,单个企业联盟的中标上限为1000MW,从而防止日本海上风电行业被独家垄断。

韩国:近年,韩国政府大力推动并制定了诸多政策以支持海上风电等可再生能源的发展。韩国计划在2030年前新增海上风电装机容量达到12GW。同时,为促进韩国风电科技及产业链的发展,韩国政府对风电项目建设中主要部件的采购提出了一定的本地化采购比例要求。

印度:为了促进印度新能源的发展,印度政府在2021年开始实行产能挂钩激励(production-linked incentive,PLI)计划。此外,印度已定下在2030年前安装完成30GW海上风电装机容量的目标,印度新能源和可再生能源部也与丹麦能源署联合创办了海上风能和可再生能源卓越中心,通过空间规划、许可证颁发、拍卖会设计、制定技术规则等途径支持印度海上风电的发展。

菲律宾:2022年4月,菲律宾能源部和世界银行联合发布了《菲律宾海上风电发展路线图》,通过研究证明到2040年菲律宾在低/高增长率模式下分别拥有发展3GW/21GW海上风电的潜力。为了达到海上风电的增长目标,《菲律宾海上风电发展路线图》做出了详尽的发展规划。2022年10月,菲律宾能源部与约20家风电开发商签署了42份海上风电服务合同,据估计潜在发电容量约为30GW。

越南：2021年，越南总理在"第26届联合国气候变化大会"上宣布越南将在2050年前达到净零排放（net-zero emissions）的目标。根据越南正在起草的《第八个电力规划》草案，越南到2030年海上风电装机容量将达到10GW。若能如期发展，海上风电在未来将能为越南减少2亿t碳排放。目前，越南发展海上风电面对的挑战包括技术缺乏、基础设施费用较高、新能源补贴政策有限、供应链短缺等问题。

在2022年5月的"北海峰会"上，德国、荷兰、丹麦和比利时签署了《埃斯比耶格宣言》（*Esbjerg Declaration*），约定共同达成在2030年前海上风电联合安装至少65GW的目标，这一宣言将极大地推动欧洲海上风电产业的发展。

丹麦：2022年6月，丹麦政府计划将2030年发展8.9GW海上风电的目标增加到12.9GW，如能完成建设，届时每年的发电量将会达到49.5亿千瓦时。

德国：近日，欧盟委员会通过了德国《海上风能法案》（隶属于欧盟国家援助法规）的最新修订。法案的修订包括海上风电装机容量的目标更改：2030年的目标从20GW更改为30GW，2040年前的目标从40GW更改为70GW，同时还新增了2035年前装机容量达到40GW的新目标。本次修订案将会持续推动德国能源转型，同时也能推进欧盟绿色协议中战略性目标的实现。

挪威：2022年5月，挪威首相宣布了2040年前完成海上风电装机容量30GW的目标。这一目标将推动挪威乃至欧洲海上风电的商业化发展，尤其是会扩大漂浮式海上风电的市场。据称，挪威国内下一轮许可证颁发将在2025年左右开始。然而，挪威目前仍没有2040年前关于海上风电具体的计划安排、许可证颁发或拍卖日程，对于漂浮式和固定式海上风电的投资比例划分也尚不明确。

美国：据美媒报道，2021年，总统拜登宣布了美国海上风电新目标。他提出在2030年前完成30GW海上风电场的建设并投入使用的目标。在此目标的基础上，后又于2022年下半年提出其中15GW将在2035年前建设为漂浮式海上风电场，同时需要将深海域风电成本降低70%，最终达到45美元每兆瓦时。

近期，美国加利福尼亚州举行了一场拍卖会，对加州海域中5片用于建设漂浮式海上风电海域的租赁权进行拍卖，共计约373 268英亩（1英亩＝4 046.86m^2），总计拍卖成交额达到7.571亿美元。本次拍卖会是对美国2035年前建设完成15GW漂浮式海上风电目标的一个重大突破。

从各国家地区有关海上风电的政策来看，在全球能源转型与大部分国家都提出碳中和目标的大背景下，各国对清洁能源更加重视，同时普遍开始大力发展海上风电，在政策颁布、科技支持、资金投入、风电场建设进展等方面均有体现。根据全球风能理事会（GWEC）发布的《2022年全球海上风电报告》中的数据显示，2021年全球海上风电新增装机容量为21.1GW，与2020年相比增长超过2倍，创下历史最大增幅。2021年海上风电新增装机容量主要集中在亚太地区和欧洲，新增装机容量最多的5个国家依次是中国、英国、越南、丹麦、荷兰，这5个国家合计新增海上风电装机容量约占全球新增的99%。

从全球海上风电的发展现状来看，海上风电未来的发展趋势是逐渐向深远海进发的。据数据统计，与近海相比，深远海可开发面积更大，风资源更多也更稳定，因此可以拓展海上风电的建设和使用范围,集中建设规模更大、而且能够持续稳定地输出风能的风场。同时,在深远海建设海上风电场可以减少对近海生态环境以及其他用海需求(如海洋渔业与养殖业、旅游业、航运、海底油气管线等)的影响。综合以上优势来看,向深远海发展可能会成为未来海上风电的主流发展趋势。为了在深远海发展海上风电,漂浮式海上风电技术也随之进入大家的视野。与固定式海上风电相比,漂浮式风电的安装不受海底地质条件的影响、对环境的潜在影响较低,且易于制造和安装,更能适应深远海域,因此能够进一步提高海上风能资源的利用效率。目前全球浮式海上风电仍处于起步阶段,仍需投入大量的资金来推动前沿技术的发展。

二、我国海洋风能的开发现状

我国东部沿海地区具有辽阔的海域面积,海岸线绵长,具有丰富的风能资源。而且前几年,相关部门曾经对我国的海岸带和海域资源做过综合的调查,该调查报告显示:我国大陆沿海海域在20m以内的等深线海域面积将近达16万km^2。如果按浅海20%海面进行可利用的风能计算,海面上风能产生的电力资源可以供给20万个1000kW的风机,并且保证其正常工作。可见,未来我国可开发的海洋风能具有巨大的储量,而且具有无穷的应用潜力(隆颜徽,2016)。

在我国生态环境日益恶化的今天,政府逐渐意识到了风力资源的优点。21世纪初期,在海洋风能资源的开发利用方面,政府和企业都表现出了空前的热情。国家的"十二五"规划在可再生能源的开发方面对风力发电提出了新的发展要求,到2015年要实现全国海洋风电的装机总量突破500万kW的目标,到2020年全国的海洋风电总额在这个基础上要翻6倍,达到3千万kW。可见,发展海洋风电已经成为利用替代性能源的大势所趋,当前我国已经实现了由陆上风电向海陆风电双重发展的新方向。由于风力发电的技术不够完善,我国现阶段的海洋风能装机进程相对缓慢,2012年中国风能协会发布了当年的风电使用报告,报告显示,2012年我国的风电装机容量已经将近39万kW。截至2012年底,我国建成的海洋风电项目总装机量虽然数量巨大,但是还远远没有达到"十二五"规划中确定的目标,甚至连装机容量的1/10都不够。为了鼓励我国海洋风能产业的不断发展,尽快实现国家"十二五"规划中对风力发电所提出的目标,各级政府纷纷对国内诸多大大小小的企业出台了扶持政策。进入21世纪以来,国家相继颁布了《中华人民共和国可再生能源法》《中华人民共和国节约能源法》,国家发展改革委印发了《可再生能源发电有关管理规定》(发改能源〔2006〕13号)、《可再生能源发电价格和费用分摊管理试行办法》(发改价格〔2006〕7号)、《可再生能源中长期发展规划》(发改能源〔2007〕2174号)、《能源产业结构调整指导目录》(国家发展改革委令第40号)、国家能源局和国家海洋局联合发布了《海上风电开发建设管理暂行办法》和《海上风电开发建设管理暂行办法实施细则》等来实现海洋风力产业的有效开发。

我国海上风电发展经历了3个阶段:①在2007年,由于我国经济水平的不断提高和环保政策的实施,国内主要风能资源区出现了风电开发热潮;②国家能源局和国家海洋局联合下发了《海上风电开发建设管理暂行办法》,我国海上风电建设进入了高速发展阶段;③在2015年,随着国际社会对能源消耗问题的关注和全球气候变化影响的增加,世界范围内对可再生能源开发力度不断加大,我国海上风电发展进入快车道。

业界普遍认为,海上风电在加快推动能源结构调整优化过程中的作用已愈加凸显。据中国海油集团能源经济研究院发布的《中国海洋能源发展报告2022》,截至2022年末,海上风电装机约占全球可再生能源发电装机总量的2%,未来这一比例将稳步提升。其中,我国海上风电产业呈现出集聚发展特点,初步形成了环渤海、长三角、珠三角等产业集群,海上风能在沿海省份的发电量占比更是有望从目前的2%提升至2050年的近20%。

在"双碳"目标和能源低碳转型背景下,海上风电成本下降、风机大型化等因素将驱动装机量持续提升,海上风电迎来快速增长期。数据显示,2021年全国海上风电新增装机1690万kW,累计装机2639万kW。2022年上半年,全国海上风电新增装机27万kW,累计装机2666万kW。

从全国海上风电累计装机容量占风电累计总装机容量的比例来看,总体上呈上升趋势。2017—2022年上半年,全国海上风电累计装机容量占风电累计总装机容量的比例从1.7%增长至7.8%,长远来看,海上风电的渗透率将会持续提高。

风机构成成本中塔架和叶片占比最高,海上风电塔架与陆上风电塔架的功能类似,但相比陆上风电塔架,海上风电塔架的尺寸一般较大、防腐要求更高,相应技术要求更高,约占成本的29%。叶片是风力发电机的核心部件之一,约占风机总成本的22%。其次分别为齿轮箱、轮毂、机舱、变流器、轴承、发电机及底座,占比分别为13%、10%、8%、6%、5%、4%、3%。

从资源禀赋看,国内海上风电潜在开发空间大,海上风电相比陆上风电具有利用小时数高、可用资源丰富等特点,根据世界银行2021年1月发布的全球海上风电潜力地图显示,中国可开发的海上风电资源空间达到2.429GW,其中固定式海风可开发资源达到1.321GW,漂浮式海风可开发资源达到1.108GW。同时,我国海上风电地理位置更接近东部沿海的用电高负荷地区,没有消纳问题。

《2030年前碳达峰行动方案》指出要坚持陆海并重,推动风电协调快速发展,完善海上风电产业链,鼓励建设海上风电基地。目前,中国海上风电产业迅速壮大,整体行业逐渐发展成熟,向规模化、连片开发与深远海演变。集专业服务、风电机组、辅助设备、海上风电施工、海上运营和关联产业在内的海上风电全产业链构建,得到大力推动。

2022年初,由我国自主研制拥有完全自主知识产权的13MW抗台风型海上风电机组在福建三峡海上风电国际产业园顺利下线,这是当前我国下线的亚洲地区单机容量最大,叶轮直径最大的风电机组,可以抵御17级以上的超强台风,适用于我国98%的海域。13MW抗台风型海上风电机组下线是我国大机型的又一个重要的里程碑,也标志着我国海上风电技术走在了世界的前列。

2007—2022年,中国海上风机单机容量从1.5MW跃升到15MW以上,15年时间我国风机的单机容量翻了10倍,以1MW/年的速度增加。吕鹏远(2022)表示,这说起来容易,但做起来其实非常难,有时可能容量增加一点点,在设计制造上难度却是数量级的增加。这都是设计人员、建设人员、制造人员等,全体风电人勠力同心,共同努力,有时候不眠不休才能取得的成果。

中国"十四五"可再生能源规划指出,要开展深远海海上风电规划,推动近海规模化开发和深远海示范化开发,争取在广东、广西、福建、山东、江苏、浙江、上海等资源和建设条件好的区域,结合基地项目建设,推动一批百万千瓦级深远海海上风电示范工程开工建设。然而海上风电建设本来就技术难度大,从近海走向深远海,难度系数更是成倍增加,就需要通过技术创新推动风电场走向深海。

我国沿海多省份出台的能源"十四五"规划中,都将海上风电作为未来的重要发展方向。2022年起,海上风电国家财政补贴全面退出,平价上网已成为海上风电未来发展的必然趋势,以广东为例,以前海上风电电价是0.85元/度,平价之后为0.453元/度,甚至更低,我国海上风电如何在平价时代实现自力更生,走出一条让绿色能源更加普惠的道路。

广东三峡阳江沙扒海上风电项目是中国当前第一个百万千瓦级的风电场,可以为海上风电场平价开发起到示范作用。首先,坚持风电机组大型化,以一个100万kW的海上风电场为例,13MW与10MW相比,能减少23台机位,意味着少做23个基础,包括海缆、输电线路等,相同的容量可以减少约5亿元投资;其次,持续推动设备的国产化,随着国产化装备技术的不断升级迭代,使用成本也在不断降低;此外,提升施工单位、开发单位等项目参与方的管理水平;最后就是降低一些非技术性的成本。

三、我国海洋风能产业发展中存在的问题

20世纪以前,我国的风能产业发展效率一直很低下,直到21世纪初,国家才针对风能产业出台了一系列的扶持政策,而且在政府一些奖励机制的激励下,我国的风能开发工作开始高效地进行。但是与西方发达国家相比,我国在风能开发利用率和海洋风能开发程度等都远远不及。现阶段风力资源开发过程中存在的问题主要有以下几点:①我国缺乏严格的风能资源评估体系。风力资源评估体系的完善与否,关系着风能的开发利用效率。而且风能评估体系还是保证风电场安全建设的基本条件,也是其基本组成部分。如果缺乏完善的风电资源评估体系,不仅会影响风电场的正确选址,而且还会影响整个风电场的安全建设。②我国的风电并网方向很不协调,还存在诸多问题。我国许多风能资源较为丰富的地带与电力负荷中心很不匹配,进而造成了风电场建设与电网建设的各种不协调,这不仅导致了部分风电产能无法及时并网,而且由于能源使用效率不高,还造成了大量的能源浪费。③我国的风力发电水平与国际发展水平相比,我国的风电装机总量在全国总装机量中的额度十分低下,而且海洋风能开发程度也比较低。

四、风能开发利用优势

（一）我国政府的鼓励政策和法规

随着中国经济结构的战略性调整,能源问题日益突出。中国政府对风能的开发利用愈加重视。自2005年以来相继出台了《中华人民共和国可再生能源法》《中华人民共和国节约能源法》《可再生能源发电有关管理规定》(发改能源〔2006〕13号)、《可再生能源发电价格和费用分摊管理试行办法》(发改价格〔2006〕7号)、《可再生能源中长期发展规划》(发改能源〔2007

2174号)和《能源产业结构调整指导目录》(国家发展改革委令第40号)等多项扶持风电的政策和法规,使我国风电得到了快速发展。

(二)我国海洋风能资源储量丰富

中国近海地处亚洲大陆和太平洋之间,由海陆热力差异产生的气压梯度和气温梯度的季节变化,比其他地区或海域都要显著。另外,冬季高空的西风助长了气团由大陆流向海洋的势力,夏季华南的高空东风与我国东部沿海活跃的副热带高压,也助长了海洋气团进入大陆的势力。因此,中国近海及其邻近海域,是季风最发达的地区。季风不仅盛行,而且范围大、势力强。

据中国气象科学研究院估算,我国在10m低空范围的风能资源约为10亿kW,其中,陆上约为2.53亿kW,海上约为7.5亿kW,如果扩展到50～60m高空,风电资源将至少再扩展1倍,可望达到20～25亿kW。

据国家海洋局组织的908专项"我国近海海洋能调查与研究"项目对海洋风能的初步估算结果表明,我国近海(不包括台湾地区)50m等深线以浅海域10m高度风能储量约为9.4亿kW。海上风速较陆地大且日变化小,适合采用单机容量较大的风机,同时海上风能资源有效利用小时数高,可充分利用风电机组的发电容量。

(三)能源需求量大,开发利用区域适宜

目前我国已成为全球第二大能源生产国和消费国,随着经济规模的进一步扩大,能源需求还会持续较快增加。

我国海洋风能资源丰富,但其分布具有地域性和季节性变化。我国陆地海岸线长达18 000km,沿海地区多为经济发达地区,用电需求量大。从已建成工程可见,沿海陆上风电场存在严重的用地矛盾、噪声污染等问题,且优良场址已迅速规划并开发,风电的开发正向海上转移,即通常所说的建设海上风电场。海上风电场的建设不仅可以缓解沿海地区土地紧缺问题,而且距离沿海城市近,而城市正是电力负荷中心,电能供需方接近,可以减少输电损耗。我国北方大部分海域属于陆架海,水深较浅,发展海洋风电成本较低。从季节变化来讲,冬半年风大,降水量少,夏半年风小,降水量大,所以海洋风能与水电的枯水期和丰水期有较好的互补性。

(四)风机制造关键材料(稀土元素钕)储量丰富

目前,我国的稀土资源约占世界已探明储量的50%,具有丰富的稀土资源优势。近年来,以风电为标志的新型节能环保新能源在国内外快速发展,推动了钕铁硼永磁市场的增大。现在1台1.5MW直驱永磁风力发电机总共需要钕铁硼永磁材料1.2t,1台1.65MW半直驱永磁风力发电机总共需要钕铁硼永磁0.5t。2010年我国的钕铁硼永磁体总量达到70 000t,占全球产量的75%。

五、开发利用影响分析

(一)促进沿海地区经济可持续发展

截至2009年底,我国发电装机容量为3.60万亿kW,其中火电、水电、核电和风电分别为2.99万亿kW、0.51万亿kW、0.07万亿kW和0.02万亿kW,占比分别为83%、14%、1.9%和0.7%。电源结构仍以火电为主,风电等可再生能源所占比重较少。

2005年初,瑞士达沃斯世界经济论坛公布的"环境可持续指数"评价,在全球144个国家和地区排序中,我国位居133位,主要污染物排放量不断增加,导致生态和环境恶化。"十一五"规划实施以来,全国上下加强了节能减排工作,中国已经吹响了低碳经济时代的号角,开发利用可再生能源,已成为我国实施可持续发展能源战略的重要内容。能源供应和环境保护是我国沿海地区社会经济持续快速发展的基本条件,我国能源资源总量排世界第7位,但地区分布不均,沿海11个省(区、市)能源资源占全国比例不足20%,却消费了超过全国50%的能量,能源瓶颈已经成为制约沿海地区持续快速发展的重要问题。海洋风能的合理开发和利用可以有效缓解目前能源匮乏的问题,优化能源结构、提高能源效率,保障我国沿海地区社会、经济可持续发展。

(二)促进旅游、环保等产业的健康发展

中国大部分沿海地区风光优美,环境优越,集山海风光、文化古迹于一体,有许多著名的旅游城市,如大连、秦皇岛、烟台、青岛、上海等。海上风电场不仅不会破坏海洋的自然风景,反而能与其相互补充,互为增色,许多城市都有高空旅游,所以风电场的建设在满足技术要求的前提下可以与旅游产业有机地结合起来,形成产业带动效应。为此,可以将风电机组按照一定的规律和形状进行布置,如方阵形、圆形、弧形,甚至是心形。风电场的大规模建设必将拉动旅游产业的发展。如丹麦大型海上风电场,在征求住民意见后,将80台风机组按每20台排列成弧形配置。上海东海大桥风电场34台风机塔在大桥东侧形成一道亮丽风景。从环境保护的角度讲,常规化石能源消耗带来的环境问题日益严重:石油燃烧产生温室气体;燃煤发电不仅产生温室气体,而且产生大量的粉尘、灰渣。因此,清洁的可再生能源——海洋风能的开发利用已成为当务之急。

(三)发展海洋风能的不利因素

海洋风电虽然是无污染的清洁能源,但也会对环境造成一定的负面影响。如风力发电机运行过程中叶片切割空气和机组运转都产生噪声;随着发电机叶片的增大,其旋翼区面积也大大增加,对鸟类迁移产生影响;风力叶片在太阳光下旋转时产生明暗交替的光影对周边居民和动物产生心理影响;风力机组运行时,发电机、输电线路、变电所都会产生电磁辐射等。对于大型海上风电场还需考虑对水流、泥沙和海洋生物的影响。

（四）海上风力发电的发展前景

海上风电的总装机容量在未来几年将迅速发展。在深入探索海上风电行业的道路上，我们总结出以下几点对海上风电发展的展望：第一是未来的海上风电机组将会向漂浮式、大型化和规模化发展，提高海上风电场的年发电量，从而降低度电成本；第二是未来将注重发展漂浮式风电系统的高精度、全耦合的一体化仿真设计，以提高海上风电机组的安全性和经济性；第三是深远海的漂浮式海上风电在未来可以发展为具有综合利用效益的"海上风电＋"平台，例如将海上风电与石油钻井平台进行结合，或实现海上风电与制氢、光伏、渔业等产业结合的立体开发模式。期待在未来，我们能够看到全球海上风电行业科技进步、市场发展、降本增效等美好景象。

（五）海上风电高质量发展的对策建议

加大海上风电资源勘察力度，建立资源评估体系。建议政府部门和科研机构对全国海上风电资源进行详尽的勘测，建立资源评估体系，强力支撑国家能源战略规划、政策法规编制，引导和优化可再生能源项目投资布局。建议在相关教育专业设置和可再生能源资源勘察评估专业人才培养等方面予以重点支持。

提高海上风电对我国能源转型发展的认识。革新我国能源资源禀赋理念，规范能源资源禀赋的内涵，旗帜鲜明地将海上风电等可再生能源作为国家能源规划和战略政策中不可或缺的组成部分；国内近海海上风电资源丰富，开发利用潜力巨大，且靠近东部电力负荷中心，就近消纳方便，发展海上风电将成为我国能源结构转型的重要战略支撑，为海洋综合开发利用与建设海洋强国贡献力量。

加大国家层面的宏观统筹与整体规划。"十四五"期间强化对海上风电的顶层设计，统筹未来电网建设格局，支持东部沿海加快形成海上风电统一规划、集中连片、规模化滚动开发态势，优化电力生产和输送通道布局；聚焦"新基建"，加快广东、江苏等风能资源良好省份现有的海上风电基地建设，并逐步推动海上风电往深海、远海方向发展，实现海上组网与就地消纳；建议电网企业一同加入海上风电开发，统筹考虑电网格局、电力流和电网安全的影响，统一规划建设海上电力输送通道，减少不必要的重复投资。

聚焦"卡脖子"问题，加强科技创新。海上风电技术和装备要求高、科技内容丰富，利用"十四五"窗口期，建议科学技术部、发展和改革委员会、国家能源局聚焦海上风电全产业链"卡脖子"问题，加大科技攻关力度，提高装备国产化率，推动关键核心技术实现国产化突破；开展全生命周期多维度技术经济评价，建立引导海上风电科技创新的差异化政策扶持机制；在科研体制方面，探索面向国家需求的新型创新合作机制、激励机制、人才培养机制。

健全政策扶持机制，引导海上风电产业健康发展。改变"一刀切"、限定时限予以补偿的机制，建立针对海上风电的阶段性"退坡"补贴机制，避免海上风电片面追求规模、忽视质量的"抢装潮"；调动地方财政补贴积极性，通过补贴实现海上风电产业链延伸和推动地方经济转型升级的良性循环；准确把握"放管服"政策尺度，避免陆上风电"4.95万千瓦"现象；开展全生命周期多维度技术经济评价，建立引导海上风电科技创新的差异化政策扶持机制。

六、未来海洋风力资源开发利用对策

（一）做好政策支撑，适当推迟平价上网节点，呼吁"地补"，推行"绿证交易"

政策持续性对产业稳定发展至关重要。现阶段，中央补贴取消已成既定事实，政策支撑可从两个方面切入：一是尽快明确地方补贴政策。国家层面要对地方政府进行引导，地方政府也需进一步认清发展海上风电的战略意义，以及海上风电为拉动当地经济增长所能做出的贡献等。此外，开发商也需加强与地方政府的沟通。二是实行配额制下的绿色电力证书交易。借鉴英国实施配额制的经验，即每兆瓦时海上风电取得的可再生能源义务证书大大高于其他可再生能源种类，使企业在证书市场交易中获得更多补偿，解决补贴资金缺口，再逐步"退坡"。政策支撑可以为海上风电发展营造健康稳定的外部环境，为通过技术创新推动成本降低争取更充裕的时间。

（二）做好统筹规划与环保监管，远离生态红线

一方面，要做好科学合理的规划布局，避开重点保护海域和各类敏感海域。规划选址要远离海洋生物栖息地、繁殖地，避开鸟类迁徙路线、航道、自然风景区、港口工业区和军事用海区等。要将海上风电与城市规划和其他关联产业统筹规划，立体开发，高效利用海域资源。另一方面，要做好全过程环保监管。有关部门要对项目建设、施工、运营所有环节监督到位，排查环保冲突；定期进行环境测评和环保信用评价，不符合要求的项目须及时整顿；建立并完善海洋环保预警机制，做好海洋环境检测技术研发储备；项目竣工后及时申请环境质量验收，对机组和配套电缆等进行严格的质量检测，项目投运后定期进行环境影响后评估，确保将环境影响程度降到最低。

（三）加快关键核心技术攻关，在零部件、机组、海装船、运维等方面一体化突破

零部件方面，加快主轴承、控制系统、大型化与轻质化叶片、高压直流海底电缆等关键零部件研发应用，在确保安全性、可靠性的基础上提高国产化率。

机组方面，推进10MW等级机组性能提升与规模化应用，加强抗台、抗冰以及更大容量机组技术研究论证，增强环境适应性，为开发深远海项目做好储备。

海装船方面，结合区域项目开发规模和建设进度，有计划地投入建造，提升数量，确保船只质量和增长速度匹配机组容量和规模化发展水平。

运维方面，建立和完善行业标准体系，加强与"新基建"、区块链等现代信息技术融合，开发智能诊断系统，推进无人值守、远程集控等模式应用。

此外，要加强对海域风资源的评估，形成高精度数据集，整合海洋环境重点要素，打造集风能观测与捕捉、海洋气候灾害预警等功能于一体的智能平台。

（四）推进深远海项目工程示范，加快漂浮式关键技术和配套技术研发

随着近浅海资源开发逐渐饱和，海上风电未来势必走向范围更广、风速更大、风力更稳定的深远海领域。

未来十年我国应着力推进深远海项目的工程示范。提前做好深远海区域风能、海底地质勘测工作,规划部署风机路线及输电线路安装,对深远海区域地理、气候环境进行密切监测,加紧可行性研究和论证。

漂浮式技术是深远海项目的重要支撑。采用漂浮式基础的机组对深远海适应性更强,要加强关键技术和配套技术研发。研究对比驳船式、半潜式、单柱式和张力腿式四种常用漂浮式基础的经济性、实用性,同时推进大兆瓦机组研发。在做好疫情防控的前提下,通过"走出去""请进来"两种途径学习借鉴欧洲经验,结合我国海域、风资源和气候等条件,共同合作制定适用于我国漂浮式海上风电的技术方案,建设深远海风电场,逐步形成自有知识产权核心技术和人才队伍。

5. 进行规模化、集约化开发,打造"海上风电大基地",做好配套送出工程建设

统筹东南沿海地区海上风电资源,构建集中式、一体化开发模式。加快江苏、广东等海上风电"主战场"现有项目基地建设,发挥资源优势和引导作用,以点带面实现东南沿海地区海上风电建设整体推进。

规模化开发,发挥龙头企业带动作用。鼓励龙头企业强强联合,集中优势力量,共同开展前期场址资源挖掘、可行性研究论证和后期项目开发,力争在东南沿海地区打造多个百万千瓦以上的"海上风电大基地"。

集约化开发,提高海域和岸线资源利用效率。坚持集约节约原则,实现资源优化配置,共建共用集控中心、运维基地设施,促成风火打捆外送,降低总体造价。

统筹做好海上风电输电通道建设。将海上风能作为电网优先保障消纳的能源种类,加强风功率预测、并网、电网安全稳定等方面的技术研究,推进"源网"一体建设、同步投产。

6. 聚焦"多能互补",推进海洋综合能源开发,打造"海上风电生态圈"

布局海上风电与制氢、海洋牧场和储能等融合应用,促进多产业共同发展。根据区域"海上风电大基地"规模,与周边氢能、海水淡化、海洋牧场和储能等能源资源或形式进行探索整合,因地制宜、试点开展资源集成型、环境友好型的"海上能源岛"工程,做好配套技术、风险防控、监测预警和应急管理等关键体系建设,为附近沿海地区提供蓝色的电、氢、淡水资源,打造"海上风电生态圈",逐步构建"海洋粮仓＋蓝色能源"的海洋综合能源开发模式,形成多产业互联互通、融合发展的新格局。

地球上的煤、石油、天然气等积蓄了亿万年的化石能源,经过数百年的巨大消耗将不可逆转地趋向枯竭。因此,采用新的可再生能源来逐步取代化石能源已成为全球各国的广泛共识。风能因其资源丰富、开发技术成熟、清洁、无污染等优势成为新能源开发的重点,海洋风能的合理开发和利用可以有效缓解目前能源匮乏及燃料资源给环境带来的污染问题。

总之,海上丰富的风能资源和风电技术的不断进步,特别是近年来我国政府对海洋可再生能源的开发利用给予了极高的期望和积极的政策引导,势必加速推动海洋可再生能源开发利用的研究,海洋风能资源相对于其他的海洋可再生能源,是最有可能成为中国主导能源结构的一种海洋替代能源,可望在不远的将来快速形成规模化开发的局面。

主要参考文献

韩家新,2015.中国近海海洋:海洋可再生能源[M].北京:海洋出版社.
解振华,2016.巴黎气候协定与中国能源产业发展[J].中国科技产业(11):14-16.
李晓超,乔超亚,王晓丽,等,2021.中国潮汐能概述[J].河南水利与南水北调,50(10):81-83.
刘伯羽,李少红,王刚,2010.盐差能发电技术的研究进展[J].可再生能源,28(2):141-144.
隆颜徽,2016.我国海洋风能资源开发利用现状与前景分析[J].低碳世界,106(4):194-195.
罗国亮,职菲,2012.中国海洋可再生能源资源开发利用的现状与瓶颈[J].经济研究参考(51):66-71.
施伟勇,王传崑,沈家法,2011.中国的海洋能资源及其开发前景展望[J].太阳能学报,32(6):913-923.
史丹,刘佳骏,2013.我国海洋能源开发现状与政策建议[J].中国能源,35(9):6-11.
史宏达,刘臻,2021.海洋波浪能研究进展及发展趋势[J].科技导报,39(6):22-28.
王项南,麻常雷,2021."双碳"目标下海洋可再生能源资源开发利用[J].华电技术,43(11):91-96.
王忠,王传,2006.我国海洋能开发利用情况分析[J].海洋环境科学,25(4):78-80.
肖洋,2011.中国深水能源开发战略:制约因素与对策选择[J].和平与发展(6):58.
张继生,唐子豪,钱方舒,2019.海洋温差能发展现状与关键科技问题研究综述[J].河海大学学报(自然科学版),47(1):55-64.
张继生,汪国辉,林祥峰,2021.潮流能开发利用现状与关键科技问题研究综述[J].河海大学学报(自然科学版),49(3):220-232.
郑崇伟,李崇银,2016.全球海域波浪能资源评估的研究进展[J].海洋预报,33(3):76-88.

第八章　海洋自然旅游资源

海洋是生命的摇篮,它为生命的诞生与繁衍提供了必要的条件。海洋对人类社会及自然界有着巨大的影响。21世纪是海洋的世纪,海洋旅游业作为海洋产业的重要组成部分,已越来越受到世界各国的重视。海洋占地球表面积的71%,具有丰富的海洋自然旅游资源。全面、正确地认识和客观评价海洋自然旅游资源,对海洋旅游资源的合理开发、海洋旅游的持续发展具有重要作用。系统地认识海洋自然旅游资源是可持续开发利用和管理海洋旅游资源不可忽视的重要问题。

根据《旅游资源分类、调查与评价》(GB/T 18972—2003)中的定义,旅游资源是指自然界和人类社会凡能对旅游者产生吸引力,可以为旅游业开发利用,并可产生经济效益、社会效益和环境效益的各种事物和因素。由此可以将海洋自然旅游资源定义为存在于海洋、海岛及海岸带地理空间中,经过合理开发和保护对旅游者产生旅游吸引力,并能为海洋旅游业产生经济效益、社会效益和环境效益的各种自然事物的总和。

对海洋自然旅游资源的理解可以从以下几个方面进行:

一是海洋自然旅游资源对旅游者具有吸引力。海洋旅游资源具有多种利用价值或用途,其旅游价值主要体现在对游客的吸引力上。游客之所以会离开常住地前往旅游目的地,正是因为旅游资源的吸引力。这种吸引力是对游客群体而言的,而不是以个别人的好恶为标准的。如热带和亚热带的海滩,能够满足游客康体、度假、娱乐等需求,从而对游客产生强大的吸引力,使之成为游客追捧的热点旅游目的地。

二是海洋自然旅游资源的内容是发展变化的。旅游资源的界定是以特定的技术、经济条件为基础的,科学技术的进步、社会经济的发展、人们生活水平的提高以及审美观、价值观和消费观等的变化,必然使旅游资源的内容不断扩大。原来不是海洋自然旅游资源的事物和因素,随着时间的推移,也会成为具有开发价值的旅游资源。越来越多的滨海旅游地被开发,并吸引了大量游客,即是很好的例证。

三是海洋自然旅游资源的存在形态是多元化的。海洋自然旅游资源有地貌景观类(海岸地貌、海蚀地貌、海岛资源等)、水域风格类(潮汐、海水等)、气象与气候景观类(海市蜃楼、海上日出日落、海火等)、生物景观类(五彩斑斓、各种形态的海底生物)。

四是海洋自然旅游资源存在于海洋和滨海地区这一特定的空间区域内。这也正是海洋自然旅游资源区别于其他旅游资源的根本所在。正是由于这一点,使海洋自然旅游资源深受海洋的影响。

第一节 海洋自然旅游资源类型及特征

一、海洋自然旅游资源的类型

海洋自然旅游资源是海洋旅游资源的重要组成部分，是进行海洋旅游活动和开发海洋旅游项目的基础。海洋自然旅游资源包括地貌景观、水域风光、气象与气候景观、生物景观4个大类。

（一）地貌景观类海洋自然旅游资源

地貌景观类海洋自然旅游资源主要包括海岸、海蚀地貌、岛景观等基本类型。这类资源在海洋自然旅游资源中较具代表性，适合开展观赏、游览等各种海上娱乐活动。

1. 海岸

海岸是在水面和陆地接触处，经波浪、潮汐、海流等作用下形成的滨水地带，是海洋自然旅游资源中最基本的要素之一。我国分布有基岩海岸、平原海岸和生物海岸三类海岸，各类海岸景观各异，旅游资源特色不同。基岩海岸分布于山东半岛、辽东半岛及杭州湾以南的浙江、福建、广东、广西等省（区）沿岸，岸线曲折，湾岬相间，其间常见一些细软洁净的沙滩，滨海沙滩是开辟为海水浴场的最佳选择，如青岛市金沙滩、秦皇岛市昌黎县的黄金海岸等，此外基岩海岸往往错落着大大小小的岛屿、岩礁，是天然良港；平原海岸其沿海陆地为平原，岸线平直，海洋与陆地平原紧密相连，分布于渤海的辽东湾、渤海湾、黄海的苏北平原海岸等地区，适宜开展捡贝壳、抓螃蟹等赶海活动；生物海岸分布于中国北回归线以南的广东、海南、台湾等沿海，主要以红树林和珊瑚礁为代表，红树林海岸主要分布在从福建福鼎以南直到海南岛的一些岸段，素有海岸绿色屏障之称，常形成宽数百米，绵延数公里的绿带，珊瑚礁分布最广的是海南岛、雷州半岛和南海诸岛。

2. 海蚀地貌

海蚀地貌是指海水运动对沿岸陆地侵蚀破坏所形成的地貌类型。由于波浪对岩岸岸坡进行机械性的撞击和冲刷，岩缝中的空气被海浪压缩而对岩石产生巨大的压力，波浪挟带的碎屑物质对岩岸进行研磨，以及海水对岩石的溶蚀作用等，统称海蚀作用。海蚀多发生在基岩海岸。海蚀的程度与当地波浪的强度、海岸原始地形等有关，组成海岸的岩性及地质构造特征，亦有重要影响。海蚀地貌包括海蚀崖、海蚀台、海蚀穴、海蚀拱桥、海蚀柱、海蚀窗等类型。

1) 海蚀崖

海蚀崖是海岸被拍岸浪不断冲蚀及伴随岩石崩坠而形成的悬崖陡壁。海岸受到击岸浪携带岩石碎屑或砂砾石不断拍击、冲刷、掏蚀下形成浪蚀龛，经击岸浪不断冲刷、掏蚀，凹穴不断向里伸进，造成上部的岩石悬空，波浪继续作用可使悬空岩石失去支撑而垮塌，形成陡峭崖壁。海蚀崖有死、活海蚀崖之分。所谓死海蚀崖，是一种现代已不再发育而趋于衰亡的海蚀崖，其崖壁渐渐变缓，不再后退，以崖面上生长着植物等为标志。活海蚀崖则相反，由于受到海浪的冲蚀，比较陡峭，无植物生长。一般情况下，活海蚀崖的景观比死海蚀崖的观赏价值高。海蚀崖高大陡峻，而且海水拍打产生的巨大冲击力能给游客带来强大的视觉和听觉效果，不仅对观光旅游者具有较强的吸引，对于喜欢攀岩等刺激性旅游活动的旅游者也是最佳选择。我国沿海地区的海蚀崖较为发育，北起大连，南至三亚，都有分布，尤其是基岩海岸地区更为普遍，其高度从数米至数十米不等。

2）海蚀台

海蚀台是在地壳稳定的条件下，海蚀崖长期受携带泥沙的激浪的磨蚀，不断后退，并在其前方形成一个向海微斜的近似平坦的基岩台地。通常，海蚀平台的宽度与当地的海浪强度成正比，海浪越大，对海崖的冲击越强，海岸的崩塌后退越快，相应的海蚀平台也越宽广。海蚀台常覆有沙、砾等海积物，或残留有较坚硬岩石形成的海蚀柱或海蚀残丘等，低潮时部分出露海面，高潮面没于海面之下。在我国，几乎所有有基岩海蚀崖分布的地方大都有海蚀台出现，如辽东半岛的基岩海滩上，有数十米高的海蚀崖肖然屹立在海边，崖下还有宽达一二百米的海蚀台，海蚀台上遍布海蚀柱、海蚀沟、海蚀拱桥等，具有极高的观赏价值。

3）海蚀穴

海蚀穴又称浪蚀龛，指在海岸线附近出现的凹槽形海岸，因海浪对海岸的冲蚀作用主要集中在海面与陆地接触的地方，在挟带岩屑的海浪冲击、掏蚀下所形成的面向大海的洞穴。在有潮汐的海滨，一般是高潮面与陆地接触的地方，故海蚀崖和浪蚀台前缘陡坎的基脚处断断续续沿海岸线呈带状分布。海蚀洞主要发育在较硬的基岩海岸，尤其在岩石节理及抗蚀较弱的基岩海岸，海蚀洞发育特别好，深度可达数十米，甚至数百米。我国的普陀山潮音洞和梵音洞就是甚为著名的两个海蚀洞。潮音洞高大深邃，深达20余丈（1丈＝3.33m），在洞内可聆听潮水汹涌翻滚之所谓"空穴来音"，洞内的景色也别具一格。除了作为观赏，海蚀洞也是洞穴潜水爱好者的好去处。

4）海蚀拱桥

海蚀拱桥又称陆桥或海蚀拱，是基岩海岛上比较少见而又十分奇特的海蚀地貌。海蚀拱桥常见于岬角处，其两侧受波浪的强烈冲蚀，形成海蚀洞。波浪继续作用，使两侧方向相反的海蚀洞被蚀穿而相互贯通，形似拱桥，又称为"海穹"。海蚀拱桥在中国辽东半岛沿海时有出现。著名的锦州笔架山朱家口村海蚀拱桥，可算是拱桥中的佼佼者了。它由高5m、宽约3m的石英岩组成，经过泥沙的堆积，又将岸岛连接在一起，从岸边到海中的笔架山，宛若一座海上仙桥，景色堪称一绝，故"笔峰奇桥"被列为锦州新八景之一。

5）海蚀柱

海蚀柱是海岸受海浪侵蚀、崩坍而形成的与岸分离的岩柱。它是在海蚀拱桥的基础上发展而来的。岬角同时遭受两个方向的波浪作用，可使两侧海蚀穴蚀穿而成拱门状，称海蚀拱桥或海穹。海蚀拱桥的拱桥发生崩落，残留于海中的柱状岩石叫作海蚀柱。海蚀柱的形成有多种原因，有的是由于大型的岩石、岩层崩落，在海水中再接受海水的侵蚀形成孤立的柱状景观；有的是耸立在海蚀崖前的柱状岩石，形态直立而陡峭，海滩受蚀后退，较坚硬的蚀余岩体残留在海蚀平台上，形成突立的石柱或孤峰；有的是由海蚀拱桥受蚀，拱顶下塌而形成海蚀柱。由于海蚀柱形态多变,有的还颇具姿态,因此,海蚀柱因各种形态还有"石老人""石公公""石婆婆""石蘑菇""花瓶石"等称呼,千姿百态的自然形态吸引了众多游客的眼球。

海蚀柱在我国沿海常可见到。大连的黑石礁、绥中的"姜女坟"、北戴河的鹰角石、山东烟墩、青岛石老人,浙、闽、台、粤、桂、琼等沿海亦有广泛分布。其中"姜女坟"由4个孤立于海中的石柱组成,最高的达16m;北戴河的鹰角石也高达17m;海南岛天涯海角处的"南天一柱"等,都是我国沿海著名的海蚀柱景观。

6) 海蚀窗

海蚀窗多是由于海蚀崖、海蚀穴或海蚀柱进一步被侵蚀发育形成的,在海蚀洞形成以后,波浪继续向洞中冲击、掏蚀并上冲,压缩着洞内的空气,使洞顶裂隙扩张,最后击穿洞顶,形成与海蚀崖上部地面沟通的"天窗"。比如,浙江省普陀山的潮音洞顶的山石之上,有一孔穴,即为海蚀窗,人称天窗,在天窗里可俯听潮音洞底的潮水海浪声,十分美妙。

3. 岛景观

岛与礁的区别在于,岛不管涨潮还是落潮,都露出水面。而礁只有落潮时才露出水面,涨潮时则被海水淹没。岛屿是海洋中的"陆地",是海洋旅游者能够在海上不借助于任何工具,随心游玩的基地。我国面积大于 $500m^2$ 的海岛有7300多个,广泛分布在温带、亚热带和热带海域,生物种类繁多,不同区域海岛的岛体、海岸线、沙滩、植被、淡水和周边海域的各种生物群落和非生物环境共同形成了各具特色、相对独立的海岛生态系统,一些海岛还具有红树林、珊瑚礁等特殊生境。近年来,岛屿凭借其独特的地理位置和丰富的海洋自然旅游资源,已成为游客首选的旅游目的地之一。比较有国际影响的岛屿旅游目的地主要有美国的夏威夷、印度尼西亚的巴厘岛、泰国的普吉岛、韩国的济州岛、日本的关岛、马尔代夫、马来西亚的塞班岛、马达加斯加岛以及我国的海南岛等。岛屿可分为大陆岛、冲积岛、火山岛和瑚礁岛四种类型。

1) 大陆岛

大陆岛是指地质构造与邻近大陆相似的岛屿。大陆岛的形成有多种原因,大陆岛原属大陆的一部分,有的是在古代大陆冰川环境下形成的冰碛丘陵,后因海面上升而成为海洋中的岛屿;有的是由于断层作用或地壳下沉形成的海峡,使原来大陆的一部分被海水分割出去而形成的岛屿,如台湾岛、海南岛、格陵兰岛等;有的是因大陆分裂漂移,岛与原先的大陆之间被较深、较广的海域隔开,如马达加斯加岛,马达加斯加岛原来是非洲大陆的一部分,有着"热带岛屿天堂"的美誉,既有原始的森林、奇特的地貌,也有绝美的海滩,吸引着世界众多游客。

2) 冲积岛

冲积岛是大陆岛的一个特殊类型,由于它的组成物质主要是泥沙,故也称沙岛。冲积岛是陆地的河流夹带泥沙搬运到海里,沉积下来形成的海上陆地。陆地的河流流速比较急,带着上游冲刷下来的泥沙流到宽阔的海洋后,流速就慢了下来,泥沙就沉积在河口附近,积年累月,越积越多,逐步形成高出水面的陆地,就形成了冲积岛。世界上许多大河入海的地方,都会形成一些冲积岛。中国共有400多个冲积岛,长江入海口的崇明岛,就是一个很大的冲积岛,是我国的第一大冲积岛,也是我国的第三大岛。冲积岛上,地貌形态简单,地势平坦,海拔只有几米,有些有绿荫覆盖,有些则是满目黄沙。在土壤化较好的冲积岛上,种植着护岛固沙的林木、绿草和庄稼。河口区的沙岛,水网密布,一派江南水乡的田园风光。

3)火山岛

火山岛是由火山喷发物(熔岩、火山灰等)堆积而成的。火山岛按其属性分为两种,一种是大洋火山岛,它与大陆地质构造没有联系;另一种是大陆架或大陆坡海域的火山岛,它与大陆地质构造有联系,但又与大陆岛不尽相同,属大陆岛屿大洋岛之间的过渡类型。在环太平洋地区分布较广,火山岛的面积一般都不大,既有单个的火山岛,也有群岛式的火山岛,著名的火山岛群有阿留申群岛、夏威夷群岛等。夏威夷是世界上旅游业最发达的地方之一,其得天独厚的美丽环境吸引众多游客来此旅游。

4)珊瑚岛

珊瑚岛是海中的珊瑚虫遗骸堆筑的岛屿。一般分布在热带海洋中,是由活着的或已死亡的腔肠动物——珊瑚虫的礁体构成的一种岛,因此称为珊瑚岛。在珊瑚岛的表面常覆盖着一层磨碎的珊瑚粉末——珊瑚砂和珊瑚泥。根据珊瑚礁形成的形态,可将它们分为岸礁、堡礁和环礁三种类型。岸礁分布在靠近海岸或岛岸附近,呈长条状,主要分布在南美的巴西海岸及西印度群岛,中国台湾岛附近所见的珊瑚礁大多是岸礁;堡礁分布距岸较远,呈堤坝状,与岸之间有潟湖分布。最有名的就是澳大利亚东海岸外的大堡礁,岛形态奇特,水下风光迷人,海洋生物众多,是澳大利亚重要的自然保护区和旅游胜地,1981年被列入世界自然遗产;环礁分布在大洋中,它的形状多样,但大多呈环状,主要分布在太平洋的中部和南部,而且多成群岛分布。

(二)水域风光类海洋自然旅游资源

海洋水体资源是沿海地区进行观光活动和海上娱乐活动的主要载体。海水周期性涨落现象是一种动态景观,海水涨潮时,波浪滚滚,气势雄伟壮观,吸引大量观潮游客。其中,涌潮、击浪、观海是比较常见的具有视觉冲击力的海洋景观。世界最著名的涌潮当属我国的钱塘江大潮,又以金秋大潮期间的涌潮最为闻名;而在近岸海湾,海水清澈透明,海底礁石、贝类、海藻、珊瑚等构成色彩斑斓的海底世界,适合开展潜水旅游活动,如电白区放鸡岛、三亚玳瑁洲附近的水域,北海白虎礁、涠洲岛等水域都是较好的潜水海域;冲浪也是一种独特的海洋自然旅游资源,如海南岛东南海岸的南燕湾、日月湾、香水湾等都为爱好冲浪的旅游者提供了良好的空间。

1. 涌潮

涌潮是由于外海的潮水进入窄而浅的河口后,波涛激荡堆积而成的。山东青州涌潮、广陵涛和钱塘潮是我国历史上最著名的三处观潮胜地,其中最为著名的是钱塘潮奇观。钱塘潮高达八九米,浙江海宁市盐官镇是最佳的观潮旅游区。

2. 击浪

击浪是海浪推进时的击岸现象。当惊涛拍岸,海浪汹涌时,巨浪排山倒海般涌来,海浪的余波顺着坝壁冲向几十米的高空,击碎的水珠能散落到百米以外,巍巍壮观。给旅游者带来视觉和听觉的双重震撼,具有较高的观赏价值。

3. 观海

广阔的海洋,从蔚蓝到碧绿,美丽而又壮观。大海时而平静如镜,时而又汹涌澎湃,湛蓝的海面上随微波泛起点点银光,是那样的辽阔,一眼望不到边际,让游客心旷神怡。

(三)气象与气候景观类海洋自然旅游资源

气象与气候景观类海洋自然旅游资源包括海上光现象、海洋性气候两类。

1. 海上光现象

海上光现象包括海市蜃楼、海上日出与日落、海火等。

1)海市蜃楼

海市蜃楼又称蜃景,是一种因为光的折射和全反射而形成的自然现象。由于密度不同,光线会在气温梯度分界处产生折射现象。海市蜃楼经常发生在海上,平静的海面上空出现高大楼台、城廓、树木等幻景,因为海上一定范围之内的空间空气湿度较大,厚度也比较大,这样大面积的水蒸气在运动下阴差阳错地形成了一个巨大的透镜系统。当近地面的气温剧烈变化时,则会引起大气密度的巨大差异,远方的景物,在光线传播时则会发生异常折射和全反射,从而造成蜃景。长岛是我国海市蜃楼出现最频繁的地域,特别是七八月间的雨后,山东蓬莱、浙江普陀山是观赏海市蜃楼的绝佳处。海市蜃楼可分为上现、下现和侧现海市蜃楼。上现蜃景一般出现在夏季,海水表面蒸发时要消耗热量,同时海水温度的升高缓慢致使下层的温度变得很低,光线在这种气温随高度升高因而使空气密度随高度锐减的气层中传播,会向下屈折,远方地平线处的楼宇等的光线经折射出现"空中楼阁"的景象;下现蜃景则一般出现在冬季,此时,热空气上升和冷空气(因为密度较高)下降,因此空气层会混合,引起上升的湍流,图像会因此而被扭曲,从而使远处的物体以倒影的幻境出现在眼前;而当水平方向的大气密度很不同,使大气折射率在水平方向存在很大不同的时候,便可能出现侧向蜃景侧现蜃景。这些新奇而独特的气候景观对游客具有极大的吸引力。

2)海上日出与日落

在海上或海滩观赏日出或日落是深受游客喜爱的项目。清晨,太阳在朝霞的迎接中,露出红彤彤的面庞,霎时,万道金光透过云层,照射在海面上呈现出波光粼粼的景象。我国北海涠洲岛是一个观赏日出、日落的绝佳处,日出时分,退潮后的五彩滩格外的漂亮,巨大的火山岩石一层一层的,在阳光的照射下特别的壮美。滴水丹屏的海滩到了傍晚就会变成"天空之境"。细腻的沙子在海水的冲刷下变成柔软的滩涂,中间铺满了碎珊瑚,在阳光的照射下,沙滩上像是铺满了碎钻。

3)海火

海火成为了一些旅游景点最吸引游客的景观。海水发光现象被人们称为海火,常常出现在地震或海啸前后。海火是一种神秘奇异的现象,可划分为三种类型,即火花型、弥漫型和闪光型。这种现象在中国沿海地区有着广泛的分布,其中以火花型发光为主,火花型发光是由小型或微型的发光浮游生物受到刺激后引起的发光,是最为常见的一种海发光现象;弥漫型发光主要由发光细菌发出的,它的特点是海面呈一片弥漫,只有闽、粤少数地方出现过;闪光型发光是由大型动物,如水母、火体虫等受到刺激后发出的一种发光现象,只出现闽、粤、琼、桂沿海。

2. 海洋性气候

我国延绵曲折的海岸线跨越温带、亚热带、热带3个气候带,夏天避暑,冬天避寒,南北互补,气候条件十分优越,旅游适宜期长。海南三亚、广西北海等为口碑良好的冬季避寒旅游目的地。避暑型气候主要包括滨海、高纬度型气候,如挪威以及我国青岛、大连、北戴河等是典型的避暑旅游胜地。在这些海洋性气候地区,受海洋的影响,空气中的负离子含量较多,对于减轻疲劳、愉悦身心等具有积极作用。

(四)生物景观类海洋自然旅游资源

沿海地区海洋生物物种丰富、生态类型多样、群落结构复杂,形成了形态多样、珍稀奇异的红树林、椰树、鱼类、贝类等海洋生物景观资源,具有很高的观赏价值。生物景观类海洋自然旅游资源主要包括海洋植物和海洋动物栖息地两类。如享有"鸟岛"之称的庙岛列岛,栖息着上万只海鸥;江苏盐城沿海滩涂具有世界稀有珍禽、国家一级保护动物丹顶鹤;在无棣贝壳堤岛与湿地系统国家级自然保护区内,拥有国内独有、世界罕见的贝壳滩脊海岸;这些资源为大陆地区所罕见,具有极强的观赏性和科考性。

1. 海洋植物

在浩瀚辽阔的海洋或海岸带中,植物种类各异,比较典型的要数在热带和亚热带海岸的红树林与珊瑚礁生态景观。具备很高的观赏价值与科研价值。

珊瑚礁是石珊瑚目动物形成的一种结构,这个结构可以大到影响其周围环境的物理和生态条件。在深海和浅海中均有珊瑚礁存在,它们是成千上万的由碳酸钙组成的珊瑚虫的骨骼在数百年至数千年的生长过程中形成的。珊瑚礁为许多动植物提供了生活环境,其中包括蠕虫、软体动物、海绵、棘皮动物和甲壳动物,此外珊瑚礁还是大洋带鱼类的幼鱼生长地。形态迥异的各类珊瑚群及色彩缤纷的热带鱼群吸引着潜水爱好者及旅游者前来观赏。

红树林是一种稀有的木本胎生植物,其在净化海水、防风消浪、固碳储碳、维护生物多样性等方面发挥着重要作用,有"海岸卫士""海洋绿肺"美誉,也是珍稀濒危水禽重要栖息地,鱼、虾、蟹、贝类生长繁殖场所。它生长于热带和亚热带的陆地与海洋交界带的滩涂浅滩,是陆地向海洋过渡的特殊生态系统。海南东寨港国家级红树林自然保护区、广东珠海红树林和广东深圳福田国家级红树林鸟类自然保护区等都是红树林资源丰富的区域。红树林因其独特的繁殖方式、生理习性和丰富的生物多样性,吸引了越来越多的旅游者。

2. 海洋动物栖息地

海洋动物栖息地是指一种或多种海洋动物常年或季节性栖息的地方,如鱼类丰富的海域、鸟岛、龟岛等。在热带海洋中的珊瑚礁地区,由于地形复杂,海水条件比较优越,这里是海洋生态旅游的主要场所。比较典型的是澳大利亚的大堡礁。大堡礁的形成靠的是珊瑚虫遗髓。这片海域生活着1500多种鱼,栖息着242种鸟以及各种类型的海洋动物。目前,这里已是澳大利亚重要的海洋自然保护区。海洋自然保护区的建立对于保持原始海洋自然环境,维持海洋生态系统的生产力,保护重要的生态过程和遗传资源有重大意义。我国西沙群岛的东岛是国家级白腹鸟自然保护区,那儿遍布天然林和人工林,栖息着大约十万只白腹鲤鸟,有"鸟类天堂"之称。

二、海洋自然旅游资源的特征

海洋自然旅游资源是海洋旅游开发的先决条件。正确认识海洋自然旅游资源的特点,对于合理开发利用海洋自然旅游资源,开展海洋自然旅游活动具有十分重要的作用。海洋自然旅游资源与其他旅游资源具有共性,但有存在的空间区域的差异,又具有不同于其他旅游资源的特性。一般来说,海洋自然旅游资源具有以下几个方面的特点。

(一)海洋性

海洋自然旅游资源存在于海洋及海岸带这一特定空间区域,因此,无论哪种形态的海洋自然旅游资源,都受到海洋的深刻影响。这些都使海洋自然旅游资源表现出很强的海洋性特点。例如,海洋自然旅游资源所处的气候环境为海洋性气候或地中海式气候,与陆地旅游资源的气候环境形成鲜明的对照;因受海洋自然环境的影响,海洋自然旅游资源开发与水密切相关,与内陆地区旅游产品有明显的区别,从而对游客产生强烈的吸引力;等等。海南省管辖着约 200 万 m^2 的海域,约占全国海洋面积的三分之二,凭借巨大的海洋和滨海优势,尤其是海洋自然旅游资源优势,海南省正在加紧建设海南国际旅游岛,向海洋经济强省迈进。

(二)资源丰富多样

我国海洋自然旅游资源总量丰富,包括地貌景观类海洋自然旅游资源、水域风格类海洋自然旅游资源、气象与气候景观类海洋自然旅游资源、生物景观类海洋自然旅游资源。其中,地貌景观类海洋自然旅游资源可分为海岸地貌旅游资源(平原海岸、基岩海岸和生物海岸)、海蚀地貌(海蚀崖、海蚀台、海蚀穴、海蚀拱桥、海蚀柱、海蚀窗)、海岛旅游资源(大陆岛、冲积岛、火山岛和珊瑚岛),而海岸地貌旅游资源与海岛旅游资源在目前的海洋旅游中占据着主导地位;水域风格类海洋自然旅游资源包括潮汐、海浪等;气象与气候景观类海洋自然旅游资源有海市蜃楼、海上日出和日落、海火,以及盛夏避暑和隆冬避寒的海洋性气候;而海洋生物更是以万千的形态、绚丽的色彩、奇特的声音、奇异的现象、诱人的发光、广泛的用途,以及很高的科学研究价值强烈地吸引着旅游者。据初步调查,沿海地区旅游景点有 1500 多处,主要有沙滩 100 多处,海岸景点 45 处,岛屿景点 15 处,海底景点 5 处,生态、奇特景点 27 处,山岳及人文景点 181 处(郑贵斌,2002)。

(三)类型多样性

海洋自然旅游资源在表现形式上具有多样性的特点,是一个内涵广泛的概念。海洋自然旅游资源的多样性,一方面表现为海洋自然旅游资源是由多种类型组成的。海洋自然旅游资源以各种类型的海洋自然旅游资源为依托,可以开发出多种海洋自然旅游项目和海洋自然旅游活动,能给游客带来丰富多彩的感官体验,如滨海自然旅游区通常是沙滩休闲活动、水上运动、滨海垂钓、赶海、海上日出、海上日落等类型的自然旅游资源。海洋自然旅游资源具有极大的开发休闲度假旅游的优势,沿海地区应充分挖掘海洋自然旅游功能,据统计,目前在沿海地区经国务院批准已开发建设12个国家级旅游度假区,其中以海洋为主题的有辽东半岛金沙滩、青岛石老人、上海横沙岛、杭州之江、福建湄洲岛、广州北海银滩、海南三亚亚龙湾7个国家旅游度假区,适应了世界休闲度假旅游的发展趋势,对进一步提高沿海地区的旅游知名度具有重要作用。另一方面表现在海洋旅游资源的开发上。由于单一海洋资源的开发对旅游者的吸引力有限,在现实的滨海旅游开发中,常把不同类型的海洋自然旅游资源结合在一起开发,以形成互补优势。如海南的旅游资源虽然以阳光、沙滩、椰风、海韵为主体,但也有热带温泉、热带原始森林等,尽管这些旅游资源类型各异,特色不同,但在建设海南国际旅游岛的过程中,要对这些资源进行综合统筹开发。

(四)地域差异显著

我国海洋自然旅游资源呈现非均衡分布的特点,地域差异显著,具有地方特色。由于受到地域分异,如经纬度、海陆位置、地形地貌等因素的影响,不同海域的自然环境,如气候、水文、动植物等存在地域差异,从而导致海洋自然旅游资源具有地域性。如热带、亚热带海岸特有的红树林景观,海口市东寨港国家级自然保护区的红树林分布在整个海岸浅滩上,千姿百态,气势磅礴,涨潮时分,茂密的红树林树干被潮水淹没,只露出翠绿的树冠随波荡漾,成为壮观的"海上森林";我国北方和南方海滩类型存在差异,北部有许多淤泥质海滩,沙滩松软,海滩面积广阔,而南部多基岩海滩,沉积物比较少,海水看上去更清澈;海蚀地貌和岛屿景观受到不同海蚀作用和地质作用,形成各具特色的景观,海蚀地貌包括海蚀崖、海蚀台、海蚀穴、海蚀拱桥、海蚀柱、海蚀窗等类型,岛屿可分为大陆岛、冲积岛、火山岛和珊瑚岛等多种类型。

(五)空间多维分布

(1)按照东西与海岸线垂直区域分析可分为海域区和海滨区。海域区资源包括渤海、黄海、东海、南海四大海区的近岸海域,以及分布于其中的海岛资源及周围海域,适合于开发海岛观光、度假、沙滩休闲活动、水上运动(冲浪、帆船航行等非机动化水上运动和摩托艇、滑水、飞机牵引滑水等机动化水上运动)、滨海垂钓与赶海,无装备潜水(尤其在珊瑚礁海域)等海洋旅游产品。海滨区资源主要是指沙滩、海蚀地貌,沿海山岳、滨海岛屿等滨海地貌景观,潮汐、海浪等水文景观,海市蜃楼、海上日出日落等滨海天文气象,以及海洋性气候地区,受海洋的影响,空气中的负离子含量较多,对于减轻疲劳、愉悦身心等具有积极作用。海洋自然旅游资源主要分布在沿海地区11个省、(区、市),53个沿海城市中的231个沿海区、县、地级市中。

(2)按照南北与海岸线平行区域分析可分为环渤海海洋旅游区、长江三角洲海洋旅游区和泛珠江三角洲海洋旅游区。环渤海海洋自然旅游区分布于渤海海域和黄海北部海域,涵盖辽宁、河北、天津、山东4个省市,以大连、秦皇岛、天津、青岛等沿海旅游城市为旅游中心,以辽东半岛、山东半岛为核心旅游发展腹地,并分布有长山群岛和庙岛列岛等岛屿。长江三角洲海洋自然旅游区分布于黄海南部海域和东海海域,涵盖江苏、上海、浙江3个省(市)的滨海城市,以上海市、杭州市、宁波市为旅游中心,并分布有台湾岛、崇明岛、海坛岛、东山岛、金门岛等岛群。泛珠江三角洲海洋自然旅游区分布于南海海域和东海南部海域,涵盖福建、广东、广西、海南4个省市,以厦门市、广州市、深圳市、海口市、三亚市为旅游中心,分布有厦门岛、玉环岛、洞头岛和舟山群岛、南日群岛、澎湖列岛,以及海南岛、东海岛、上川岛、下川岛、大濠岛、香港岛、海陵岛、南澳岛、涠洲岛和万山群岛。

(六)可重复开发性

与其他资源不同,绝大多数海洋自然旅游资源,在合理规划与适当开发的基础上具有可持续利用性。海洋生态系统的生产力相对于人类的开发能力来说是无比巨大的,而且,由于海洋自然旅游资源的不可移动性,旅游者在旅游活动中只能带走对海洋自然旅游资源的美感享受与体验,如冲浪、垂钓、潜水等以海水为依托开发的海洋旅游产品,在其生命周期内,可以接待一批又一批的旅游者。如果处理得当,对海洋自然旅游资源还具有保护作用。因为,海洋自然旅游资源开发所带来的经济效益会为海洋自然旅游资源的保护提供经济支持。当然,也不排除开发不当对海洋自然旅游资源造成破坏的可能性。

(七)高度的参与性和广泛的适宜性

海洋自然旅游资源可以提供众多的活动,如海岛观光、度假、沙滩休闲活动、水上运动(冲浪、帆船航行等非机动化水上运动和摩托艇、滑水、飞机牵引滑水等机动化水上运动)、滨海垂钓与赶海,无装备潜水(尤其在珊瑚礁海域)等。这些项目无不具有高度的参与性,旅游者不仅要身临其境,而且要通过学习、培训掌握一定技能才能进行,许多项目都具有刺激性和挑战性,更能引发旅游者的兴趣。另外海洋自然旅游项目广泛适宜各种旅游者。由于海洋自然旅游资源丰富多样,产品类型多,因此可以开展多种多样的旅游活动,可以适应不同游客的不同需求,是一项有着广泛适宜性、老少皆宜的旅游活动。

(八)促进身体健康

利用海洋媒介开展旅游活动,对人们的身体具有明显疗效。由于海水比热系数大,海滨气候适宜,气温变化不大,能够使人体内的代谢稳定,内脏负担均衡,对人体健康起着稳定作用。海水中含有多种元素,对某些细菌和病毒有很强的抑制作用。海水浴加日光浴对皮肤等疾病有一定疗效。海浪的冲击能够产生大量的负离子,这种含有负离子的空气,具有镇痛、催眠、止咳、降压、减轻疲劳等作用,使人心旷神怡,对健康大有益处。

第二节 海洋自然旅游资源开发利用与管理

对于人类来说,大海壮丽而又神秘。尤其是对于生活在内陆地区的居民来说,海洋和滨海风光有着无穷的魅力。当人们的审美不断提升,经济与社会发展达到一定水平之后,工业化和城市化使人们的生活方式,尤其是时间的支配方式发生了重大变化。第二次世界大战之后,海洋自然旅游资源的开发利用在发达国家和地区开始兴起。18世纪中期,世界上第一个以疗养为主要功能的滨海旅游城镇——布莱顿出现在英国首都伦敦的南部。这座由最初著名的医生海水疗养而起源的滨海旅游城镇，发展到今天，不仅以其优越的旅游设施和深厚的传统文化闻名于世界，并且以开放天体浴场的前卫观念跻身世界最浪漫海滩的行列。

波澜壮阔的海洋是人们永恒的向往，而滨海地区更有着发展旅游业的优越自然条件，其温暖宜人的气候、和煦明媚的阳光、清新舒适的空气、柔软细润的沙滩、蔚蓝洁净的海水对旅游者构成了很强的吸引力。20世纪80年代后，滨海旅游业已成为世界上发展最为迅速的朝阳产业。除了早期开发的地中海沿岸、波罗的海和南部欧洲等传统滨海地区之外，一大批新的滨海旅游地区，如加勒比海地区，大西洋沿岸，夏威夷的海滨、海滩、海岛等，都成为著名的世界级海洋旅游度假胜地。据统计，海滨旅游的游客在德国占全国总人口的50%，在英格兰占全国总人口的70%，在比利时占全国总人口的比例更高达80%。

中国海洋旅游的蓬勃兴起和快速发展是在改革开放后，随着经济的发展，在国家积极发展旅游业的大环境下，一些具有滨海旅游资源的城市开始重视海洋旅游资源的开发，如青岛、厦门、海南等地区兴起，于20世纪90年代开始在我国得到蓬勃发展（罗少玉，2016）。"十一五"期间，国家旅游局将重点推动"热带、亚热带滨海度假地建设"和"滨海、高尔夫、滑雪、温泉等产品的开发和服务设施建设"，引导形成"分时度假、游艇俱乐部等新的旅游业态"。"十二五""十三五"期间，规划指出科学规划和开发滨海、海岛等旅游资源，因地制宜打造各具特色的滨海黄金旅游带，大力推进大连、天津、青岛、厦门、深圳、三亚等滨海城市海洋旅游资源开发，推进滨海度假、邮轮经济、游艇基地等建设。目前，我国沿海地区现有滨海旅游景点1500多处，滨海沙滩100多处。按资源类型对273处主要景点进行划分，其中有45处海岸景点、15处主要的岛屿景点、8处奇特景点、19处比较重要的生态景点、5处海底景点、62处比较著名的山岳景点以及119处比较有名的人文景点。截至2020年12月，全国有45家国家级旅游度假区，其中有17家在滨海城市。

目前，我国共有海滨旅游景点12 000多处，成规模的海滨沙滩100多处，海水浴场占用海岸线约870km，面积达250km^2。中国海洋旅游产业迅速崛起，海洋旅游资源开发逐渐由滨海转为海湾、海岛，由近海向远洋，由海面发展到海空与海底，逐渐形成海陆统筹、联动发展的空间布局。

一、海洋自然旅游资源开发的原则

对旅游资源进行合理分类，能够让我们更好地认识资源、利用资源，更好地对旅游资源进行规划与评价，避免对资源造成浪费和破坏。

海洋旅游活动主要集中于特定的地点，即带状的海滨和独立的海岛。这些海滨与海岛资源是多样的，同时也是脆弱的。基于海洋休闲旅游资源的这一特点，我们在发展旅游业、开发旅游资源时，应当遵照下列规范和原则，以达到合理利用资源的目的。

（一）保护生态环境原则

随着20世纪60年代现代旅游逐渐兴起，生态环境良好和旅游资源丰富的地区成为旅游者的首选目的地。但是，大量游客的涌入以及旅游资源的开发利用，也为这些地区带来了资源消耗、环境污染等一系列的问题。

海洋自然旅游资源是稀缺的、脆弱的,而且大多数是不可再生的,一旦其遭到破坏就很难恢复。因此,在对海洋自然旅游资源进行开发利用时要正确处理保护与开发之间关系,在开发过程中不能只注意近期经济效益,而忽视长远的环境效益。在开发利用海洋自然旅游资源中坚持以保护为主,在保护中开发,维持海洋生态系统中各要素的协调和有序,以保证海洋自然旅游资源的永续利用和可持续发展。

(二)市场导向原则

市场导向原则是指通过市场研究,预测客源市场的需求和发展趋势,以最大限度满足目标市场的需求为目的,对旅游资源进行开发。海洋自然旅游资源的开发须以旅游市场的需求变化为依据,以最大限度满足旅游者的需求为标准。随着市场的变化而选择开发重点,减少开发的盲目性。我国的海洋旅游正处于起始阶段,与世界著名的海滨旅游度假区相比,在基础设施和旅游设施建设、人员素质、区位条件等方面还缺乏竞争力。在海洋自然旅游资源开发前,一定要进行充分的市场分析和调查及项目可行性研究,准确把握市场需求及其发展趋势,结合各地资源特色,有针对性地开发出能够满足旅游者的产品。

(三)竞争原则

当今的旅游市场是一个买方市场,越来越多的旅游资源和旅游目的地被开发出来,旅游市场竞争激烈。在如此竞争激烈的环境下,开发海洋自然旅游资源时要科学分析和研究竞争对手的经营状况。例如,海南国际旅游岛建设,不仅要科学分析和研究夏威夷、巴厘岛等国际知名的热带岛屿旅游目的地的经营状况,而且要分析和研究福建、广西、广东等国内沿海省市的海洋旅游发展状况,同时要分析陕西、云南等国内内陆省份的旅游发展状况,通过这些分析研究,做到"人无我有,人有我精",突出自己在资源方面的优越性和产品的独特性,避免与它们进行同质化竞争。

(四)综合开发原则

海洋自然旅游资源种类丰富,包罗万象,各具特色的自然资源通过综合开发,使吸引力各异的不同资源结合为一个整体,游客能从其中发现多种价值,从而提升海洋旅游资源的质量,在海洋旅游市场竞争中提高知名度。如大连海滨景区依山傍海,景色秀丽,气候宜人,是著名的海滨疗养、旅游和避暑胜地。其海岸线长达30多千米,海面浩瀚,岛屿、礁石矗立,气象万千。沿海海水浴场、公园、宾馆、疗养院等星罗棋布,各种特色建筑与自然风光相互融合,别有风情。

(五)突出特色原则

特色是旅游开发的核心,特色越鲜明,旅游产品和旅游地的吸引力就越大。海洋旅游日渐受到人们青睐,是因为海洋自然旅游资源与内陆的旅游资源有着较大的差异,吸引众多旅游者前来感受海洋的魅力。因此,在海洋自然旅游资源开发过程中,不仅要保护好特色,更要充分挖掘、展示特色。首先,应突出与内陆旅游资源的差异,注意深层次挖掘具有鲜明海洋特色的旅游产品,适应旅游市场不断发展的要求。其次,突出海洋的自然美,尽可能地保持自然和历史形成的原始风貌,避免进行过分的人工干预。最后,新景点的开发和新项目的建设,要力戒模仿和雷同,应选择最有优势和无可替代的海洋自然旅游资源进行重点开发,在市场上树立自己鲜明而稳固的旅游形象,能够突出自己在资源方面的优越性和产品的独特性。如法国的"蓝色海岸",拥有得天独厚的地理位置,海洋与山脉呈现出截然不同的地貌特征共存的独特景致,四季气候宜人、阳光灿烂,蔚蓝色的大海与天空连成一片。

(六)追求效益原则

海洋自然旅游资源具有多种用途,例如,一片海域既可以用来发展旅游业,也可以用来发展渔业,还可以作为自然保护区加以保护,这就存在选择的问题。究竟选择何种开发,关键取决于哪种开发所带来的效益更高。低效益的开发是不经济、不可行的。从本质上看,海洋自然旅游资源开发是一项经济活动,因此,追求经济效益无可厚非。然而,尽管海洋自然旅游资源开发的经济效益至关重要,但社会效益和生态环境效益也是不容忽视的。例如,如果当地居民不能公平地享受海洋旅游开发的成果,就会引起当地居民对游客的反感,甚至产生冲突、摩擦和矛盾,这样的开发必将是非持续的。没有社会效益和生态环境效益的海洋自然旅游资源开发,迟早也会失去经济效益。因此,坚持经济效益、社会效益和生态效益的和谐统一,是海洋自然旅游资源开发必须坚持的基本准则。

二、海洋自然旅游资源的开发利用

海洋旅游的内容包括在海滨、海面、海底、海岛、海空、航海、海洋极地的各种旅游休闲现象,海洋自然旅游资源的开发涉及海上运动、邮轮游艇旅游、海洋主题公园、度假村休闲、海岸生态旅游等许多业态。随着人民生活水平不断提升和旅游消费升级,各类海洋旅游新业态快速发展和创新突破。结合海洋旅游活动形式,对海洋自然旅游资源的开发利用分别从海滨、海面、海底、海岛、海空、航海、海洋极地等方面进行梳理。

(一)滨海旅游资源开发

目前,世界中低纬度滨海地带多是旅游的热点地区,各国都很重视对滨海旅游资源的开发。在地球上,将海洋和陆地分隔开的曲折的线,就是海岸线。全世界的海岸线长达44万km,我国的大陆海岸线长为18 000多千米。我国面积大于$500m^2$的岛屿有6500多个,岛屿岸线有14 000余千米。在海岸,海洋和陆地互相接触并相互作用,巨大的海浪撞击着海岸,在海浪冲刷下,海岸形成奇异多姿的地貌,构成了宜人的滨海风景;在热带和亚热带,有珊瑚虫的造礁作用形成的风光旖旎的珊瑚礁海岸,繁茂葱郁的红树林延绵数千里形成平静的红树林海岸。海潮是最壮观的海景,涌潮达到10多米高向岸边排山倒海、铺天盖地涌来,拍打在岸边山崩地裂、轰鸣如雷,带来听觉和视觉的双重冲击,场面异常壮观。

滨海地区的自然资源主要是"4S"[阳光(sun)、沙滩(sand)、海水(sea)、海鲜(seafood)]及其他景物构成的综合景观,适宜消暑度假、休息疗养和游览观光。滨海地区的资源开发主要依赖滨海自然风光和名胜古迹及海水浴场等旅游资源,传统项目与现代生活方式相结合,活动形式种类繁多,如沙滩上观海、日光浴、沙滩运动、海洋主题公园旅游、海洋度假村休闲度假等。位于澳大利亚布里斯班北部海岸的"阳光海岸",沙滩总长140km,沙质细软。海岸腹地有青葱的热带雨林、清澈的瀑布和美丽的棕榈丛及热带果园。"阳光海岸"的自然景观开发主要有堤瓦彩色沙滩、路拉国家公园、库路托巴湖、梅尔布顿瀑布国家公园、玛丽山谷等。此外澳大利亚大堡礁是世界上最大最长的珊瑚礁群,拥有2000多个珊瑚岛,围绕着不计其数的珊瑚虫和藻类,吸引了1500种热带海洋生物游弋其中。为欣赏五彩斑斓的珊瑚和鱼类,可以乘坐透明的观光船置身海中,也可以乘坐潜艇或者潜水与海里的鱼虾共舞;还可以乘坐直升机盘旋于空中,一览珊瑚岛的全景;此外,可以乘坐渔船出海海钓,在钓鱼的过程中既能体验航海的乐趣、欣赏海洋美景,还能品尝海洋里的美味佳肴。属于亚热带气候的夏威夷,由于太平洋的调节,这里夏无酷暑,冬如仲春,雨量丰富,阳光充足,一年四季都可以开展各项休闲活动,如海水浴、日光浴、潜水、冲浪等。我国也十分重视滨海旅游资源的开发,如大连滨海景区,景区依山傍海,景色秀丽,气候宜人,其中位于南部的傅家庄,山、海、岛、礁俱全,环境清幽。景区内开发了黄海明珠、彩虹浮水、浴场之夏、蚌池鹤影、东湖之春、金沙景观、冷水茶社、空中索道八大景点。在大连海滨景区东南开发了一个海滨公园——老虎滩公园,园内雪松参天,花坛遍地,座座凉亭散落万绿丛中,镶嵌在蜿蜒起伏的海边,退潮时可在海滩或礁石上捡到些五彩缤纷的贝壳,海水浴场水清见底,既可游泳,又可捕鱼。

(二)海面旅游资源开发

在海面上能够开发的旅游项目主要有海上垂钓、潜水、冲浪、帆板运动等,其中普遍为海面体育娱乐活动。

(1)海上垂钓。海钓既是高雅的休闲活动,也是高度刺激又富有乐趣的竞技运动,欧美发达国家已有上百年的发展历史,与高尔夫、骑马、网球并列为四大贵族运动之一。海钓旅游以海洋为环境,以海洋鱼类为猎物,在钓鱼的同时又能体验航海乐趣、欣赏海洋美景、品尝海鲜美食,是一项综合型的海洋旅游项目,具有较强的海洋特征。海钓旅游是一种运动,海钓的过程中要进行攀岩、登山、航海、游泳等体力活动,还要背着沉重的装备徒步行走,是一项非常锻炼身体和磨炼耐性的运动项目。海钓要求参与者亲身参与航海、钓鱼等活动,游客通过参与这些活动获得新奇、刺激的体验。

(2)潜水。潜水旅游既能锻炼身体,又能饱览瑰丽绚烂的水下世界,备受旅游者的喜爱。潜水旅游的好去处多集中在海洋生物丰富的亚热带和热带浅海海域,尤以拥有珊瑚礁的海域为佳。澳大利亚的大堡礁是潜水旅游者的首选,澳大利亚政府将其辟为受特别保护的国家海洋公园,能见度可达水下15m。其他如泰国的普吉岛、马来西亚的槟榔屿、美国夏威夷、我国三亚的西沙群岛等都是上佳的潜水旅游地。

(3)冲浪。冲浪是以海浪为动力,利用自身的高超技巧和平衡能力搏击海浪的一项运动。运动员站立在冲浪板上,或利用腹板、跪板、充气的橡皮垫、划艇、皮艇等驾驭海浪。冲浪作为竞技运动在中国的发展尚不成熟,但大众冲浪运动发展潜力巨大。

(4)帆板运动。帆板是一种介于帆船和冲浪板之间的新兴水上运动器械,借助风力可在海上滑行前进。帆板运动有兼具灵巧和刺激的特点,深受大众喜爱。

(三)海底旅游资源开发

海底旅游可以游览海底奇景,观赏千奇百怪的鱼类及景物,探索海底秘密,满足旅游者猎奇、刺激的心理需求。

海底旅游的形式主要分为观光潜水艇和水下海洋馆。

(1)观光潜水艇。潜水艇分为闭合式潜水艇和开放式潜水艇。闭合式潜水艇中的游客从头到脚都在艇内活动,不与海水接触,例如韩国"海底观光船"潜水深度可达75m,可容纳3名乘务员和47位游客;法国科梅克斯公司建造了一艘微型潜水艇,可运载40多名游客潜入80m深的海底游览。敞篷式潜水艇的上身宛如一部水下敞篷汽车,第一台敞篷式潜水艇是由意大利两位专家研制的,这种敞篷潜水艇潜水深度40m,驾驶员和乘客完全置身在海洋中,需要穿一身特制的衣服才能下到海底游览。

(2)水下海洋馆。美国佛罗里达州在海滨博拉博拉环礁湖水下9m处建造了世界上第一家"海底酒店",酒店长约20m,宽约10m,高约8m。旅客乘舟入海,登上浮筒,潜水进入酒店,海底生物奇观尽收眼底。新加坡圣淘沙海洋馆是全球最大的海洋馆之一,游客可以通过海底隧道和观景窗观看海底世界。

(四)海岛旅游资源开发

海岛旅游是海洋旅游中最受人欢迎的出行选择,也是全球旅游产业中发展速度最快的业态之一。海岛既有内陆的旅游特点,又兼顾海洋旅游特性,能够满足游客娱乐观光、休闲度假、健康养生、回归自然等多种需要。海岛旅游资源和旅游产品均依托海洋和海岸带而存在,如海岛地貌、海岛气候气象以及海岛生物资源等,海岛旅游最具吸引力的就是海洋特性。海岛生态环境脆弱,要求在海洋自然旅游资源开发利用中要特别注意生态环境的保护(孙静和楚英英,2020)。

海岛自然旅游资源项目主要包括海岛生态观光、海岛休闲度假、海岛康体运动、海岛主题旅游。

(1)海岛生态观光。海岛奇特秀丽、景色迷人,这里拥有沙质细腻的海滩、怪石奇礁,石奇洞幽,不但能欣赏到海豚戏水和鲸鱼跃出海面的壮观场面,还能看到海市蜃楼等奇特景象。

(2)海岛休闲度假。海岛具有宜人的气候,一般以海洋性气候为主,冬暖夏凉,光照充足。海洋性气候有利于开展休闲度假旅游,与大陆相比,夏无酷暑,冬如仲春。海岛与海滨地区相比,海岛与大陆隔绝,使海岛有远离繁华、脱离世俗的感觉,让人不由自主放慢脚步。

(3)海岛康体运动。海岛地区具有环境优美、空气湿润、气候宜人、紫外线充足、气温温差小、空气中富含负离子与微量元素等特点,对人体健康十分有益,非常适合身体的疗养。利用海岛天然的气候资源与海水资源,开辟日光浴场,设置躺椅、遮阳伞等休闲设施;部分海岛分布着海洋温泉资源,开辟温泉疗养中心,面朝大海,泡汤养生;还有许多新颖的理疗方法,如海藻疗法、海泥疗法。海岛上可以开发高尔夫球场和环岛骑行绿道,是充满绿色、阳光和挑战的休闲运动;海岛周围的海面可以发展游艇、帆船、摩托艇、潜水、冲浪、海钓、游泳等旅游形式。

(4)海岛主题旅游。海岛主题旅游产品主要包括国家海洋公园、水族馆。国家海洋公园是为保护特定的海洋资源划定的有特殊保护、管理和利用的区域,通过适度的开发和有效保护,达到既保护生态系统完整性,又能为游客提供游玩场所的目的。科学进步与信息化社会的发展使得人们对海洋的认识需求不断深化,海岛旅游区可根据当地条件,在海岛建立水族馆,将海底的鱼类、贝类、海上鸟类等分门别类地饲养在一起,供游客参观。

(五)海空旅游资源开发

海岛空中观光是指利用飞行器进行海岛空中观光和运动体验的新兴旅游项目。可在海岛上设置空中观光基地,配备观光用直升机、水上滑翔机、动力伞、热气球等飞行器,承载游客从空中鸟瞰海岛风光,开展独具魅力、充满挑战的海天立体游玩活动。

(六)航海旅游资源开发

航海旅游是指旅游者乘坐豪华邮轮进行的海洋旅游。邮轮旅游产品是满足旅游者在旅游活动过程中精神、文化、生活需求的物质实体和非物质形态服务的各种要素的组合,它以邮轮为载体,并且以邮轮本身和邮轮线路为典型和传统的市场表现形式(郑慧,2009)。邮轮不只是一种运送旅客海上观光游览的交通工具,更是一种海洋休闲度假的综合服务平台。邮轮和其他休闲旅游业的本质区别在于邮轮既是一种交通方式,又是一个旅游目的地。在豪华游船上,一般都设有商店、按摩室、酒吧、娱乐室、健身房、图书馆、电影院等。此外,邮轮是一个"移动的五星级酒店",每个船舱还配有先进的视听设备、独立浴室以及各种使用方便的生活用品等,因此与传统的国际旅游相比,游客不需要拎着行李从一个景点奔波到另一个景点。可以将行李放在邮轮客房里,到达目的地后下船观光。

目前,全球十大邮轮旅游路线有地中海航线、加勒比海航线、阿拉斯加航线、波罗的海航线、东南亚航线、南极航线、日韩航线、北欧北极航线、南美洲航线和夏威夷航线。

(七)海洋极地旅游资源开发

两极以神奇的冰雪风光吸引着全球游客,能目睹流动的冰山和壮观的峡湾,可以就近观赏企鹅、海豹、鲸鱼、北极熊和各种海鸟,可以参观科考站、滑雪、潜水和冰海划舟等。南极旅游以乘船为主,旅游的线路主要分为东线和西线:东线一般经澳大利亚、新西兰和南非前往东部南极大陆;西线一般从南美洲南部的港口城市乌斯怀亚出发,横渡德雷克海峡前往南设得兰群岛或在此线路的基础上增加观光岛屿。前往南极点或进行南极徒步旅行一般是搭乘飞机抵达联合冰川后再飞至南极点。北极旅游较便捷的线路是游客乘坐飞机飞往芬兰赫尔辛基后转飞至挪威奥斯陆,再飞至斯瓦尔巴群岛、冰岛或格陵兰岛。游客前往北极点可选择乘坐破冰船或飞机,从摩尔曼斯克出发,经巴伦支海至北极点,途中会在法兰士约瑟夫地群岛登陆;乘坐飞机可从挪威斯瓦尔巴的朗伊尔宾飞至北极点附近的巴厄诺冰雪帐篷考察站,再转乘直升机至北极点(唐荣等,2018)。

三、海洋自然旅游资源的管理

（一）强化思想认识，提高人文素质

实现海洋自然旅游资源优化配置，促进海洋旅游发展的关键是要对旅游资源管理进行体制和法律法规的约束，但是海洋自然旅游资源管理仅靠法律法规来强制执行是远远不够的，管理不当会出现适得其反的效果，反而不利于旅游资源的管理。拥有良好的思想认识和人文素质才是海洋自然旅游资源管理的重要保障。一方面，要提高旅游管理部门工作人员的思想重视，例如旅游服务业排污是目前三亚湾海水污染的主要原因，相比亚龙湾和海棠湾在开发之初就规划建设了较为完备的排污配套设施，在污水的处理上做得不够好。另一方面，加强对管理人员海洋资源专业知识和技能的培训，争取与国际海洋旅游管理接轨。再者，对海洋旅游者宣传旅游资源保护的意义，促使海洋旅游资源得到持续利用（吴雪莹，2006）。

（二）制定配套法律法规，健全海洋环境管理体系

海洋生态环境脆弱，容易遭到影响和破坏。随着经济水平的提高，人们对于旅游产品的需求越来越高，许多传统旅游模式已不能满足人们的需求，促进旅游产品形态更加趋向于多元化。海洋旅游作为一项新兴的旅游形式，在旅游产品、旅游地点、旅游方式等方面具有新鲜感和吸引力，深受人们追捧，越来越多的海洋自然旅游资源为满足旅游者的需要被开发利用。但部分海洋旅游地在建设过程中无序的开发，没有进行科学合理的可持续发展规划，致使海洋旅游生态环境被破坏。2017年底被中华人民共和国环境保护部紧急叫停的海花岛、日月湾等填海造地事件，致使海域岸线的自然生态风貌被破坏，大面积珊瑚礁和白蝶贝受损。

我国的海洋旅游发展起步较晚，经验也不够丰富，大多是借鉴国外海洋旅游管理的成功经验，在旅游管理方面的法律法规和海洋管理体系不够健全。完善的法律法规和制度体系是海洋自然旅游资源管理的重要保障，也是促进海洋旅游发展的关键。因此，相关部门必须尽快出台适应我国海洋自然旅游管理的法律法规，明确管理目标与责任，监督检查海洋生态环境保护的执行情况和实施效率，坚决制止那些高投入、高污染、高消费项目的开发和建设，严格控制海洋生态旅游活动的强度、规模和范围，从而促进海洋旅游有序、顺利发展。

（三）综合运用行政手段，落实海洋环境管理

（1）政府海洋行政管理部门是海洋环境保护的责任主体，对辖区海洋环境的保护负有主要责任，要坚持"政府引导，各方参与，职责到位，市场运作"原则，积极研究编制海洋环保发展规划与重要海域环境整治修复计划，增强监测装备，培养技术人才，充分发挥公共管理核心主体的职能。

（2）从实施环境影响评价制度入手，采取更为严格的环境保护和管理对策。环境影响评价制度是在旅游规划的编制阶段，主要是对旅游开发、经营和消费活动可能引起的环境影响进行科学分析、预测和评价，从而落实环境承载力和环境容量管理，为旅游景区和旅游项目的保护性开发提供科学决策的依据，并对实施环境管理提出标准和具体要求。对与海洋生态旅游相关的一些项目,如设立旅游观光区、开发相关旅游资源、划分自然保护区域、防治污染和生态建设方案等,都必须建立起环境影响评价制度。在对海洋旅游资源环境全面普查的基础上,实际调查和评估海域、海滨和海岛的环境容量,从而明确旅游开发区和旅游项目的环境目标要求,选择确定合理的旅游开发模式,保证海洋生态旅游中环境质量的高品位和原生态特点。

(四)强化科学技术手段,改善海洋生态环境

首先,海洋生态旅游战略管理的科学决策,离不开现代高新技术手段的运用,包括遥感技术、地理信息系统、虚拟技术以及信息网络技术等。如利用遥感技术服务于海洋生态旅游环境保护,可以对大面积的海洋生态旅游资源进行监督检查,对海洋环境状况进行周期性监测等,以便及时了解海洋资源的污染和破坏情况,进而采取相应的防范保护措施。地理信息系统在海洋生态旅游的发展中也有广泛的应用前景,可以存储、查询、显示各种海洋自然旅游资源信息,并能为海洋生态旅游管理、决策、规划等提供可靠的数据信息支持。虽然现代高新技术在海洋生态旅游及其环境管理中正在发挥着越来越重要的作用,但是,从总体上看,目前我国海洋生态旅游的科技投入仍然很少,海洋旅游环境保护技术的研究和应用还处于初级阶段,高新技术介入程度不高。海洋生态旅游的环境保护技术仍具有广阔的发展空间,应加大海洋生态旅游科技投入,依靠高新技术实现海洋自然旅游资源开发利用与环境保护的协调发展。

其次,在海域、海滨、海岛的生态环境管理中,一些环保技术的应用也是必不可少的。如利用生态技术治理生态旅游造成的某些污染问题。采用污水处理技术,在景区建立小型污水处理系统,避免污水排放到大海;采用新型生态环保材料进行景区景点和基本设施建设;在绿色能源利用方面,充分开发利用旅游区的太阳能和潮汐能资源;等等。

(五)加强旅游危机管理,降低突发事件危害

海洋旅游危机管理是指政府或其他社会公共组织通过监测、预警、预控、预防、应急处理、评估、恢复等措施,预防可能发生的海洋旅游危机,处理已经发生的危机,以减少损失,保护公民的人身安全和财产,维护社会和国家安全。由于海洋旅游地理条件的特殊性,以及海洋环境中存在着许多不确定的自然因素,使得海洋旅游存在遭遇突发事件的可能性,安全问题十分突出,在遇到突发事件时,海洋旅游的应对能力十分薄弱。2004年12月26日,印度洋发生海啸事件,这场突如其来的灾难给印度尼西亚、斯里兰卡、泰国、印度、马尔代夫等国造成巨大的人员伤亡和财产损失,也给各国政府的危机管理提出了严重挑战。

面对突发事件,海洋旅游管理者要具备危机管理能力。旅游管理者要加强安全管理,必须建立一个规范的、全面的海洋旅游安全系统,该系统应该包括海洋旅游安全政策法规系统、海洋旅游安全预警系统、海洋旅游安全控制系统、海洋旅游安全施救系统以及海洋旅游安全保险系统等。此外,海洋旅游者要具备安全意识,预先了解旅游目的地自然状况,旅游活动前熟知安全防范与应对危机的方法。

主要参考文献

罗少玉,2016.我国滨海旅游业串联型趋势预测模型及应用[D].江门:五邑大学.

孙静,楚英英,2020.海岛旅游开发问题与对策研究[J].绿色科技(15):199-201.

唐荣,李萍,刘杰,等,2018.极地旅游发展研究[J].海洋开发与管理,35(6):26-29.

吴雪莹,2006.黑龙江省旅游产业发展的对策研究[D].哈尔滨:哈尔滨工程大学.

郑贵斌,2002.海洋新兴产业发展研究[M].北京:海洋出版社.

郑慧,2009.基于中国旅游者需求的邮轮旅游产品开发对策研究[D].青岛:中国海洋大学.

第九章　海岸带综合保护与利用规划

第一节　海岸带综合保护与利用规划含义

海岸带综合保护与利用规划（以下简称规划）是国土空间规划时期实现土地利用规划、城乡规划、海洋主体功能区划"多规合一"的重要专项，是省、市级国土空间总体规划的补充与细化，在省、市国土空间总体规划确定的主体功能定位以及规划分区基础上，统筹安排海岸带保护与开发活动。海岸带规划批准后，将统一纳入同级国土空间基础信息平台，叠加到国土空间规划"一张图"中，对该省、市统筹海岸带资源优化配置、提升陆海经济发展保障能力、发展蓝色海洋经济带具有重要意义。

第二节　我国海岸带相关规划的发展历程（林静柔等，2021）

一、海岸带综合管理理念形成阶段（2004 年以前）

1972 年 10 月 27 日，美国国会颁布了《海岸带管理法》，从此海岸带综合管理（integrated coastal zone management，ICZM）作为一种正式的政府活动得到实施，标志着海岸带综合管理的开始（张灵杰，2001）。1992 年，联合国环境与发展会议批准的《21 世纪议程》正式提出了海岸带综合管理的具体内容，沿海国家同时承诺对其管辖的沿海及海洋环境进行综合管理和可持续发展（Gibson，2003）。此后，海岸带综合管理成为世界各国广泛接受的海岸带管理理念和方法，用于开展本国海岸带区域的综合管理。

相比于发达国家，我国的海岸带管理和规划起步较晚，在 1979 年开始的全国海岸带和海涂资源综合调查过程中，我国提出了制定《海岸带管理法》，是我国首次提出"海岸带管理"的相关概念；1985 年颁布的《江苏省海岸带管理暂行规定》和 1986 年颁布的《上海市滩涂管理暂行规定》是我国最早的地方性海岸带法规。1994—2000 年，我国政府与联合国开发计划署等合作，在厦门市、防城港市、阳江市海陵湾、海南省清澜湾等地先后进行了海岸带综合管理的实践探索，海岸带综合管理的理念逐渐得到深化与认同。

二、海岸带规划初步探索阶段（2004—2016 年）

自 2004 年起，沿海省市陆续探索开展海岸带规划的编制。2007 年印发的《山东省海岸带规划》是国内首个以省为单元编制的海岸带规划,对陆域地区的开发建设进行空间管制指引;2009年,国家海洋局下发了《关于开展海岸保护与利用规划编制工作的通知》(国海管字〔2009〕97号),全面开展"海岸保护与利用规划"编制工作,同时印发了《海岸保护与利用规划编制技术方案》作为指导规划编制的依据。当时的海岸保护与利用规划定位为海洋功能区划的一个配套制度,是海洋功能区划在海岸部分的进一步量化和具体化,规划的核心内容为"科学确定岸段开发强度、开发利用方向和保护要求,建立以海岸开发空间管制为核心的管理机制"等。2012年《全国海洋功能区划(2011—2020年)》印发实施后,海岸带保护与利用规划工作未持续推进。

2013年后,辽宁省、海南省、广西壮族自治区、福建省、青岛市等沿海地区相继进行了海岸带规划的实践探索。辽宁省与福建省的海岸带规划根据资源环境承载能力、现有开发强度和发展潜力,对海岸带空间实施功能分类管制,划分了港口物流、城镇建设、工业开发、农业渔业、旅游休闲和生态保护六大板块。海南省则将海岸带保护与开发纳入全省的"多规合一"蓝图。这一时期的海岸带规划处于摸索实践阶段,没有统一的标准和编制要求,编制单位从城市规划或海域使用管理的角度出发,编制成果侧重陆域空间管控或海域管控,差异较大。这些地方规划的探索,为在全国范围内全面推进海岸带规划提供了宝贵的经验。

三、海岸带规划陆海统筹编制阶段(2017—2018年)

2017年3月实施的《海岸线保护与利用管理办法》提出建立严格保护、限制开发和优化利用三类管控岸线。从这一阶段起,海岸线资源管控成为海岸带规划必不可少的核心内容,海岸带规划也开始向陆海统筹协调发展的目标推进。2017年10月,广东省印发了全国首个海岸带综合保护与利用总体规划,提出构建"一线管控、两域对接、三省协调、生态优先、多规融合、湾区发展"的总体格局,为全国开展海岸带综合保护与利用规划的编制工作提供可推广的模式和经验。2017年12月,国家海洋局在广东省首批试点的基础上,出台了《关于开展编制省级海岸带综合保护与利用总体规划试点工作的指导意见》,明确开展省级海岸带规划试点工作,对海岸带规划的内容进行了极大的补充,在原有空间层面的基础上增加了资源利用、生态环境和产业发展等内容。

同一时期,部分城市也持续探索海岸带规划编制。2017年惠州市海岸带规划中增加了海岸带生态保护、水环境保护、海岸带建设后退管制、景观系统管制、公共空间管制等生态和城市规划内容,体现了陆海协调的综合性。2018年深圳市海岸带规划率先划定陆海一体化单元,推进岸段陆海协同发展,为详细规划的开展提供了抓手。在法律法规方面,2017年《福建省海岸带保护与利用管理条例》公布,这是我国大陆沿海省份第一部规范海岸带保护与利用的地方性法规,并率先建立了由海洋与渔业行政主管部门牵头的海岸带综合管理联席会议制度。

四、国土空间规划阶段(2019年至今)

自2018年国家机构改革后,自然资源部组建,我国的海洋空间规划由国家海洋局管理时代逐步迈入由自然资源部统一管理的国土空间规划时代,同时海洋经济由高速发展向高质量发展迈进，这对我国海岸带地区的陆海统筹管理提出了更高的要求。2019年5月印发的《中共中央 国务院关于建立国土空间规划体系并监督实施的若干意见》构建了"五级三类"统一的国土空间规划体系，并明确提出编制海岸带等专项规划，自此海岸带规划作为专项规划在当前的国土空间规划体系下开启新一轮的征程。

2021年7月，自然资源部办公厅印发了《关于开展省级海岸带综合保护与利用规划编制工作的通知》（以下简称《通知》），标志着全国省级海岸带专项规划的编制工作全面开展。《通知》明确了海岸带规划作为专项规划，是对国土空间总体规划的补充和细化，需在国土空间总体规划确定的主体功能定位及规划分区的基础上，统筹安排海岸带保护和开发活动，并有效传导到下位总体规划和详细规划，切实发挥海岸带规划对总体规划的辅助支撑作用。同时，《省级海岸带综合保护与利用规划编制指南（试行）》（以下简称《编制指南》）的出台，对省级海岸带专项规划编制的具体思路和编制内容进行了指导与规范。

在当前的新形势下，自然资源部明确不再新编制和报批海洋功能区划等空间类规划，因此海岸带规划作为唯一的海洋空间类专项规划，将继承和代替原来的海洋功能区划和海岛保护规划的管控作用，同时聚焦解决海岸带地区的陆海矛盾冲突，起到对海岸带地区进行陆海统筹综合管控的作用。

国土空间规划体系下海岸带专项规划的编制要求及其与国土空间总体规划的内容对比如下。

（一）海岸带专项规划编制的要求

《编制指南》明确了海岸带规划编制的总体要求，在分析现状与需求等的基础上，提出了海岸带规划的战略和目标，并重点对规划分区、资源分类管控、生态环境保护修复和高质量发展引导等规划核心内容做了详细指引（图9-1）。同时，提出了实施基于生态系统的海岸带综合管理、规划实施保障及规划协调与传导等方面的制度建设内容。

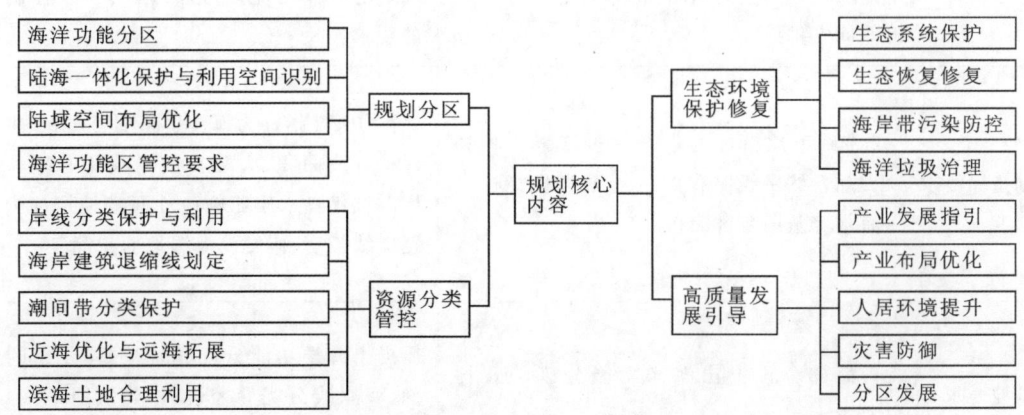

图9-1 海岸带规划核心内容框架图（据林静柔等，2021）

（二）海岸带专项规划与国土空间总体规划的对比

海岸带规划作为专项规划，是对国土空间总体规划的细化、补充和落实。总体规划优先级高于专项规划,专项规划应服从总体规划的要求。总体规划要求突出陆海空间的总体格局,专项规划针对海岸带地区的各方面内容,包含的要素全面,管控具有针对性,同时专项规划也是落实总体规划的重要抓手,为详细规划的编制提供支撑(表9-1)。

表9-1　海岸带专项规划与国土空间总体规划内容对比一览表(据林静柔等,2021)

对比项	省级国土空间规划(海洋部分)	省级海岸带专项规划
规划定位	是一定时期内省域国土空间保护、开发、利用、修复的政策和总纲,是编制省级相关专项规划、市县等下位国土空间规划的基本依据	是陆海统筹的专门安排,是海岸带高质量发展的空间蓝图;是全国海岸带规划的落实,是对省级国土空间总体规划的补充与细化
编制原则	生态优先、绿色发展;以人民为中心、高质量发展;区域协调、融合发展;因地制宜、特色发展;数据驱动、创新发展;共建共治、共享发展	陆海统筹、生态优先;底线思维、科学管控;问题导向、集约发展;目标导向、以人为本;因地制宜、突出特色
编制涉海内容	①统筹确定主体功能定位;②明确划定生态保护红线、永久基本农田、城镇开发边界三条控制线;③明确海洋开发保护空间,提出海域、海岛与岸线资源保护利用目标,明确无居民海岛保护利用的底线要求;④海洋生态修复和国土综合整治	①明确划定规划分区;②落实资源分类管控;③生态环境保护修复;④高质量发展指引
规划衔接	省级国土空间总体规划要综合统筹相关专项规划的空间需求,协调各专项规划的空间安排	海岸带专项规划要落实省级国土空间总体规划的主体功能区战略;落实三条控制线的要求
规划指标要求	2个约束性指标为生态保护红线面积和大陆自然岸线保有率;1个预期性指标为海水养殖用海区面积	4个约束性指标为海洋生态空间面积、生态保护红线面积、大陆自然岸线保有率和近岸海域优良水质比例;9个预期性指标为修复岸线长度、修复滨海湿地面积等
管控要求	涉海部分仅提出海洋功能分区的管控要求	需提出海洋功能分区、陆海一体化空间识别、海岸线分类管控、海岸建筑退缩线、潮间带分类和公众亲海空间等多项管控要求

第三节　省级海岸带综合保护与利用规划编制指南主要内容

2021年7月,为贯彻落实《中共中央 国务院关于建立国土空间规划体系并监督实施的若干意见》,有序推进与规范省级海岸带综合保护与利用规划(以下简称"海岸带规划")编制,自然资源部办公厅印发《关于开展省级海岸带综合保护与利用规划编制工作的通知》,下发《省级海岸带综合保护与利用规划编制指南(试行)》(以下简称《编制指南》)。

《编制指南》主要内容包括总体要求、基础分析、战略和目标、规划分区、资源分类管控、生态环境保护修复、高质量发展引导和规划实施保障、规划协调与传导等内容。

一、总体要求

(一)适用范围

《编制指南》规定了总体要求、基础分析、战略和目标、规划分区、资源分类管控、生态环境保护修复、高质量发展引导以及保障机制等重点内容,适用于省级海岸带规划编制。

(二)规划定位

海岸带规划是国土空间规划的专项规划,是陆海统筹的专门安排,是海岸带高质量发展的空间蓝图。省级海岸带规划是全国海岸带规划的落实,是对省级国土空间总体规划的补充与细化,在国土空间总体规划确定的主体功能定位以及规划分区基础上,统筹协调海岸带资源节约集约利用、生态保护修复、产业布局优化、人居环境品质提升等开发保护活动,有效传导到下位总体规划和详细规划。

(三)范围与期限

因地制宜确定海岸带规划范围,其中海域规划范围为省级人民政府管辖海域和海岛;陆域研究范围为沿海县级行政区(参照《沿海行政区域分类与代码》)管理陆域,天津滨海新区、上海浦东新区和不设区沿海地级市可扩展到行政管理区域,规划范围可根据陆海自然地理格局和保护开发实际确定,向陆一侧界线依据山脊线、湿地、潟湖、防护林等地理边界,或滨海第一条城市干路或滨海公路、沿海乡镇和街道行政区边界划定。陆海分界线以最新修测的海岸线为准。规划范围应满足以下要求:

(1)保证生态系统、重要资源的完整性,涵盖陆海连续分布的生态系统、重要海岸自然和人文景观资源。

(2)涵盖因受海岸侵蚀等海洋灾害直接影响区域,考虑海岸建筑退缩线管控等因素。

(3)涵盖渔业、港口、旅游、临海工业等陆海活动高度关联区域。

规划目标年为2035年,近期目标年为2025年,基期年为2020年。

(四) 编制原则

(1) 陆海统筹、生态优先。落实主体功能区战略,以资源环境承载能力和国土空间开发适宜性评价为基础,以生态保护和灾害防御为前提,统筹生态生产生活空间布局、资源供给和生态环境保护,推进基于生态系统的海岸带综合管理。

(2) 底线思维、科学管控。严守生态保护红线等控制线,确定自然岸线保有率等约束性指标,考虑典型生境分布等因素,科学划分功能区,综合运用多种手段加强空间用途管制,控制开发强度,优化产业空间布局。

(3) 问题导向、集约发展。坚持节约资源、保护环境,在资源环境约束趋紧的形势下,找准海岸带开发利用活动存在的问题,提出切实可行的政策导向、规划指标、主要任务和重点工程。

(4) 目标导向、以人为本。以满足新时代人民群众对美好生活的向往为目标,统筹考虑经济社会需求,拓展公众亲海空间,提升滨海人居环境,打造魅力生活空间,推动海岸带高质量发展。

(5) 因地制宜、突出特色。依据国家区域重大战略、区域协调发展战略、主体功能区战略定位和地区资源禀赋,在基础分析评价和专题研究基础上,突出地方特色,形成可操作、能实施的规划成果。

(五) 成果要求

海岸带规划主要成果包括规划文本、登记表、图件、研究报告、数据库等。其中文本、登记表和图件为报批材料,编制说明、研究报告和数据库为报批材料的附件。海岸带规划成果要求如下。

1. 规划文本

规划文本采用条文形式表述,文字表达应当规范、准确、简明扼要,避免论述性和说明性的叙述。

2. 功能区登记表和索引表

功能区登记表是规划文本的配套材料,与规划文本具有同等效力,应以一区一表的形式建立海岸带功能区登记表,并附对应的功能区索引表。

1) 登记表

各地根据海岸地理位置,以大陆岸线的西端或北端为起点,顺着大陆岸线走向进行逐一登记。登记表的样式见表9-2,内容包括:

(1) 序号。为登记表序列号。

(2) 名称、代码。名称叙述方法:地点、功能区类型。代码为功能区的唯一标识码。功能区类型、位置。

(3) 功能区类型按照后文表9-7、表9-8进行填写。位置为功能区中心点的经纬度。

(4) 地理范围。明确该功能区所在的具体地理范围,用文字表述。

表 9-2 登记表(样表)

序号:[　　　]

名称			代码		功能区位置图
分区类型			位置		
地理范围					
空间资源现状	岸线长度/km				
	潮间带面积/hm²				
	海域面积/hm²				
	海岛数量/个	有居民海岛		无居民海岛	
开发利用现状					
岸线类型	严格保护岸段	位置(列出岸段序号)		长度/km	
	限制开发岸段				
	优化利用岸段				
有居民海岛主体功能					功能区空间范围图
无居民海岛(名称)	生态保护区内				
	生态控制区内				
	海洋发展区内				
管控要求	空间准入				
	利用方式				
	保护要求				
	其他要求				

(5)空间资源现状。包括岸线长度、潮间带面积、海域面积、海岛数量等信息。
(6)开发利用现状。描述区域内现有开发利用基本情况。
(7)岸线类型。分别明确严格保护、限制开发、优化利用岸段位置、长度。
(8)有居民海岛主体功能。仅限区域内存在有居民海岛的填写,没有则不填。
(9)纳入生态保护区、生态控制区和海洋发展区内无居民海岛,明确各海岛功能类型。
(10)管控要求。明确空间准入、利用方式、保护要求和其他要求。

2)索引表

按照功能区类型和代码的顺序,制作索引表,建立功能区类型、代码、功能区名称、地区和登记表中序号之间的对应关系。利用类的功能区登记表应建立索引表。索引表样式见表9-3,内容包括:

(1)功能区类型。对应登记表中的"分区类型",按后文表9-7、表9-8功能类型的顺序填写。

(2)代码。对应登记表中的"代码",同类型功能区按代码顺序填写。

(3)功能区名称。对应登记表中的"名称"。

(4)地区。对应登记表中"地理范围"中关于地区的描述。

(5)序号。对应登记表中的"序号"。

表 9-3 索引表

功能区类型	代码	功能区名称	地区	登记表中序号

3. 图件

海岸带规划编制应形成规划分区图、海岸建筑退缩线位置图、典型生境空间分布图等,作为规划文本的配套图件,与规划文本具有同等效力。

4. 研究报告

研究报告是规划成果的重要组成部分,应当全面、系统地反映问题清单、专题研究等规划成果,使规划文本中每一条款的编制依据在报告中均有据可查。

5. 数据库

利用海域海岛动态监管系统,建立规划数据库,集中管理规划成果,方便成果审核和查询。各地提交的规划数据库应满足以下基本要求。

(1)提供记录功能区位置和范围的矢量图层数据。图层中所有功能区均以面状图形要素表示,且必须与登记表及文本中描述的功能区一一对应。

(2)矢量图层数据应为具有空间地理坐标的通用地理信息系统文件格式,并附坐标系、投影与比例尺说明。

(3)功能区矢量图层数据应附功能区属性数据表,表中数据项的设置应包含登记表的所有具体栏目。

(4)同时应以 Microsoft、Excel 的 .xls 格式,提供登记表数据。

规划成果纳入同级国土空间基础信息平台,叠加到国土空间规划"一张图"中。

二、基础分析

(一)基础数据收集

以海洋综合调查数据、海岸线修测数据和相关专项调查数据为基础,注重应用第三次国土调查、基础测绘和地理国情监测成果数据,结合"双评价"、生态保护红线和相关规划等成果,收集海岸带基础数据和资料。

(二)资源环境条件分析

分析海岸带土地、岸线、海域(潮间带)、海岛等空间资源的数量与质量、空间分布与结构变化、开发利用潜力等,研判海岸带空间资源变化趋势,找准比较优势和短板;分析淡水、沙滩、海洋生物资源、自然和人文景观资源等基本情况和保护要求;分析海岸带污染防控现状、存在问题和面临形势,识别海湾河口自然环境特征、入海河流与排污口排污状况,摸清问题根源。

(三)典型生境识别

基于国土空间规划生态重要性评价、自然保护地优化和生态保护红线评估调整成果,结合区域生态特征,识别区域内重要自然生境空间分布及边界,形成典型生境空间分布一张图。典型生境识别主要内容如下。

1. 识别对象

识别与划定对象主要包括海岸防护林、重要河口、潟湖、滨海盐沼、泥质海滩、砂质岸滩、基岩岸滩、特别保护海岛、珍稀濒危物种集中分布区、重要渔业资源产卵场、沙源保护海域、红树林、珊瑚礁、海草床、海藻场、牡蛎礁、特殊水文形态和地形地貌(如潮流沙脊、上升流、古森林、贝壳堤等)等典型生境。

2. 识别方法

遥感识别:选取近两年典型生境较为稳定时期的高分遥感影像(空间分辨率优于2m),通过建立遥感解译标志,采取人机交互方式,开展典型生境遥感识别,确定分布范围,技术方法详见《海岸带生态系统现状调查与评估技术导则 第2部分:海岸带生态系统遥感识别与现状核查》(T/CAOE 20.2—2020)。

现场调查:通过野外作业,开展现场和水下测量,人为量取典型生境分布范围。

资料收集:基于近三年的海岸带保护修复工程专项、红树林调查专项或其他地方专项,提取分析典型生境分布相关数据,确定典型生境分布范围。

各类典型生境分布范围识别方法如表9-4所示。

表 9-4 典型生境分布识别方法

序号	典型生境类别	识别手段	范围确定方法
1	海岸防护林	资料收集	通过林业系统收集分布范围相关数据,确定海岸防护林分布范围
2	重要河口	遥感识别+现场调查	参照《海洋生态分类标准》和《海洋生态红线划定技术指南》,根据自然地形地貌分界确定范围
3	潟湖	遥感识别	参照《海洋生态分类标准》,根据自然地形地貌分界确定范围
4	滨海盐沼	遥感识别+现场调查	T/CAOE 20.2—2020
5	泥质海滩	遥感识别+现场调查	T/CAOE 20.2—2020
6	砂质岸滩	遥感识别+现场调查	T/CAOE 20.2—2020
7	基岩岸滩	遥感识别+现场调查	T/CAOE 20.2—2020
8	特别保护海岛	资料收集	参照《海洋生态红线划定技术指南》,分布范围为特别保护海岛及其海岸线至-6m等深线或向海3.5海里内围成的区域
9	珍稀濒危物种集中分布区	资料收集	参照《海洋生态红线划定技术指南》,分布范围为珍稀濒危物种的栖息范围及迁徙通道
10	重要渔业资源产卵场	资料收集	参照《海洋生态红线划定技术指南》,分布范围为重要渔业资源的产卵场、育幼场、索饵场、洄游通道、重要增殖场等范围
11	沙源保护海域	资料收集	参照《海洋生态红线划定技术指南》,分布范围为以高潮线至向陆一侧的砂质岸线退缩线(高潮线向陆一侧 500m 或第一个永久性构筑物或防护林),向海一侧的波基面
12	红树林	遥感识别	T/CAOE 20.2—2020
13	珊瑚礁	现场调查	参照《海洋生态红线划定技术指南》,分布范围为现场核测区域与正在或规划实施生态整治修复区域叠加得到的范围,现场调查参照《海岸带生态系统现状调查与评估技术导则第5部分:珊瑚礁》(T/CAOE 20.5—2020)

续表 9-4

序号	典型生境类别	识别手段	范围确定方法
14	海草床	现场调查	参照《海洋生态红线划定技术指南》,分布范围为现场核测区域与正在或规划实施生态整治修复区域叠加得到的范围,现场调查参照《海岸带生态系统现状调查与评估技术导则 第 6 部分:海草床》(T/CAOE 20.6—2020)
15	海藻场	现场调查	分布范围为现场核测区域与正在或规划实施生态整治修复区域叠加得到的范围
16	牡蛎礁	现场调查	分布范围为现场核测区域与正在或规划实施生态整治修复区域叠加得到的范围,现场调查参照《海岸带生态系统现状调查与评估技术导则 第 7 部分:牡蛎礁》(T/CAOE 20.7—2020)
17	特殊水文形态和地形地貌(如潮流沙脊、上升流、古森林、贝壳堤等)	资料收集	参照《海洋生态分类指南》,根据自然地形地貌分界确定范围

3. 成果登记

对资料收集分析、遥感识别或现场调查后识别的典型生境分布图斑数据进行统计汇总,明确各典型生境分布位置、面积。

按省级行政区、市(地)级、县(区)级填写各类典型生境分布情况登记表(表 9-5)。

表 9-5 典型生境分布情况登记表

图斑编号①	所在区域			行政区域代码	典型生境类别	面积/长度/数量(hm²/km/个)	生态保护修复目标	备注
	省	市	县/区					
					例:红树林	**hm²	红树林及生物多样性维护	
					特别保护海岛	**个	岛上珍稀濒危物种	
					砂质岸滩	**km	优质沙滩	

①:在县(区)级行政辖区内,按照典型生境图斑从左到右、自上而下由"1"顺序编号,每个图斑的编号均具有唯一性。

（四）灾害风险分析

叠加海平面上升等风险，分析本地区主要灾害类型、受灾范围和程度，结合区域灾害风险等级评估结果和海岸防护工程、渔船渔港等主要承灾体情况，掌握本地区灾害风险总体状况。

（五）开发现状评估

掌握海岸带地区开发强度、空间结构，摸清开发利用现状、演变特征和存在的问题，重点分析岸线和海域的利用情况；分析海岸带地区经济社会发展现状，识别影响海岸带高质量发展关键因素；研判海岸带开发保护面临的形势与挑战。

（六）战略需求分析

落实国家战略部署，分析国家和省级发展规划，以及行业和产业发展规划对本省海岸带空间资源需求，系统梳理海岸带开发利用意向与规模，以及与自然资源条件、国家战略、规划和产业政策的符合性，明确建设意义、预期效益和优先保证次序。

（七）专题研究

以落实陆海统筹、支撑保障沿海高质量发展为目标，重点关注规划分区与用途管控、陆海一体化生态保护修复、海岸建筑退缩线划定、产业布局优化调整、公众亲海空间拓展等内容。地方可根据实际情况，开展针对性的专题研究，支撑规划编制。

三、战略和目标

（一）落实主体功能区战略

以主体功能区战略为导向，在规划目标确定、规划分区与管理要求等方面实施差异化引导，推动海岸带地区合理分工、功能互补、区域协调。

（二）确定规划目标

立足本地区资源禀赋、环境状况和经济社会发展潜力，从空间供给与结构调整、生态保护与修复、产业布局优化、人居环境提升等方面，提出规划目标。落实全国海岸带规划约束性和预期性指标，可因地制宜增加相关指标，形成可统计、可考核、可实施的指标体系。指标性质和指标体系如下。

1. 指标性质

规划指标分为约束性指标和预期性指标。约束性指标是为实现规划目标，在规划期内不得突破或必须实现的指标。预期性指标是指按照经济社会发展预期，规划期内要努力引导或不突破的指标。

2. 指标体系(表9-6)

表9-6 海岸带规划指标体系

指标类型	序号	主要指标		属性	基期数据	2025年目标	2035年目标
生态保护修复	1	海洋生态空间面积/km²		约束性			
	2	生态保护红线面积/km²		约束性			
	3	大陆自然岸线保有率/%		约束性			
	4	新增生态修复空间	修复岸线长度/km	预期性			
			修复滨海湿地面积/km²	预期性			
			营造防护林面积/km²	预期性			
			修复无居民海岛个数/个	预期性			
	5	退围还滩还海面积/km²		预期性			
	6	近岸海域优良水质比例/%		约束性			
资源开发利用	7	产业园区工业用地固定资产投入强度/万元·hm^{-2}		预期性			
	8	沿海港口岸线利用效率/t·km^{-1}		预期性			
	9	深水远岸养殖面积占比/%		预期性			
	10	淡化水资源配置量/亿 m³		预期性			
人居环境提升	11	亲海岸线长度/km		预期性			
	12	人均应急避难场所面积/m²		预期性			
	13	海岸带生态文明创建	美丽海湾/个	预期性			
			美丽渔村/个	预期性			
			和美海岛/个	预期性			

注:指标统计范围为规划研究范围。

1)指标解释

(1)海洋生态空间面积:指具有自然属性、以提供生态产品或生态服务为主导功能的海洋国土空间面积,包括生态保护红线。

(2)生态保护红线面积:陆海生态保护红线总面积。

(3)大陆自然岸线保有率:辖区内大陆自然海岸线保有量(长度)占大陆海岸线总长度的百分比。

(4)新增生态修复空间:规划期内通过自然恢复或人工干预方式修复的岸线长度、滨海湿地面积、防护林面积和无居民海岛个数。

(5)退围还滩还海面积:指通过拆除围海堤坝、围海养殖退出、实施生态修复等方式恢复自然属性和生态功能的海域面积。

(6)近岸海域优良水质比例:符合一类和二类海水水质标准的监测站位个数占总个数的比例。

(7)产业园区工业用地固定资产投入强度:省级及以上沿海工业园区的平均工业用地固定资产投入强度。

(8)沿海港口岸线利用效率:港口生产性泊位每延米货物实际吞吐量。

(9)深水远岸养殖面积占比:水深15m以深海域且离岸30km以外的确权养殖海域占确权养殖海域总面积的比重。

(10)淡化水资源配置量:海水淡化纳入水资源配置体系的总规模。

(11)亲海岸线长度:具有亲海功能且向公众开放,不需依据特殊手段即可到达的海岸线,供公众亲海、嬉水、游憩的生态或生活岸线的长度。

(12)人均应急避难场所面积:应急避难场所总面积与常住人口规模的比值。

(13)海岸带生态文明创建:指规划期内创建的"美丽海湾""美丽渔村""和美海岛"数量。

2)指标分解

遵循节约优先、保护优先、绿色发展的理念,落实全国海岸带规划任务要求,以第三次国土调查数据及其他专项调查数据为基础,可结合地区实际情况增加能够体现地方特色的指标,并将约束性指标分解下达。

(三)明确战略布局

立足本地区自然地理格局、资源禀赋和生境本底,全面落实全国海岸带规划区域指引和省级国土空间规划确定的主体功能区定位,结合规划目标,确定海岸带保护与利用总体战略布局,从宏观上明确保护重点和发展方向。

四、规划分区

基于国土空间规划分区体系,继承和优化原海洋功能区划,从保护与利用两类目标出发,在国土空间总体规划明确的生态、农业、城镇等功能空间和划定的永久基本农田、生态保护红线、城镇开发边界的基础上,落实全国海岸带规划区域指引中保护修复要求和发展导向,结合"海洋两空间内部一红线"、典型生境识别等成果,将海洋空间划分为生态保护区、生态控制区和海洋发展区,实现岸线向海一侧功能分区全覆盖。按照陆海统筹、人海和谐原则,识别陆海相互关联的特殊空间,提出协调管控要求。

(一)海洋功能分区

根据海域区位、资源和生态环境等属性,基于"双评价"结果,继承和优化原海洋功能区划分区体系,结合新时期海洋空间管控要求以及产业用海需求等,划定海洋功能区,并将海洋发展区细分为渔业用海区、交通运输用海区、工矿通信用海区、游憩用海区、特殊用海区和海洋预留区等功能区,具体包括 3 类一级区、8 类二级区。其中,海洋发展区可根据地方实际情况,细分至 19 类三级区,具体如表 9-7、表 9-8 所示。

表 9-7 海洋功能区类型

目标	序号	一级区	序号	二级区
保护与保留	1	生态保护区	1	生态保护区
	2	生态控制区	2	生态控制区
开发与利用	3	海洋发展区	3	渔业用海区
			4	交通运输用海区
			5	工矿通信用海区
			6	游憩用海区
			7	特殊用海区
			8	海洋预留区

表 9-8 海洋发展区类型

一级区	序号	二级区	序号	三级区
海洋发展区	1	渔业用海区	1	渔业基础设施区
			2	增养殖区
			3	捕捞区
	2	交通运输用海区	4	港口区
			5	航运区
			6	路桥隧道区

续表 9-8

一级区	序号	二级区	序号	三级区
海洋发展区	3	工矿通信用海区	7	工业用海区
			8	盐田用海区
			9	固体矿产用海区
			10	油气用海区
			11	可再生能源用海区
			12	海底电缆管道用海区
	4	游憩用海区	13	风景旅游用海区
			14	文体休闲娱乐用海区
	5	特殊用海区	15	军事用海区
			16	水下文物保护区
			17	海洋倾倒区
			18	其他特殊用海区
	6	海洋预留区	19	海洋预留区

(二)海洋功能分区基本要求、方法与流程

1. 基本要求

(1)以主体功能为导向,以自然属性为基础,统筹经济社会发展需求,重视国土空间开发利用现状与功能调整,保障生活生态空间优先供给,遵循国土空间规划分区体系,将管辖区域内的海域空间划为生态保护区、生态控制区、海洋发展区,明确核心管控目标、政策导向,确保核心保护要素和主要功能完整。

(2)当出现多种功能叠加的情况时,应坚持生态优先、保护优先,并考虑功能所需资源环境条件的宽窄,对资源环境条件要求较宽的让位于较窄的。

(3)考虑功能区邻避效应,降低相互影响。

(4)在规划分区基础上,科学识别陆海一体化的特殊空间,建立用途管制规则,明确准入的开发利用活动和资源利用上限。

2. 分区方法

1)指标法

分区划定主要采用指标法,根据国土空间规划分区体系,参照《海洋功能区划技术导则》(GB/T 17108—2006)的指标体系,综合考虑不同区域的自然属性、社会属性和生态环境保护

要求划定海洋功能区。

2）叠加法

应将所收集到的各类资料编绘成图件,并与收集到的各种图件进行叠加(所有图件应缩放成相同的比例尺),依据分区原则进行分析比较。保留合理的功能,舍去不合理的功能,比较确定主导功能。

3）综合分析法

按照区划原则,利用基础分析评价结果,综合考虑自然属性、社会属性和生态环境保护要求,协调各种空间利用关系,确定分区类型及功能的主次关系。

3. 区划流程

根据功能分区体系,按照以下步骤划定功能区。

1）选划生态保护区、生态控制区等保护类区域

（1）生态保护区。整合具有特殊重要生态功能或生态敏感脆弱、必须强制性严格保护的海洋自然区域,统一划入生态保护区。

（2）生态控制区。将未划入生态保护红线的,且经资源环境承载能力和国土空间开发适宜性评价确定的生态保护"极重要"和"重要"的区域,全部划入生态控制区。

2）在生态保护区、生态控制区以外的海域,划定海洋发展区

（1）将作为排他使用的军事和其他特殊用途的区域,优先选划为特殊用途区。

（2）根据国土空间开发适宜性评价确定的港口功能适宜区,综合考虑开发利用现状,划分交通运输用海区,根据具体用途,进一步细分为港口区、航运区、路桥隧道区;根据开发适宜性评价确定的养殖功能适宜区,综合考虑开发利用现状,划分渔业用海区,进一步细分为渔业基础设施、增养殖区、捕捞;根据旅游资源优势条件选划游憩用海区,按照旅游资源类型,进一步细分为风景旅游用海区、文体休闲娱乐用海区。

（3）在(1)、(2)分区之后,根据资源环境承载力和用海需求,选划工矿通信用海区,结合资源禀赋特征和实际需求,可进一步细分为工业用海区、盐田用海区、固体矿产用海区、油气用海区、可再生能源用海区和海底电缆管道用海区。其中,固体矿产、油气、可再生能源等区域应重点考虑能源的富集程度,并结合海洋环境质量要求综合划定,海上风电应符合全国海岸带规划布局要求。

（4）特殊用海区应重点考虑倾废用海、军事用海、水下文物保护等需求,结合海洋水动力条件、海洋环境质量要求等因素综合划定。

（5）综合考虑经济社会发展需求、资源开发利用技术水平等因素,将开发功能尚不清晰、不适宜或难以开发的区域,划定为海洋预留区,作为规划留白服务于规划期内的重大战略项目规划建设。

（三）陆海一体化保护和利用空间识别

向海一侧功能区确定后,依据陆海生态系统整体性和开发利用关联性,识别需陆海一体化保护和利用的空间(在图件中用虚线表示),对该区域内的生态环境保护、整治修复和开发

利用活动统筹谋划,明确发展指引和协调管控要求。探索将陆海一体化利用空间纳入详细规划编制单元,强化海岸带专项规划约束性内容的传导落地。

为保障生态系统健康、完整,基于典型生境识别,以陆海连续分布的红树林、盐沼、重要河口等自然生态系统边界为保护空间边界,建立陆海相统一的生态保护管控要求,邻近海域陆域禁止开展对海洋生态有较大影响的开发活动,禁止相邻陆域发展高能耗、高污染、低水平产业。以渔业、港口、临海工业、滨海旅游等发展所必要的陆海区域为利用空间边界,统筹产业空间布局和基础设施建设,实现海陆功能协调、资源互补。

(四)陆域空间布局优化

陆域城镇、农业和生态空间优化调整要充分考虑海洋开发保护方向、资源环境承载力和海洋灾害风险等因素,对市(县)级国土空间规划编制提出要求。对资源环境严重超载的海域所关联的陆域空间,提高城镇建设、农业生产、基础设施、生态建设标准,并将具体要求纳入相关规划;根据海洋灾害风险评估和区划等级调整产业布局与城镇布局,必要时在受海平面上升等中长期风险严重影响的陆域空间划定禁止建设区域或限制建设区域。

(五)海洋功能区管控要求

针对功能区类型、自然属性和社会经济条件、保护与开发利用现状,明确海洋功能区在空间用途准入、开发利用方式、保护修复、资源利用和防灾减灾等方面的差异化要求。

1. 空间用途准入

基于规划功能定位和地区发展方向,结合海岸带特点,研究建立自然资源开发利用区域准入评价体系,明确区域开发利用准入要求,提出可准入的、可兼容的用海类型,具体按照《国土空间调查、规划、用途管制用地用海分类指南》要求确定。

2. 开发利用方式

明确功能区利用方式控制要求,可根据资源环境条件和开发利用现状,采用逻辑判别和指标加权等方法将利用方式按照禁止改变海域自然属性、严格限制改变海域自然属性、允许适度改变海域自然属性3类确定。

用海方式控制要求可参照以下3个级别制定:

(1)禁止改变海域自然属性。禁止填海造地、非透水构筑物、港池(开敞式码头前沿水域除外)、蓄水、盐田、围海养殖、人工岛式油气开采等完全或显著改变海域自然属性的用海方式;严格限制大规模的透水构筑物、倾倒等部分改变海域自然属性的用海方式;保护自然岸线。

(2)严格限制改变海域自然属性。禁止填海造地,限制非透水构筑物、港池(开敞式码头前沿水域除外)、蓄水、盐田、围海养殖、人工岛式油气开采等完全或显著改变海域自然属性的用海方式的规模,对功能区内自然岸线保护、用海布局有严格要求。

(3)允许适度改变海域自然属性。对功能区内用海方式、自然岸线保护和用海布局不制定特别要求,按照各功能区管控要求执行。

3. 保护要求

根据各功能区生态特征、保护价值、主要保护对象及其功能确定的主要依据，明确生态保护重点目标，提出功能区应该避免的开发方式和相应的保护措施，保证功能区内的珍稀濒危海洋生物和具有保护价值的物种及其栖息地，以及有重要科学、文化、景观和生态服务价值的海洋自然地理单元、自然生态系统和历史遗迹得到有效保护。

4. 其他要求

根据功能区内开发利用活动应落实的产业布局调整和产业结构优化等政策，对应主要灾害的防灾减灾要求，以及其内海域、海岛、岸线、潮间带等分类保护的特殊考虑，结合各功能区内资源保护与开发利用现状，提出差异化要求。

五、资源分类管控

（一）岸线分类保护与利用

根据自然资源条件和开发程度，将海岸线划分为严格保护、限制开发和优化利用3个类别，结合自然地理单元进行岸线分段和编号，分类分段明确管控要求，强化岸线两侧陆海统筹管控，实现岸线精细化管理。将优质沙滩、典型地质地貌景观、重要滨海湿地、红树林、珊瑚礁等所在海岸线划为严格保护岸线；将自然形态保持基本完整、生态功能与资源价值较好、开发利用程度较低的海岸线划为限制开发岸线；将港口航运、临海工业等所在岸线划为优化利用岸线。

（二）海岸建筑退缩线划定

综合考虑海岸线的自然地理格局、海洋灾害影响、生态系统分布和演变过程等因素，以海岸线为基准，在充分考虑海岸线两侧开发利用现状和海岸防护工程建设标准基础上，因地制宜划定海岸建筑退缩线。参照生态保护红线管理要求，结合实际情况制定避让区域内建设活动准入清单，严格限制规划建设滨海公路[①]。分析避让区内建筑物现状，按照拆除、迁移或保留等类型提出处置要求。

海岸建筑退缩线划定方法如下。

1. 考虑因素

海岸建筑退缩线是根据岸线属性和自然环境特征，综合考虑海洋灾害影响、生态系统完整性保护、亲海空间拓展等因素，以海岸线为基准，向陆一侧后退一定的距离，划定的禁止或限制建筑活动的控制线，为海岸带地区开发建设提供规划控制依据，有效降低海洋灾害风险、保护海岸生态环境，促进人与自然和谐共生。

---

① 限制新增的滨海公路：考虑到道路建设标准，高速公路和一二级公路属于中高级公路，在交通量、道路宽度、中央隔离带等方面要求较高，对海岸带生态环境影响较三四级公路大，因此主要限制此类公路建设。

2. 技术路线

海岸建筑退缩线划定一般包括基础数据收集、退缩距离确定、边界初划、方案协调、社会公示、结果入库等环节。

1) 基础数据收集

包括岸线属性、岸线两侧用地用海现状、重点灾害影响范围、生态保护红线、城镇开发边界、永久基本农田等。

2) 退缩距离确定

基于海岸线自然地理特征，在综合考虑灾害影响、生态系统分布和演变过程等因素基础上，计算出一定期限内海岸线可能的后退距离，再结合本地区实际情况，根据岸线开发现状、海岸防护工程建设标准、区域经济等其他因素对退缩距离进行调整和优化，确定最终退缩距离。灾害方面重点考虑海岸侵蚀、风暴潮、海平面上升等影响。生态方面应保证将陆海连续分布的湿地、红树林和海岸防护林等生态要素整体划入避让区域，具体划定方法如下。

(1) 自然岸线。

①砂泥质岸线。此类岸线不稳定，易受海洋灾害影响，确定退缩距离时重点考虑海岸侵蚀、海平面上升、风暴潮等海洋灾害，选取灾害影响最大边界作为海岸线退缩距离。

$$退缩距离 = \mathrm{Max}(L_1, L_2, L_3, 100\mathrm{m}) \tag{9-1}$$

$$L_1 = V_e \times 70 \tag{9-2}$$

$$L_2 = L_* / h_c \times S_1 \times 70 \tag{9-3}$$

$$L_3 = H \times S_2 \times (t/12)^{0.3} \tag{9-4}$$

式中：L_1 为岸线侵蚀影响退缩的距离；L_2 为海平面上升影响退缩的距离；L_3 为风暴潮影响退缩的距离；V_e 为年平均侵蚀速率；h_c 为泥沙运动界限水深；L_* 为界限水深处距离岸线的距离；S_1 为海平面上升值；H 为历史上最严重风暴潮最大波高；S_2 为风暴增水；t 为风暴潮灾害持续时间。

②生物岸线。此类岸线主要包括红树林岸线、珊瑚礁岸线和海草床岸线，重点保证陆海连续分布生态系统完整性，灾害影响退缩距离参考砂泥质岸线中的距离确定方法。

③基岩岸线。此类岸线稳定性强，不易受到海岸侵蚀等海洋灾害威胁，重点考虑海岸景观保护、生态保护和亲海空间保障，根据实际情况来确定退缩线，原则上，选取不小于100m的退缩距离[①]。

(2) 人工岸线。

人工岸线是人类活动密集区域，根据岸线两侧开发利用情况以及防波堤的建设标准等确定实际退缩距离。港口、工业区等生产型人工岸线原则上以海岸线为退缩线，城镇空间内的生活型岸线重点考虑公众亲海功能和景观建设，原则上选取不小于100m作为退缩线。盐田、

---

① 根据全国海岸侵蚀速率数据分析，大部分岸线侵蚀速率为1~3m/a，年均侵蚀量为1.5m，按70a计算，可设置100m作为退缩底线。另外，联合国环境规划署（UNEP）曾推荐使用100m作为地中海沿岸22个国家统一的建筑退缩距离，并纳入《地中海公约》。综上原因，本书提出原则上退缩距离应不小于100m。

围海养殖等人工岸线根据自然地理特征、开发利用等实际情况确定退缩距离。

(3)其他岸线。

①生态恢复岸线。生态恢复岸线是指经自然恢复或整治修复后具有生态功能的岸线。根据生态恢复后的具体岸线类型,依据相应自然岸线退缩距离确定的方法来确定岸线的后退距离。

②河口岸线。结合河口自然状况、岸线特征,合理确定退缩距离,保障河口行洪安全、河势稳定,维护河流健康。

3)边界初划

根据国家要求和退缩距离,通过现场踏勘的形式逐一划定并落图,明确退缩线位置、区域管控范围。

4)方案协调

海岸建筑退缩线划定时应充分考虑陆上"三区三线"、灾害风险防御区等区域,统筹协调区域间关系,实现保护相衔接、管控不冲突。其中,城镇开发边界内的城镇集中建设区和城镇弹性发展区应以退缩线为界进行划定。

5)社会公示

海岸建筑退缩线划定结果应及时向社会公众公示,充分听取和吸纳公众、企业等意见和建议,并向公众进行解释和宣传。

6)结果入库

利用国家有关基础调查明确的边界、各类地理边界线、行政管辖边界等界线,将退缩线落到实地。划定成果矢量数据采用2000国家大地坐标系和1985国家高程基准,在第三次全国国土调查成果基础上,结合高分辨率卫星遥感影像图、地形图等基础地理信息数据,作为海岸带规划成果一同汇交入库。

3. 管控要求

将退缩线与海岸线之间的范围确定为避让区,实施"准入清单+分类管控",除准入清单规定的建设活动外,禁止新建、扩建和改建建筑物,并严格控制区域内建筑物高度、密度,保持通山面海视廊通畅。

(1)准入清单按照生态保护红线管控要求确定,准入活动应包括生态保护红线内允许的建设活动,以及根据地方实际情况论证确需临海布局的其他建设活动,如港口、修造船等,严格限制新增中高级公路[①]建设。

(2)分类管控已有建筑:①已经依法批准并建设,且与生态环境保护不相抵触的建设项目,可予以保留,要严格监管其开发用途和开发强度,不得对生态环境造成破坏;②已经依法批准并建设,但对生态环境有不利影响的建设项目,应通过生态化改造、调整转型、异地置换等方式整改,无法实现整改或整改达不到要求的,制订计划限期拆除腾退;③已经依法批准但

---

① 根据道路建设标准,高速公路、一二级公路属于中高级公路,道路宽度大,且设置有中央隔离带,将阻碍亲海通道畅通,不适宜临海建设,因此应限制此类公路紧邻海岸线建设。

尚未开工的建设项目,且不属于准入清单内的,可通过异地置换等方式实施退出。

(三)潮间带分类保护

全面摸清潮间带分布、类型、开发利用现状,结合全国海岸带规划确定的管控要求,识别划入生态保护红线和生态空间的潮间带范围,按相应管控要求执行,其余潮间带应突出生态功能,结合功能分区,提出用途管控要求。

(四)近海优化与远海拓展

优化近海空间利用,保障渔民生产生活和现代渔业发展的用海需求,保障军事设施用海,统筹海上交通和科研教学用海,合理保障海洋油气、可再生能源等用海,稳定拓展滨海旅游用海,合理预留后备海域利用空间。严格管控新增围填海,保障国家重大项目需求,强化生态保护修复,最大程度避免降低生态系统服务功能。拓展远海空间利用,深水远岸布局海水养殖、海洋油气、海上风电等用海活动,明确管控措施。促进海洋牧场、海上风电等融合发展,鼓励探索海域立体开发利用模式和路径。

(五)加强海岛严管严控

将领海基点所在海岛及领海基点保护范围内海岛、国防用途海岛、自然保护地内海岛以及具有珍稀濒危野生动植物及栖息地、重要自然遗迹等特殊保护价值和未开发利用的无居民海岛原则上划入生态保护红线,纳入生态保护区;将生态保护区以外的已开发利用无居民海岛纳入海洋发展区,其他无居民海岛纳入生态控制区,限制开发利用。将本辖区内全部无居民海岛以清单形式逐岛(岛群)明确海岛功能、管控要求和保护措施;优化利用有居民海岛,划定保护范围,明确保护要求,提出开发利用规模和强度等管控要求(表9-9)。其中,无居民海岛清单确定方法如下。

表9-9 ××省(区、市)无居民海岛保护与利用一览表

序号	海岛(岛群)名称	所属地区	海岛面积/km²	所在区域	主导用途	保护对象	管控要求

注:①所在区域:生态保护区、海洋发展区、生态控制区。②对纳入海洋发展区、生态控制区的无居民海岛明确主导用途,包括农林牧渔用岛、工矿通信用岛、交通运输用岛、游憩用岛、特殊用岛、其他海岛。

1. 总体要求

在落实国家要求的基础上,对无居民海岛采取清单式管理,对可开发利用无居民海岛明确功能、管控要求和保护措施,制订生态保护修复计划。

2. 技术方法

1)数据收集

全面收集本地区关于无居民海岛的各类调查资料,包括领海基点所在海岛及领海基点保护范围内的海岛、国防用途海岛、自然保护区内海岛,以及具有珍稀濒危野生动植物及栖息地、重要自然遗迹等特殊保护价值的无居民海岛信息,已开发利用无居民海岛状况,地方海岛保护规划和发展规划文本及图件等信息。

2)分区划定

(1)纳入生态保护区的海岛。将领海基点所在海岛及领海基点保护范围内的海岛、国防用途海岛、自然保护区内海岛和具有珍稀濒危野生动植物及栖息地、重要自然遗迹等特殊保护价值的无居民海岛,以及未开发利用的无居民海岛原则上划入生态保护红线,并纳入生态保护区。

(2)纳入海洋发展区的海岛。将生态保护区以外的已开发利用海岛,纳入海洋发展区。对已开发利用无居民海岛逐岛明确功能、管控要求和保护措施。开发利用无居民海岛前,应开展自然资源和生态系统本底调查与评估,编制无居民海岛保护利用详细规划。

(3)纳入生态控制区的海岛。将生态保护区以外的未开发利用海岛,纳入生态控制区,限制开发利用。

(六)滨海土地合理利用

识别可改良、可再利用的盐碱地、废弃盐田,确定具体用途,研究制定转作生态用地或农用地的用途转用机制和鼓励政策。识别适宜种植农作物的自然淤积成陆区域,研究纳入后备农用地,其余原则上保持现状。结合围填海历史遗留问题处置方案,因地制宜确定相关区域具体用途和开发保护要求。分析产业园区用地效率,提出节约集约利用对策和指标约束,促进园区布局与资源环境承载力协调。

六、生态环境保护修复

(一)生态系统保护

统筹考虑海岸带地区生态系统的完整性和系统性,一体化识别生态功能重要和生态系统脆弱的区域,在健全自然保护地体系和生态保护红线评估调整工作的基础上,明确生态保护方式和要求。识别本地区珍稀濒危生物及其栖息地,提出针对性保护措施。识别重要迁徙物种的传播、迁移路径,确定生态廊道位置、连通方式、生态特征和功能,明确保护格局,在基础设施建设中合理避让。

(二)生态恢复修复

掌握海岸带生态损害状况,分析受损程度和原因,评估生态系统退化程度和恢复可行性。坚持保护优先、自然恢复为主,从海岸防护林建设、滨海湿地恢复修复、海岸线整治修复、河口海湾综合整治、浅海生态养护、海岛保育保全、防治外来物种入侵和典型海洋生态系统修复等方面,按照整体保护、系统修复和综合治理思路,确定修复工程位置、修复目标、具体任务。

(三)海岸带污染防控

强化陆地污染源头治理,依据海洋环境质量现状和减排潜力,明确近岸海域优良水质比例目标,提出污染防控的主要任务和差异化对策,制订入海河流水质改善措施。根据入海排污口排污情况,提出排污口布局、离岸距离、新型污染物排放等管控要求。根据本地区养殖规模、养殖方式、环境质量状况等评估结果,明确养殖废水集中处理管控要求。落实全国海洋倾倒区规划布局,加强倾倒区监管。制定危化品泄漏、溢油等环境风险源管控清单。

(四)海洋垃圾治理

制订海洋垃圾(微塑料)治理措施,明确塑料污染清理机制和海洋微塑料监测机制,定期开展海滩、海岛和海漂塑料垃圾清理,加大对塑料垃圾和微塑料污染的环境教育,提高公众环保意识。

七、高质量发展引导

综合运用产业发展指引、布局优化调整、资源利用效率等管控措施,引导海岸带产业集约化布局,提升资源利用效率和效益,形成科学合理、集聚高效的高质量发展格局。

(一)产业发展指引

1. 明晰产业发展方向

研判海岸带产业发展现状和变化趋势,依据主体功能区定位,参考发展和改革委员会关于产业结构调整指导目录要求,加强省内产业统筹协调,结合实际情况,明晰产业发展方向和空间布局要求。

2. 制定资源利用效率标准

依据本地区资源条件、开发利用现状和管控要求,以节约集约利用为导向,按照不同产业类型,结合建设项目用地用海标准,制定岸线占用、投资强度等方面的指标,提高资源利用准入门槛,提升项目用地用岸用海效率。

3. 高效利用存量围填海资源

充分考虑围填海历史遗留问题实际情况,因地制宜,推动存量围填海从"生地"变"熟地",从"熟地"变"宝地",明确具体用途、开发保护和生态修复要求,支持海洋生物医药等海洋战略新兴产业、绿色环保产业和循环经济产业优先利用。鼓励"飞地经济"等政策探索。

(二)产业布局优化

1. 海洋渔业

通过全国养殖用海调查,掌握养殖用海空间分布、用海主体、审批状态和养殖品种等基本情况,考虑民生保障、海产品供给需求和资源环境承载能力等,根据主体功能区定位,结合"双评价",统筹协调省内养殖空间布局,确定海水养殖总规模。具备条件的可划定渔民传统养殖区域,保障传统渔民生计。鼓励养殖用海与其他用海活动融合发展、立体利用。结合用海期限,优化调整现有海水养殖布局,统筹推进近海养殖退出与渔业转型发展,加大对绿潮源发区养殖行为监测和管控。

开展现有海洋牧场生态和经济效益评估,结合资源环境承载能力和生态修复需求,明确海洋牧场总体布局,保障一定比例的养护型海洋牧场,分类提出牧场适宜建设规模,体现深水远岸布局和资源节约利用要求。严格控制近岸投礁。结合渔港资源、渔业发展和渔港建设现状、防灾减灾要求等,提出渔港整体空间布局和功能定位。

2. 港口航运

加强港口资源省内统筹协调,盘活存量,实施差异化发展,原则上港口规划岸线零增长。保护深水岸线资源,严控深水浅用,预留港口后备空间。加强港城融合,打造港城共用岸线,推进航道、锚地共建共享,提高公用码头岸线占比,严控工矿企业自备码头岸线。分析评估港口现有产能和空间利用效率,以港口吞吐量为标准,合理规划港口、航道、锚地空间布局和资源供给规模,提出锚地与堆场占用空间优化核减要求。合理保障液化天然气(liquefied natural gas,LNG)发展需求,统筹布局LNG码头,防止"四处开花",接收站选址应优先考虑利用历史遗留围填海区域,严格控制用地规模。

3. 钢铁石化工业

结合钢铁产能现状和发展趋势,分析钢铁产业向沿海布局的必要性和合理性,严控项目新增用地用海用岛。新建和迁建相关石化项目要布局在化工园区或以化工为主的产业集聚区,设置必要的规划控制距离,远离中心城区和人口密集区,与海岸线保持一定缓冲空间,注意与周边城市功能和景观融合。化工园区或以化工为主的产业集聚区要相对封闭,不应保留常住居民,非关联产业和企业逐步搬迁或退出。按照防护距离要求处理项目与居民住宅区等选址布局关系。

4. 核电

统筹规划核电站址,保护好极为稀缺的核电站址资源。严禁渤海新增核电选址。严格执行《核动力厂环境辐射防护规定》(GB 6249—2011)相关要求,在符合标准的前提下,鼓励用海企业改良技术,利用现有核电站址提高产能。充分考虑核电布局与相关产业发展、环境保护的相容性,坚持严格管控,采用最高安全标准进行严格论证,避开人口密集区、危险源工业区、风景名胜区等环境敏感地带。综合考虑核电站址周边人口密度及分布等环境特征,研究设置非居住区和规划限制区,控制周边产业发展和人口布局。严格执行取水口、温排水口管控有关标准要求,核电站排水口离岸深水设置要求。

5. 海洋可再生能源

围绕海岸带地区经济社会发展,以服务海岛开发、海洋产业转型升级等需求为导向,按照风能、潮汐能、潮流能等资源分布特点及开发利用基础,规划布局重点发展区域。按照全国海岸带规划要求,合理规划海上风电场,推进深水远岸布局,严禁在生态保护区及重要渔业水域、河口、海湾、滨海湿地、鸟类迁徙通道、栖息地等重要、敏感和脆弱生态区域布局。统一规划、共建共用陆上集控中心、运营维护基地、送出工程、海底管廊、登陆电缆路由等基础设施,探索浮式风机等对海洋环境影响较小的用海方式,积极发展潮汐能、波浪能、潮流能等海洋能,鼓励空间立体化利用和"风光渔""风电+海洋能"等综合利用模式。

6. 滨海旅游

根据海岸景观风貌、优质沙滩、美丽海岛等具有海洋特色的旅游资源布局和开发利用现状,结合相邻陆域公园广场绿地、历史文化街区、风景名胜区、自然保护地等,提出陆海景观融合的"陆—海—岛"全域旅游模式,规划一批集观光娱乐、休闲度假、海上运动为一体的滨海综合旅游集聚地,结合"和美海岛"创建,打造一批各具特色的海岛生态旅游目的地。统筹规划滨海通道及沿线旅游服务设施,合理规划布局游艇码头,根据接待游客量确定建设标准和规模。

7. 海水淡化

分析本地区淡水资源总量和供需情况,提出缺水城市淡化水应用规模、供水比例,并逐年提高。研究制定淡化水纳入市政供水的模式及投资、运营和管理机制,出台相关优惠政策扶持海水淡化企业发展,保障海水淡化设施用地用海。

8. 海砂开采

根据海砂资源分布、可采范围和可采量,划定海砂开采区。禁止在海洋自然保护区、军事用海区、海底电缆管道保护区、航道锚地和重要的海洋生物产卵场、索饵场、越冬场及栖息地等区域从事海砂开采海域使用活动;严格限制在可能危及跨海桥梁、海底隧道、海底电缆管道、海堤、海上油气开采等涉海工程安全的海域,以及可能对海岸线、海岸防护林造成侵蚀危害的海域开采海砂。海砂开采应当保护海洋环境和保障防洪、供水安全,不得损害社会公共利益和他人的合法权益。

9. 海底管廊

统筹规划海底电缆管道路由,依据海底地形地貌、水深等环境条件和海域开发利用现状,结合已有海底管线分布,集约划定海底管廊建设区域,重点加强海上风电电缆集中布局规划和管理。海底电缆管道建设应综合考虑经济性、安全性和其他综合效益,重点考虑对海域空间资源分割、海上航线、重点渔业作业区的影响,尽可能绕避生态环境敏感区域,登陆点要避让人口密集区。加强海底电缆管道保护,划定通信海缆管廊保护区,保护区内禁锚、禁渔、禁止水下作业。

(三)人居环境提升

通过美丽渔村、"和美海岛"建设、公众亲海空间拓展、自然文化遗产保护以及滨海特色风貌塑造等,提升海岸带人居环境,满足人民对高品质生活空间的需求。

1. 美丽渔村海岛建设

依据渔村和海岛的资源禀赋、自然环境、文化风貌特征等条件,因地制宜建设海洋特色鲜明、港城融合、充满魅力的特色小镇、美丽渔村,制定美丽渔村建设名录,分类明确保护要求和主要建设内容,开展"和美海岛"创建。

2. 公众亲海空间拓展

充分利用海岸风景名胜、自然人文景观、优质沙滩、海岛等优势,在现有公众亲海空间及配套设施基础上,结合公众需求,制定拓展亲海空间的目标、途径,明确重点规划岸段和建设内容,有效保护和培育沙滩沙丘,完善服务设施,为居民提供便捷亲海空间。制定亲海空间管控要求,严格控制不符合亲海空间功能导向的新增开发建设活动,引导已有存在功能冲突的开发建设活动有序退出。制订开发活动圈占岸线的改造计划,向公众开放具备开放条件的海岸线。

3. 城镇风貌塑造和遗产保护

依据海岸带景观风貌特征和分布,提出城镇设计要求,包括对滨海绿道网络、滨海公路等基础设施管控要求,强化海岸建筑布局、高度、面宽、色彩等要素管控,保持通山面海视廊通畅。分析海岸带地区古迹、庙宇、传统滨海村落、古沉船遗址等物质文化遗产和妈祖信俗、海上丝绸之路、渔家传统技等非物质文化分布现状,分类制订保护与利用措施。加强古沉船和水下遗址点等保护,划定水下文物保护区,禁止危及水下文物安全的捕捞、海砂开采、潜水、水下爆破等活动或行为。

(四)灾害防御

基于海洋灾害风险调查、重点隐患排查以及海岸带灾害重点防御区划结果,摸清本地区海洋灾害风险隐患底数,结合重要承灾体情况,分区分类制订防灾减灾措施。开展海堤生态化建设,明确具体岸段和建设要求。分析海岸防护林现状,明确海岸防护林保护措施和管控要求,优先选择原生物种,制订补种计划,基础设施建设应尽可能避开沿海防护林地。加强灾害高风险区域的多灾种综合监测体系和预报预警能力建设,综合应用卫星遥感、无人机等手段,加强赤潮、绿潮和水母等海洋生态灾害早期预警监测。

(五)分区发展

落实国家区域重大战略、区域协调发展战略、主体功能区战略,依据本省(区、市)总体战略格局和发展定位,以海岸带自然地理特征为基础,以海湾(河口、岸段)为基本单元,将海岸带划分为若干区域,明确区域指引,具体包括空间资源管控、生态保护修复与污染治理、生产空间布局优化、人居环境品质提升和防灾减灾等。

我国海湾(河口、岸段)名录、重点规划内容一览表分别如表 9-10、表 9-11 所示。

表 9-10 海湾(河口、岸段)名录

海湾/河口/岸段名称		所属省(区、市)	所属市
辽东湾	太平湾	辽宁省	大连市
	复州湾	辽宁省	大连市
	葫芦山湾	辽宁省	大连市
	金州湾	辽宁省	大连市
	董家口湾	辽宁省	大连市
	普兰店湾	辽宁省	大连市
	营城子湾	辽宁省	大连市
	白沙湾	辽宁省	营口市
	熊岳河口	辽宁省	营口市
	望海寨河口	辽宁省	营口市
	大辽河口	辽宁省	营口市
	辽河口(双台子河口)	辽宁省	盘锦市/锦州市
	锦州湾	辽宁省	锦州市/葫芦岛市
	连山湾	辽宁省	葫芦岛市
	秦皇岛湾	河北省	秦皇岛市
	滦河口	河北省	秦皇岛市/唐山市
渤海湾	唐山湾	河北省	唐山市
	渤海湾	河北省/天津市/山东省	唐山市/沧州市/天津滨海新区/滨州/东营市
莱州湾	黄河口	山东省	东营市
	莱州湾	山东省	东营市/潍坊市/烟台市
辽东半岛东部	鸭绿江口	辽宁省	丹东市
	塔河湾	辽宁省	大连市
	大连湾	辽宁省	大连市
	大窑湾	辽宁省	大连市
	小窑湾	辽宁省	大连市

续表 9-10

海湾/河口/岸段名称		所属省(区、市)	所属市
辽东半岛东部	常江澳	辽宁省	大连市
	青堆子湾	辽宁省	大连市
山东半岛北部	套子湾	山东省	烟台市
	龙口湾	山东省	烟台市
	芝罘湾	山东省	烟台市
	双岛湾	山东省	威海市
	威海湾	山东省	威海市
山东半岛南部	朝阳湾	山东省	威海市
	石岛湾	山东省	威海市
	桑沟湾	山东省	威海市
	爱连湾	山东省	威海市
	靖海湾	山东省	威海市
	乳山湾	山东省	威海市
	险岛湾	山东省	威海市
	丁字湾	山东省	青岛市
	唐岛湾	山东省	青岛市
	横门湾	山东省	青岛市
	北湾	山东省	青岛市
	小岛湾	山东省	青岛市
	崔家潞	山东省	青岛市
	琅琊湾	山东省	青岛市
	胶州湾	山东省	青岛市
	海州湾	山东省/江苏省	日照市/连云港市
苏北沿海	盐城岸段	江苏省	盐城市
	南通岸段	江苏省	南通市
长江口—杭州湾	长江口	上海市	崇明区
	杭州湾	上海市/浙江省	上海市/杭州市/绍兴市/宁波市

续表 9-10

海湾/河口/岸段名称		所属省(区、市)	所属市
浙中南－闽东	象山湾	浙江省	宁波市
	三门湾	浙江省	台州市
	浦坝港	浙江省	台州市
	台州湾	浙江省	台州市
	隘顽湾	浙江省	台州市
	漩门湾	浙江省	台州市
	乐清湾	浙江省	台州市
	温州湾	浙江省	温州市
	沿浦湾	浙江省	温州市
	大渔湾	浙江省	温州市
	渔寮湾	浙江省	温州市
	沙埕港	福建省	宁德市
	三沙湾	福建省	宁德市
	罗源湾	福建省	福州市
	闽江口	福建省	福州市
海峡西岸	福清湾	福建省	福州市
	兴化湾	福建省	福州市
	湄洲湾	福建省	莆田市
	泉州湾	福建省	泉州市
	安海湾	福建省	泉州市
	同安湾	福建省	厦门市
	厦门湾	福建省	厦门市
	旧镇湾	福建省	漳州市
	东山湾	福建省	漳州市
	诏安湾	福建省	漳州市

续表 9-10

海湾/河口/岸段名称		所属省(区、市)	所属市
粤东	大埕湾	广东省	潮州市
	海门湾	广东省	汕头市
	碣石湾	广东省	汕尾市
	红海湾	广东省	汕尾市
珠江口	大亚湾	广东省	惠州市/深圳市
	大鹏湾	广东省	深圳市
	珠江口	广东省	深圳市/东莞市/广州市/中山市/珠海市
	广海湾	广东省	江门市
	镇海湾	广东省	江门市
	黄茅海	广东省	江门市
粤西	北津港	广东省	阳江市
	海陵湾	广东省	阳江市
	水东港	广东省	茂名市
	湛江港	广东省	湛江市
	雷州湾	广东省	湛江市
北部湾	东场湾	广东省	湛江市
	流沙湾	广东省	湛江市
	安铺港	广东省	湛江市
	铁山港	广西壮族自治区	北海市
	廉州湾	广西壮族自治区	北海市
	大风江口	广西壮族自治区	北海市
	钦州湾	广西壮族自治区	钦州市
	防城港	广西壮族自治区	防城港
	西湾	广西壮族自治区	防城港
	珍珠港	广西壮族自治区	防城港

续表 9-10

	海湾/河口/岸段名称	所属省(区、市)	所属市
海南岛东部	海口湾	海南省	海口市
	铺前港湾	海南省	海口市
	新村湾	海南省	陵水县
	小海湾	海南省	万宁市
	龙湾	海南省	琼海市
	清澜湾	海南省	文昌市
海南岛西部	澄迈湾	海南省	海口市/澄迈县
	马袅湾	海南省	澄迈县/临高县
	金牌湾	海南省	临高县
	后水湾	海南省	临高县/儋州市
	洋浦湾	海南省	儋州市
	棋子湾	海南省	昌江黎族自治县
	三亚湾	海南省	三亚市
	榆林湾	海南省	三亚市
	亚龙湾	海南省	三亚市
	海棠湾	海南省	三亚市

表 9-11 海湾(河口、岸段)重点规划内容一览表

	海湾(河口、岸段)名称	海湾1	海湾2
空间资源管控	自然淤积成陆纳入后备农用地		
	存量围填海消减		
	严格保护自然岸线		
	划定海岸建筑退缩线		
	分类管控潮间带		
	严控无居民海岛开发利用		
	优化利用有居民海岛		

续表 9-11

	海湾(河口、岸段)名称	海湾 1	海湾 2
生态保护修复与污染治理	防护林修建		
	岸线整治修复		
	河口海湾整治修复		
	滨海湿地恢复修复(含退养还滩)		
	渔业资源和生境恢复修复		
	海岛保护修复		
	典型海洋生态系统保护修复		
	陆海污染综合治理		
生产空间布局优化	深水远岸布局海上风电		
	发展海洋牧场		
	优化沿海港口布局		
	海洋能开发利用		
	发展海水淡化		
人居环境品质提升	拓展公众亲海空间		
	保护自然和文化遗产		
	建设美丽渔村、和美海岛		
	发展全域旅游		
防灾减灾	自然灾害防范		
	生态灾害防治		
	海堤生态化建设		
	海平面上升应对		
	灾害预警监测		

注:以海湾(河口、岸段)为单位,填写相应的文字表述。

八、实施基于生态系统的海岸带综合管理

(一)综合管理机制建立

建立以省自然资源(海洋)部门为主体,多部门共同参与的海岸带协调管理机制,明确目标任务和监管监督职责,提出年度计划和管控要求。畅通公众参与渠道,鼓励公民、社会团体、企业、非政府组织等参与海岸带综合管理。

(二)建立多元化生态产品价值实现机制

依托本地区生态系统在物质供给、调节服务、文化服务等的比较优势,提升海洋生态系统碳汇能力,建立具有地方特色的生态农业、生态文化、康养等多元化生态产品价值实现路径,开展具有海洋特色的生态产品价值实现机制试点。

九、规划实施保障

(一)配套政策

建立健全海岸带资源调查监测、有偿使用、海域立体确权、用途管制、生态保护修复、区域协调、详细规划编制等方面的规划实施保障机制及政策措施,增强政策支撑,明确资金保障,形成协同推进的合力,确保规划顺利实施和任务目标落到实处。

(二)系统建设

利用海域海岛动态监管系统,建立海岸带规划数据库,将海岸带规划指标、功能分区、规划登记表等成果录入系统,并纳入同级国土空间基础信息平台,叠加到国土空间规划"一张图"中。

(三)监测评估

动态监测海岸带规划实施情况,定期评估海岸带规划主要目标、约束指标、空间布局、重大工程等执行情况,确需调整的,应向原批准部门提出规划调整建议。

十、规划协调与传导

(一)衔接传导

海岸带规划应符合国土空间总体规划确定的开发保护安排,加强海岸带规划指标、政策、功能区等的有效传导,下级海岸带规划不得突破上级海岸带规划确定的约束性指标,不得违背上级海岸带规划确定的刚性管控要求。相邻省海岸带规划编制时要充分对接,考虑省域边界两侧功能区的邻避效应,注重旅游、交通运输、基础设施建设等布局的协调和相应管控要求的衔接。

(二)公众参与

坚持开门编规划,充分发挥各行业、各领域专家和公益组织的作用,建立专家咨询制度,

就规划编制中的重大专题、核心问题和规划方案进行专家咨询论证。利用主流媒体、互联网等方式加大宣传,提升公众参与度,广泛听取意见和建议。充分运用科学方法和技术手段,深入开展调查研究,完善决策程序和方式,加强重大问题的论证,提高规划的科学性和可行性。

第四节 海岸带保护与利用规划编制方法研究(以广东省为例)

2017年2月5日,国家海洋局将广东海岸带保护和利用规划列入全国海岸带综合保护和利用规划编制的试点。2017年10月,《广东省海岸带综合保护与利用总体规划》(以下简称《海岸带规划》)由广东省人民政府和国家海洋局联合印发,成为全国首个正式发布的省级海岸带保护与利用规划。

一、研究内容与思路

围绕海岸带保护与利用总体格局,以海岸带保护与利用现状、海岛保护和利用、海岸带生态系统服务及资源环境承载力评估、海岸线管理基线、陆域"三生"空间划定与建设引导、海岸带保护与利用综合管理对策6个专题研究为基础,结合广东省陆海主体功能区划的相关要求,划定了海岸带空间的海陆"三区"和"三线",并进一步基于陆海统筹原则,将海岸带空间划分为统筹兼容的生态、生活及生产三类空间(简称"三生"空间)。在广东省应用层面,按照《海岸线保护与利用管理办法》,首次将海岸线划分为严格保护岸线、限制开发岸线和优化利用岸线三类,实施分类分段精细化管控。另外,规划还提出了自然岸线占补平衡、海岸线管理基线、生态产品价值台账等创新性海岸带管理制度。最终,通过制作广东省海岸带综合保护与利用总体规划电子图,推动本规划与涉海规划的多规融合,做到"一张图"管控海岸带。总体思路如图9-2所示。

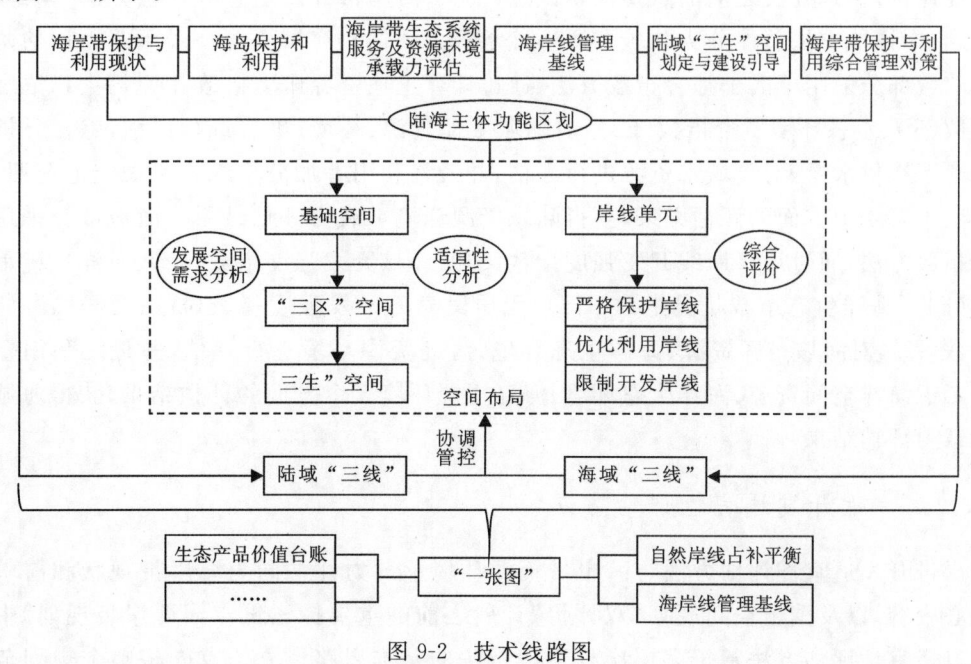

图9-2 技术线路图

二、广东省海岸带综合保护与利用总体规划体系

广东省海岸带综合保护与利用总体规划体系以广东省海岸带自然资源禀赋和保护利用现状为基础,按照"基础—核心—应用"的思路进行架构,体系涵盖的规划内容主要包括以下3个层面。

(1)基础层面:主要包括海岸带保护与利用现状、海岛保护和利用、海岸带生态系统服务及资源环境承载力评估、海岸线管理基线、陆域"三生"空间划定与建设引导、海岸带保护与利用综合管理对策6个专题规划研究。

(2)核心层面:以海岸线和海岸带空间为研究对象,构建了海岸线精细化分类管控规划、陆海域"三区"规划、陆海域"三线"规划的基本规划格局;基于陆海统筹原则,进一步融合海陆空间,形成功能兼容的"三生"空间布局。

(3)应用层面:针对"三生"空间的管控要求和规划指引,编制了产业发展和生态保护规划内容;结合广东省社会经济发展实际需求,以示范区为实现湾区发展的单元,落实规划要求,形成具有更加针对性的示范区保护与利用规划。最终,形成了3个层面、6个专题、7个规划内容的广东省海岸带综合保护与利用总体规划体系。

三、广东省海岸带保护与利用规划编制关键技术

(一)海岸带资源环境承载力评估方法

海岸带资源环境承载力评估既是《海岸带规划》研究专题之一,又是海岸带现状及需求分析中的核心内容,同时也是在国土空间规划"双评价"(即资源环境承载力评价和国土空间开发适宜性评价)正式开展之前的重要探索试点(下文"海岸带开发适宜性评估方法"同是),《海岸带规划》中评估方法总体分为陆域资源环境承载力评估和海域资源环境承载力评估两个子系统。陆域部分采用单因子综合指数方法,通过计算土地资源压力指数(D)、污染物浓度综合超标指数(R)、生态环境质量指数(E1),对陆域土地资源、环境、生态进行评估,综合分析用水总量和地下水供水量,对陆域水资源进行评估,并最终利用叠加分析综合考虑土地资源、水资源、环境、生态4个方面的评估结果,获得陆域资源环境承载力评估结果。海域部分采用单因子综合指数方法,通过计算岸线开发强度指数(S1)、海域开发强度指数(S2)、海洋环境承载状况指数(E1)、海洋生态承载状况指数(H1)、无居民海岛开发强度指数(I1)、无居民海岛生态状况指数(I2),对海域空间资源、海洋生态环境、海岛资源环境进行评估,并最终利用叠加分析综合考虑海洋空间资源、海洋生态环境、海岛资源环境3个方面的评估结果,获得海域资源环境承载力评估结果。

(二)海岸带开发适宜性评估方法

海岸带开发适宜性评估方法与海岸带资源环境承载力评估同为海岸带现状和需求分析中的核心内容,以及国土空间规划"双评价"开展之前的重要探索试点,《海岸带规划》中的海岸带开发适宜性评估方法基于多层次权重解析法的基本思路建立。首先将整个规划范围划

分为4800个评估网格单元,综合考虑数据的代表性、易获性、全面性、协调性,构建评价指标体系。本方法的指标体系分为4个层次:目标层、准则层、次准则层和指标层。目标层为评价海岸带开发适宜性;准则层分为自然环境(b1)和社会经济(b2)两部分;次准则层主要包括生态(C1)、环境(C2)、资源(C3)、灾害(C4)、政策(C5)、经济发展水平(C6)、基础设施(C7)、城镇化水平(C8);指标层对应次准则层根据陆域和海域的特征分别遴选不同指标,其中陆域包括珍稀濒危物种(d1)、生物多样性指数(d2)、坡度(d3)、土壤质量(d4)、大气环境质量(d5)、植被覆盖率(d6)、高程(d7)、风景名胜区面积比例(d8)、历史遗迹面积比例(d9)、河流湖泊面积比例(d10)、地下水资源(d11)、地质灾害危害性(d12)、台风与风暴潮频次(d13)、土地利用规划类型(d14)、生态保护红线(d15)、地均GDP(d16)、二三产业比例(d17)、交通用地比例(d18)、路网密度(d19)、城镇用地面积比重(d20)等20个指标;海域包括珍稀濒危物种(d1)、生物多样性指数(d2)、水深(d3)、海水水质(d4)、沉积物质量(d5)、大气环境质量(d6)、离岸距离(d7)、历史遗迹面积比例(d8)、风景名胜区面积比例(d9)、地质灾害危害性(d10)、台风与风暴潮频次(d11)、海洋功能区划类型(d12)、生态保护红线(d13)、海均GDP(d14)、二三产业比例(d15)、交通用海比例(d16)、距离港口距离(d17)等17个指标。利用判断矩阵方法,对指标进行两两比较,最终获得各层指标的权重,计算获得广东省海岸带开发适宜性的评估结果。

(三)"三生"空间的概念体系及其划定方法

"三生"空间是《海岸带规划》的核心规划内容之一,其分类具有以下3个特征:一是通过主导功能决定空间布局,充分考虑了自然地理单元的完整性,打破了行政区划界限;二是具有空间尺度差异性、功能符合性、范围动态性等特征,在不同的空间尺度和区域功能视角下其划定是不同的,"三生"空间在一定条件下是可兼容的;三是基于"统筹发展"和"多规合一"的理念,从生态、经济、社会等角度,将陆域海域功能统一,统筹陆海空间优化利用的创新性模式和路径,有利于构建陆海协调发展新格局,有利于主体功能区规划、海洋主体功能区规划、土地利用总体规划、城市总体规划和海洋功能区划等的"多规融合"。"三生"空间的划定,总体思路采用以生产空间为"点"、以生活空间为"线"、以生态空间为"面"的综合空间划分方法,将范围规范为生态、生活、生产3类空间,并以海岸线为轴线,统筹规划岸线两侧空间类型。具体划分步骤:首先,基于资源环境承载能力分析和空间开发适宜性分析,初步将空间进行分类;其次,综合考虑已经明确的陆域生态保护红线、永久基本农田、海洋生态保护红线、海洋生物资源保护线等界限,修正并明确生态空间界限;最后,结合全省和沿海各市的土地利用规划、城市规划、海洋功能区划等相关规划区划,对生产和生活空间边界进行适当修正。《海岸带规划》规划"三生"空间共计2417个图斑,其中海域336个图斑,陆域1540个图斑,覆盖海陆的541个图斑。

(四)海岸线管理基线划定方法

海岸线管理基线是《海岸带规划》提出的海岸建筑退缩管理的研究基础,划定海岸线管理基线是落实《海岸线保护与利用管理办法》中关于海岸线管理的基本要求,是优化海岸线空间格局,提升海岸线生态服务功能的基础。《海岸带规划》在综合分析各种海岸管理线选划方法的基础上,针对广东省砂质岸线、基岩岸线、粉砂淤泥质岸线和人工岸线4种不同海岸线类型特征,系统分析并提炼出自然要素类(防护林、海岸侵蚀、红树林、风暴潮)和人工要素类(海滩破坏活动、影响海滩公众权益活动、污染物排放)两大类海岸线管控对象,以风险最大要素作为评判依据,最终确定了广东省海岸线管理基线的分类划定方法。同时,针对不同海岸线类型的自然环境特征和社会人文需求,制定了详细的海岸线管控要求。另外,《海岸带规划》结合广东省海岸带社会经济发展需求,利用该方法试划了汕头广澳湾岸段、湛江龙塘岸段、阳江海陵岛岸段、汕尾品清湖岸段等岸段的海岸线管理基线,既解决了上述岸段的保护利用现状问题,也为管理基线的推广应用奠定了基础。

四、广东省海岸带保护与利用规划应用管理

(一)海岸带陆域统筹空间划定与建设引导机制

海岸带陆域统筹空间是《海岸带规划》三生空间分区规划的核心组成部分,海岸带陆域统筹空间划定与建设引导机制是《海岸带规划》研究专题之一,研究思路分为以下两个部分。

(1)综合划定陆域统筹空间。从不同层面统筹规划研究范围内陆域空间。在规划层面,加强本规划与城乡规划对接,依据沿海各市的城市总体规划、土地利用总体规划、生态控制线规划、产业发展规划等,结合城镇空间拓展需求、产业发展趋势,综合划分陆域生态空间、农业空间和城镇空间。在区域层面,结合广东省海岸带社会经济发展实际需求,协调珠三角、粤东、粤西区域发展,差别规划不同区域陆域发展指引。在陆海统筹层面,统筹陆域和海域产业发展,协调陆海基础交通设施,加强陆海污染物联防联控,加强各市"城—海"联动,推动海岸带区域合作及跨界地区空间统筹,科学优化"三生"空间。

(2)详细制定建设引导机制。在明确空间功能定位、保障生态环境保护需求的基础上,加强"三生"空间建设引导和管控。在生活空间建设引导方面,重点优化城镇生活空间布局,建立多层级城市中心体系,提升中心城区职能,推进新城新区产城融合,加强绿色开敞空间建设,促进城市更新和有机再生;在生产空间建设引导方面,优化海岸带生产空间格局,加强工业生产空间、港口物流生产空间、农林生产空间管控;在生态空间建设引导方面,强化生态保护,严格控制各类开发活动,严格落实生态控制线、生态红线保护要求。

(二)海岸带保护与利用综合示范区管理机制

湾区是《海岸带规划》提出的省级海岸带规划实施单元,"湾区经济"所独具的开放性、创新性、宜居性以及国际化等优势异常突出,是海岸带经济发展的重要支撑。广东省海岸带资源禀赋优势突出、经济发展良好,"湾区经济"基础优越,"湾区发展"对于提升广东省在国家经济发展和对外开放中的地位与功能具有重要意义。因此,《海岸带规划》以湾区为单元,基于经济社会发展需求、区位及资源环境承载能力,以统筹珠三角和粤东西两翼的协调发展为准则,将广东沿海划分为柘林湾区、汕头湾区、神泉湾区、红海湾区、粤港澳大湾区、海陵湾区、水东湾区和湛江湾区。但湾区空间范围较大,并且跨越市级行政区,故规划应用层面以海岸带综合保护和利用示范区作为湾区发展的基本单元和重要抓手,以深化海岸带管理体制改革,

实施生态保护修复示范工程,推动湾区经济高质量发展,开展示范建设,以落实《海岸带规划》的具体要求和推动湾区经济发展。

五、广东省海岸带保护与利用规划主要研究成果

(一)系统建立"基础评价—统筹空间—管控单元"的技术方法体系

在广东省作为全国首个海岸带规划试点的情况下,以海岸带自然资源禀赋和保护利用现状为基础,按照"基础评价—统筹空间—管控单元"的思路系统建立了省级海岸带保护与利用规划技术方法体系。

(1)基础评价:开展资源环境现状分析、保护与利用现状分析、社会经济发展现状分析、生态系统服务价值评估、资源承载力评价、开发利用适宜性评价等基础研究,摸清海岸带现状,识别海岸带发展需求,其中资源承载力评价[详见本章三(一)]采用单因子综合指数方法,分别对陆域和海域子系统通过计算相关指数,叠加分析获得综合评价结果,开发利用适宜性评价[详见本章三(二)]采用基于多层次权重解析法构建评价指标体系,利用判断矩阵法获得各层指标权重,计算获得评价结果。

(2)统筹空间:开展岸线和空间两个核心规划,岸线规划根据《海岸线保护与利用管理办法》的海岸线功能类型划分原则和要求,将大陆海岸线划分为严格保护岸线、限制开发岸线和优化利用岸线三种类型,并提出功能管控措施,空间规划以划定生产、生活、生态统筹空间为核心,探索对接国土空间规划,以探索对接国土空间规划为目的,以陆海主体功能区规划为基础,陆域划定生态空间、农业空间和城镇空间;海域划定海洋生态空间、海洋生物资源利用空间和建设用海空间,优化海岸带基础空间格局。以生态系统为基础,划定陆域生态保护红线、永久基本农田和城镇开发边界以及海洋生态保护红线、海洋生物资源保护线和围填海控制线,严守海岸带保护底线,控制海岸带开发强度。在"三区"空间基础上,基于陆海统筹理念,以统筹海岸线两侧海域陆域空间类型为原则,将海岸带规划为生态、生活、生产三类统筹优化空间。

(3)管控单元:在省级海岸带规划层面,提出以湾区为发展单元,在广东省层面将海岸带地区划分为柘林湾区、汕头湾区、神泉湾区、红海湾区、粤港澳大湾区、海陵湾区、水东湾区、湛江湾区八大湾区,针对各个湾区的发展特点,明确各个湾区战略定位和发展指引,突出产业发展和生态保护要求。

该套以基础评价为前提、"三生"陆海统筹空间为核心、湾区为管控单元的海岸带规划技术方法体系在《省级海岸带保护与利用规划指南(试行)》中已充分体现。广东省海岸带保护与利用规划为全国层面省级海岸带规划编制技术规范的出台提供了试点支撑。

(二)开创海岸带规划"线""面"结合的精细化管控模式

广东省海岸带保护与利用规划开创设计了省级海岸带保护与利用规划"线""面"结合的精细化管控模式,解决了海岸带综合管理在多规交叉的情况下管控重点不明、手段不足的问题。

为实现对海岸线及其两侧空间区域生态的有效保护和资源的合理利用,"线"的层面以海岸线作为陆海统筹下有效管理两侧陆海域的海岸带管控轴线,"面"的层面以"三生"空间作为统筹陆海多规成果的创新性统筹管理空间,以"广东省海岸带综合保护与利用总体规划电子图"纳入岸线和空间两个核心规划成果,作为实现精细化管控的辅助性工具。

(1)岸线管控:按照基于生态系统的管理原则,根据岸线自然属性和周边现状将全省岸线划分为具有单一自然属性和现状特征的岸线单元。在单元划分过程中,先判定自然属性,再根据开发现状进行细化。将单一属性及现状特征的岸线作为评价单元,对岸线具备的某一属性及现状特征进行综合评价,评价结果为根据该属性判定的岸线功能。评价方法主要为综合评价法,根据岸线的生态属性完整性及开发利用强度设计指标,具体权重根据专家判断法打分结果综合确定。单一岸线单元具有自然属性和开发现状属性两种属性,根据两种属性的评价结果,采用"就高不就低"的原则,选取得分高的结果作为该岸线单元的评价结果,认定其管控功能,管控功能为《海岸线保护与利用管理办法》确定的严格保护、限制开发、优化利用三类功能。将同一功能的岸线单元进行归并,综合考虑行政边界及最小图斑因素,最终广东省大陆海岸线可实现按照484段功能管控岸线进行精细化管理,在岸线划定结果基础上提出海岸线管理基线理念及海岸建筑退缩引导性要求。

(2)空间管控:基于"三区"基础空间,综合考虑"三线"边界,修正明确生态空间界限,结合省市相关规划,对生产和生活空间边界进行适当修正,最终广东省海岸带范围可实现按照共计2417个"三生"空间图斑进行管理,在空间划定结果基础上提出各类空间总体管控要求[具体方法见本章三(二)]。

(3)"广东省海岸带综合保护与利用总体规划电子图"辅助:"广东省海岸带综合保护与利用总体规划电子图"为《海岸带规划》成果应用的辅助性工具,其以海岸线为主导,集成周边海洋资源利用现状、相关规划及海岸带规划成果等多种信息,以达到海岸带综合管理的"陆海统筹""多规融合""一张图管控"的目标。"一张图"作为各种海岸带数据库数据的可视化媒介,其信息涵盖海岸带概况、交通基础设施、海岸带相关规划及其衍生成果、海岸带利用现状等信息;该地图以海岸线为索引,不仅可由图形查看文字信息,也可由岸段号搜索相应的岸段位置查询海岸带概况、海岸带利用现状及规划成果三大类信息,并可按照行政单位进行利用现状、规划成果方面的面积、长度、数量及比例方面的统计分析,可实现根据属性数据定位空间对象,构建与属性数据交互联动的动态地图,并以地图、影像、图表及多媒体的方式直观地展示海岸带空间信息的数据可视化功能。"一张图"以GIS技术为基础,融合遥感、现场调研等多源数据,通过计算机实现对数据的可视化以及数据与"一张图"的交互联动,实现了对历史信息、调研数据、规划成果等多源数据的整合,打造了海岸带精细化管理平台。

(三)为全国其他沿海省份的海岸带规划提供了借鉴案例

广东省海岸带保护与利用规划主要研究成果的应用形成了省级层面以实施规划创新策略为核心的海岸带综合管理示范区样本,为全国其他沿海省份的海岸带规划实施管理提供了借鉴案例。

在已有规划体系的基础上,在省级层面以海岸带综合保护与利用示范区作为湾区发展的基本单元,建设内涵是实施规划提出的海岸线及海域海岛管理创新制度,形成创新实用的海岸带管理策略。

海岸线管理层面,发布《广东省严格保护岸段名录》,公布岸线规划成果,明确《海岸带规划》对海岸线的保护利用,提出三类功能岸段管理,在应用层面发布《海岸线占补实施办法(试行)》,要求项目建设占用海岸线导致岸线原有形态或生态功能发生变化的,要进行岸线整治修复,形成生态恢复岸线,实现岸线占用与修复补偿相平衡,在占补比例上,自然岸线保有率低于或等于国家下达广东省管控目标的地级以上市,按照占用自然岸线1∶1.5、占用人工岸线1∶0.8的比例整治修复海岸线,高于管控目标的情况,按照占用自然岸线1∶1的比例整治修复海岸线;在占补方式上,可采取项目就地修复占补、本地市修复占补和购买海岸线指标占补三种方式,项目就地修复占补即在用海项目批准范围内整治修复海岸线进行占补;本地市修复占补即在用海项目所在市级行政区域内整治修复海岸线进行占补;购买海岸线指标占补即通过平台购买海岸线占补交易指标进行占补。《海岸带规划》将海岸线认定为生态系统相对独立完整的区域,故自然岸线可视作重要的生态产品,为落实《海岸带规划》提出的创新生态产品供给方式,同时为实现海岸线占补制度的应用,设计《海岸线价值评估技术规范》对可开发利用的岸线进行价值评估,以支撑确定海岸线指标交易价格,同时探索推行海岸线有偿使用制度。

海域海岛管理层面,《海岸带规划》提出探索开展旅游、工业等经营性用岛市场化出让,保障海岛生态产品的供给,在应用层面发布《无居民海岛使用权市场化出让办法(试行)》,公布《无居民海岛使用权价值评估技术规范》(DB44/T 1899—2016),在此基础上开发出海岛价值评估与信息查询系统,可实现海岛数据及项目成果的可视化,采用组合的条件筛选方式,快速筛选与定位符合条件的海岛信息,从而实现智能化海岛价值评估,为广东省海岸带综合决策提供数据技术支撑。

在湾区发展的形式上,出台《关于推进广东省海岸带保护与利用综合示范区建设的指导意见》,以海岸带综合保护和利用示范区深化海岸带管理体制改革,落实海岸线及海域海岛管理创新制度,以专项资金实施生态保护修复示范工程,推动湾区经济高质量发展。通过创新管理策略结合示范区创建,最终广东省海岸带地区已开展11个示范区建设,湾区建设效果初见成效,具有较好的借鉴意义。

附录1 海岸带综合保护与利用规划参考大纲

××省(区、市)海岸带综合保护与利用规划

序 言

本部分主要针对海岸带规划编制意义、规划定位、规划范围、规划期限等内容进行简要阐述。

第一章 规划背景

第一节 自然状况:主要从自然地理、资源、生态系统、环境、灾害等方面对本地区自然状况进行客观阐述。

第二节　开发保护状况：主要从经济社会、资源开发、空间利用、保护修复等方面对开发保护现状、变化情况进行阐述。

第三节　机遇与挑战：主要从全省（区、市）国民经济和社会发展用地用岸用海用岛需求，以及海洋管理、生态环境保护等工作面临的形势与迫切需要解决的问题进行阐述。

第二章　总体要求

第一节　指导思想：要体现习近平总书记的新理念、新要求，围绕国家最新的政策方针，结合地方实际，形成本级海岸带规划指导思想。

第二节　基本原则：围绕陆海统筹和高质量发展，突出生态优先、底线约束，结合地方特色形成本规划基本原则。

第三节　规划目标：可分解为近期目标（2025年）和远期目标（2035年），并结合全国海岸带规划指标体系，细化分解本级规划指标。

第四节　总体格局：从生态保护、开发利用、人居环境等角度，描绘出未来海岸带地区将呈现的保护与开发利用格局。

第三章　规划分区

根据本指南中关于功能分区要求，划定海洋功能区，识别陆海一体化保护与利用空间，结合资源条件、开发利用现状，针对具体功能区提出资源利用、生态保护、防灾减灾等具体管控要求。

第四章　空间资源节约集约利用

第一节　精细化管控海岸线：参照《海岸线保护与利用管理办法》要求，严格保护、限制开发和优化利用三种类型分类分段实施精细化管控，分段明确海岸线利用类型，提出对岸线两侧空间范围的保护和利用要求。

第二节　节约集约利用海域资源：强化对潮间带的整体性保护，分类分区制定管控措施；根据地区经济社会发展，结合海域资源条件，优化调整用海结构，实现海域资源的集约高效。

第三节　保护和合理利用海岛资源：提出纳入生态保护区、生态控制区和海洋发展区的无居民海岛清单，明确功能、管控要求和保护措施；优化利用有居民海岛，节约集约利用海岛岸线、土地等资源，控制海岛及周边海域利用规模和开发强度。

第四节　海岸建筑退缩线：明确退缩线具体位置（起始点）、退缩距离、退缩区域管控要求和准入清单（可附图）。

第五节　合理利用滨海土地：分析近岸土地资源利用情况，推进废弃盐田、盐碱地、淤积成陆区、填海成陆区等土地资源合理利用。

第五章　生态环境保护

第一节　构建海岸带生物多样性保护网络：从自然保护地体系完善、生态廊道保护等方面，加强海岸带地区生态系统保护。

第二节　恢复修复海岸带生态：根据生态系统类型、受损程度，因地制宜对近岸农田、防护林、滨海湿地、河口海湾、浅海、海岛、典型生态系统等实施恢复修复。

第三节　防治海岸带环境污染：分析本地在陆源污染、海上污染以及塑料垃圾方面存在的问题，制订符合本地区的管控措施。

(可以专栏形式,在本章节展示涉及本地区的重大生态修复工程。)

第六章 产业布局优化

主要针对现有产业的优化调整以及未来新增产业的布局引导提出规划举措。从生态保护、空间资源高效利用、防灾减灾以及与生活空间矛盾冲突等角度,分析现有产业布局存在的问题,提出具体的优化调整措施;对于新增产业,明确产业空间布局优化方向,提出高质量发展要求、空间布局。

第七章 空间品质提升

第一节 城乡协调发展:结合本地特色和自然资源禀赋,打造滨海特色小镇、美丽渔村、和美海岛等优质生活空间。

第二节 提升生活空间质量:以人为本,充分利用优质砂质岸线,结合滨海绿道建设,拓展公众亲海空间;加强滨海景观塑造,严格管控近岸建筑物规模,保护好特色景观轴线、天际线和山脊线;保护和利用自然和文化遗产。

第三节 提升旅游吸引力:创新旅游模式,推进全域旅游、生态旅游,打造宜居宜游、各具特色的滨海旅游带。

第八章 防灾减灾

第一节 提升灾害防御能力建设:结合灾害风险评估和区划,根据不同灾害类型,因地制宜建设防御措施,保障人民生命财产安全。

第二节 提高监测预警水平:强化灾害预报预警和环境风险源监测预警。

第三节 风险应急处置:统筹应急力量建设,加强灾害和环境风险应急处置。

第九章 分区发展

以自然地理格局为基础,以具体海湾(河口、岸段)等为分区单元,将海岸带划分为若干区域,在衔接落实主体功能定位要求的基础上,明确区域主导功能和发展方向,制定海洋经济发展和生态保护指引,指导生态保护建设、空间资源利用和产业布局优化,结合城镇空间建设提升人居环境,提出灾害防御和环境保护要求。

第十章 实施海岸带综合管理

第一节 健全综合管理机制:建立区域内统筹协调机制,建立上下联动的综合监管机制。

第二节 推进生态产品价值实现:制定具有本地特色的多元化生态产品目录,探索生态产品价值机制试点。

第十一章 保障措施

第一节 组织协调:建立规划组织实施保障机制,加强与有关部门协调。

第二节 健全法律法规和技术标准:明确海岸带立法或相关涉及海岸带法律法规修订计划,以及地方相关技术标准等出台计划。

第三节 完善配套政策:制定相关配套政策的修订或出台,支撑海岸带规划落地。

第四节 评估和监督考核:针对规划实施、修订等建立规划定期评估和监督考核机制。

主要参考文献

林静柔,张晓浩,陈蕾,等,2021.国土空间规划体系下海岸带专项规划的编制重点与策略[J].规划师,37(23):5-11.

张灵杰,2001.美国海岸带综合管理及其对我国的借鉴意义[J].世界地理研究,10(2):42-48.

GIBSON J,2003. Integrated coastal zone management law in the European Union[J]. Coastal Management,31(2):127-136.

第十章　海域国土空间规划

第一节　规划目标与内容

一、概念与规划目标

空间规划是以空间资源的合理保护和有效利用为基线,统筹空间资源保护或利用的方向、强度、边界及其政策配套,进而形成利益相关者的空间资源可持续利用意愿、行动。国土空间规划是对一定区域国土空间开发保护在空间和时间上作出的安排,包括总体规划、详细规划和相关专项规划。

国土空间规划是国家空间发展的指南、可持续发展的空间蓝图,是各类开发保护建设活动的基本依据。海岸海域空间规划亦称海洋空间规划,是规制人类活动与海洋资源环境之间的"愿景",反映了利益攸关方共同确定其目标、方向和未来蓝图的过程及结果。海域空间规划为海岸海域资源环境保护、可持续利用提供管治基准。"海洋空间规划"(marine spatial planning)一词由陆地空间规划衍生而来,目的是协调各种海洋开发利用活动之间及海洋开发利用活动与海洋生态环境保护之间的矛盾。

21 世纪以来,海洋空间规划相关研究与实践在全球范围内不断深化。Fanny Douvere 认为,海洋空间规划是通过分析和分配三维海洋空间资源,为海洋管理者提供战略性和综合性计划,以调控人类活动、管理现有和潜在的利益冲突、保护海洋生态环境的管理手段。Frank Maes 认为,海洋空间规划是一种根据具体用途分析和配置海洋空间资源,实现生态经济和社会目标的管理政策手段。在国内,海洋空间规划被认为是海洋经济、社会、文化、生态等政策的地理表达,是国家开发利用海洋空间资源、保护海洋生态环境、发展海洋经济、维护国家海洋权益的重要方式,是实现海域空间治理的重要工具。我国以往海洋空间规划主要有海洋功能区划、海洋主体功能区规划、海岛保护规划等类型,其中,有着 30 多年历史和三轮编制实践的海洋功能区划占基础性和主导地位,并在《中华人民共和国海域使用管理法》等多部法律中确立了其法律地位。徐祥民认为,我国实施的海洋功能区划甚至比世界上任何一个国家都先进。

《中共中央 国务院关于建立国土空间规划体系并监督实施的若干意见》(中发〔2019〕18号)将原来各类陆地和海洋空间规划"多规合一",构建了国土空间规划的"五级三类"体系。海洋是重要的国土空间,海洋的空间规划同样是国土空间规划体系的重要组成部分,必须纳入统一的规划目标、管制要求、核心内容和空间基准体系。但海洋空间规划又不同于土地、城市、林业等其他部门专项规划。在统一的空间规划体系中,重点是整合陆域各空间规划的空间管控要素,避免叠加错位,解决规划间互为掣肘、审批多头等问题。海洋与陆地国土相比是相对分隔和独立的部分,海陆自然属性和利用状况都存在本质区别。海洋是一个整体的、系统的、复合的生态空间,其资源具有流动性和立体性的特点,动态变化强,没有陆地上的明确边界,区域差异性相对陆域很不显著,海洋的空间规划分区和分类在空间尺度、类型、管控要求等方面相应与陆域有较大差异。海域的行政区管理相对陆域弱化,整体开发程度低,市、县主要的规划区域在近岸,离岸大部分海域的规划和管理应由省级和国家统筹。正是由于以上原因,海洋空间规划在国土空间规划体系中具有特殊性。《全国主体功能区规划》中明确:海洋既是目前我国资源开发、经济发展的重要载体,也是未来我国实现可持续发展的重要战略空间。鉴于海洋国土空间在全国主体功能区中的特殊性,国家有关部门将根据本规划编制全国海洋主体功能区规划,作为本规划的重要组成部分,另行发布实施。《自然生态空间用途管制办法(试行)》也明确:鉴于海洋国土空间的特殊性,海洋生态空间用途管制相关规定另行制定。因此,海洋空间规划与陆域专项规划是互补衔接关系,不存在内容和区位上的叠加。在统一的规划体系中,海洋空间规划应作为同级空间规划的海域部分,同步另行编制,具有相对独立的定位和实施管理程序,不能完全融入省(自治区、直辖市)、市、县空间规划或被空间规划取代。

海洋空间规划是国家或地区为平衡海洋环境和经济社会发展,对海洋空间保护和利用结构进行调整和合理布局的管理决策,是从海洋空间上合理组织人类用海活动,强调海洋可持续发展的理念体现。在编制海洋空间规划过程中,要始终贯彻落实习近平生态文明思想,坚持陆海统筹、生态优先的原则,科学合理开展海洋空间规划编制。

一是体现海洋生态文明意志。国土空间规划体系下的海洋空间规划要素包括海洋主体功能分区、海洋功能分区、海洋利用分类、海岸线分类保护、海岛分类保护、海洋生态红线等,充分体现了海洋资源集约节约利用、海洋生态保护的海洋生态文明意识导向。在开展海洋空间规划编制时,要强调"海洋空间用途管制"和"海洋生态红线管控",优化海洋空间功能布局,加强对海域、海岛、岸线资源的保护,明确海洋生态红线区面积和自然岸线保有率约束性指标。海洋空间规划遵循海洋自然条件的适宜性、海洋经济发展的可行性、海洋社会制度的可容性、海洋生态系统的平衡性和海洋空间布局的合理性五重约束条件来实现目标效益的最大化,提高生态环境保护意识,合理安排生产、生活和生态用海空间,明确海洋空间保护和开发边界,实现"水清、岸绿、滩净、湾美、物丰"的海洋生态文明建设目标。

二是坚持生态优先、绿色发展原则。海洋空间规划编制过程中,要坚持生态优先、绿色发展,尊重自然规律,坚持节约优先、保护优先、自然恢复为主的方针,在资源环境承载能力评价的基础上,科学有序统筹布局海洋生态保护空间,划定海洋生态保护红线以及各类海域保护线,强化底线约束,为海洋经济可持续发展预留空间。以海洋自然保护、海洋特别保护区、重要滨海湿地、敏感生态系统、重要砂质资源为主,优先划分海洋保护区、严格保护岸线、保护类海岛等海洋空间,优化海洋空间功能布局。

三是加强陆海统筹、生态统筹。《中共中央 国务院关于建立国土空间规划体系并监督实施的若干意见》(中发〔2019〕18号)明确"建立国土空间规划体系并监督实施,实现'多规合一',形成国土空间开发保护'一张图'。"这就要求在编制海洋国土空间规划时,要充分与陆域的国土空间规划相互衔接,坚持陆海统筹、区域协调,在功能、产业、生态、基础设施建设、区域经济发展等方面统筹考虑。在海洋空间规划编制中,要进行实地调研踏勘,摸清海岸带区域海洋开发利用和生态环境保护现状情况,分析存在的问题,给出相应的策略建议。坚持山水林田湖草生命共同体理念,保护海洋生态屏障,推进海洋生态系统保护和修复。

二、海洋空间规划研究实践进展

(一)国外海洋空间规划理论研究进展

早期的海洋空间规划研究主要集中在对海洋空间的合理分区上。1958年,"第一届联合国海洋法"会议通过了《临海及毗邻区公约》,并对海洋空间按照领海、毗邻区等进行了划分,区域划分的方法逐渐在海洋空间规划中被应用。随着联合国教科文组织对以生态系统为基础的海洋空间规划的不断推广,海洋空间规划的理论体系已经逐渐完善。目前,国外学者对海洋空间规划的理论研究重点主要集中在基于生态系统的海洋空间规划、海洋空间规划中利益相关者的参与及海洋空间规划的监测、评估等方面。

海洋空间规划是管理海洋资源可持续发展和规划海域开发利用活动的过程,海洋空间规划应将人类活动作为生态系统的一部分进行管理。Gilliland重点介绍了进行生态系统的海洋空间规划过程中的关键步骤,并强调了设定具体目标和利益相关者参与的重要性。Crowder认为,人类需要通过基于生态系统的海洋空间规划来维持恢复生物多样性与完整性,用以确保海洋拥有提供关键生态系统服务的能力,同时,海洋空间规划的制定者、管理者必须了解生物群落及其组成部分的异质性,维持的关键过程等。Douvere阐述了空间规划理论对海岸带综合管理和基于生态系统的海洋空间规划的实施具有积极的作用,采用海洋空间规划的方式对海洋空间进行管理具有实践意义。Veidemane等介绍了在拉脱维亚共和国领海域经济专属区海洋空间规划中如何将生态系统服务(ES)纳入海洋空间规划中,并评估了其对海洋利用的影响。Filgueira等将生态系统模型与情景构建和优化技术相结合,构建基于生态系统方法的海洋空间规划,用以在挪威峡湾建立新的贻贝养殖区。

海洋空间规划是一个综合、复杂的过程,利益相关者的参与程度是海洋空间规划实施是否成功的重要因素。Pomery等将关注重点放在利益相关者参与海洋空间规划的各种类型和阶段上,并介绍了怎么通过利益相关者分析使其以恰当的方式参与到规划中。Tuda应用海洋空间规划管理肯尼亚多用途沿海地区的冲突,达到了吸引利益相关者竞争的目标,并发现海洋空间规划在解决冲突方面的成功取决于利益相关者参与程度、数据可用性和现有数据库。Mcclintock认为,科学、技术和利益相关者参与是海洋空间规划的前提,并利用基于Web的海洋空间规划技术达到让非技术利益相关者都能在低成本的条件下参与海洋空间规划的目标。

完整、高效的海洋空间规划需要有效的监测与评估。Bran Black为海洋空间规划创建了一个基于贝叶斯的地理空间方法,对俄勒冈海洋保护区建立前后提供的生态系统服务能力进行建模,用以评估俄勒冈海洋保护区的生态、社会和经济影响。Elena等运用累积影响(CI)评估海洋空间规划,来表现人类活动对海洋环境的现有及潜在影响,同时提出了一种三级方法用以描述 CI 评估中存在的不确定因素,用以弥补海洋空间规划中的漏洞。

(二)国内海洋空间规划理论研究进展

我国的海洋空间规划理论体系构建与国外相比起步较晚,但是发展较为迅速。国内学者对海洋空间规划的研究主要集中在总结国际海洋空间规划经验、构建海洋空间规划体系和梳理各海洋空间规划间关系等方面。

我国的海洋空间规划研究始于 20 世纪 80 年代,在不断进行实践探索的过程中也在吸收国际海洋规划的理论经验。张裕华(1992)对海洋国土规划的性质、内容、特点进行了论述,并对日本和美国的海洋国土规划进行了简要描述。王权明等(2008)介绍了比利时、荷兰、德国等国家海洋空间规划的情况,结合我国海洋功能区划进行对比分析,并在管理细则、划分方法和实施管理等方面提出借鉴。徐丛春等(2012)介绍了国际上对海洋空间规划的研究状况及发展趋势,并结合海洋空间规划对海洋功能区划理论和实践的认识提供参考。张云峰等(2013)对欧美等海洋发达国家海洋空间规划的理论体系、实施框架、方法体系、实践活动和成功经验进行了总结。

我国已经编制了《全国海洋主体功能区规划》《海洋功能区划》等海洋空间规划,在这些规划的前期理论和规划编制等阶段均有学者从各方面对其进行探讨,推动了我国海洋空间规划体系的编制、完善。李东旭等(2011)分析了海洋主体功能区划与海洋功能区划的关系,并讨论了海洋主体功能区划的 4 个基本问题,明晰了基本概念,提出了区划原则、区划层级等。何广顺等(2010)对海洋主体功能区划的分类、分区、分级、评价单元等基本问题进行了讨论,构建了评价体系,并分区域提出了海洋主体功能区划的方法和路径。徐丛春(2012)针对不同海洋空间特性讨论了海洋主体功能区划指标体系的几个问题,并分别构建分类指标体系。葛瑞卿建立了包含海洋功能区划的概念、范围、目的、分类体系、方法、指标体系和成果要求等方面完整的理论体系。徐伟等(2014)从理论基础和方法两方面探讨了海洋功能区划评价,构建了全国海洋功能区划实施评价体系、分析评价结果并提出建议。曹可等(2017)以津冀海域为例,基于海洋功能区划构建了海域开发利用强度指数和海域开发利用评价标准及海域开发利用承载力指数。王鸣岐和杨潇(2017)分析了我国海洋空间规划中存在的矛盾及其根源,提出了实现海洋空间规划"多规合一"的关键点、总体构想及"多规合一"实现路径。黄杰等(2019)分析了海洋空间规划在国土空间规划改革背景下面临的挑战及调整的方向,并认为海洋空间规划需要加强陆海统筹,促进陆海一体化发展和保护。

我国海洋空间规划种类较多,各规划在内容、定位、使用范围等方面均不相同,对各规划间关系进行梳理有助于海洋空间规划系统的建立。王倩等探讨了海洋主体功能区划与海洋功能区划的编制与实施两方面的关系。高月鑫(2018)从概念、内涵、法律地位、管控制度、划分目标、空间管理及划分方法上对比了海洋功能区划与海洋生态保护红线的区别与联系,并建议未来海洋生态红线工作的开展可从海洋功能区划借鉴经验,建立完善的管控评估制度,确立生态保护红线的优先地位,处理好海洋功能区划与海洋生态红线区划的关系。同时,海洋生态红线区划应以维持海洋生态系统结构稳定和提高海洋生态系统服务功能为目标,将区域资源环境承载力评估作为一项参考指标,限制低承载区的开发利用,保证海洋生态环境健康可持续发展。陆州舜(2008)从渊源、内涵、属性、功能、地位和适用范围等方面分析了海洋功能区划和近岸海域环境功能区划之间的关系。

(三)海洋空间规划的实践动态

1. 国外海洋空间规划实践活动总结

海洋空间规划最早应用于渔业区域划分和港口规划。随着人类用海活动强度的增加,海洋空间规划体系经历了从单一到综合、从小尺度到大尺度、从宏观政策到微观管理的发展过程,完整独立的海洋空间规划体系逐渐形成,海洋空间规划成为海洋空间管理体系的核心管理工具。国外一些国家先后开展了海洋空间规划,其具体手段也各不相同。由于海洋生态系统具有复杂性、流动性等自然特性,海洋空间管理具有区别于陆地的特殊性,海洋空间规划体系的内容包括海洋生态学、区域海洋学、海洋经济学、海洋管理学等学科内容,要统筹考虑社会、经济、管理、生态等因素。同时,海洋空间规划的构建是以国家制度和经济体制为基础的,因此各国海洋空间规划体系的结构各具特点,大体可分为自上而下的金字塔形和多规划并行的并列型。

1) 金字塔型

金字塔型海洋空间规划体系是指一个能够覆盖全部海域,具有多个层次,且各层次从上到下一脉相承的海洋空间规划体系,其代表为英国、美国、韩国。英国的海洋空间规划体系建设是在 Tyldesley 提出的框架构想上逐步完善的,其框架构想包括联合王国、国家、区域和地方4个层级。由英国政府统一制定一个非法定原则政策性质的海洋空间规划纲要,其覆盖范围是联合王国全海域,英国在2011年发布的《英国海洋政策宣言》在海洋空间规划体系中起到了纲领的作用。这一宣言为英国的海洋空间规划提供了明确的指导和方向,确保了海洋资源的合理利用和保护,同时也促进了海洋经济的可持续发展。英格兰、苏格兰、北爱尔兰和威尔士分别制定了各自海域范围内法定的海洋规划框架,2006年公布的《英国海洋空间规划——爱尔兰海试点规划》和2015年公布的《苏格兰海洋规划》属于这个层次的海洋空间规划。生态管理和跨界区域需要根据实际对海洋空间进行划分并编制对应区域的海洋空间规划。各地方根据本地区实际情况和存在问题编制详细的海洋空间规划,代表为《克莱德湾海洋空间规划》。

美国的海洋空间规划体系分为"国家""区域""州"3个层次。美国分别在2009年和2010年发布了《有效海岸带和海洋空间规划临时框架》和《国家海洋政策》,提出了海岸带和海洋空间规划管理及其目标。采用"大海洋生态系统"的区域管理方法划分9个规划分区,每个规划分区由国家海洋委员会、州和部落组成区域规划机构,负责本规划区域的海洋空间规划,起到了协调各州海洋空间需求的作用。各州根据自身需要自行编制海洋空间规划,如2010年实施的《罗德岛特殊海域管理规划》,2016年实施的《华盛顿州海洋空间规划》。

韩国在1996年颁布了《海洋水产发展基本法》,并根据该法先后制定了《第一次海洋水产发展规划(2000—2010)》和《第二次海洋水产发展规划(2010—2020)》,并在此基础上于2018

年4月颁布了《海洋空间规划与管理法》，构建起了包括"海洋空间基本规划"与"海洋空间管理规划"的海洋空间规划体系。海洋空间基本规则是由海洋水产部编制的国家级海洋空间规划，主要包括海洋空间规划的基本政策等。海洋空间管理规划是由海洋水产部或沿海地方政府编制的区域级海洋空间规划，其内容主要包括本地区的管理范围、政策方向等。

2）并列型

并列型海洋空间规划是指多种海洋空间规划并存的规划体系，其代表是德国、挪威、澳大利亚。

德国的海洋空间规划体系是联邦专属经济区空间规划和各州领海空间规划并存。德国联邦在2004年发布的《联邦空间秩序规划法》将专属经济区纳入到海洋空间规划体系中。梅克伦堡州、下萨克森州和石勒苏益格州分别在2005年、2012年和2015年制定了州空间规划，将各州领海纳入到各州海洋空间规划中。

挪威的海洋空间规划体系是专属经济区空间规划和各地区水管理规章并行。根据挪威《国家规划和建筑法》中的"水管理规章"，内水和1海里以内的领海海域归沿海地区管辖。除此以外的领海、专属经济区和大陆架海域由挪威王室海事管理机构划分为3个区域，并在2006年、2009年和2013年分别发布了《巴伦支海和罗弗敦群岛水域综合管理规划》《挪威海综合管理规划》和《挪威北海和斯卡格拉克海峡综合管理规划》。

澳大利亚的海洋空间规划体系是海洋生物区域规划和州与领地海洋空间规划并存的体系。澳大利亚在1998年发布的《澳大利亚海洋政策》中提出了海洋生物区域规划的计划，并制定了5个联邦的海洋生物区域规划。各州和领地根据实际情况制定海洋空间规划，如以《大堡礁海洋公园法案（1975）》为依据建立的澳大利亚大堡礁海洋公园和维多利亚海洋公园。

2. 国内海洋空间规划实践活动总结

我国海洋空间规划相比于陆域空间规划起步较晚，规划体系和管理机制相对落后，但也在不断完善中形成了较为完整的海洋空间规划体系。从横向看，我国海洋空间规划体系是由多个不同类别规划组成的。方春洪（2017）认为，我国海洋空间规划包括海洋主体功能区规划、海洋功能区划、海岛保护规划、海岸带综合保护和利用规划、近岸海域环境功能区划、海岸（线）综合保护和利用规划、海域使用规划、区域用海规划；黄杰等（2019）认为，海洋空间规划体系包括海洋主体功能区规划、海洋功能区划、海岛保护规划、海岸带综合保护与利用规划、港口规划等涉海专项空间类规划；王江涛（2018）认为，海洋空间规划体系包括海洋主体功能区规划、海洋功能区划、海洋生态红线、围填海计划；王鸣岐（2017）认为，海洋空间规划体系是由海洋空间规划、海洋总体规划、海洋区域规划及海洋横向规划并列构成的，主要包括海洋主体功能区规划、海洋功能区划、海洋环境保护规划、海洋经济发展规划和海岛保护规划等专项规划。从纵向看，我国海洋空间规划体系主要涉及国家、省、市（县）三级行政区划。我国的海洋空间规划体系表现为类型、功能、层级多样化特征，综上所述，我国海洋空间规划体系主要包括海洋主体功能区规划、海洋功能区划及海岛保护规划、海岸带综合保护和利用规划等专项规划。

海洋主体功能区划是主体功能区划在海洋空间上的延续，是具有鲜明中国特色的一种地理区划。2015年8月，国务院印发了《全国海洋主体功能区规划》（国发〔2015〕42号），规划期限为 5 年。海洋主体功能区规划根据海洋资源环境承载力、海洋开发强度和海洋发展潜力，将我国内水和领海海域划分为优化开发区域、重点开发区域、限制开发区域和禁止开发区域，不同类型的区域定位不同，指导和管理方式也不相同。海洋主体功能区划是海洋空间规划体系中的核心，起到总体纲领的作用，是其他海洋空间规划编制时需要遵循的内容。海洋主体功能区划根据行政区划可分为国家级和省级。海洋功能区划是根据海域地理位置、自然环境、海洋资源和社会需求等因素，将管辖海域分为农渔业区、工业与城镇用海区等 8 个一级类及细分的 22 个二级类，并明确了各类海洋功能区的使用限制。海洋功能区划的目的是规范海域使用和海域审批，引导、约束海洋开发活动，科学合理地开发和保护海洋资源，是海域管理的具体依据。海洋功能区划根据行政区划可划分为国家级、省级、市县级。

海岛保护规划是根据《中华人民共和国海岛保护法》等法律法规、全国海洋功能区划等相关规划指定的，其目的是保护海岛及其周围海域生态系统，合理开发利用海岛资源。对海岛实行分类保护，即严格保护特殊用途海岛，加强有居民海岛生态保护，适度利用无居民海岛。并将我国海岛分为黄渤海区、东海区、南海区和港澳台区等 4 个一级区进行保护。同时浙江、福建、江苏等省也制定了省级海岛保护规划。

目前，仅有广东省推出了海岸带综合保护与利用总体规划，规划以海岸线自然属性为基础，结合开发利用现状与需求，将海岸线分为严格保护岸线、限制开发岸线和优化利用岸线。

（四）海洋空间规划一般程序

1. 国际海洋空间规划的一般程序

海洋空间规划是一个对海洋资源可持续开发利用的规划和管理过程，需要设定明确的目标及范围，并根据系统的实施框架，结合数据和工具的支持，实现分区和保护的有效性，从而达到生态、社会、经济共同发展的目标。关于海洋空间规划的政策、框架，甚至实践导向，各国都有很深入的研究。联合国教科文组织以全球范围内实际开展的海洋空间规划为基础，分析编制海洋空间规划的实践指南，阐释了海洋空间规划十大步骤的应用方法。该方法主要通过定义现有条件、分析现有条件以及设计未来条件 3 个步骤，完成海洋空间规划的组织与汇编数据、模型分析与评估，以及预测、评估权衡与表达。欧洲提出了监测和评估空间管理区域的通用框架，在欧盟基于多端元混合像元分析监测和评价空间管理区域项目的资助下，13 个欧盟国家 9 个海洋区域进行了试点。欧盟的框架包括"背景和相关生态系统的设置""收集相关生态系统、人类活动和管理目标的信息""指标选择""风险评估""结果分析""有效管理评估"和"适应当前管理的修改和建议"等 7 个步骤。

2. 中国海洋空间规划的一般程序

尽管不同国家、不同海域拥有不同的特性，在海洋空间规划的编制与实施上无法直接套用别国的经验，但海洋空间规划的总体步骤大致是相似的。在我国，海洋空间规划的实现大致需要经历准备工作、规划方案编制及审批实施等 3 个阶段。

1）准备工作阶段

海洋空间规划是一个复杂的项目，需要全面而严谨的准备工作以支持后续规划工作的开展。规划的组织工作是准备工作中的重点，同时也是后续工作的保障。海域面积通常较大，所涉及的地区数量众多且各地区间社会经济发展现状及利益诉求点存在巨大的差异，因此海洋空间规划的编制工作首先需要较高层级政府机构组织并成立专门的规划编制小组，建立跨区域协调的合作机制，以确保规划后续工作的顺利展开。准备工作阶段的另一个重点为制定规划编制的工作计划。海洋空间规划前期工作计划需要对海洋空间规划的目标、具体工作内容、实际操作步骤、人员组织安排、资金后勤保障等做出全方位的考虑与协商。在制订工作计划的过程中，要特别注重发挥国家层面的组织协调力量，从更为长远、全面、科学和生态的角度进行统筹。

信息化技术是新时代海洋空间规划所提出的必然要求，也是实现海洋空间规划科学与可操作目标的支撑手段。基于3S地理信息技术以及大数据技术的发展，海洋空间规划在数据收集、资料分析以及可视化展示方面存在巨大的发展空间。依靠大量数据的支持和支撑，海洋空间规划在准备工作阶段需要对规划依据、技术路线和技术方法等进行初步试验与确定，先进的信息化技术也必然贯穿于整个海洋空间规划与实施中。

2) 规划方案编制阶段

规划方案的编制是海洋空间规划实现的中心环节，在前期准备工作的基础上，相关工作人员需要对海洋空间现状、海洋供需平衡进行分析评价，制定符合可持续发展理念的海洋空间利用目标，在征求利益相关者的意见之后确定呈现方案。

海洋空间现状调查评价是海洋空间规划前期阶段的重要基础工作，通过对当前海洋空间资源、利用等现状进行调查，根据适宜性、科学性、生态性等评价原则进行综合评价，"摸清"我国海洋资源与海洋利用情况的"家底"，为后续的分析与编制提供依据。

海洋供需平衡分析。海洋空间的供需状况是明确海洋空间利用的重要依据，进行供需平衡分析是对未来趋势的预测。

海洋空间利用目标。海洋空间规划的目标是在现状基础上提出的，在现存问题基础上，根据目标导向制定约束性指标和预期性指标。

编制方案与择优。确定海洋空间规划目标和战略后，选择具体的规划项目，再进行深入的规划项目研究，拟定供选方案，再进行择优和方案的评价。

此外还应当组织利益相关者参与规划的意见会，反馈意见与建议，协调多方利益，解决利益冲突。

3) 审批实施阶段

海洋空间规划方案编制完成后，需由领导小组以及政府等有关部门进行技术鉴定、修正审批，然后提交上级主管部门再进行审核备案。由于部分海域可能涉及其他国家的利益，因此海洋空间规划需要从国家层面与相关国家进行多方谈判与审核修正。审批程序的完成，意味着海洋空间规划在编制层面的完成和实施层面的开始。政府、个人、营利组织、非营利组织等社会主体应当自觉遵循海洋空间规划，积极开展海洋空间保护、海洋科学合理利用等实践。在新的背景与新的要求下，海洋空间规划应当更加注重规划的评价与反馈，通过建立畅通有效的监督评价反馈机制，获取各方在实践中产生的意见与建议，并定期对海洋空间规划做出修正。

(五)海洋空间规划主要内容

1. 范围和时间框架界定

各海域的行政管理界限和生态系统边界往往不会完全重合,两个空间在同一片海域上经常会发生重叠。一方面,有些生态系统的边界可能延伸出指定的规划管理界限;另一方面,海洋空间规划的海域范围可能只涵盖海洋资源需求供给作用的部分海域,而不是整个生态系统。因此海洋空间规划的范围和时间框架需要通过一个政治程序指定规划区域作为一个管理单位,并依据当地法律结合具体实际确定时间框架。

2. 海域生态环境评价

海域生态环境评价是编制海洋空间规划所需要执行的一个重要步骤。气候变暖与极端气候的频增,水体的富营养化,海洋垃圾及交通、港口带来的生态破坏等,是当前海洋所面临的主要问题。对海洋生态环境进行评价、对海域资源进行调查,可以识别具体海域面临的具体问题,因此在规划时也能够有的放矢,以可持续生态目标为指导,开展进一步的生态修复与保护规划工作。

3. 使用现状调查与识别

现状调查是海洋空间规划的重要任务之一,经现状调查识别需要重点保护的海域、适宜开发活动的海域以及具备重要生态意义的区域。现状识别的第二步是管理海域范围内重要用海活动,包括时空分布以及活动强度。在高强度使用海域时会发现不同用海活动之间,以及用海活动和重要的保护区域之间存在着空间重叠现象。通过调查分析不同人类活动的开发对象及其对海域的影响,识别出当前区域内用海矛盾与兼容性。

4. 区域内用海需求分析

区域内用海需求分析类似于土地利用规划中的供需平衡分析,海洋运输、海底资源开采、渔业、海洋休闲旅游业等不同产业对于海洋空间的利用有不同的模式,其需求也存在差异。通过对现有用海活动的用海需求进行分析、新增用海活动的需求进行预测以及未来海洋空间使用前景进行制定,择优选择最适宜的空间用海方案,最大化平衡海洋生态与人类需求之间的矛盾。

5. 组织利益相关者参与

能够被规划和管理的并不是海洋生态系统及其要素,而是海域内的人类活动。海洋空间规划实际上是海洋规划者根据规划目标为人类活动划定特定的空间,因此利益相关者的参与对于衡量人类活动现实影响,识别和解决地区冲突均具有至关重要的作用。利益相关者从地域特色出发,更加了解历史和当前现实,有助于提供高质量的空间数据和信息,从而有效提供决策信息。同时利益相关者强调规划的可操作性,要求在政策中体现公民意志,专家需要考虑用什么数据和工具实现这一任务,二者的结合可以克服规划脱离现实的问题,促进科研成果向实践方案的转型。

中国在海洋空间规划的过程中应当扩展公共参与渠道,建立公众参与制度,具体实现办法有媒体信息发布、社会调查问卷、听证会、专家研讨会、实地考察等。

第二节　规划技术方法

一、海洋空间规划双评价

当前我国正处于工业化和城市化高速发展时期，人口持续增长和城市化进程不断加快，资源紧缺、环境污染、生态系统退化等问题日益严重，不断制约着国土安全和经济社会可持续发展。资源环境承载能力评价和国土空间开发适宜性评价（以下简称"双评价"）的提出是生态文明新时代坚持生态优先、绿色发展的重要前提，是摸清资源利用上限与环境质量底线的重要举措，更是划定"三区三线"、优化国土空间格局的基本依据。

二、海洋国土空间规划监测评估预警

（一）新时期海洋国土空间规划监测评估预警思路

新时期海洋国土空间规划是海洋强国背景下整体谋划海洋国土空间开发保护新格局、保障国家和地区战略实施的重要手段，也是保护海洋生物多样性、推进海洋生态文明建设的关键举措，对于科学布局生产空间、生活空间、生态空间具有重要的基础作用。海洋国土空间规划监测评估预警是促进沿海城市高质量发展、维护规划权威性和严肃性、提高海洋国土空间规划实施有效性的重要工具，必须坚持全过程、全方位监管，坚持陆海一体化通盘考虑，客观深入地剖析规划实施中存在的问题与成因，并提出有效的政策建议，为规划的全面有效实施保驾护航。

借鉴自然资源部 2021 年发布的行业标准《国土空间规划城市体检评估规程》（TD/T 1063—2021）中的相关理念和技术方法，新时期市级海洋国土空间规划监测评估预警应服务于沿海市级自然资源行政主管部门，使其更好履行"两统一"职责，充分体现海洋特色，坚持目标导向和问题导向相结合，注重数据的权威性、可获取性和技术方法的可操作性，强化实时监测、定期评估和动态预警的统筹衔接、互动支撑和全过程管理，切实发挥海洋国土空间规划在海洋国土空间开发保护中的战略引领和刚性管控作用，以钉钉子的精神推进规划的组织实施，实现规划实施管理逻辑闭环，确保相关成果能用、管用、好用，实现一张蓝图干到底。

首先，在省级国土空间规划指导和引领下，充分考虑海洋国土空间的独特性、海洋生态系统的多样性和生态环境的敏感脆弱性，系统梳理涉及本行政区的海洋规划成果，包括国土空间总体规划、海岸带专项规划、其他专项规划等；其次，根据海洋的连通性、流动性等特点，进一步明确需要重点管控的海洋要素，包括各类约束性指标、预期性指标、海洋空间分区分类空间边界、无居民海岛管控目录清单等；再次，进行全过程长期监测、及时精准预警，对规划进行定期评估（包括短期的年度评估和较长时期的阶段评估）；最后，结合国民经济和社会发展规划实际情况及重大项目用海、用岛需求，将相关成果应用于规划督查、规划调整和党政领导干部综合考核评价（如绩效考核、离任审计）等方面。实施新时期海洋国土空间规划监测评估预警，对滨海城市海洋开发保护特征及规划实施效果定期进行分析和评价，可及时发现海洋国

土空间治理、海洋功能布局中的问题、短板和风险,对一些苗头性问题进行提前干预,进而不断提高海洋国土空间规划实施的科学性,让滨海城市更加宜业、宜居、宜游。

(二)海洋国土空间规划监测的主要内容

2020年9月,自然资源部印发《市级国土空间总体规划编制指南(试行)》。本书参考其规划指标体系表,结合海洋业务工作实际,构建了具有新时期特点的市级海洋国土空间规划监测指标表。然而,监测指标并非越多越好,也并非固定不变,而应根据城市发展需要,定期开展监测指标的评估并更新规划监测指标体系,健全动态监测机制。如难以获取公开、权威的监测数据或指标不适用该地区,可进行局部调整或直接删除原有部分监测指标,增强监测指标对规划的实际表征意义,进而提高规划监测工作的效率和质量。

监测指标的数据来源主要考虑3个方面:一是自然资源部的例行监测监管数据,如海域海岛动态监管系统、海岸线年度调查统计结果;二是统计年鉴和相关部门提供的权威数据,如海洋生产总值、GDP、近岸海域水质;三是根据卫星遥感影像、航空和无人机影像解译出来的信息,如新增围填海面积、历史遗留围填海处置使用率。从指标与海洋国土空间规划的相关性方面考虑,将指标分为基本指标和推荐指标,其中基本指标反映了海洋国土空间规划的品质和效能;推荐指标可从其他方面直接或间接反映海洋国土空间治理水平。

从指标的实际管控作用出发,将指标分为空间底线、空间结构与效率、空间品质3类共30个具体指标,并按照重要程度从大到小赋予指标Ⅰ~Ⅲ级不同权重(具体分值可根据实际情况选择)。其中,空间底线侧重于对海洋生态系统基本功能的维护,是近海生态安全的屏障和底线,包括海洋生态保护红线面积、生态保护区面积、生态控制区面积、沿海滩涂面积、蓝碳生态系统面积、红树林湿地面积、大陆自然海岸线保有率、海岛自然岸线保有率和未开发利用无居民海岛数量;空间结构与效率侧重于对海洋开发利用相对合理性的保障,是优化海洋发展空间布局、实现海洋资源利用效率提升和有序开发利用的重要保障,包括沿海滩涂养殖面积、海洋牧场面积、海上风电面积、新增围填海面积、历史遗留围填海处置使用率、跨海桥梁长度、海底管线长度、港口码头岸线长度、非透水构筑物用海面积、单位大陆海岸线海洋生产总值、海洋生产总值占GDP比重和不符合规划分区分类的用海面积;空间品质侧重于人居环境和亲海空间的改善,是践行以人民为中心、绿水青山就是金山银山、人与自然和谐共生理念的具体表现,包括游憩用海区面积、海岸侵蚀后退面积、大陆砂质海岸线长度、生态恢复海岸线长度、新增海洋生态修复面积、人均海岸线长度、生态海堤长度、赤(绿)潮面积、近岸海域水质优良(一类、二类)比例。

(三)海洋国土空间规划评估的内容与方法

1. 年度评估

海洋国土空间规划的年度评估应聚焦当年度规划实施的关键变量和核心任务,重点关注全域范围内基本指标的实际情况,将底线控制、重点地区发展、生态安全作为重要目标。通过与上一年度数据和目标数值的对比,可得知规划在实施中造成的优劣影响和变化趋势,明确下一年度的工作重心与努力方向。鉴于基层人才和数据的短缺,年度评估的方法、过程不宜太复杂,应化繁为简、切实可行,避免形式主义,结论可快速反馈并有效应用于相关工作。因此,既要充分考虑当地政府在年度政府工作报告中提到的相关任务、指标的落实情况,也要考虑海洋的复杂性和数据的可获得性,从而进行有针对性且可操作的年度评估。

例如,2021年深圳市政府工作报告明确提出"加快海洋新城……产业集聚区规划建设",年度评估应着眼于推动海洋国土空间规划的可持续、高效率,重点关注海洋新城所在海域的控制性详细规划和实际施工建设,加强对海洋开发强度和海洋生态安全的监控,对于不符合功能定位和用途管制边界的倾向性问题予以提醒并提出合理解决方案,以及时将解决方案提供给有关部门参考使用。

与陆地变化的直观性强、数据更新快且较易获得相比,海洋数据获取的成本高、周期长、难度大,能够在年度评估中应用的数据非常有限。例如,自1950年以来,广东省仅在近岸开展了3次大型海洋综合调查,1958—1960年国家科学技术委员会组织进行了全国第一次海洋调查,调查内容以海洋水文为主;1980—1987年开展了全国海岸带与滩涂资源综合调查专项——广东省海岸带和海涂资源综合调查,调查内容较全面;2004—2009年开展了908专项——广东省近海海洋综合调查与评价专项,该专项是距今最近的一次海洋综合调查,也是有史以来规模最大、调查要素最全面的一次海洋综合调查。1980年以来,广东省在近岸主要开展了5次海洋专题调查,分别为1988—1994年的全国海岛资源综合调查专项——广东省海岛资源综合调查、2010—2012年的全国海域海岛地名普查、2018年的围填海现状调查、2019—2020年的海岸线修测、2020—2021年的全省养殖用海情况调查。

从海洋工作业务运行的实际情况看,能够按年度开展调查并提供资料的主要为海岸线调查统计和近岸海域水质调查。2017年5月,《国家海洋局关于印发〈全国海岸线调查统计工作方案〉和〈海岸线调查统计技术规程(试行)〉的通知》(国海发〔2017〕5号)中明确,海岸线调查统计是一项常态化业务工作,由各沿海省级行政区根据海岸线动态变化情况定期组织(一般每年组织一次,每年下半年完成调查统计工作)。海岸线调查统计明确了不同岸段的类型(包括砂质岸线、淤泥质岸线、基岩岸线、河口岸线、人工岸线、具有自然海岸形态特征和生态功能的岸线)和利用现状(包括渔业岸线、工业岸线、港口岸线、旅游岸线、城乡建设岸线、其他利用岸线、未利用岸线)。各沿海城市生态环境部门均在近岸海域布设了海水质量监测点位,在不同季节实施监测,水质监测结果可按年度提供。同时,应根据海岸线调查统计数据和近岸海域水质监测数据,结合海域使用确权数据,提炼总结出近岸海域的开发利用情况和整治修复、生态恢复情况,为海洋国土空间规划年度评估提供及时有效的技术支撑。

2. 阶段评估

在创新、协调、绿色、开放、共享的新发展理念引导下,阶段评估应定量与定性分析相结合、变动分析与趋势分析相结合、发展目标与底线管控相结合,坚持对标先进、公平客观、动态开放、引领发展等原则,采用数理统计、ArcGIS空间分析等理论方法,以海洋资源环境承载能力与海洋国土空间开发适宜性评价为核心内容,通过海洋资源环境禀赋分析,研判海洋国土空间开发利用的风险与问题,从而确定不同区域在不同阶段适宜的发展方向与适宜程度,为城市强弱项、补短板提供理论和技术支撑。在阶段评估周期的选择上,应与政府相关工作做好衔接,将阶段评估内容有效纳入下一步实际工作(如规划督查、调整等),实现评估效益的最大化。对海洋国土空间规划进行阶段评估,选择五年为一个评估阶段较为合适。一方面,当地的国民经济和社会发展规划以五年为一个实施周期;另一方面,本轮国土空间规划实施周期为十五年,但近期规划通常也是五年。同时,当地的海洋经济发展"十四五"规划及港口、旅游、水利、养殖等其他专项规划的实施周期通常也为五年。

阶段评估不是规划年度评估内容的简单罗列或加和,而是要通过对历年规划监测数据的深入挖掘和知识发现,探索出能反映当地海洋资源禀赋特色、本质和规律性的内容。阶段评估首先应全面对照本市国土空间总体规划和上级政府对本市国土空间总体规划的批复要求,以规划涉海内容实施的实际情况为重点,开展阶段性的全面评估和总结,对海洋国土空间规划各项目标和指标落实情况、空间结构与布局、强制性内容执行情况、重大事件影响、各项政策机制的建立进行系统深入分析,参照规划环评的有关要求对规划实施的生态环境影响进行全面回顾分析;其次根据下一届党代会精神和生态文明建设、海洋强国建设、海洋产业发展面临的新形势和新要求,结合当地和周边沿海城市或关联城市的国民经济和社会发展规划、海洋经济发展"十四五"规划及其他专项规划评估结果,综合考虑人口分布、经济布局、海洋国土利用、生态环境保护等因素,适时开展"双评价",确保"双评价"工作切实有效地支撑国土空间规划的全过程(既要为规划编制提供基础支撑,也要为规划评估和应用提供服务),对未来五年海洋空间格局发展变化趋势做出判断,做好存量和新增围填海资源的管理工作,突出海洋自然资源管理的系统性、整体性与协同性;最后根据阶段评估发现的问题,以及未来五年发展对海域、海岛、海岸线的开发保护需求,配合落实好国家和省级重大战略工程,推动实现区域协调、城乡融合发展,对规划的动态维护及下一个五年规划重点项目布局、生态保护修复、实施措施、政策机制等方面提出建议,对触及空间底线的问题及时提出纠正措施,对影响空间效率和品质的问题提出优化或改进方案,推动经济社会高质量可持续发展,服务以人为核心的新型城镇化建设。

(四)海洋国土空间规划预警的内容与方法

预警内容主要包括边界突破预警(如生态保护区)、指标突破预警(如大陆自然海岸线保有率)和管控清单突破预警(如无居民海岛名录),预警类型包括刚性预警界限和弹性预警界限,数据主要来源于卫星遥感监测数据、海域海岛确权数据、无人机拍摄数据和相关统计资料。结合当地实际,可选取具有底线管控作用的典型指标,进行海洋国土空间规划预警。指标的选择一方面应与规划监测指标相衔接,另一方面要与年度评估指标相衔接,同时还应充分考虑现有技术力量的有效支撑(如充分利用自然资源部已有的海域海岛动态监管系统,实现行政管理和监测预警的有机结合)。同时,根据实际情况设置预警阈值并划分预警等级,不同等级需采取不同的应对措施,以便及时发现并修正规划实施偏差,排除潜在的风险和警情,也为后期对规划策略进行动态调整提供可能。

2019年以来,自然资源部已经建立了卫星遥感"15天一覆盖"的监管工作机制,及时发现并制止违法用海的苗头倾向,通报并移交涉嫌违法用海案件。卫星遥感"15天一覆盖"是严管严控围填海工作部署所采取的措施,主要是在 15 天周期里实现对用海疑点/疑区发现、核查、移交的工作机制。规划预警应充分使用"15 天一覆盖"卫星遥感数据,从中及时发现海域、海岛、海岸线的空间占用信息,经与海域使用等不动产权证书所载坐标围成的范围进行叠加分析,可以快速辨别出合法和非法的海洋空间占用情况。

例如,对大陆自然海岸线保有率指标的预警,可以根据"15 天一覆盖"卫星遥感数据,定期实时快速提取出围填海工程或建(构)筑物建设占用的自然岸线情况;对于逼近大陆自然海岸线保有率的区县,可根据自然海岸线的占用长度和占用类型,发出相应的预警信息,提醒地方有关部门关注并加强对本地自然岸线的保护,推动构建科学合理的海岸线空间格局。对于未开发利用的无居民海岛,应按照新时期海洋生态文明建设需要和自然资源部落实海洋领域"两统一"职责的最新要求,原则上纳入生态保护红线进行管控,利用"15 天一覆盖"卫星遥感数据,可以及时发现无居民海岛开发建设情况;对于可能存在非法建设行为的疑点、疑区,可采用航拍或无人机做进一步的验证。

第三节 海洋功能区划

一、功能区划的理论和方法

从 20 世纪 80 年代开始,海洋功能区划的重要性已日益被人们所认识和接受,其成果也广泛地应用到我国的海洋开发、保护和管理的实际工作之中,起到了指导、控制和协调的作用。为了更好地开展海洋功能区划工作,提高其科学性和可操作性,并在全国范围内达成规范化和标准化,国家技术监督局发布了《海洋功能区划技术导则》(GB/T 17108—2006)。《海洋功能区划技术导则》明确规定了"功能(function)""海洋功能区(marine functional zonation)""主导功能(dominant function)"和"海洋功能区划(division of marine functional zonation)"的概念。

所谓"功能"是指自然或社会事物于人类生存和社会发展所具有的价值与作用。海洋功能区,是指根据海域及其相邻陆域的自然资源条件、环境状况和地理区位,并考虑到海洋开发利用现状和经济社会发展的需要,而划定的具有特定主导功能、有利于资源的合理开发利用、能够发挥最佳效益的区域。主导功能,亦称优势功能,是指在某一海域多种功能并存的情况下,依据区域自然属性和社会需要程度,分析对比而选定的最佳功能。海洋功能区划,是指按各类海洋功能区的标准(或称指标标准)把某一海域划分为不同类型的海洋功能区单元的一项开发与管理的基础性工作。

海洋功能区划概念具有四项含义。第一,所划定的区域具备一定的自然属性条件,即自然资源条件、环境状况和地理区位。第二,所划定的区域具备一定的社会属性条件,即海洋开发利用现状和经济社会发展的需求。第三,所划定的区域具有特定的主导功能,而不是所有的可以利用的一般功能。第四,目的是促使所划定区域能够发挥经济、社会和生态环境的综合效益,既能保证所划海域自然资源与环境客观价值的充分发挥,又能保证国家或地区经济与社会可持续发展的需要。

可见,海洋功能区划的概念决定了海洋功能区划成果在海洋管理和海洋资源可持续利用中的重要性,是开展海洋综合管理的基础,是各涉海行业规划的基础。

(一)功能区划的目的

海洋功能区划的目的就是根据海洋各区划区域的自然属性结合经济、社会、科技发展的现实需要和可能,以提高海洋资源的经济、社会和生态整体效益,促进海洋经济可持续发展为主要原则,确定各功能区域的主导功能和功能顺序,科学合理安排各功能区域的资源开发与环境保护等内容,为国家和地方各级政府开发海洋资源、发展海洋经济以及在海洋规划、海域管理、资源开发与保护等方面提供科学的政策依据;为正确而客观、公正地协调各涉海行业和部门在开发利用海洋空间资源和物质资源等各类资源中,提供规范的管理依据,实现海洋资源开发最高的整体效益。其基本内容如下。

(1)实现对海洋开发活动的宏观指导,协调各地区、各涉海行业用海矛盾,保障海洋经济持续、快速、协调发展。

(2)成为海域使用管理的基础依据,为建立海域使用可行性论证制度、海域使用许可证制度及海域有偿使用制度提供依据。

(3)成为海洋生态资源和环境保护的基础依据,为确定海洋水质类型及解决海洋环境污染问题,实现海洋资源可持续利用提供依据。

(4)为制定海洋发展战略和海洋管理法规、海洋行业规划和各类专项海洋区划提供依据。

这些基本内容实际上都是海洋功能区划的具体目标,其核心是为各级政府开展海洋综合管理建立一种科学、宏观、公正并具可操作性的行为规范。在海洋管理中可以借鉴陆地国土的管理方法,但海洋不同于陆地,它是一块流动的、统一的、不可分割的整体,一个地方的海洋开发活动可以影响到相邻乃至较远地方的海洋开发活动。因此,必须做好海洋功能区划,再实施有效的海洋综合管理。海洋功能区划的目的表明,海洋功能区划不是纯科研行为,而是科研行为和政府行政行为的有机结合。只有这样海洋功能区划成果才能得到政府的承认,才能变成政府规范性文件,才能达到海洋功能区划的目的。

(二)功能区划的意义

1. 海洋功能区划是海洋资源管理的依据

海洋资源管理包括港口岸线、海洋生物、矿产资源、海水化学、可再生能源等各类海洋自然资源的管理。目前以部门管理为主,其主要依据是各类资源管理法律和部门、行业发展规划。依据《中华人民共和国海域使用管理法》第十五条的规定,养殖、盐业、交通、旅游等行业规划涉及海域使用的,应当符合海洋功能区划;沿海土地利用总体规划、城市规划、港口规划涉及海域使用的,应当与海洋功能区划相衔接。按照这样的法律规定,海洋功能区划将会成为其他相关规划直接的编制依据。

2. 海洋功能区划是海域使用管理的依据

海域使用管理是指在海岸线至领海外线之间的区域(包括水面、水体、海床和底土)内,对使用某一特定海域三个月以上的排他性用海活动的管理行为。其目的是加强海洋综合管理，实现海域的合理开发和可持续利用，维护国家海域所有权和海域使用者的合法权益。其核心是海域使用审批和有偿使用制度。而实施海域使用审批制度的关键是海洋功能区划制度的建立。《中华人民共和国海域使用管理法》第三章、第四章、第五章，分别规定了海域使用的申请与审批、海域使用权、海域使用金。海洋功能区划已成为海洋主管部门审批海域使用申请的直接依据，并在实践中显示出良好的效果。

3. 海洋功能区划是海洋环境保护的依据

海洋环境保护是指在我国管辖的内海、领海及其他海域内进行的防止污染损害、保护生态平衡的管理行为。海洋功能区划是根据海洋的自然属性、社会属性以及经济属性，结合自然资源和环境特定条件，界定海洋利用的主导功能和使用范畴的一种管理手段。它旨在科学合理地使用海域，保护海洋环境，促进海洋经济的可持续发展。通过将海域划分为不同的功能区，如开发利用区和保护区等，海洋功能区划为海域使用管理和海洋环境保护工作提供了科学依据，确保了国民经济和社会发展的用海需求得到满足的同时，也保护了海洋生态环境。《中华人民共和国海洋环境保护法》也进一步明确了海洋功能区划在海洋环境保护工作中的法律地位。实际上，我国海洋功能区划成果已成为海洋环境保护工作的主要依据。我国划分的各类型自然保护区，基本上都是依据海洋功能区划进行确定的。

（三）功能区划的原则

海洋功能区的划定，主要遵循以下六项原则。

1. 以自然属性为主、兼顾社会属性的原则

海洋功能区划根据海域的区位、自然资源和自然环境等自然属性，将自然属性放在首位，人类在开发利用海洋资源时，只有客观认识海洋固有的自然属性和自然规律，才能合理开发利用和保护海洋自然环境和自然资源。同时，功能的确定又离不开经济、社会发展的需要，所以，必须兼顾社会属性。该原则是海洋功能区划最基本的原则。在功能区划中以自然属性为主，即资源环境的适宜性应放在首位考虑；兼顾社会属性则考虑区域经济的发展、人民生活的需要及各行业的平衡发展。

2. 三效益统一原则

实现经济效益、社会效益和生态环境效益的统一，是海洋开发利用的根本目标。经济效益、社会效益、生态效益相统一，是指开发利用海洋自然资源过程中，严格遵循自然规律，根据资源环境承载能力和自然环境的适应能力，科学地处理好海洋开发利用与保护之间的关系，实现海洋资源的可持续开发利用与保护。一切开发活动都会在一定范围内和一定程度上改变原有的生态环境系统，如果不遵循"三效益"相统一原则，过度地开发利用，不仅会导致生态环境的破坏，而且会使经济效益和社会效益降低，甚至出现负面效应。例如，由于过度捕捞，加上沿海城市工业废水、生活污水大量流入，海洋污染日趋严重，加速了传统鱼类资源的衰退。为了保护好宝贵的海洋环境和海洋资源，保持海洋的可持续开发利用，在海洋功能区划工作中必须严格遵循自然规律，根据不同区域的资源环境承载能力和资源再生能力等实际情况,处理好海洋开发利用与保护之间的关系。

3. 统筹兼顾、突出重点的原则

海洋功能区划,既要考虑开发利用,又要考虑治理和保护等多方面的关系;既要考虑主导功能,又要兼顾一般功能;既要考虑当前的需要,又要考虑长远的发展;既要考虑整体利益,又要兼顾局部利益。其目的是要区别不同地区、不同情况,因地制宜地考虑问题,确定不同的重点,并突出这些重点。

在开展海洋功能区划中,主要从以下4个方面体现统筹兼顾、突出重点的原则。

(1)在统筹兼顾资源效益、经济效益社会效益和生态效益的同时,又突出重点。如在渔业资源衰退的沿岸海域,重点划定增殖区和禁渔区,突出经济效益;在注重划定开发利用区、突出经济效益的同时,还划定了一定数量的治理保护区,兼顾了生态效益;通过划定保留区,把长远利益同近期利益紧密结合起来,并且通过生产力合理布局,突出社会效益。

(2)划定功能区要综合考虑区域的自然属性和社会属性。例如,福建省龙海市镇海角到诏安县铁炉岗,沙滩连绵,阳光充足,在自然属性上具备有区划为旅游区的功能,但根据该区的社会经济发展水平与现实需求,不能全部划为旅游区,只能有选择地确定部分海域作为旅游功能区。

(3)在多种功能重叠的区域,突出主导功能,允许互不冲突或相互影响小的功能并存。例如,海南省特别重视油气开采区的油气资源开发,是全省经济发展的主导产业,然而又不忽视热带作物、海洋渔业、食品加工和旅游业等产业在海洋开发中的启动作用和积累资金的功能,在功能区划中也予以重要地位。

(4)同时实现近期开发、未来开发、整治利用和保留区的合理配置、统筹兼顾、突出重点,近期利益和局部利益兼顾长远利益和整体利益。例如海南省区划盐田区时,既要发挥盐田在轻工业和食品工业等产业中的近期功能,又要看到它在油气能源问题解决后于盐化工开发方面的美好远景,从持续发展的观点区划好盐田区的规模。

4. 备择性原则

在海洋和海岸带区域,多数具备多种功能性,即一种资源一个环境区域可以多种用途开发利用,为此要充分协调各行业各部门之间的用海矛盾。在具有多种功能的区域出现某些功能相互不能兼容时,应优先安排海洋直接开发利用中资源和环境等条件备择性窄的项目。这种选择的功能区主要有港口、航道、矿产资源开采区、自然保护区、旅游区等。如港口区的划定,对岸线类型、水深、水文、地质、航道、锚地、掩护条件以及陆上腹地等都有一定的要求,而且一旦建成,港区、航道、锚地及陆上的堆场、仓库等便不能再为其他行业所使用,备择性很窄。

5. 可行性原则

可行性原则强调的是海洋功能区划工作应在以区域的自然属性为基础的前提下,充分考虑社会属性,科学地划定各功能区,提高其在实际工作中的可实施性。可行性原则主要包含两个方面内容:第一,功能类型的区划不能破坏生态平衡,因为自然界在多年的自然演变过程中,形成了一定相对稳定的生态平衡系统;第二,所划分的海洋功能区和当地政府的总体规划纲要基本协调一致,要充分考虑社会经济的发展需求。只有这两个方面的协调统一兼顾,才能充分体现具有实际意义的可行性。否则,所划分的海洋功能区是以牺牲自然环境、破坏生态平衡为代价而进行各种资源的开发,或采取杀鸡取卵等行为,势必产生严重后果,人类必将为此付出沉痛的代价。此外,若所划分的海洋功能区仅仅是为了保护自然生态平衡,而不与当地政府的总体规划和目前实际开发利用现状相结合,其所编制的海洋功能区划也就没有实际意义了。

因此,正确处理保护生态环境与开发利用之间的关系,就变得十分重要。应吸收现有的包括各行各业的规划,统筹兼顾,充分协商,反复征求和吸纳地方政府及各行各业对海域的开发利用意见,以达到功能区划实施可操作的目的。要注意保留海洋开发利用的延续性,做到既能有利于保护生态环境,又能促进开发项目取得较好的经济效益。

6. 超前性原则

海洋功能区划是立足于当前和可预见的未来科学技术与经济能力可能实现的水平上,对海洋空间和所依托陆地、岛屿的社会经济发展特点按功能类型进行区划划分。虽然在划分过程中对待定区域的自然资源、自然环境和社会需求做了相应客观分析,但是随着时间的推移,社会发展、开发程度的深入,在自然属性和社会需求方面会有相应的变化。为此,在进行分析研究、确定每个功能区类型时,必须对其可能的变化和发展趋势进行科学预测,保证所划定的功能区类型既能满足当前的社会发展需要,又能适应比较长远的社会需求,确保功能区在较长时期内具有比较好的稳定性。然而,无论是哪一种类型功能区,均会受到社会属性变化的影响而发生变化,尤其是那些受社会属性控制程度比较高的功能区,其影响变化速度相当快,为此更应当对这一类的功能区进行科学预测,就是从目前的科技水平和开发趋势进行分析研究,确定每一功能区。

在海洋功能区划中,必须体现社会发展的超前意识。例如,海水养殖从湾内向外海、从浅海向深海的转移是一种趋势,在区划时就必须给予考虑。要划出科学试验区,要安排一定数量的各种功能的预留区和待定区,为将来引进更高层次的高新技术和社会发展需求留有余地。

(四)功能区划的方法

1. 功能区划的具体方法

(1)成立科研专家和政府行政人员相结合的组织机构,根据国家的统一布置和《海洋功能区划技术导则》(GB/T 17108—2006),研究制定海洋功能区划的工作实施方案和技术实施方案。

(2)收集海岸带及滩涂、海岛、海湾等综合调查成果,各涉海专业调查研究材料、行业发展规划和区划、统计年鉴、地方志、地方年鉴、社会发展规划、自然环境等基础资料,地形图、海图和遥感影像等图件资料也要尽量收集齐全。

(3)对重点区域和有争议的区域实地调查,获取新的一手资料。并通过调访、了解相关区域的基本期刊,通过与政府有关部门、企事业单位座谈,了解开发利用现状及存在的矛盾与问题。

(4)将收集到的有关资料、图件,采用比较法、综合法和叠加法进行分析评价,遵循因果关系。海洋功能区的划定主要采用了指标法和协调法。指标法是指在区划海洋功能区类型时,依据海洋功能区划分类分级体系和类型划分指标确认海洋不同区域对于各海洋功能区类型的适宜性,进而划出海洋功能区的一种方法,即根据海域的自然属性参照功能区各分类指标确定海域所赋予的功能。海洋功能区分类分级体系和类型划分指标是基于定性、定量、定性与定量相结合的,具有科学的标准,因此可成为划定海洋功能区类型的基础。

但不是所有具有某类型划分指标特征的海域都划入该类型海洋功能区。海洋功能区划是一项综合性的系统工程,要采用科研行为和政府行政行为相结合、定性分析和定量分析相结合、收集资料与实地调查相结合、专项研究和综合分析相结合等方法,协调好各种关系,保证海洋功能区划成果能作为综合协调管理的行为规范,这就是协调法。协调法是根据社会属性来协调某海域所具有的各种功能之间的关系,以便确定主导功能。要将收集到的自然资源、环境条件、开发现状、社会发展需求(如行业规划)等资料和图加在一起(图件同比例尺),比照海能区分类系和类型划分指标,保留其合理部分,舍去不合理的部分,并选择重点地段实地调访、比较分析,综合考虑海洋不同区域的自然属性和社会属性,资源、经济、社会、生态四效益,开发利用与治理保护间的关系,近期与长远效益,不同地区间和不同行业间的利益等,划出各类具体的海洋功能区。

2. 功能区划的技术处理

由于海洋自然属性和社会属性区域差异较大,造成了功能区类型组合和分布特性的不一致,增加了功能区划工作的复杂性。在功能较为单一的区域,区划时一般不出现多大的矛盾。但在开发密度较大、功能类型较多的区域,不可避免地会出现不一致功能区的相互重叠和相互干扰的情况。对于这样的区域,则需要运用三效益统一、备择性等原则进行分析,以确定该区的第一功能和功能顺序。在实际区划工作过程中,我们针对区域功能区分布上出现的实际问题,分别做了不同的处理。

1)合理现状处理

不同地区的海洋开发现状是从该地区自身的自然条件、自然资源在长期的历史、社会、经济状态下逐步发展形成的,具有一定的合理性,其功能与区划的主导功能基本一致,又不妨碍其他优势产业发展的,保留原有功能的性质,以利于开发利用的延续。

2)不合理现状的处理

由于认识上的原因或历史遗留下来的问题使开发现状不合理,与确定的主导功能或其他功能有根本性矛盾、相互冲突、不能共存时,必须在深入调查、研究分析的基础上,经过综合评价,通过相关部门之间的多方协商后,做出优化处理,确定主导功能区和转改的功能区、确定转改功能区的条件与进度。如龙海区港尾镇的大径围垦养殖区、农业区,九龙江口南岸的围垦区、养殖区等,按漳州中银开发区的发展规划和今后的发展趋势,该区域的主导功能为临海工业区和港口区,目前的围垦养殖区和农业区与之不能共存,为此,在区划时经过充分调查、分析、协调,将该区域确定为临海工业区和港口区,而目前的围垦养殖区和农业区作为需要转改的功能区。考虑到开发区近期的发展速度和规模对此转改区提出具体的转改要求。

3) 重叠功能的关系处理

海洋和海岸带具有明显的多宜性，随着科学技术水平的不断提高，多宜性功能尤其突出，因此，虽然区划中所划定的海洋功能区，在目前的社会经济条件下是适宜的，但在一定条件下也可能改变这些区域的功能区类型。主要有如下几种关系。

互利关系。港口区和临海工业、城镇建设区，海水养殖区和增殖区，港口区和旅游开发区，自然保护区和旅游开发区等功能区之间存在互利的关系，功能区划时会出现一定程度的重叠和交叉现象。如自然保护区，除核心区外，在一些缓冲区或实验区范围内适当开展旅游活动，不仅可以为自然保护区产生经济效益，有利于自然保护区的建设，而且可以为旅游者增添观赏大自然的情趣，增加旅游活动的知识性，发挥更大的社会效益，它们之间是互利关系。

兼容关系。指两种以上功能可在同一区域存在，互不妨碍，它们的共存一般无多大矛盾，相反有的可以更充分地发挥经济效益，如盐田区和海水养殖区就存在共存的关系，盐田的初级蒸发池可以发展海水养殖，没有明显的矛盾和互损关系，一池两用，两种功能同时并存，能发挥更高的综合效益，可以共存，但管理中应强调它的主导功能，海水养殖只是一种附属的功能。

互损关系。指两种完全不能并存的关系，如石油开采区和海水养殖区、港口区和海水养殖区、航道与倾废区、排污区和海水养殖区、固体矿产开采区和林业区等几种功能区之间存在互损关系，即一个功能区的存在对另一个功能区有损害作用，不能在一个区域同时共存。应根据其自然属性和社会属性，做系统研究、综合分析，按功能区划的原则，进行优化处理、协调，确定主导功能。如滨海砂矿的开采直接损害当地的林业区，但是矿产开采区因备择性窄，经济效益较高，且采掘时间有限，故应择优将该区划为矿产开采区，在开采过程中采取一定的保护措施，并在砂矿开采结束后，开采方要及时负责恢复该地区的林业生产。

竞争关系。开发利用区和自然保护区、开发利用区和特殊功能区等功能区之间存在争地的矛盾，这种在同一个区域范围内，一类功能区的存在排斥另一类功能区的存在，是地域上的竞争，无法同时并存，但是它们一般不存在相互损害的关系。这类竞争关系有的可按功能区划原则进行处理，如开发利用区一般应让位于特殊功能区。在开发利用中各功能之间存在矛盾且不能兼容时，须依据区划六原则确立主导功能，把与之不能兼容的功能舍去。

4) 保留处理

考虑到未来高技术层次开发利用的用地需求，在某些战略位置重要、资源潜力大、开发利用可能有突破性进展的地区，有意识地选择若干区域划为保留区。作为保留区处理的区域，开发利用和近期规划中只能承袭现有利用方式，不能布置其他大型的和永久性的设施，以免给未来最佳开发增添困难。

二、不同尺度的海洋功能区划

为以自然条件为基础，以环境生态保护和资源合理开发为核心，通过对海洋环境生态承载力评价及开发利用适宜性评价，选划开发利用区、生态保护区与保留区，自上而下进行分区判断，再结合开发利用现状，自下而上判断分区合理性并进行调整，最终按照具体功能将相同区域集合统一，完成不同尺度的海洋功能区划。共划分为开发利用区、整治利用区、海洋保护区、特殊功能区与保留区五大一级类空间,进一步按功能分为空间资源开发利用区、矿产资源开发利用区、生物资源开发利用区、海洋能及风能开发利用区、海上工程利用区、资源恢复保护区、环境治理保护区、防灾区、海洋自然保护区、海洋特殊保护区、倾废区、排污区、泄洪区、海洋环境立体监测区、科学研究试验区、军事区、预留区、功能待定区二级类空间。详见表10-1。

表 10-1 海洋功能区类别

开发利用区	空间资源开发利用区	港口区
		海上航运区
		旅游区
		农、林、牧、果园区
		工业和城镇建设区
		滩涂围垦区
		水源保护区
	矿产资源开发利用区	—
	生物资源开发利用区	海水养殖区
		海洋捕捞区
	海洋能及风能开发利用区	风能区
		海洋能区
	海上工程利用区	海上工程建筑区
		海底管线区
整治利用区	资源恢复保护区	增殖区
		禁渔区
		地下水禁采和限采区
	环境治理保护区	防护林带
		污染防治区
	防灾区	海岸防侵蚀区
		防风暴区
		—
		—
		—

续表 10-1

海洋保护区	海洋自然保护区	生态系统自然保护区
		珍稀与濒危生物自然保护区
		典型海洋景观自然保护区
		历史遗迹自然保护区
	海洋特殊保护区	—
特殊功能区	倾废区	—
		—
		—
		—
		—
	排污区	—
	泄洪区	—
	海洋环境立体监测区	—
	科学研究试验区	—
	军事区	—
保留区	预留区	—
	功能待定区	—

（一）开发利用区

根据自然属性，可供人类开发利用的海域及其必要的依托陆域，包括现有的属于合理的开发利用区和未开发利用但有此种开发利用功能的区域。

1. 空间资源开发利用区

空间资源开发利用区指开发利用海域和相邻依托陆域空间资源的区域。

（1）港口区。指可供船舶停靠、进行装卸作业和避风的区域，包括港池、码头和仓储地。其区划条件：目前正在使用的合理港区和有足够的水深、地质构造稳定、水文条件合适、深水线靠近具有一定水深的海岸、避风条件好、不淤或少淤、陆域条件较好的港址区。

（2）海上航运区。指为海上航运所开发的海域，包括航道和锚地。

航道。指供船只航行使用的区域。其划区条件：开发或未开发的港口区进出通道，其宽度、自然水深或该水域经开挖后水深能满足相应吨级的船舶航行、调头，无暗礁和不稳定沙滩,泥沙回淤量小的水域。

锚地。指供船舶候潮、待泊、避风使用或者进行水上过驳作业的区域。其划区条件:天然水深适宜、海底平坦、锚着力好、便于进出航道的海域。

(3)旅游区。指具有一定质和量的自然景观区、人文景观区、两种景观结合区以及具有运动和娱乐价值的区域。其划区条件为具备下列条件之一:①有省内闻名的人文、古迹、历史遗迹并且其文物资料保存较好;②有省级知名度的风物景观、海洋景观和地质珍迹等;③有供千人以上休息、度假、娱乐、活动的滨海公园、度假村、水上运动等休息运动娱乐场;④有独特的民族风情、风俗,能吸引国外旅客的区域;⑤具有特殊价值的科学考察旅游区;⑥交通便利。

(4)农、林、牧区。指气候、土壤条件适合农作物、林木生长,有一定的淡水供给,有一定数量的牧草地适合放牧的地区。

农业区。指可种植农作物的区域。其划区条件:①土层厚度一般不小于15cm;②土壤肥力较好,pH 值在 5.5~8.0,有机质大于 1×10^{-3},含氮量大于 0.5×10^{-3},含量大于 25×10^{-6};③有一定淡水供应;④坡度≤25°的区域。

林业区。已有的林区和不适宜农作物生长的沿岸山地、坡地、沙地,但适宜植树造林的地区,视各地的具体情况可用于营造经济林、水土保持林等各种林的区域,均可划为林业区。

畜牧业区。其划区条件:①植被覆盖率大于60%;②牧草覆盖率大于40%;③具有基本满足牧草生长的自然降水条件;④有保证人、畜饮用的淡水条件。

(5)工业和城镇建设区。指可成为邻近地区政治、文化或经济中心的区域。其划区条件:①现有的和已列入规划的城镇工业区与经济开发区;②具有一定区位优势,交通便利,可形成邻近地区工贸中心的区域;③具有一定规模的资源,开发后可形成大型企业及居民集中的区域;④具有外商投资环境,可形成经济开发区或外商投资区的区域。

(6)滩涂围垦区。指在沿海滩涂将涨落潮位差大的地段筑堤拦海,防止潮汐浸渍并将堤内海水排出,造成土地,用于农业生产的区域。其划区条件:①滩涂面积达 2 km² 以上;②有苗种和饵料来源,适合养殖贝类、虾类、蟹类、菜类和鱼类;③海水水质符合《海水水质标准》(GB 3097—1997)和《渔业水质标准》(GB 11607—1989)中的有关规定,且换、排水方便;④底质硫化物含量小于0.3×10^{-3}、浮泥少的滩涂。

(7)水源保护区。指国家对某些特别重要的水体加以特殊保护而划定的区域。其划区条件:结合当地水质、污染物排放情况,在保证病原菌、硝酸盐达标前提下,可将位于地下水口上游及周围直接影响取水水质的地区划分为水源一级保护区;将水源一级保护区以外的影响补给水源水质,保证其他地下水水质指标的一定区域划分为二级保护区。

2.矿产资源开发利用区

矿产资源开发利用区指具有工业开采价值的矿产资源区。

(1)油气区。指正在开发的油气田和已探明的油气田及含油气构造的油气田。其划区条件:①已开和确定开采的油气田区;②已经勘探、分析评估具有开采价值的油气埋藏的区域。

(2)固体矿产区。指正在开采的矿区或尚未开发但已探明具有工业开采价值的矿。

(3)矿水区。指正在开采或具备开采价值条件的地热、医疗矿水和饮用矿泉水矿区。

3. 生物资源开发利用区

生物资源开发利用区指正在合理开发利用或具有一定优势的生物资源可供开发利用的区域。

(1)海水养殖区。指以人工培育和饲养具有经济价值的生物物种为主要目的的生物资源开发利用区。可分为滩涂养殖区和前海养殖区。滩涂养殖区是指潮间带和潮上带低洼盐碱地适宜培育和饲养海洋经济动、植物的区域；浅海养殖区是指低潮位以下适于培育、底播或饲养海洋水产经济动、植物的海域。

(2)海洋捕捞。指在海洋洄游生物(鱼类和大型无椎动物)产卵场、索饵场、越冬场以及它们游通道(即过路渔场)使用国家规定的渔具或人工垂钓的方法获取海产经济动物的区域。其划区条件为除海水增、养殖区外具有捕捞生产价值的海区。

4. 海洋能及风能开发利用区

海洋能及风能开发利用区指具有可供开发利用的海洋能和风能的区域。

(1)风能区。指风力资源丰富、具备风能发电条件的区域。其划区条件：①年有效风能大于 $1200kW \cdot h/m^2$；②有效风能密度大于 $200W/m^2$；③年有效风能出现频率于 $65×10^{-2}$ 的区域；④社会需求条件——缺乏能源供给的地区。

(2)海洋能区。指已经开发或具备开发海洋能条件的区域。其划区条件：①平均高大于 $0.7m$；②平均潮差大于 $2m$；③平均潮流速大于 $2m/s$；④表层水温与底层水温温差大于 $18℃$；⑤可装机容量大于 $500kW$（并且具备前3个条件之一）或大于 $1×10^4kW$ 的海域。

5. 海上工程利用区

海上工程利用区指现已建设或规划近期内建设海上工程的区域。

(1)海上工程建筑区。指已建或规划期内建设海上构筑物(包括梁、人工岛、石平台)的区域。

(2)海底管线区。指已埋(架)设或(架)设海底管线的区域，包括埋设海底油气管道、通信光(电)缆及架设深海排污管道的区域。

(二)整治利用区

整治利用区指由于自然和人为因素影响导致自然环境和资源遭到破坏，需经过保护、治理、环境和资源才能得到改善、恢复和利用的区域。

1. 资源恢复保护区

资源恢复保护区指以恢复并保护已经遭受自然灾害破坏或人为因素(例如环境污染、过度捕捞等)破坏的生物资源为主要目的而划定的区域。

(1)增殖区。指由于过度捕捞和不合理采捕或环境破坏而使海洋生物资源衰退或生物资源遭到破坏，需要经过繁殖保护措施来增加和补充生物群体数量的资源恢复保护区。其划区条件为：①具有一定数量的经济生物种类，目前仍有相当数量的苗种资源或拥有育苗场，经过采取保护措施后，资源可能恢复的区域；②原具有良好的自然繁殖的自然、资源条件，由于人为因素(过度采捕或生态环境遭破坏)导致资源、环境遭到损坏,已不符合养殖条件或其资源已不能够构成稳定捕捞的区域;③目前社会经济条件和科学技术力量,有能力采取治理并使其在较短的时期内能恢复养殖或捕捞的区域。

(2)禁渔区。指在某个时期内禁止任何捕捞作业或禁止部分渔具作业,以利于生物资源恢复,使资源处于良好状态的海域。其划区条件:①重要经济水产动物产卵繁殖、索饵场、幼体集中分布的水域;②经过论证,并经某一级政府批准认定需要保护、已划为海洋自然保护区,对区内某种资源或珍稀和濒危物种禁捕的海区;③国家和地方政府规定的常年或阶段性禁止捕捞的资源恢复保护区;④国家渔业协定规定的某种鱼类或某时期临时禁捕的资源恢复保护区。

(3)地下水禁采和限采区。指限制和禁止抽取地下水使用的区域。其划区条件:①因抽取地下水导致地面沉降影响城镇建设的区域;②海水入侵已影响农业生产和人民生活的区域。

2. 环境治理保护区

环境治理保护区指以治理并保护已经或可能受到破坏的自然环境为主要目的而划定的区域。

(1)防护林带。指用于防风固沙改善田间小气候而营造的沿海防护林带。其划区条件为现有的防护林带或按《沿海防护林条例》确定的应做防护林用的地区。

(2)污染防治区。指已遭受污染、水质或沉积物质量不符合功能区要求,需采取适当措施进行综合治理以控制和减轻污染程度的区域。

3. 防灾区

防灾区指易受自然灾害侵袭,需要采取防治措施的区域。

(1)海岸防侵蚀区。指受海浪和沿岸流强烈侵蚀,出现明显的蚀退,已对沿岸耕地、村庄、城镇及工矿建设和重要交通线路带来严重影响与威胁,需要采取措施加以防范的地区。

(2)防风暴区。指易受台风、气旋和寒潮大风影响,引起严重风暴海浪灾害的地区。其划区条件:地势平坦、低洼,在历史上是风暴潮、风暴海浪多发区以及岸上有重要城镇、居民居住地、工矿企业、港口、养殖业、盐田、种植业、重要旅游点或其他重要经济区需要加以保护、防范的区域。

(3)防海冰区。指海水结冰,对港口、航道、海水养殖和海洋工程可能造成危害的区域。

(4)防赤潮区。指水质富营养化,历史上是赤潮多发区。

(三)海洋保护区

海洋保护区指以保护海洋环境及其资源为目的,在海域、岛域、海岸带、海湾和河口划出界线加以专门保护的区域。

1. 海洋自然保护区

海洋自然保护区指以保护海洋自然环境和自然资源使之免遭破坏为目的,在海域、岛域、海岸带、海湾和河口对选择对象划出界线加以特殊保护和管理的区域。

(1)生态系统自然保护区。指以具有一定代表性、典型性和完整性的生物群落和非生物环境共同组成的生态系统为主要保护对象的区域。生态系统自然保护区包括红树林生态系统自然保护区、珊瑚礁生态系统自然保护区、湿地和沼泽地生态系统自然保护区及汇聚流生态系统自然保护区。红树林生态系统自然保护区指以红树林及其生境所形成的自然生态系统作为主要保护对象的区域;珊瑚礁生态系统自然保护区指以造礁珊瑚为主体的珊瑚礁及其生境所形成的自然生态系统作为主要保护对象的区域;湿地和沼泽地生态系统自然保护区指以湿地与沼泽地及其周围的自然生态系统作为主要保护对象的区域;汇聚流生态系统自然保护区指以保护两种以上流系和水团交汇或上升流及其周围的自然生态系统作为主要保护对象的海域。

(2)珍稀与濒危生物自然保护区。指以珍稀与濒危动物和重要经济动物物种、种群及自然生境作为主要保护对象的自然保护区。

珍稀与濒危动物自然保护区。指以珍稀与濒危动物和重要经济动物物种、种群及其自然生境作为主要保护对象的区域。其划区条件:①有一种以上国家一、二类保护动物、珍稀与濒危动物物种的区域;②具有珍稀与濒危动物种源,同时生态条件又适合这些种源的扩大和再生区域;③珍稀鸟类和候鸟集中迁徙驿站或栖息区域;④有重要经济价值、重要科研价值及特殊意义的野生动物的主要栖息地、繁殖区域;⑤自然保护区周围环境不会对珍稀与濒危动物的永久性存在构成威胁。

珍稀与濒危植物自然保护区。指以珍稀与濒危植物和主要经济植物种群及其自然生境作为主要保护对象的区域。其划区条件:①凡是稀有、珍贵与濒危植物分布具有生态研究价值的极顶分布区;②有一种以上珍稀物种、周围环境适其生长和繁殖、受人类影响较小的区域;③国家规定保护的珍稀与濒危植物或具有重要科研价值及特殊意义的野生植物种群的主要分布区域;④能反映自然地带或地区自然环境与生态系统特点,或反映出一些特殊意义的过渡地带的植物群落分布区;⑤面积必须能保护被保护自然种群生存繁衍和发展之需要。

(3)典型海洋景观自然保护区。指经省级以上政府主管部门组织专家论证,认为具有科学研究或观赏价值、有代表性的地貌景观作为主要保护对象的区域。

(4)历史遗迹自然保护区。指自然历史或社会历史在发展演变的过程中留下的遗迹,并具有对自然科学或社会科学研究有一定价值的地区。

自然历史遗迹保护区。指在对自然演变历史的研究方面具有重要科学价值(如地质剖面、海蚀-海积古海岸地貌等),经县级以上人民政府批准的自然历史遗迹保护区。

人类活动历史遗迹保护区。指对人类活动历史研究具有一定科学价值的遗迹,经县级以上人民政府批准的人类活动历史遗迹保护区。

2. 海洋特殊保护区

海洋特殊保护区指海洋环境中那些在自然资源、海洋开发和海洋生态方面对国家和地方有特殊重要意义,需要特别管理和保护,实现资源持续利用的区域。其划区条件:①区域面积大于$5km^2$,具有一定社会经济效益;②海洋生物生产力高、生物种类多样及种群密度高,或有唯一的生物群体分布;③对经济动物的物种维持起着重要作用的海域;④海域拥有下列特殊的生态结构或环境特征,沿岸与海洋体系界面;陆地与斜坡界面软、硬海底交错处;冷、暖水流的汇合带;⑤下述海洋生态系统比较脆弱的地方,海洋生态上是地方性或边缘生物分布区;在生态上是极其重要的生物种分布区。

(四)特殊功能区

特殊功能区指由于军事、科学研究、倾废、排污、泄洪或其他特殊需要而划定的区域。

1. 倾废区

倾废区指用来倾倒疏浚物或固体废弃物的海区。其划区条件为①海洋行政主管部门现已批准的各级倾废区。②有向海洋倾废的迫切社会需求,又能满足下列条件的区域:(a)海域开阔,有良好的水动力交换能力和沉积动力学条件,在倾倒疏淡物或倾倒固体废弃物符合海洋倾废管理条例之规定时,倾废活动对环境的影响应符合 GB 3097—1997 相应的要求;(b)倾倒入海的废弃物扩散移动的方向应当朝着离岸方向;(c)对养殖区、产卵场、稚仔鱼索饵区、自然保护不会造成有害影响,并尽量远离盐田、主航道、锚地;(d)应符合科学、合理、经济的原则。

2. 排污区

排污区指经当地人民政府批准在河口或直排口附近海域划出一定范围以受纳指定污水的区域。其划区条件:①有迫切的社会需求,确实需要向海洋排放指定的污水;②水体交换条件好,海区的自净能力强;③排污混合区范围内不得有海水养殖区、盐田纳水口、自然保护区、滨海风景游览区、重要的海洋生物产卵区和稚仔鱼索饵区等功能区。

3. 泄洪区

泄洪区指为了避免或减少城镇、工矿企业遭受洪水积涝威胁和危害,用于排泄洪水的区域。其划区条件:①附近沿岸地带有重要城市和居民生活区或具有一定规模的工矿企业;②易受海潮及洪涝侵袭、积涝成的区域;③有地势低洼、可用作泄洪入海的区域。

4. 科学研究试验区

科学研究试验区指具有特定的自然条件和生态环境用于试验、观察和示范等科学研究的区域。

5. 军事区

军事区专指由于军事需要、现已使用或在区划的有效时段内随着军事发展预期需要占用的陆域、岸段、水域。

(五)保留区

保留区指功能未定或者功能虽定但近期不能开发利用,为今后开发而保留的区域。

1. 预留区

预留区指主要功能已经确定,为以后的开发保留的区域。其划区条件:①主导功能已经确定,但目前还不具备开发条件的区域;②资源已经探明,但按国家计划目前不准备开发作为储备资源的地区。

2. 功能待定区

功能待定区指前导功能不能确定的区域。

主要参考文献

曹可,张志峰,马红伟,等,2017.基于海洋功能区划的海域开发利用承载力评价:以津冀海域为例[J].地理科学进展,36(3):320-326.

何广顺,王晓惠,赵锐,等,2010.海洋主体功能区划方法研究[J].海洋通报,29(3):334-341.

黄杰,王权明,黄小露,等,2019.国土空间规划体系改革背景下海洋空间规划的发展[J].海洋开发与管理,36(5):14-18.

李东旭,赵锐,宋维玲,等,2011.我国海洋主体功能区划基本问题的探讨[J].中国渔业经济,29(5):10-16.

王鸣岐,杨潇,2017."多规合一"的海洋空间规划体系设计初步研究[J].海洋通报,36(6):675-681.

徐丛春,2012.海洋主体功能区划指标体系研究[J].地域研究与开发,31(1):10-13.

徐伟,刘淑芬,张静怡,等,2014.全国海洋功能区划实施评价研究[J].海洋环境科学,33(3):466-471.

张裕华,1992.论海洋国土资源综合开发规划[J].国土与自然资源研究(1):7-9.

张云峰,张振克,张静,等,2013.欧美国家海洋空间规划研究进展[J].海洋通报,32(3):352-360.

第十一章　海域使用管理与海域评估

第一节　海域使用管理

一、海域使用管理相关定义

海洋资源对一个国家具有战略意义和经济价值。2021年,《中华人民共和国国民经济和社会发展第十四个五年规划和2035年远景目标纲要》要求坚持陆海统筹、人海和谐、合作共赢,协同推进海洋生态保护、海洋经济发展和海洋权益维护,加快建设海洋强国,表明了我国对海洋资源开发的高度重视。《2020年中国海洋经济统计公报》显示,2020年我国海洋经济生产总值为80 010亿元,占国内生产总值比重的8%,占沿海省份生产总值比重的14.9%。海洋资源的开发利用已成为我国新的经济增长点。党的十九大报告提出坚持陆海统筹,加快建设海洋强国。海域资源是国民经济和社会发展的重要保障,对海洋强国建设和中华民族伟大复兴具有十分重要的意义。人们对海洋的利用可以追溯到古代,从简单的捕捞渔业到现在对海洋矿业资源、渔业资源和空间资源的综合利用,一切海洋经济活动都需要在特定的海域进行,海洋可持续利用这一目标,对海域的综合管理提出了更高要求。为了更全面地了解海域使用管理,我们首先需要了解以下相关概念。

海域是一切用海活动的载体。《海域法》第二条第一款规定:"本法所称海域,是指中华人民共和国内水、领海的水面、水体、海床和底土。"这一概念中包含以下两个含义:①海域具有一定的立体空间范围,包含内水和领海的海平面、水体、海床和底土。②海域是位于我国领海外边界和海岸带之间一定的区域。根据《联合国海洋法公约》的规定,领海的范围是领海基线至领海外部界限之间的水域;《海域法》第二条第二款规定:"本法所称内水,是指中华人民共和国领海基线向陆地一侧至海岸线的海域。"所以海域是边缘海的一定范围的区域。海域属于国家所有,由国务院代行海域所有权,个人和单位使用海域前须通过合法程序取得海域使用权,不得侵占、买卖或者以其他形式非法转让海域。

海域是一个资源共同体。同一海域的资源通常是多种资源共生、共存,既有生物资源、海水化学资源、海洋能,也有港口与交通资源、油气或其他矿产资源,有的还有旅游资源、土地资源等,所以海域是多种复合资源的载体,具有巨大的经济效用,并一直为人类所利用。海域的开发利用活动应该建立在不损害该区域其他资源的基础上。

海域使用是指在规定的时限内,使用者利用、开发、占有海域的资源、区位、空间等条件,进而获得社会经济收益的行为,相关产业如海洋水产品加工业、海洋油气业、海洋矿业、海洋盐业、海洋化工业、海洋药物和生物制品业、海洋工程建筑业、海洋可再生能源利用业、海水利用业、海洋旅游业、海洋地质勘查业等。根据《海域法》的规定,海域使用须为在中华人民共和国内水、领海持续使用特定海域三个月以上的排他性用海活动。根据此条例我们可以知道,适用于《中华人民共和国海域使用管理法》的海域使用行为首先是在固定海域内,即开发活动的位置较为固定,捕捞、航运等行为则不适用于此法。其次,受该法管控的应为持续三个月以上的连续用海行为。对于法律的社会价值和可实施条件而言,只有符合连续三个月以上者才是有意义的,对于那些三个月以下的用海活动可能对国防安全、海上安全或者其他用海活动造成重大影响的,也要纳入法规的范畴(吕彩霞,2003)。第三,排他性。固定海域的开发活动项目一经开始,在该海域中就不能有其他的固定开发利用活动发生,即项目间不可兼容。

中国海域使用类型分为渔业用海、工业用海、交通运输用海、旅游娱乐用海、海底工程用海、排污倾倒用海、造地工程用海、特殊用海、其他用海9种类型。目前对海域使用的研究受调查手段、调查数据使用的限制,局限于海域使用现状分析、海域使用评估理论、海域使用评价体系、填海造地动态变化过程等方面。2002—2015 年,全国累计海域使用面积净增加了 24 995 km², 年均增长率为 13.75%,海域使用规模持续增长。但各年的新增海域使用面积呈现明显的阶段性波动特征:2002 年、2005 年和 2013 年形成 3 个波动高点,期间 2004 年、2009—2011 年为波动低点,2011 年后又进入加速增长阶段,2013 年以后受国家总体经济增速放缓的影响新增海域使用规模又逐渐下降。新增海域使用规模的变化一方面受国家总体经济形势的影响,另一方面也和中国重大基础设施、重点海洋产业等项目的年度安排有关。

2002—2015 年,全国累计海域使用和新增海域使用的集中化程度指数均大于 0.5,说明全国海域使用一直处于较高的空间集聚程度。随时间变化来看,全国累计海域使用集中化程度指数由 2002 年的 0.67 下降为 2007 年的 0.58,2015 年又上升为 0.65,说明虽然总体上全国海域使用空间集聚程度略有下降,但近年又呈加大的趋势,主要集中在辽宁、江苏和山东,2015 年三省累计海域使用占全国的 77.2%。新增海域使用的集中化程度指数则波动增长,2007 年以后增长稳定,由 0.56 上升至 2015 年的 0.76(2014 年最高达 0.82),表明新增海域使用的空间集中程度加剧,由 21 世纪初新增海域使用集中于江苏、福建、辽宁、浙江、山东等省,到 2015 年主要集中于北方的辽宁、山东和江苏等省,其辽宁和山东 2015 年新增海域使用面积占全国新增海域使用面积就达 76.91%,区域差异加大,其原因除了辽宁沿海经济带和山东蓝色经济区建设对海域需求的增加,主要是二省是中国海水增养殖的重要区域。2002 年和2015 年,传统的渔业用海是最主要的用海方式,处于绝对优势地位;交通运输用海、工业用海、造地工程用海也占有一定比重,三者比重由 2002 年的 7.16% 提高至 2011 年的 11.21%,又下降至 2015 年的 9.67%,总体上随时间增加,近年有所减缓,同 2011 年相比,造地工程用海比重下降最大;对海洋环境质量要求较高的旅游娱乐用海、特殊用海和对海洋环境污染较大的排污倾倒用海相对较低,但近年旅游娱乐用海持续增长,其比重从最低的 2008 年的 0.44%增加至 2015 年的 0.60%,排污用海则持续下降,反映中国生态用海的意识越来越强;海底工程和特殊用海的比重有较大的增长。

2002—2015 年,海底工程、特殊、交通运输、工业等用海的相对变化率均大于 1,渔业、旅游娱乐和造地工程等用海相对变化率接近于1(分别为0.97、0.98、0.96),说明这些类型海域使用变化速度快于或接近于全国海域使用变化速度,增长速度较快,只有排污倾倒和其他用海表现为增长速率减缓的态势。但从不同时段来看,2002—2008年,除渔业、旅游娱乐和其他等用海外,其他各类型用海相对变化速率均大于1.0(渔业用海相对变化率为0.93),其中交通运输、海底工程和特殊用海相对增长速率都大于2,反映此阶段这些类型用海表现为快速增长。2009—2015年,只有渔业、工业和旅游娱乐等用海的相对变化率大于1.0,且高于2002—2008年同类型用海增长速度,而其他各类型海域使用相对变化率均小于1.0,并较2002—2008年有较大幅度下降。所以近十几年中国渔业、工业、旅游等用海增长速率随时间呈加快趋势,交通、海底工程、造地工程和特殊用途等用海虽然增长,但增速变缓,排污倾倒和其他等用海增长速率持续减少。

2002—2015年,全国海域使用结构各年均衡度均小于0.3,而优势度的变化与之相反,2004年前减少,2004年以后略有减少,说明全国海域使用结构的均衡性较低,优势用海类型的主导性作用增强。全国海域使用结构信息熵值最大值是0.74Nat(2004年),此后逐年减小,其变化呈现先上升后缓慢下降的态势。信息熵反映海域使用结构的有序程度,一般情况下,信息熵越大,说明海域使用结构中优势用海的主导性越弱,海域使用系统也越无序。2004年以前,中国海域使用中渔业用海比重是下降的,由2002年的89.58%减少至2004年的83.76%,工业用海、交通运输用海、海底工程用海和特殊用海的比重2004年比2002年提高了0.40~2.56个百分点不等,海域使用结构优势度减弱,使得全国海域用海结构信息熵加大,有序性减小;2004年以后,渔业用海的比重又逐年提高,到2015年达87.33%,渔业用海、交通运输用海和工业用海为主导优势的海域使用结构愈加显现,致使全国海域用海结构信息熵不断地减小,2015年比2004年减少了0.14Nat,说明全国海域使用结构的优势度逐渐增强,海域使用结构有序性增强(雷磊等,2017)。

据2013年全国海域使用现状调查资料统计显示,全国用海宗数约7.5万,其中,确权用海宗数4.72万,未确权用海宗数约2.78万,面积共约308万hm^2,还不到"管理法"适用面积的10%。在所有用海中,渔业用海、交通运输用海、工矿用海和填海造地用海在用海宗数和用海面积上所占比重较大,旅游娱乐用海、海底管线用海、排污倾倒用海、特殊用海和其他用海所占比例较小。综合分析我国海域使用现状调查资料和海域使用统计数据,全国海域使用具有如下特点:①用海类型齐全。海域使用现状调查成果表明,上海和天津两个直辖市的海域使用面积较小,海域使用以交通运输用海、工矿用海、海底工程用海为主,用海类型相对较为单一,其他沿海各省(自治区)用海类型均较齐全,涵盖渔业用海、交通运输用海、工矿用海、围海造地用海、旅游娱乐用海、海底工程用海、排污倾倒用海、特殊用海和其他用海等所有海域使用类型的一级类,由于海洋资源分布和海洋经济发展的不平衡,个别省份的二级类用海不全。②渔业用海比重大。渔业用海是指为开发利用渔业资源、开展海洋渔业生产所使用的海域。渔业用海是我国最传统的用海方式,除了上海市、天津市外,渔业用海仍然是我国最主要的用海方式;除了广东省和浙江省用海面积百分比相对较小外,其他沿海各省(自治区),无论在用海宗数还是在用海面积上,在沿海各省(自治区)用海中均占举足轻重的地位。③海洋开发的空间分布不平衡。我国海域使用无论在沿海岸线方向上还是在垂直海岸线方向上都呈不均衡分布。在沿海岸线分布上,经济较为发达的地区包括珠江口海域、长江口海域、天津滨海新区等开发和利用程度比较高,海域使用程度已超过其资源和环境承载力;在垂直海岸线方向上,海域使用空间分布呈现近岸海域使用率高、远岸海域使用率低的趋势。随着海洋经济的不断发展,各行业对近岸海域的需求量逐渐增大,以内湾、沿岸为主的海域开发进度不断加快,如旅游娱乐用海、海水养殖(除底播)、港口用海、临海工业用海等海域使用类型主要集中于近岸 0～5m 等深线海域内,导致海域空间供求矛盾及各行业之间用海矛盾日益突出,但外部深水海域开发进程相对缓慢,形成内部与外部、浅水与深水海域开发不平衡的现状(翟伟康和张建辉,2013)。

全国海域使用强度和结构不均衡。从横向(沿海岸线切线方向)来看:渤海、黄海近岸海域开发强度甚于东海、南海近岸海域,尤其是渤海湾海域,以交通运输、工业和造地工程等建设用海为主导,不但海域使用强度位居全国前列,而且承受巨大的陆源排污压力,国家急需在渤海海域实施最严格的开发控制政策。从纵向(沿海岸线垂线自海岸线向海)来看:近岸海域,尤其是河口、海湾,开发利用活动密集,海域使用濒临饱和,局部海域资源环境状况脆弱、用海矛盾加剧等都是海洋综合管控不容忽视的隐患,而浅、近海海域鲜有较高强度的开发利用活动,海洋功能区划工作应充分考虑近岸海域和近海海域开发强度的分异,区分海岸和近海基本功能区,制定差别化的管制措施,重点维护海岸基本功能(李亚宁等,2014)。

2015 年中国沿海地区人口和地区生产总值分别占全国的 43.03% 和 52.10%,人口密度约为 467 人/km^2,远高于全国 143 人/km^2 水平,海洋生产总值约为 64 669 亿元,为沿海地区生产总值的 18.35%。随着社会经济发展,海域使用规模也逐渐加大,2015 年中国累积确权用海面积达到 37 549km^2。在相同环境、政策情况下,未来 14 年(2016—2029 年)间全国和沿海各省海域使用规模与过去具有相同的增长态势。各类型用海中工业、交通运输、海底工程和特殊用途等用海规模仍将持续增长,其中工业用海增长较强劲;渔业、旅游娱乐用海规模有减缓的态势,排污用海则将持续下降。对海域环境污染较大的渔业、排污等用海规模的减缓和减少有益于海洋环境的改善,但渔业、工业、交通等传统用海为主的海域使用结构没有改变,我国海洋环境的压力和风险仍存在。合理调整海域使用结构,加快渔业生产方式的转变,统筹重化工业的沿海布局,严格项目环保准入门槛,通过海域科学规划,促进生态用海、节约集约用海是中国海域合理利用的有效途径(雷磊等,2017)。

海域使用现状调查是通过调查与勘测工作获取并描述海域使用现状情况,全面掌握各种用海的类型、方式、面积及分布状况,明确用海权属并查明海域使用金征收状况,为海域使用管理提供数据支持的活动。调查单元为宗海,同一权属不同用海类型的用海单元需独立分宗。

海域使用现状调查应坚持"点面结合、详略结合、突出重点、兼顾一般"的原则,做到"八个结合"。

(1)资料收集与调查访问相结合。收集并充分利用已有资料,特别是 10 余年来海洋功能区划和海域使用管理工作所积累的资料,既要进行前后对比,分析其变化动态,又要注意调查访问,从而相互验证,保证资料的准确性。

(2)调查与测量相结合。随时携带测量仪器,调查和核查时,随时根据需要进行宗海位置、面积等方面的测量。调查队伍与测量队伍并肩作战或联合工作,从而保证结果的准确性。

(3)遥感分析与实地验证相结合。为了保证遥感分析结果的可靠性,在对卫星影像分析的基础上,还应进行实际调查与验证。

(4)面上普查和点上剖析相结合。既要进行拉网式普查,又要选择重点区域、重点类型进行重点的调查和剖析。如用海重点区域调查、海域使用金征收标准样点调查、重点功能区自然属性调查、海域使用对周围海域使用潜力影响的重点调查、重点土壤剖面调查、重点旅游资源单体或者组合调查等。

(5)块上调查和条上总结相结合。调查时以县(市、区)为调查单位,以宗海为调查单元。但是为了调查和分析更加深入,除了从块上以省、市(地)、县(区)为单位进行总结外,还要分别按专题从纵向上进行深入的总结和分析。

(6)理论培训和实践示范相结合。为了提高调查的质量,人员培训是必不可少的。培训时,除了理论和技术的讲座外,还应进行操作示范和实践演练。

(7)合同管理与行政管理相结合。海域使用现状调查,除了对海域自然属性的调查外,更多地依赖海域审批者、海域使用者、涉海行政单位以及熟悉与了解当地用海情况人员的支持、帮助与配合。因此需要合同管理与行政管理相结合。

(8)组织协调与技术监督相结合。海域使用现状调查本身是一项技术性很强的工作,不仅要完全按照专项调查规范进行,而且还要保证在遇到困难和突发事件的干扰时,及时、果断而又科学合理地处置。因此在加强组织协调的同时,还要加强技术监督的力量。调查队伍组成中,行政人员、技术人员要合理配置,相互协作(王建,2009)。

除定期组织海域使用调查外,对海域使用的管理还可以通过动态监测来实现。海域使用动态监测是以海域变更调查的数据及图件为基础,通过"3S"与网络技术的综合使用,提取并提供海域使用变化信息,为海域使用管理与开发利用规划提供决策服务,其意义在于:实现我国海域科学有效管理的必要技术支撑;海洋资源安全开发的技术保证;遏制违法用海、减少或者避免用海纠纷的有效技术手段;开展国际、国内海域划界的重要技术保证;掌握沿岸海域污染的重要技术支撑;避免对生态系统资源破坏的有效技术手段。为全面掌握我国海域开发利用状况,国家海洋局依据《中华人民共和国海域使用管理法》第五条规定"国家建立海域使用管理信息系统,对海域使用状况实施监视、监测",从2006年启动建设国家海域动态监视监测管理系统,该系统于2009年业务化运行。截至目前已建立国家、省、市三级海域动态监管业务体系,布设了覆盖国家、省、市、县四级海洋部门的专线传输网络,利用卫星遥感、航空遥感、远程监控、现场监测等手段,对我国近岸海域开展立体、实时监测,积累大量遥感影像和海域管理数据,实现各级海洋部门"一个网"、各类海域管理数据"一张图",为海域管理和执法提供有效的技术支撑。

海域使用动态监视监测系统,可以实时监测海域使用情况,及时掌握用海信息并做出合理的解决方案,已经成为海洋行政主管部门掌握海域使用情况的有效手段。海域使用动态监视监测系统以卫星遥感、航空遥感和地面监视监测为数据采集的主要手段,实现对海域的实时监视监测;并以先进的数据传输与处理技术,实时掌握海域使用的信息。目前国内的海域使用动态监视监测系统建设还处于发展阶段,但是遥感、地理信息系统、全球定位系统等技术手段已经开始逐步应用于海域使用管理中(李静,2012)。

《中华人民共和国海域使用管理法》明确规定,海域属于国家所有,单位和个人申请使用海域需提交海域使用论证材料,海洋行政主管部门主持海域使用论证的审核,并将论证材料作为用海审批的主要依据之一。

开展海域使用论证,可以有效加强海域使用管理、维护国家海域所有权和海域所有权人的合法权益、促进海洋合理开发和可持续利用的目标,有效遏制海洋使用中长期存在的"无序、无度、无偿"的局面,有力地保障了海洋经济持续、健康、协调发展。

海域使用论证的目的是在查清项目所在海域及毗邻区域自然资源、环境及产业分布的背景资料上,对项目用海选址的合理性、项目用海与海洋自然环境的适宜性、项目用海与利益相关者的协调性、项目用海综合效益等内容进行分析论证,提出科学、合理、可行的海域使用范围和期限(苗丰民,2004)。海域使用论证具有导向和约束作用,大量的实践表明,科学、规范、合理的海域使用论证是保障用海项目顺利实施的先决条件,是合理有序开发海洋资源、保护海洋生态环境、保障国家海洋权益的重要手段之一,是国家科学用海、规范用海的集中体现。对促进海域使用管理走向制度化、规范化和科学化,促进海洋资源的合理开发和可持续利用具有重要意义。

根据海域使用论证的性质、功能及海域论证大纲要求,并结合工作实践,海域使用论证工作的开展主要重点围绕下列三大问题进行分析:项目用海的必要性、项目用海的可行性、项目用海面积和期限的合理性。项目用海的必要性是前提,项目用海的可行性是核心,项目用海面积和期限的合理性是目的。若因为项目建设无必要、用海无必要,海域使用论证可以直接给出否定该项目的结论。若上述条件满足,再具体论证项目用海的可行性。用海的可行性又可分解为 5 个问题,它们中任何一个问题不可行,如海洋功能区划不符合,海洋自然资源条件不满足,项目用海会造成严重的环境问题或用海风险,与利益相关者无法协调,效率低下、得不偿失等,均可能认为项目用海不可行。只有在综合考虑、统筹分析后得出项目可行的基础上,再进行用海面积量算和期限确定。在对用海面积和期限评述时,若认为不合理,应该对其进行适当调整。海域使用评估的内容主要包括以下方面。

1. 项目用海的必要性分析

项目用海的必要性一般与项目建设的必要性有着紧密的关系,项目建设必要是项目用海必要的必要条件,而非充分条件。因此项目建设必要和迫切是项目用海必要的基础。

项目建设的必要性和迫切性分析应从国民经济和社会发展等宏观角度展开。紧紧围绕项目是否符合国家的产业政策,是否符合经济和社会发展需要,项目的建设是否能对国民经济建设、社会发展和科技进步产生重要作用,能否对改善生产条件、提升产业竞争力、促进经济结构调整、增加人民收入、提高人民生活水平产生重要的作用等方面进行阐述,说明项目建设的必要性、迫切性。通过分析,若项目在这些方面有明显的促进作用,则项目建设是必要和迫切的,反之亦然。在得出项目建设必要、迫切的基础上,再进一步论述项目用海的必要性,项目如果不用海是否可找到别的替代方式,两者效益有何差别?是否通过用海能实现更大的效益?

2. 项目用海的可行性分析

1) 项目用海与海洋功能区划的一致性

国家实行海洋功能区划制度,海域使用必须符合海洋功能区划。在论证过程中,应根据国家、省、市、县级海洋功能区划,阐述工程区以及用海毗邻区域的海洋功能定位,描述本项目用海周边海域主要功能区分布类型,并附以功能区划图。

论证时,首先应阐述项目用海与所在海域主导功能的符合程度。项目用海必须符合海域的主导功能,若由于现实的某些客观条件的影响,用海项目仅适用海域的兼容功能而非主导功能,则应该阐明并在后续的用海期限确定中加以某些限制,为时机成熟时符合主导功能的项目上马提供机会。若用海项目与海洋功能区划的功能定位不一致,而该项目又为国家急需建设的项目,则必须按照海洋功能区划修订原则和程序,在对该区域的海洋功能区进行调整后再开展海域论证的其他工作。若该项目不符合功能区划,而项目性质又属于可建可不建的那种项目,海域使用论证应该对该类项目予以否定的结论。

其次,应描述用海项目周边海域的海洋功能区划,并论证项目用海与周边海洋功能区的衔接关系,这些关系包括相互促进、相互兼容、相互影响等。若是相互促进或相互兼容关系,则项目用海不会妨碍周边海洋功能区发挥功能。如果是相互影响关系,则应论证影响的程度,并根据国民经济发展的需求与海洋功能区划的原则提出处理方式。

再次,应论证项目用海海域的海洋功能区划管理对策或措施。有的海域的功能在被使用后,功能性质会长时间维持,如港口、航道、锚地功能区;有的功能性质会完全改变,如围涂造地区,在围涂完成后就不再是海域而转换成土地管理了;还有的会因资源耗尽而转变功能,如海砂开采区,当某一海域海砂被基本开采完后,即消失了海砂开采区的功能。通过论证,提出海洋功能区划管理、监测措施。

2) 自然资源、环境条件对项目用海的适宜性

自然资源对项目用海的适宜性,其实质是论证海洋资源是否满足项目用海要求。根据国家海洋局《关于印发〈海籍调查规程〉的通知》(国海管字〔2002〕222号),海域使用的类型包括渔业用海、交通运输用海、工矿用海、旅游娱乐用海、海底工程用海、排污倾倒用海、围海造地用海、特殊用海和其他用海等9大类别。

这9大类别用海对海洋资源的要求是不一样的,因此,在自然条件这一章中对相关海洋资源的分析资料应该要十分充分。例如,交通运输用海最关注是否有建港条件(深水岸线及相应的航道、锚地、工程地质条件等)、港口的维护条件(泥沙回淤、冲淤量、开挖量等)、港口泊稳条件(码头高程、流速、码头与流向的夹角、可作业天数等)等,因此,在自然条件这一章的相关描述中,地形、工程地质、泥沙运移及冲淤、流场、波浪、潮位等必须要有足够的资料以回答上述问题。再如排污用海,最关注利用海洋的稀释扩散能力,因此除排污口的建设条件(水深、工程地质条件等)外,排污口的维护条件(冲刷或淤积等)和排污口的稀释扩散能力及范围(流场、地形等)尤受关注。因此,自然环境条件这一章中,地形、工程地质条件、泥沙运移及冲淤、流场等必须有足够的资料,对不同的用海项目应抓住重点进行分析,那种把自然条件作为背景性、一般性的描述是不对的。

在这9大类项目用海中,大多数项目用海都要在领海或内水的水面、水体、海床、底土内建设相应的工程设施。因此,对于项目用海需要分析用海的类型,涉海工程规模、布设特点,项目用海的性质、数量和质量等具体要求。不同的用海项目其用海要求不一样,应对照有关技术要求,明确用海的具体要求。

在自然资源、环境条件对项目用海的适宜性这一章的最后部分,应增加适宜性评述的内容,即在分析所在海域的岸滩及底床地形、地貌,泥沙与底质,气象、海洋水文,海洋生物,海洋环境质量现状以及主要海洋自然灾害等要素的基础上,论证自然资源、环境条件是否满足项目用海需要,满足程度如何?如果现有自然条件不能满足用海需要,应建议采用什么方案,通过什么措施来满足用海需要?如果采取工程措施后还不能满足用海需求,则海域使用论证结论应予否定。

3)项目用海引发的自然环境变化及防治对策

项目用海引发的自然环境变化是论证由于项目用海对自然资源、环境条件的反作用。海域长期以来在潮汐、海流、波浪、地形、岸线、水化学、泥沙运动等海洋自然条件因子作用下处于动态平衡。海域使用论证中应分析用海项目是否会破坏这种动态平衡,根据不同的用海项目,有针对性地定量分析用海项目布设及为了满足用海需要而采取的相关工程措施对水动力条件、泥沙运移路径、岸滩及海床冲淤特性,水质、底质质量状况和生态环境等诸方面的影响,以及有可能引发的风险。譬如,港口水工建筑物往往对沿岸水动力条件及泥沙运动产生一定的影响,在沿岸输沙明显的海域,突堤、码头、护岸等水工建筑物,使沿岸上游一侧的沉积物供应处产生浅滩,岸线向海移动。而另一侧,沉积物流的下游一侧因缺少物质供给则会发生侵蚀,原先处于平衡状态的稳定岸线发生破坏,产生不可逆的恶性循环,而即使投入大量工程、资金仍很难使岸线恢复为原先的平衡状态。在沿海输沙不明显的海域,突堤、码头、护岸等水工建筑物,使岸线到工程区附近,由于工程对水流的干扰,流速减小,悬沙容易落淤,底床出现淤浅,而工程区外侧,由于挑流作用的影响,使流速增大,悬沙难以落淤,且水流不断加强对底床的冲刷作用,从而造成底床刷深。海域论证过程中的项目用海风险仅指由于人为(项目本身)而非自然因素本身引起的、对海域资源环境或海域使用项目造成一定损害、破坏乃至毁灭性事件的发生概率及其损害的程度。如船舶溢油、有毒化学物品的泄漏、桥梁故障、采砂导致的海岸侵蚀等事故对海域资源、环境造成的危害而引发的突发或缓发事件。如果项目用海会导致灾难性后果,海域使用论证结论应予否定。例如,蓬莱市岸外的登州浅滩,原为水深0.5~2m的落潮流三角洲,距岸3~5km,属具有消浪作用的天然浅滩。但自1985年以来,许多采砂船大量挖砂,使水深加大到3~5m。在盛行的北向波浪作用下,未破碎的波浪几乎直接而强烈地作用于海岸,引起岸线迅速后退,速率达每年15m。导致西庄村以西海岸侵蚀加剧,许多地段沙滩已不复存在,土地被冲毁。至1993年,海岸沙滩区被侵蚀殆尽,西庄村沿海土地面积减少165.29亩。其海岸侵蚀现象持续多年,威胁到岸边的国道。诸如此类的用海风险事件严重地危害了海域资源环境,造成了重大经济损失,必须引起海域使用管理者和用海者的高度重视。

海域论证过程中分析项目用海引发的自然环境变化和风险,一方面是为了从自然科学的角度,依据现有的科学技术和遵循人类在海洋科学中已查明、揭示的固有规律,提出预防或减轻损失的措施,使其用海项目对自然条件产生的影响控制在尽可能小的范围内。另一方面,项目用海的影响分析也为利益相关者之间的协商提供了依据。

4) 项目用海与利益相关者的协调性

所谓利益相关者是指与用海项目有直接或间接连带关系或者受到项目用海工程影响的开发利用者。海洋开发是一项复杂的系统工程,由于多种资源共生于一个立体的、开放流动的环境中,一种资源的开发可能影响到另外一种或多种海洋开发活动,此为影响利益相关者的第一种方式。同时,由于海洋开发力度的不断加大以及工程项目的建设需求,新建项目可能需要占用已建项目的空间,导致已建项目布局或开发方式的改变,甚至搬迁,此为影响利益相关者的第二种方式。项目用海活动可能影响到的潜在利益相关者主要包括规划项目的用海活动。这些潜在的利益相关者是那些可能因为项目的用海活动而受到影响或需要与项目方进行协调的群体或个人。在项目规划和实施过程中,考虑到这些潜在利益相关者的需求和影响,对于确保项目的顺利进行和减少潜在冲突至关重要。

在对用海项目进行论证的过程中,应当界定利益相关者,明确用海工程对这些利益相关者的影响范围和影响程度。对于第一种方式,用海项目若影响到邻近其他权属海域使用方,当事双方可结合工程特点并根据影响预测分析结果,定性或定量确定影响程度和范围,形成协调意见并明确补偿方式。对于第二种影响方式(后开发利用者占用已开发者海域空间),双方可自行协商解决,形成协调意见并明确补偿方式。利益相关者的补偿方式包括下列几种:提供补偿资金;采用其他辅助措施消除影响;调整自身或帮助对方改变原有生产布局或方式以消除影响;其他方式。应当注意的是,当事双方签订的协议不得损害第三方利益,包括国家利益,否则该协议无效。对于比较明确的潜在利益相关者,用海项目单位应该与潜在利益相关者进行协商,并达成协议;若潜在利益相关者不是很明确,用海项目单位应该与潜在利益相关者对应的主管单位进行协商,获得同意。

海域使用论证过程,应当全面、明确地界定出利益相关者。至于利益相关者之间的协商,应该是当事双方的职责,如双方当事人协商有困难,可请当地政府或海洋行政主管部门帮助协调。执行海域使用论证的技术单位不负责利益相关者之间的协商,但可以提供一些用于协商的技术支持,如相互之间通过哪些要素发生影响,影响的程度如何等。海域使用论证过程结束时,报告书应当附具利益相关者的协商结果(利益相关者同意证明及补偿协议要件)。

界定利益相关者的基础首先是明确工程区附近的主要海洋资源状况,然后分析海洋资源的开发类型、规模、效益及产业布局等开发现状,海洋产业发展规划(用以确定潜在的利益相关者)。

利益相关者难以达成协调一致的情况可能有下列几种:①原用海功能备择性很窄,没法移动,如海上石油勘探井位、船舶定线制海区、滨海旅游用海区等。②项目用海对利益相关者的直接损失不大,但对社会效益可能损失比较大,或对利益相关者造成的经济损失较大而无法补偿。③项目用海可能直接危及自然保护区,而自然保护区范围又无法调整。④项目用海可能直接危及重要水产资源洄游通道或自然苗种基地等。凡利益相关者不能达成一致的用海项目,海域使用论证中应建议重新选址。

5) 项目用海的综合效益

效益是项目用海的根本出发点,是衡量项目用海可行性的重要因素之一。项目用海的效益分析主要包括社会、经济、资源、环境等方面正、负面影响效果的综合分析,在准确地、全面地分析效益基础上,提出如何提高正效益、减少资源消耗和降低负面影响的管理对策建议。但由于项目用海的综合效益估算难度较大,特别是对资源、环境效益中的资源消耗、环境代价的定量估算难度更大,因此,目前主要采用定性与半定量相结合的分析方法。

用海项目的社会效益分析一般从社会角度评价用海项目对其周围区域的社会经济总体发展水平的影响程度,即对社会的贡献大小,侧重分析项目用海是否能够满足地区社会经济发展的需要,能否具有很强的产业联动效应以及牵动周边地区产业的发展,能否发挥项目所在地的区位优势等,如对影响区域人口收入状况、科技文化、公共设施、社会福利、社会安全、就业失业等方面的影响效果分析,项目建成后对当地 GDP 的贡献率分析等。

经济效益分析是从项目本身运转的财务角度研究项目盈利状况及借款偿还能力,以此确定投资行为的财务可行性。任何项目用海在实施中必将投入一定的资金,其最终目的是取得一定的收益,海域使用论证项目的经济可行性就在于它的收益一般大于投入。项目用海的经济效益分析一般采用费用—效益投入产出综合分析法,即对用海项目所产生的经济效果进行全面评估。项目用海的经济效益就是力争用最少的费用获取较大的经济收益。

资源效益应围绕项目用海是否最合理充分地利用该区域的资源环境条件(如港口岸段的工程用海是否实现了深水深用、浅水浅用的目的),是否节约利用资源,项目用海是否有助于其他资源的开发利用等方面进行论证。用海的环境效益应从项目产生的环境影响、工程建设所投入的环保资金对环境影响的改善程度、对生态环境的弥补程度等方面来论述,衡量工程项目需要投入的环保投资和所能收到的海域环境的保护效果。一般情况下,项目用海都会或多或少地改变局部的海域自然环境状况,会引起环境发生各种各样的变化。良好的环境效益应力求用海产生的环境污染影响最小化、环境污染的累积效应小,采取回避不良后果或采取相关对策使用海项目对环境的影响减小到适宜的程度,避免不可逆转的危害性后果,如通过环保资金的投入,可以有效地减少污染。

3. 项目用海面积、期限的合理性分析

根据海域使用权属特征,每个用海项目都有明确的位置、面积和期限,其合理性分析就在用海项目对海洋自然条件的适宜性、项目用海对海洋自然条件影响、利益相关者协调、综合效益等分析结果的基础上进行,旨在提出科学合理的海域使用位置、面积和期限,为项目用海审批提供技术依据。一般情况下,项目用海是以一定的资源环境条件为基础,只有当资源环境条件适于项目用海的需求,才可保证项目用海顺利实施。同时,项目用海又可能对海域资源环境条件产生或多或少的影响,因此,项目用海范围的合理确定就是要寻求项目用海与海域资源环境条件之间的一种平衡关系,既保证资源环境对项目用海的需求,又不对资源环境条件产生过分的干扰,同时又可获取最佳综合效益。任何海洋开发都会或多或少地改变海洋的原始状况,使其不发生恶化或破坏性的结果是海域使用管理要达到的起码目标。

项目用海范围的确定与项目的布局相关联,如港口用海涉及码头、防波堤、航道、港池和

回旋水域的布局问题;水下旅游项目涉及潜水平台放置区、交通路线、简易码头的布局问题;即使简单的养殖项目也涉及布局问题。因此,用海界址的确定和面积量算,须将工程布局叠加在最新实测的地形图上进行,根据《海籍调查规范》来确定。在根据原则量算的基础上,结合项目用海自然条件的适宜性、项目用海后与利益相关者的协调性等分析后,对面积的合理性进行评价,必要时应对用海范围进行一定的调整,确定项目用海的实际范围。海域使用界址图应突出表示海域使用界线、拐点坐标、面积等用海基本要素,以及底图测量单位、面积量算单位、具体操作人员、比例尺、投影等要素。

确定项目用海范围时,必须认真审查是否与其他项目重合,要通过当地海洋行政主管部门调查清楚项目用海范围内及相邻海域的用海审批状况。如果项目用海范围内原为其他用海项目(已发海域使用权证),在利益相关者经协调同意停止原项目用海时,一定要办理原证回收手续。项目用海相邻时,要衔接好相邻项目的用海界址和范围。

用海期限分析一般考虑的因素有业主的用海要求、《中华人民共和国海域使用管理法》规定的海域使用权最高期限等,而用海期限的最终确定还应通过项目用海与海洋政策、利益相关者和海域资源环境状况等因素的关系分析后确定。如用海活动与规划不符或部分不符,用海期限应适当调整;当规划尚未实施时,则应通过相关利益者的协调,确定临时用海期。譬如某些深水岸段根据规划属于港口开发岸段,但由于条件所限,尚未建港,为了保证未来建港的需求,对目前进行申报的养殖和旅游用海期限应进行限定,或采取一年一审批的方式(杨辉,2007)。

所谓海域使用权,是指民事主体人通过法律程序取得由县级以上人民政府海洋行政主管部门批准和颁发的海域使用权证书,并依法在一定期限内有偿使用一定海域的权利。《中华人民共和国民法典》规定,海域属国家所有,依法取得的海域使用权受法律保护。2006年,国家海洋局印发了《海域使用权管理规定》,具体规定了申请审批、招标、拍卖等海域使用权的多种出让方式,并首次明确提出海域使用权出让合同。同年,国家海洋局还出台《海域使用权登记办法》,规定海域使用权初始登记要持项目用海批复或者海域使用权出让合同。2007年,《中华人民共和国物权法》明确依法取得的海域使用权受法律保护,确认了海域使用权的用益物权地位。以海域使用权为基础的海域使用管理制度已经确立。我国海域使用权的取得目前有两种方式:一种是海域使用申请经依法批准,获取海域使用权证;另一种是通过招标或者拍卖的方式取得并领取海域使用权证书。《中华人民共和国海域使用管理法》施行前,已经由农村集体经济组织或者村民委员会经营、管理的养殖用海,符合海洋功能区划的,经当地县级人民政府核准,可以将海域使用权确定给该农村集体经济组织或者村民委员会,由本集体经济组织的成员承包,用于养殖生产。

再次回顾海域的概念,其中海域的一个特点常被忽略但又在实际使用中容易引发争议,那就是海域具有空间立体层次,且均可用于开发利用。近年来,由于海域资源稀缺性日益凸显,海域立体分层设立模式得到广泛关注和地方实践。目前我国对于海域立体分层设立主体在权属、权能、权利层面的法律制度尚未建立,学术界也没有达成一致看法,崔旺来和贺义雄(2022)对海域立体分层使用权属界定及管理进行了相应的研究,认为海域立体分层设权是为了建立海上构筑物和相关附属用海设施,再对空间中不同范围内的主要海洋资源进行用途上的划分,推进海域资源的立体化配置,实现对有限海域资源的节约集约高效利用。"立体思维"是未来海洋空间规划的发展方向,海域空间规划应体现分层概念界定、分层原则、分层方式、分层规划内容、法律界定等内容,需要系统考虑水面、水体、海床、底土各类功能的整体性利用。海域使用权立体分层确权的实施难度的增加,根本原因是现行法律法规与空间规划缺少"分层"概念。国土空间规划"一张蓝图"中如果没有海域空间立体规划,自然资源主管部门便无法核定三维用海界址点和界址线,意味着在立体分层空间中无法明晰使用的权属,当出现立体分层交叉用海的情形时,造成相邻关系权利主体的矛盾和冲突。因此,在海域立体分层使用前,必须明确空间范围及其权属的相关界定,这也是海域立体空间规划中非常重要的因素。如何在顾及海域立体分层确权使用各方需求的同时,保障具有相邻关系的各用海主体的权益不受损害成为海域立体分层设权使用亟待解决的现实问题。

也有学者针对海域立体分层使用的现实困境,基于土地分层使用的经验,并结合海域空间属性及开发利用特点,从立体空间分层方法、三维海籍信息表达、立体空间规划、协调利益相关者矛盾等方面提出相关改进建议。

1)海域分层方法

海洋空间竖向分层应有利于明确权利与义务边界,协调不同用海主体之间的矛盾。因此,海域空间分层要结合海域空间属性和用海活动的空间特征分析,既要合理分层,明确各层的概念和范围,也要对用海活动使用哪一层空间进行界定。鉴于《中华人民共和国海域使用管理法》中的分层方法已经受到广泛认可,笔者建议采用"水面、水体、海床和底土"的分层方法,并明确每一层的范围及相应的用海活动类型。水面层指海水表面及其上下各一定厚度的立体空间,该层空间的用海活动包括船舶航行、跨海大桥桥梁等。水体层是水面和海床之间充满海水的立体空间,该层空间的用海活动包括海水养殖等。海床层是海床表面及其上下一定厚度的立体空间,该层空间的用海活动包括海底电缆管道敷设、人工鱼礁等。底土层是海床以下的立体空间,该层空间的用海活动包括海底电缆管道埋设、海底隧道等。

2)三维海籍信息表达

由于平面边界范围容易明确,而竖向空间范围难以界定,建议采用平面界址"四至"坐标和竖向分层的海籍信息表达方式:宗海平面边界,采用现有海籍管理制度体系,以最外围界线确定宗海的平面界址;宗海竖向边界,采用"水面""水体""海床""底土"的定性表述。例如,对埋设的海底电缆宗海范围的表述为"四至坐标"+"底土",对海水养殖项目宗海范围的表述为"四至坐标"+"水体"。

3)探索海域立体空间规划与用途管制

对全部海域进行空间立体规划将极大增加规划的技术难度、成本和时间,可行性低。因此,建议针对近海用海密集且立体分层用海需求大的海域编制立体空间规划:①在资源环境承载能力评价和用海活动适宜性评价环节,结合近岸海域立体分层用海需求,针对规划海底隧道、海上风电、海底电缆管道、核电取排水口等特定用海区域进行立体分层用海的规划设计;②加强海底电缆、海底管道、海底隧道等大长度、线性用海活动的立体规划,提前布局,明确底土以上空间的允许开发利用方式;③研究提出不同用海活动立体分层使用海域的搭配清单,出台《海域立体分层使用指引》,鼓励跨海大桥、海底隧道、海上风电、海底电缆管道等与其他用海活动立体分层使用海域。

4)签订立体分层使用合同,探索设立海域役权

协调不同深度层用海活动之间的冲突是海域立体分层利用的重点,也是影响未来立体用海推广的重要因素。笔者建议通过签订合同、设立海域役权等方式,规范和约束各用海主体的行为,严格实施用途管制措施。从短期来看,可以由自然资源(海洋)管理部门牵头,鼓励用海主体之间签订规范用海行为的合同,根据海洋开发利用的特点、环境影响、空间使用需求等,制定各用海主体开发利用行为规范及潜在冲突解决方案,对允许类活动和禁止类活动予以明确,既满足用海主体合理使用海域空间的需求,又不会对其他主体正常使用海域造成影响。

从长期来看,建议加强对海域役权的研究,并将其引入海域管理中,以协调和约束用海主体之间的行为关系,使立体空间之间的矛盾处理有法可依、有规可循。当某一用海主体需要进行施工或设施维护而不得不占用其他用海主体的确权空间时,通过设置海域役权,取得对其他层用海主体空间的利用权利;并且,当该用海主体对其他层空间的利用超出其权利范围时,可依据海域役权的相关规定进行协商解决(李彦平等,2020)。

为保证海洋资源的可持续利用,实现建设海洋强国的战略目标,增进陆海统筹,依法对海域使用行为实施管理。海域使用不符合海洋功能区划的省份,要加大海洋功能区划符合性审批力度,减少此种违法用海现象的发生;对未确权用海较多的省份要加强海域使用动态监视监测系统在海域使用管理中的作用,对未批先用等违规用海加大惩罚力度,实现依法用海、依法管海。

海域使用管理是海洋管理的组成部分,是国家行政机关为实现国家管辖海域的合理开发利用和可持续发展,而对海域各类使用活动进行的组织指导、计划协调和监督控制等行政行为。海域使用管理的基本任务主要包括以下方面:

建立海域使用管理的科学基础。为了达到海域使用管理的宗旨,实现海域使用管理者行为的科学化及效能。需要创造海域使用管理的"准则体系"或科学的依据与标准。什么样的工作可以成为海域使用合理性的判断标准呢?经较长时间的研究和实践证明,最终取得较为一致的共识,认为海洋功能区划和海域使用论证,能够成为合理用海和海域使用管理的科学依据和基石。

海域所有制关系管理。近岸海域是沿岸国家的宝贵财产。海洋在已往的历史上,当然不能与陆地的作用等量齐观,因此,它没有像陆地一样被分割得支离破碎被私人占有。在国际上除海岸带区域在某些沿海国家存在私有制度外,近岸海域基本上都是国家所有的。我国海域(指国家主权管辖海域)就全部属于国家所有,这种所有制关系反映到法律制度上,即国家对海域有占有权、使用权、处分权和收益权等权利。行使这些权利需要通过海域使用的统一管理来实现。

建立我国海域法律制度和业务技术制度。在加强依法治国和依法行政的时代背景下,海

域使用管理必须创造有法可依的条件。建立其法律制度及其相关的业务技术制度应是一项重要的基本任务。

海域使用的监督管理。监督管理是行政机关的基本职能和行政活动的基本方式。海域使用的监督检查的依据来自两个方面：一是依据法律法规开展的监督活动；二是依行政授权职能，两者虽然行使的方式和力量不尽相同，但都属监督管理活动。都能起到使被监督者守法守则的作用。监督管理也应该制定相应制度和办法，使之规范化，避免混乱和形式主义，切实起到监督的作用。

此外，海域使用管理还有人员教育、执业资质培训和考试考核、海域使用示范区建设等任务。

自2002年《中华人民共和国海域使用管理法》颁布实施以来，国家海洋局颁发了《海域使用权登记办法》和《海洋功能区划管理规定》等一系列配套法规文件，以及《海域使用论证技术导则》《海域使用分类》和《海籍调查规范》等多部技术规范文件，建立起较为齐全的海域使用管理法规和技术体系，为国家和地方政府部门科学管理海域奠定了重要基础。

近年来，随着沿海经济发展形势的需要，海域管理陆续实施了区域建设用海规划制度、围填海计划管理制度和海域动态监视监测管理系统建设等科学化的规划计划管理手段，取得了显著的管理成效，为实施科学管理和精细化管理奠定了基础。我国是海洋资源大国，有海岛资源、海岸与土地资源、港口航运资源、近海矿产资源、近海植被资源、海洋渔业资源、旅游资源等。但人均占有海洋资源量却相对较少，因此需要通过教育、行政、法律、经济等手段在保障社会经济发展的同时，严格依法管理，坚持节约高效利用、集约环保开发，避免破坏和浪费，实现海洋资源可持续发展。要在保障经济发展的同时实现保护资源的目标，就需要海域管理工作进一步科学化、深度化和精细化，全面加强资源市场调控能力，加强海域资源定量化管理。

目前，海域权属管理制度逐步完善，海域开发利用秩序得到有效规范。实施海域精细化管理，即紧紧围绕党的十九大明确的加快建设海洋强国的宏伟目标，以习近平新时代中国特色社会主义思想为指导，进一步深化和细化海域管理，以管理的精细化促进资源利用的集约节约化，合理配置海域资源，全面加强资源调控能力，逐步改变粗放的海域资源利用方式，提高海域资源开发能力，为发展海洋经济提供保障。具体包括以下几个方面：

海域资源存量和权属管理清晰化。现有的海域资源空间信息数据不足，难以支撑海域管理的科学决策。借鉴国内外土地资源管理等方面成功经验和先进做法，全面掌握海域资源数量和质量、资源价值、利用效率，有助于进一步明确海域资源的功能定位和战略导向，也是海域管理工作实现精细化、定量化、动态化的根本要求。

海域资源配置调节市场化海域资源是全民、全社会的财富资源，从我国所有产权制度价值应用角度考虑，应切实增强海域资源的综合社会效益和经济理念，力促海域资源开发利用向资源、资产、资本一体化转变，充分有效地提高海域资源的利用效率，促进资产增值和资本收益，实现海域开发由传统审批管理模式向由资源实物、要素与价值三方面集成的精细化管理模式转变。在社会主义市场经济体制的充分引领下，发挥市场配置资源的基础性作用，可全面提升海域资源综合利用效益。

海域资源利用集约节约化。海洋资源紧缺,特别是离岸500m的海域资源是海洋开发最集中的区域,供需矛盾日趋紧张,近代历史时期海域开发主要以海域资源粗放型利用为主,不符合新形势下社会经济发展要求,海域管理应强化资源节约意识并向内涵集约化利用转变,实行资源利用总量控制、供需双向调节、差别化管理。

充分发挥行政管理的管控、规划及引导作用,主要通过市场调节功能以海域资源利用结构和布局的优化来满足资源的个性需求,并以供需双向调节的同时,进一步强化精细化分类管理服务,减少低效利用及资源闲置空间,禁止不合理利用、严重浪费资源的行为;实行差别化分类管理,结合产业类型、地区实际情况、优化的绩效机制以及完善的资源供应政策,促进资源节约利用和优化配置(李慧珊,2020)。

在海域的实际使用中,存在各涉海行业部门进行条块分割式管理,使得不同海洋自然资源或生态要素及其功能被分而治之,因此我们不仅需要对海域使用进行管理,还需要根据海洋生态系统的整体性进行综合管理。将海洋生态系统作为不可分割的整体,实施海洋综合管理,协调处理工业、渔业、采矿、排污、居住、旅游等各种用海行业,平衡解决海洋资源开发与保护的矛盾冲突。这对于提高海洋管理效率,增强海洋发展水平,顺利实现我国的"海洋强国梦"具有重要意义。

"海洋综合管理"的概念自20世纪30年代由美国提出以后,经许多沿海国家海洋管理工作的不断实践,其内涵不断充实和丰富。鹿守本等专家将海洋综合管理含义归纳为:以国家海洋整体利益和海洋的可持续发展为目标,通过制定实施战略、政策、规划、区划、立法、执法、协调以及行政监督检查等行为,对国家管辖海域的空间、资源、环境、权益及其开发利用和保护,在统一管理与分部门、分级管理的体制下,实施统筹协调管理,达到提高海洋开发利用的系统功效,促进海洋经济的协调发展,保护海洋生态环境和国家海洋权益的目的。

中华人民共和国成立后,我国海洋事业开始全面发展,对于海洋的管理也逐步完善。纵观我国海洋管理体制的演变,大体可分为3个阶段:各部门、各地区的分散管理阶段、海军统管阶段、国家海洋局具体负责的综合管理推进阶段。1989年国家决定采取联合国提倡的海洋管理模式,确定建立海洋综合管理制度。国务院把业已设置的国家海洋局明确为管理全国海洋事务的职能部门,并赋予海洋综合管理的职责。至此,我国"海洋综合管理与分部门分级管理相结合"的体制开始形成。1998年国务院机构改革后,国家海洋局由新成立的国土资源部管理,海洋资源行政管理职能被划归国土资源部。

2013年《国务院机构改革和职能转变方案》提出,"设立高层次议事协调机构国家海洋委员会""重新组建国家海洋局,……国家海洋局以中国海警局名义开展海上维权执法……"。这为进一步加强海域综合管理和海洋维权,提供了保障和契机(李滨勇等,2014)。

2018年中共中央印发《深化党和国家机构改革方案》,组建自然资源部,统一行使全民所有自然资源资产所有者职责,统一行使所有国土空间用途管制和生态保护修复职责,同时将国家海洋局的海域海岛管理等职责并入自然资源部,这有利于综合统筹海域和陆域管理,特别是沿海滩涂、海岸带等相关区域的管理。《围填海管控办法》《海岸线保护与利用管理办法》

《国务院关于加强滨海湿地保护严格管控围填海的通知》等文件的出台,对加强围填海管理、海岸线保护与利用提出了新的要求,并建立了海域、无居民海岛有偿使用动态调整机制,为海域综合管理提出了新任务。

二、海域使用金测试及征收标准

了解海域使用金。我们首先应该了解海域的价值。随着科学技术的发展,人类生产生活范围的扩大,人类的各种需求也在逐步增长。丰富的海域资源能满足人类发展中的多重需求,即为海域的价值。首先,海域具有国土价值。海域与土地同为国土的一部分,在土地资源日渐紧缺的情况下,海域蕴含的丰富的自然资源和填海造地资源,都成为人类生存发展的新空间。其次,海域具有经济价值。人类对海域的开发利用具有悠久的历史,从古时候的提取海盐、水产捕捞、交通运输,到现代的海洋物流、仪器制造、旅游开发等海洋产业,都可见海域孕育的巨大的资源利用空间,其经济价值不容小觑。再次,海域还具有生态价值。海域作为海洋的一部分,有调节气候、废物处理、平衡生态系统的重要作用(秦璐,2016)。如何体现这些价值,如何使得这些价值得到合理的开发利用,需要通过海域有偿使用制度来实现。

海域使用权出让,指国家作为海域所有权人,将特定的海域使用权让渡给私人进行开发利用并获取收益的权利,即海域使用权的取得。出让制度即为管理海域使用权出让的相关制度。海域使用权出让制度是海域使用权制度,也是海域权属制度的重要组成部分。海域使用权的取得,从广义上来讲,不仅包括创设取得,还包括转移取得,狭义上的取得仅指创设取得。海域使用权的转移取得一般基于转让,属于二级市场的流通。

我国海岸线长1.8万km,海域面积广阔,辽阔的海域中蕴含了丰富的开发利用潜力巨大的资源,包括生物、石油天然气、矿产和滨海旅游等资源。例如,中国共有海洋生物20 278种,占世界海洋生物总数的25%以上,其中具有捕捞价值的海洋动物鱼类有2500余种;在中国海域共发现具有商业开采价值的海上油气田38个,获得石油储量约9亿t,天然气储量2500多亿立方米。最早规定海域使用权制度的是美国,于20世纪初就已经建立了相关制度。我国虽然蕴含着丰富的海域资源,但是海域使用权制度的建立比较晚,到了20世纪90年代才开始逐步建立起海域使用权制度,具体经过了如下几个阶段。

(一)空缺阶段

面对如此丰富的海域资源,虽然主权意义上的海域所有权一直都有明确的概念,然而在中华人民共和国成立初期以来至20世纪90年代前,我国在法律意义的海域所有权及使用权一直都是不明确的。首先,海域的主体一直处于不明确的状态。在《中华人民共和国海域使用管理法》出台前,我国海域产权以国家所有、集体所有、沿海渔民共同所有或没有所有者的形式存在,海域的所有权主体一直不是十分的确定。其次,海域开发用途单一。虽然这个阶段,我国的海水养殖业发展较快,海洋矿产资源已经开始有所开发,但是海洋矿产资源业并未完全成熟,其他领域,如海域港口开发、海域旅游业、围海造地等产业还未开始发展。相关法规中除了对滩涂使用权和水面使用权有所规范外,其他方面几乎为零。再次,行政色彩较浓。

这一时期海域使用的主体多是政府机构,如经营海上港口的港务局、沿海集体经济组织等,而使用权的取得也多依赖于行政划拨。

(二)初建阶段

到了20世纪90年代,海域开始了全方位利用开发的阶段,这个阶段的海域利用呈现了以下特点:首先,海域开发利用方式向多样化发展,用海矛盾增加。用海类型局限于传统的渔业等,增加了矿产开发、滨海旅游、海洋工程等形式。经济利益的刺激促进了投资者们对海洋开发的积极性,但是由于规划混乱,经常出现同一块海域,集多种功能于一身,如港口、养殖与排污,造成海域使用过程中的矛盾加剧。其次,海域使用的主体出现多元化。随着对外开放政策的影响,一些外商投资主体对海域使用权的需要也大为增加,海域使用权的主体不再局限于港务局和农村经济组织。在这样的背景下,1993年,国家海洋局和财政部制定并出台了《国家海域使用管理暂行规定》,明确了国家为海域所有权人,并同时建立了海域使用登记制度。这一时期的海域使用权立法具有如下特点:第一,对海域所有权与使用权的区分。第二,海域使用权基于平等、自愿和有偿取得,且可以在市场上流转。第三,《国家海域使用管理暂行规定》性质上为部门规章,法律位阶较低,规定过于简单,无法彻底改变海域资源使用中混乱的状况。

(三)逐步完善时期

20世纪90年代初期出台的几项海域立法,并没有解决用海乱象,无偿用海现象普遍,海域使用权制度没有实质实行。基于此,全国人大常委会于2010年通过了《中华人民共和国海域使用管理法》,明确规定了海域使用审批、海域使用金等相关制度,并较为框架性地树立了海域使用权制度。《中华人民共和国海域使用管理法》实施后,以法律的形式明确了海域所有权人与使用权人的关系,缓解了长期以来的用海矛盾。但是,由于此时《中华人民共和国物权法》还未出台,海域使用权的性质没有清晰地界定,虽然《中华人民共和国海域使用管理法》中规定了用益物权的性质,但是因为缺乏理论上的全面阐释,在实践中还是存在着很多问题。2006年,国家海洋局颁发了《海域使用权管理规定》,系统地规定了论证、审批、出让、流转等问题,但是规定过于笼统,具体细节较少。2007年《中华人民共和国物权法》的出台,更加清楚地阐述了海域的权属问题,以立法的形式确定了海域的用益物权性质。随着人类需求的扩大和陆地资源的不断稀缺,海域资源以物权形式确定,使得海域使用权制度体系更加完备,也体现了现代民法上物的范围将随着人类对自然征服能力的不断扩大而呈现出扩大化的趋势。除了国家层面的立法,沿海各省也逐渐重视海域使用权,在上述几部法律法规的指导下,陆续制定了本省的海域使用地方性法规或规章,虽不甚完备,问题犹存,但却推进了相关法律体系的逐渐成熟。

根据我国现行的《中华人民共和国海域使用管理法》,海域使用权取得的方式一般有以下两种:①审批出让。是指申请人为取得海域使用权而向国家海域主管机关提出申请,出让方,即代表所有权人行使海域所有权职能的政府主管部门与选定的受让方协商后达成协议并签订海域使用权出让合同。②公开出让。根据我国《中华人民共和国海域使用管理法》的规定,除审批出让的方式外,也可以通过招标或者拍卖公开取得。就目前我国国家层面上的法律规章来讲,我国的海域使用权公开出让制度只有招标、拍卖两种,但在一些地方性海域使用管理条例里除了上述两种方式外,还增加了挂牌这种出让方式,例如浙江省就规定挂牌为海域使用权取得的公开出让方式之一。

权利人获取海域使用权后,需按规定缴纳海域使用金。《海域法释义》对海域使用金的解释是"国家作为海域自然资源的所有者出让海域使用权应当获得的收益,是资源性国有资产收入"。依据产权的相关定义,可以将海域使用权界定为是用海主体依法享有的,在特定期间内对某海域进行排他性使用的权利。这种排他性的支配权包括对海域的占有、使用、收益的权利和一定方式下的处分权利,它是从海域所有权上派生出的一种财产权利。可以说海域使用金是国家作为海域资源所有者出让海域使用权应当获得的收益,是资源性国有资产收入,是海域使用权价格的现实表现。

海域资源的特点及作用在一定程度上和土地资源十分相近,因此专家和管理人员借鉴土地经济学的相关理论来研究海域方面的问题。这种解释显然是借鉴了土地出让金的概念:土地出让金是国家以土地所有者身份将土地使用权在一定年限内出让与土地使用者时所收取的土地权益。与土地出让金相比不同的一点是,由于用海效益不如用地效益那么稳定,养殖、旅游、航道等不改变海域自然属性的用海方式的海域使用金逐年征收还是一个比较普遍的情况,而土地出让金通常来说都是由土地使用者按使用年限一次性缴纳(蔡悦荫,2007)。

我国海域有偿使用制度自1993年开始实行,财政部和国家海洋局颁布实施了《国家海域使用管理暂行规定》,对海域有偿使用制度作了详细的规定,确定海域使用金包括海域出让金、海域转让金和海域租金三种类型。此后2002年颁布实施的《中华人民共和国海域使用管理法》明确规定了海域有偿使用制度,在海域法中专设一章给予规定,明确要求"单位和个人使用海域,应当按照国务院的规定缴纳海域使用金。海域有偿使用制度作为海域法的基本制度之一,海域使用金应当按照国务院的规定上缴财政"。海域有偿使用制度被写入立法,使我国海域有偿使用工作有法可依,步入新阶段。由此,海域使用金的征收和管理工作,必须以海域法为依据,并逐步纳入规范化、科学化和制度化的轨道。

迄今为止,海域有偿使用制度已实施22年,沿海各省市纷纷确权海域、征收海域使用金,已初见成效。从全国来看,海域确权面积较多的是山东、辽宁、广东,海域使用金累计征收额居前列的是辽宁、山东、广东。到2002年为止,全国累计发放海域使用权证书21 174本,确权海域面积624 740hm²,累计征收海域使用金超过33 487.4万元。海域使用金的征收,在经济上实现了国家对海域这一国有资产的所有权,有效地遏止了海域资源性资产的流失。同时,征收海域使用金促使海域使用者充分考虑投入产出比,避免盲目圈占海域,减少了因海域无偿使用引发的无度、无序的混乱状况,促进国有海域资源的合理配置。

影响海域使用权价格的因素大致包括三大类,分别是一般因素、区域因素和个别因素。一般因素指影响海域使用权价格水平的自然、社会、经济和行政等一般性宏观因素,主要包括地理位置、人口、行政区划、城镇发展状况、社会经济发展状况等,一般因素的影响主要在基准价格水平中得到体现。区域因素是指海域所在区域相关的,如交通条件、基础设施完善度、环境条件等影响海域使用的因素,海域使用是以所在区域为腹地的,区域的发展关系到海域发展的效益,从大的背景影响了海域利用的前景和水平,区域因素是海域使用权价格重要的影响因子。个别因素包括海域自身的条件、开发程度、面积、使用年期限制等。

目前,虽然我国海域使用金的征收已有相当一段时期,但是总体看来,当前海域使用金水平基本反映的是整个行政单元所辖海域综合价值的平均水平,不能充分体现海域使用类型复杂、等级差异大的实际情况,且尚没有充分反映海洋经济发展水平和资源环境条件差异,不能正确反映市场供需状况,容易造成海洋资源在生产成本中所占比例偏低,从而不能很好地控制海洋无度开发、生态破坏等行为的发生。因此,需要对如何合理评估海域使用金进行研究,以使其真正体现海域真实价值,从而为促进我国海域使用权交易市场的健康发展、用经济杠杆促进海洋产业合理布局与协调发展的目的服务。

对于海域使用金评估,应基于已有海域使用分等定级成果,可以将海域有偿使用制度和海洋功能区划制度联系在一起,分3种情况:

第一,对于旅游娱乐用海、渔业用海等基本不改变海域自然属性的用海类型,海域使用金即等于海域空间占用费,也就是海域使用权的价格。

第二,对工业用海、海底工程用海、排污倾倒用海等一定程度上可能会改变海域自然属性的用海类型,海域使用金除包含海域空间占用费外,还要体现海域使用人对其所损害的海域生态和社会价值的补偿,即海域使用金应该包括海域空间占用费和自然属性改变补偿费两部分。对于基本不改变海域自然属性的用海方式来说,海域在生产活动中所起的作用和土地一样,是涉海产业运行所必需的生产资料,即主要关注海域的经济价值;而对于改变海域自然属性的用海方式来说,海域使用人所需要的不仅是海域本身,更是改造后的实物所占据的空间范围。因此,对于第二种情况,海域使用金所包含的内容应该有所不同。

第三,对于造地工程用海等一次性基本完全改变海域自然属性的用海类型,由于此种情形下国家海域所有权变为土地所有权,用海者获得的海域使用权变为土地使用权,海域使用金评估应该从两个方面考虑:

(1)海域的综合效益得以补偿由于填海造地工程的进行将导致海域性质的完全改变,在评估填海工程用海使用金时,不应仅看到工程进行期间用海代价,还要考虑到工程后果,考虑对海域所具有的现实的和潜在的经济效益、社会效益、生态效益的整体补偿。海域的综合效益,应包括海域用于海洋产业经营所能获得的全部现时的以至预期的潜在经济效益,以及海域特有的生态、社会功能的效益,因而,应是一个比现实经济效益更大的价格。假设海域的综合效益为P_g,海域的使用金为P_s,则$P_s \geqslant P_g$应是造地工程用海海域出让的必要条件,即海域综合效益的补偿估价应是造地工程用海海域出让的下限。

(2)预期土地售价和开发费用的合理差价应予满足。由于不同沿海地区社会经济发展水平、工资、物价水平的不一致,以及近岸滩涂地貌、底质、水深等情况的差异,填海的实际费用和开发后的土地售价也不会相同。一般说来,在土地价格、工资、物价水平一定的条件下,填海工程随着与岸线距离加大和水深增加,开发费用愈来愈多,而预期土地售价和开发费用的差价缩小，以至在临界深度以下，填海因亏损而无法进行。在一定开发费用、水深条件下，填海工程因未来土地用途不同，预期土地售价不同，土地售价与开发费用的差价也有差别。通常接近市中心的岸线，填海造地用于繁华地段房地产开发，土地售价高，用于海域补偿的价格也高。然而，海域补偿价格的上升，始终受预期土地售价和开发费用的差价所制约。因此，预期土地售价和开发费用的合理差价是造地工程用海海域出让的上限。假设填海工程完成后土地可期望的售价为 P_1，工程开发费用合计为 D，则 $P_1-D \geqslant P_s$（海域使用金），是造地工程用海海域出让的另一必要条件。

综上所述，对于造地工程用海海域使用金，必须考虑到对海域综合效益补偿和土地售价与开发费用差价这两方面的制约。

在此情况下，有专家呼吁国家应尽快建立海域使用金动态调整机制。现行的海域使用金征收标准是2007年实施的，至今已有17年。随着近年来我国海洋经济快速发展，对海域资源的需求迅速增加，海域资源的稀缺性日益凸显，一些地区甚至出现无海可用的局面。现行的海域使用金征收标准，已无法作为经济杠杆起到市场调节的作用。特别是在填海造地用海与毗邻海域的土地出让金方面，差距日益突出。另外，由于我国尚未建立海域使用金调整机制，现行海域使用金标准也很难发挥其作为经济杠杆调节市场的作用。

海域使用金是调整海域市场资源配置的重要手段，根据市场对海域资源的需求，及时动态调整海域使用金征收标准，体现海域资源的市场价值，以实现国有资源性资产的保值增值。同时，建立海域使用金动态调整机制，也是落实党的十八大和十八届三中全会有关生态文明建设的精神，推动海域资源从生产要素向消费要素转变，推动海洋产业结构调整和产业升级的重要抓手。

2015年初，国家海洋局海域综合管理司也曾专门组织召开海域使用金征收管理座谈会，就建立海域使用金动态调整机制、调整海域使用金征收标准等进行专题讨论和研究。

对于现阶段海域使用金标准、海域市场配置方面存在的问题，国家海洋局有关专家呼吁要从3个方面加以解决。

一是提高海域使用金征收标准。根据沿海经济发展、对海域的需求以及海域利用强度、利用方式、生态损害指标等情况，尽快修订海域使用金征收标准，特别是提高围填海海域使用金标准，引导海域利用方式向规划用海、集约用海、生态用海、科技用海、依法用海"五个用海"转变，提高填海成本，遏制盲目圈围填海行为。

二是建立海域使用金动态调整机制。充分发挥海域使用金的调节作用，并建立完善与之相关的管理制度。对海域使用金调整时机、如何调整、如何进行征收管理等情况进行深入研究。

三是充分发挥海域使用金的杠杆作用。提高海域利用效率，鼓励用招标、拍卖等手段出让海域使用权，进一步完善海域资源市场化配置，推进海域市场发展。

海域使用项目无论项目规模大小，不管是单位用海还是个人用海，不管是政府职能部门公益性用海还是企事业经营性用海，均需缴纳海域使用金，根据用海类型、使用海域级别、围垦方式等方面，在海域使用金的标准上有所区别。根据不同的用海性质或者情形，海域使用金可以按照规定一次缴纳或者按年度逐年缴纳。

2018年,我国对海域使用金征收标准进行了调整,为贯彻落实《生态文明体制改革总体方案》以及《海域、无居民海岛有偿使用的意见》要求,充分发挥海域使用金征收标准经济杠杆的调控作用,提高用海生态门槛,引导海域开发利用布局优化和海洋产业结构调整,根据《中华人民共和国海域使用管理法》《中华人民共和国预算法》,现对海域使用金征收标准调整如下。

1. 海域等别调整

根据沿海地区行政区划变化以及海域资源和生态环境、社会经济发展等情况,全国海域等别调整如下:

海域等别。

一等:

上海:宝山区　浦东新区

山东:青岛市(市南区　市北区)

福建:厦门市(思明区　湖里区)

广东:广州市(黄埔区　番禺区　南沙区　增城区)深圳市(福田区　南山区　宝安区　龙岗区　盐田区)

二等:

上海:金山区　奉贤区

天津:滨海新区

辽宁:大连市(中山区　西岗区　沙河口区)

山东:青岛市(黄岛区　崂山区　李沧区　城阳区)

浙江:宁波市江北区　温州市龙湾区

福建:泉州市丰泽区　厦门市(海沧区　集美区)

广东:东莞市　汕头市(龙湖区　金平区　潮阳区)中山市　珠海市(香洲区　斗门区　金湾区)

三等:

上海:崇明区

辽宁:大连市甘井子区　营口市鲅鱼圈区

河北:秦皇岛市(海港区　北戴河区)

山东:青岛市即墨区　胶州市　烟台市(芝罘区　福山区　莱山区)龙口市　蓬莱区　威海市环翠区　荣成市　日照市(东港区　岚山区)

浙江:宁波市(北仑区　镇海区　鄞州区)　台州市(椒江区　路桥区)　舟山市定海区

福建:福州市马尾区　福清市　厦门市(同安区　翔安区)　泉州市(洛江区　泉港区)石狮市　晋江市

广东:汕头市(濠江区　潮南区　澄海区)　江门市新会区　湛江市(赤坎区　霞山区　坡头区　麻章区)　茂名市电白区　惠州市惠阳区　惠东县

海南:海口市(秀英区　龙华区　美兰区)　三亚市(海棠区　吉阳区　天涯区　崖州区)

四等：

辽宁：大连市（旅顺口区　金州区）　瓦房店市　长海县　营口市（西市区　老边区）　盖州市　葫芦岛市（连山区　龙港区）　绥中县　兴城市

河北：秦皇岛市山海关区

山东：烟台市牟平区　莱州市　招远市　海阳市　威海市文登区　乳山市

江苏：连云港市连云区

浙江：慈溪市　余姚市　乐清市　海盐县　平湖市　玉环市　温岭市　舟山市普陀区　嵊泗县

福建：福州市长乐区　惠安县　龙海市　南安市

广东：南澳县　台山市　恩平市　汕尾市城区　阳江市江城区

广西：北海市（海城区　银海区）

海南：儋州市

五等：

辽宁：大连市普兰店区　庄河市　东港市

河北：秦皇岛市抚宁区　唐山市（丰南区　曹妃甸区）　滦南县　乐亭县　黄骅市

山东：东营市（东营区　河口区）　长岛县　莱阳市　潍坊市寒亭区

江苏：南通市通州区　海安市　如东县　启东市　海门区　盐城市大丰区　东台市

浙江：宁波市奉化区　象山县　宁海县　温州市洞头区　瑞安市　岱山县　三门县　临海市

福建：连江县　罗源县　平潭县　莆田市（城厢区　涵江区　荔城区　秀屿区）　漳浦县

广东：遂溪县　徐闻县　廉江市　雷州市　吴川市　海丰县　陆丰市　阳东区　阳西县　饶平县　揭阳市榕城区　惠来县

广西：北海市铁山港区　防城港市（港口区　防城区）　钦州市钦南区

海南：琼海市　文昌市　万宁市　澄迈县　乐东县　陵水县

六等：

辽宁：锦州市太和区　凌海市　盘锦市大洼区　盘山县

河北：昌黎县　海兴县

山东：东营市垦利区　利津县　广饶县　寿光市　昌邑市　滨州市沾化区　无棣县

江苏：连云港市赣榆区　灌云县　灌南县　盐城市亭湖区　响水县　滨海县　射阳县

浙江：平阳县　苍南县

福建：仙游县　云霄县　诏安县　东山县　宁德市蕉城区　霞浦县　福安市　福鼎市

广西：合浦县　东兴市

海南：三沙市　东方市　临高县　昌江县

2. 海域使用金征收标准调整

根据国民经济增长、资源价格变化水平，并考虑海域开发利用的生态环境损害成本和社会承受能力，海域使用金征收标准调整如下（表11-1）。

表 11-1　海域使用金征收标准　　　　　　　　　　　　　　　　　　　　单位：万元/hm²

用海方式/海域等别			一等	二等	三等	四等	五等	六等	征收方式
填海造地用海	建设填海造地用海	工业、交通运输、渔业基础设施等填海	300	250	190	140	100	60	一次性征收
		城镇建设填海	2700	2300	1900	1400	900	600	
	农业填海造地用海		130	110	90	75	60	45	
构筑物用海	非透水构筑物用海		250	200	150	100	75	50	
	跨海桥梁、海底隧道用海		17.30						
	透水构筑物用海		4.63	3.93	3.23	2.53	1.84	1.16	按年度征收
围海用海	港池、蓄水用海		1.17	0.93	0.69	0.46	0.32	0.23	
	盐田用海		0.32	0.26	0.20	0.15	0.11	0.08	
	围海养殖用海		由各省（自治区、直辖市）制定						
	围海式游乐场用海		4.76	3.89	3.24	2.67	2.24	1.93	
	其他围海用海		1.17	0.93	0.69	0.46	0.32	0.23	
开放式用海	开放式养殖用海		由各省（自治区、直辖市）制定						
	浴场用海		0.65	0.53	0.42	0.31	0.20	0.10	
	开放式游乐场用海		3.26	2.39	1.74	1.17	0.74	0.43	
	专用航道、锚地用海		0.30	0.23	0.17	0.13	0.09	0.05	
	其他开放式用海		0.30	0.23	0.17	0.13	0.09	0.05	
其他用海	人工岛式油气开采用海		13.00						
	平台式油气开采用海		6.50						
	海底电缆管道用海		0.70						
	海砂等矿产开采用海		7.30						
	取、排水口用海		1.05						
	污水达标排放用海		1.40						
	温、冷排水用海		1.05						
	倾倒用海		1.40						
	种植用海		0.05						

注：1. 离大陆岸线最近距离 2km 以上且最小水深大于 5m（理论最低潮面）的离岸式填海，按照征收标准的 80% 征收；2. 填海造地用海占用大陆自然岸线的，占用自然岸线的该宗填海按照征收标准的 120% 征收；3. 建设人工鱼礁的透水构筑物用海，按照征收标准的 80% 征收；4. 地方人民政府管辖海域以外的项目用海执行国家标准，海域等别按照毗邻最近行政区的等别确定。养殖用海标准按照毗邻最近行政区征收标准征收。

根据海域使用特征及对海域自然属性的影响程度,用海方式界定如下(表 11-2)。

表 11-2 用海方式界定

编码		用海方式名称	界定
1		填海造地用海	指筑堤围割海域填成土地,并形成有效岸线的用海
	11	建设填海造地用海	指通过筑堤围割海域,填成建设用地用于工业、交通运输、渔业基础设施、城镇建设等的用海。 工业、交通运输、渔业基础设施等填海是指主导用途用于工业、交通运输、渔业基础设施、旅游娱乐、海底工程、特殊用海等的填海造地用海;城镇建设填海是指除工业、交通运输、渔业基础设施等填海以外的其他填海造地用海
	12	农业填海造地用海	指通过筑堤围割海域,填成农用地用于农、林、牧业生产的用海
2		构筑物用海	指采用透水或非透水等方式构筑海上各类设施的用海
	21	非透水构筑物用海	指采用非透水方式构筑不形成有效岸线的码头、突堤、引堤、防波堤、路基、设施基座等构筑物的用海
	22	跨海桥梁、海底隧道用海	指占用海面空间或底土用于建设跨海桥梁、海底隧道、海底仓储等的用海
	23	透水构筑物用海	指采用透水方式构筑码头、平台、海面栈桥、高脚屋、塔架、潜堤、人工鱼礁等构筑物的用海
3		围海用海	指通过筑堤或其他手段,以完全或不完全闭合形式围割海域进行海洋开发活动的用海
	31	港池、蓄水用海	指通过修筑海堤或防浪设施圈围海域,用于港口作业、修造船、蓄水等的用海,含开敞式码头前沿的船舶靠泊和回旋水域
	32	盐田用海	指通过筑堤圈围海域用于盐业生产的用海
	33	围海养殖用海	指通过筑堤圈围海域用于养殖生产的用海
	34	围海式游乐场用海	指通过修筑海堤或防浪设施圈围海域,用于游艇、帆板、冲浪、潜水、水下观光、垂钓等水上娱乐活动的海域
	35	其他围海用海	指上述围海用海以外的围海用海
4		开放式用海	指不进行填海造地、围海或设置构筑物,直接利用海域进行开发活动的用海
	41	开放式养殖用海	指采用筏式、网箱、底播或以人工投苗、自然增殖海洋底栖生物等形式进行增养殖生产的用海
	42	浴场用海	指供游人游泳、嬉水,且无固定设施的用海
	43	开放式游乐场用海	指开展游艇、帆板、冲浪、潜水、水下观光、垂钓等娱乐活动,且无固定设施的用海

续表 11-2

编码		用海方式名称	界定
4	44	专用航道、锚地用海	指供船舶航行、锚泊的用海
	45	其他开放式用海	指上述开放式用海以外的开放式用海
5		其他用海	指上述用海方式之外的用海
	51	人工岛式油气开采用海	指采用人工岛方式开采油气资源的用海
	52	平台式油气开采用海	指采用固定式平台、移动式平台、浮式储油装置及其他辅助设施开采油气资源的用海
	53	海底电缆管道用海	指铺设海底通信光(电)缆及电力电缆,输水、输气、输油及输送其他物质的管状输送设施的用海
	54	海砂等矿产开采用海	指开采海砂及其他固体矿产资源的用海
	55	取、排水口用海	指抽取或排放海水的用海
	56	污水达标排放用海	指受纳指定达标污水的用海
	57	温、冷排水用海	指受纳温、冷排水的用海
	58	倾倒用海	指向海上倾倒区倾倒废弃物或利用海床在水下堆放疏浚物等的用海
	59	种植用海	指种植芦苇、翅碱蓬、人工防护林、红树林等的用海

但在海域使用金征收过程中仍存在缺乏统一规范,沿海各地征收方式各异的现象。主要表现:首先,海域使用金征收力度不够,使用金拖欠现象屡见不鲜,不能及时有效地实现国家对海域的所有权。其次,征收到的使用金不能按比例上缴上级财政,特别是中央财政。最后,使用金未能进行合理有效的利用,海域使用金应该主要用于"海域的整治、保护和管理",取之于海,用之于海使海洋得到可持续发展。总之,海域有偿使用制度在实施过程中还有许多不完善的地方。

如宋倩(2018)对比了渤海区海域使用金征收现状与现行标准,发现总体而言,我国海域无论是海域评估还是拍卖,在市场流通中海域的实际价格均高于我国海域使用金征收标准。总体水平上,市场价格为海域使用金征收标准的数倍,甚至数十倍。这是由于通过填海造地获取建设用地成本低廉,而相应的土地价格却要高得多,如此就导致沿海地区填海造地规模越来越大,无法得到有效控制,由于土地供需矛盾激烈,土地价格不断上涨,目前关于围填海的海域使用金征收标准已明显偏低,这也折射出填海造地海域使用金征收标准存在较多不尽合理的问题。工业建设类用海、娱乐类用海、养殖类用海项目的实际市场价格与标准征收金的比值均有较大起伏,在数倍至数十倍之间。同等海域中的养殖类用海项目,由于受到养殖方式、养殖品种及海域水质差别的影响,海域实际价格与地方海域使用金征收标准价格的比值波动也较大。现行的海域使用金征收标准依然存在着以下问题:

(1) 时效性问题。《关于加强海域使用金征收管理的通知》发布已近 20 年，这一阶段，我国的海洋经济快速发展，海域资源开发利用程度不断增强，强度不断增大，海域价格已经不是 20 年前的水平。

(2) 客观性问题。海域使用金征收标准不能反映具体海域的资源环境禀赋条件。现实情况是，海域资源环境禀赋条件的地区间平均差异远小于地区内不同地形地貌条件下的区域差异。按行政区等别而定的海域使用金征收标准忽略了一个市、县管辖海域内资源环境条件差异，对地区范围内同一类型项目用海，海域使用金却按一个标准征收，显然不能反映海域使用权价值的客观差异。

(3) 区域可比性问题。①地处不同等别的海域，也存在经济发展程度和资源环境条件相似的地区，同样类型项目用海海域使用金征收标准差异性较大。②在同一等别的海域，经济的发展情况影响了海域使用金征收情况，一些经济发展弱的地区会挫伤用海积极性，而经济发展强的地区会滋生腐败。③在各省自行制定的部分海域使用金征收标准中，也存在不少区域差异，区域可比性很差。考察中发现的主要问题有：①对农业围垦用海和渔业、盐业用海，有的省份内部分等定价，甚至还按水深分级，有的省份则全省统一价。②计征单位不一致，有的省份对养殖用海按网箱面积折算海域使用面积，有的省份按产盐量计征海域使用金。③部分省份的养殖用海海域使用金征收标准不分地区，但确定的是一个区间价格，最高、最低差价数倍，机动裁量权过大。

(4) 市场可比性问题。目前，海域使用权评估、拍卖、抵押等市场行为逐渐涌现，从调研掌握的情况看，海域的评估价格、拍卖成交价格总体比现行海域使用金标准要高出许多，有的差异在数倍以上，说明海域使用金征收标准已与海域的市场价相脱节，应继续更新完善。

第二节 海域评估

一、海域评估含义及内容

海域为经济活动的开展提供了空间，与土地共同作为重要的国土资源，属于 SEEA 中环境资产的范畴，应纳入环境经济核算。海域资源资产可以界定为具有稀缺性、有用性（包括经济效益、社会效益、生态效益），当前或预期未来能给国家带来收益的海洋空间资源资产。我国实行海域有偿使用制度，国家作为海域资源资产的所有者，通过出让海域使用权将资源资产投入社会经济活动，并征收海域使用金获得收益。海域资源资产的价值包括海域使用权交易产生的使用权价值和产权明晰可计量的使用权预期价值，表现为海域使用权按最高年限出让获得的收益或潜在收益的现值之和（沈佳纹等，2022）。

海域评估是指海域评估专业人员按照一定的原则、程序和方法，对特定海域的价值进行评定的活动。海域评估是海域市场管理的基础，海域是发展海洋经济的重要生产要素之一，对海域资产市场的管理，首先必须掌握反映市场状况的价格水平，必须对海域的市场价格有科学的评判，只有这样才能做到有效科学的市场管理并促进海域市场的正常发育。

海域评估是合理征收海域使用费用的基础，实行海域有偿使用制度，有利于建立海洋资源资产观念,资产在使用、流通过程中,要追求保值增值,利用海域进行生产经营活动,按标准缴纳的使用金上缴国库,不仅增加了国家的财政收入,实现了资源的价值补偿,而且保证了国家有足够资金返用于海域资源的再生产过程,不断增加社会投入,促进海域资源的新陈代谢,使海域管理步入良性循环轨道;能够促进海陆经济统筹发展,对海域使用进行评估,使沿海各省市可以根据海洋功能区划,立足海洋资源优势和特殊的区位条件,加快本地区港口航运、海水养殖增殖或滨海旅游等产业发展的同时可以更有效地加强科技兴海以及海洋环保整治,从一定程度上避免了违法用海、污染环境、破坏海洋资源等现象的发生,实现海陆经济统筹发展;是国家进行国有资产核算的重要手段,资产的主要特征是能给所有者带来收益,中国管辖海域范围内的一切自然资源,都是极为宝贵的国家财富,是维持国民经济持续发展的物质基础,能带来巨大的社会、经济和环境效益,已作为资源性资产列入国有资源资产体系(李佩瑾,2006)。

1991年,国有资产评估出了《国有资产评估管理办法》,1999年,房地产评估出了《中华人民共和国国家标准房地产估价规范》,2011年,土地评估出了《土地估价管理办法》,而海域评估一直以来处于探索阶段,因此不管是在有关部门的管理方面,还是在海域使用金征收和海域使用方面,一直不够完善。尤其在海域价格评估机制方面,更是显得捉襟见肘。

2013年,浙江省按照《浙江省海域使用管理条例》的相关要求,制定发布了《浙江省海域使用权基准价格》,为《浙江省海域使用管理条例》的进一步落实和贯彻实施打下了坚实的基础,这也是全国首个海域基准价。根据《浙江省海域使用权基准价格》,用海类型分为填海造地用海、构筑物用海、围海用海、开放式用海和其他用海等五大类二十一个小类,同时按照沿海各市的海域情况和经济社会发展情况及产业成熟程度等因子制订了沿海各县的海域基准价。其中宁波市的二等废弃物处置填海造地用海海域基准价最高,为173万元/hm^2,其次是宁波市和温州市的二等建设填海造地用海,为153万元/hm^2,而国家制定的海域使用金征收标准分别为150万元/hm^{2}和135万元/hm^2,相比之下,分别提高了15.3%和13.3%;最低海域基准价是温州市的六等海水增养殖用海,为0.032万元/(hm^2·年),相比浙江省制定的海域使用金征收标准则提高了约6%。

2013年底,《海域评估技术指引》获国家海洋局批准发布。该指引明确了海域价格和海域基准价格的定义,厘清了海域价格与海域使用金、海域资源价格、海域产品价格和海洋生态价值等概念的区别与联系,并确立了5种海域价格评估方法,依据空间资源价格评估的基本理论,同时借鉴土地、房地产和资产评估技术要求,结合海域资源独特的特点,对海域价格评估的原则、程序和方法等做出了规定,并用于具体宗海价格的评估中,满足了海域评估的市场需求和管理需求,具有较为广泛的适用性,可以满足不同情况下的海域评估要求。自此,海域价值评估上了一个新的台阶。

海域评估应遵循以下基本原则。

(1)预期收益原则。海域评估应以海域在正常开发利用条件下的未来客观有效的预期收益为依据。

(2)最有效利用原则。海域评估应反映海域在合法利用的前提下,实现海域、资本、劳动力、管理、技术等生产要素的优化组合,并取得最佳经济效益时的价格。

(3)替代原则。海域评估应以同类地区类似海域在同等利用条件下的价格为基准。

(4)市场供需原则。海域评估应充分考虑海域供需的特性和海域市场地域性。

(5)贡献原则。海域评估应以海域在开发利用活动中的重要程度确定其对总收益的贡献值。

目前海域评估主要有两种。一种是以海域等级划分、海域使用金征收标准制定为特征的海域评估活动，其评估目的是落实海域有偿使用制度，评估对象往往是某一海区。海域等级划分可以揭示海域在质量、区位和使用效益上的差异性，从宏观上指导海域开发利用活动，为全国海域使用金征收标准制定和海洋产业结构和布局的优化提供依据。另一种是以海域使用权出让、转让、租赁、海域使用权融资为目的的宗海评估，针对出让、转让、出租、抵押不同的目的，根据海域的自然、经济属性和收益状况，对海域在某一使用状况下的某一时点的价格进行的综合评定。其评估结果可为交易双方提供参考依据，评估对象往往是某一宗海。

海域价格评估的目的是揭示宗海在正常条件下的价格水平，为海域使用权出让、转让、抵押、收回补偿等提供价格参考。我们在这里介绍海域价格评估和海域基准价格评估。

二、海域价格评估方法

海域价格评估应按以下6个步骤开展。

(一)确定评估基本事项

根据委托方的要求，确定评估目的、评估对象、评估基准日等基本事项。

(二)收集相关资料

对评估对象的社会经济和自然环境条件进行现场调访和勘测，收集评估对象及其周边海域的基本情况、相关的生产经营与财务状况、交易实例和海域市场发展现状等资料，并核验资料的完整性和可靠性。

(三)选择评估方法

根据评估目的、评估对象所属的用海类型、评估对象开发利用状态和海域市场现状等，选择确定适用的评估方法。

(四)确定修正系数和评估参数

分析海域价格影响因素及其影响程度，确定必要的价格修正内容和系数，并根据社会平均投资效益、用海类型和产业类型的投资风险差异等，确定海域投资回报率、海域还原利率等参数。

(五)测算和确定海域价格

利用经核验的有效资料，采用选定的评估方法和评估参数，评定海域价格。多种方法测算海域价格的，可用加权平均等方法评定最终结果。

(六)编制海域价格评估报告

对整个评估工作的成果进行总结整理,编制完成海域价格评估报告,并提交给委托方。

宗海使用权价格评估可采用市场法、收益法、成本法等基本评估方法,若当前海域市场发育较低,可采用基准价格修正法评估宗海使用权价格。同时,在市场发育较成熟的海区,采用市场法;在企业经营资料充足的海区,采用收益法、成本法等方法。

1. 收益法

对于能够计算现实收益或潜在收益的海域,可采用收益法评估海域价格,即按一定的还原利率,将海域未来每年预期收益折算至评估基准日,以折算后的纯收益总和作为海域价格。计算公式如下:

$$P = \sum_{i=1}^{n} \frac{a_i}{(1+r_1)(1+r_2)\cdots(1+r_i)}$$

式中:P 为海域价格;a_i 分别为未来各年的海域纯收益;r_i 为海域还原利率;n 为海域使用年期。

采用收益法时,应以客观、持续、稳定的收益为基础计算海域的年总收入,按不重不漏原则计算年总费用,合理测算海域纯收益。

2. 成本法

对于新开发的海域,或在海域市场欠发达、海域交易实例少的地区,可采用成本法评估海域价格,即以开发和利用海域所耗费的各项费用之和为基础,加上正常的利润、利息和税费等来确定海域价格。计算公式如下:

$$P = (Q + D + B + I + T) \times K_2$$

式中:P 为海域价格;Q 为海域取得费;D 为海域开发费;B 为海域开发利息;I 为海域开发利润;T 为税费;K_2 为海域使用年期修正系数。

采用成本法时,海域取得费和海域开发费应是评估基准日的重置费用,各项费用的取费标准应有明确、充分的依据。

3. 假设开发法

对于待开发和再开发的海域,可采用假设开发法评估海域价格,即在测算出海域开发完成后的总价值基础上,扣除预计的正常开发成本和利润来确定海域价格。计算公式如下:

$$P = V - Z - I$$

式中:P 为海域价格;V 为海域开发后的总价值;Z 为开发成本;I 为开发利润。

采用假设开发法时,应根据最有效利用原则确定海域用途,再结合海域的规模、开发难易程度等情况合理估算开发建设周期,并假设在开发周期内各项成本均匀投入或分阶段均匀投入。

4. 市场比较法

在海域市场较发达、海域交易实例充足的地区,可采用市场比较法评估海域价格,即根据市场替代原理,将评估对象与具有替代性且在近期市场上已发生交易的实例做比较,根据两

者之间的价格影响因素差异,在交易实例成交价格的基础上做适当修正,以此来确定海域价格。计算公式如下:

$$P = P_b \times K_1 \times K_2 \times K_3 \times K_4$$

式中:P 为海域价格;P_b 为比较实例的海域价格;K_1 为交易情况修正系数;K_2 为海域使用年期修正系数;K_3 为评估基准日修正系数;K_4 为价格影响因素修正系数。

采用市场比较法时,比较实例应与评估对象的用海类型相同,且位于相邻区域或类似区域,交易时间应相近,数量不少于3个;应选择差异显著的比较因素进行价格修正,因素条件应尽量量化,无法量化时应定性描述指标的大小。

5. 基准价格系数修正法

在已有海域基准价格的地区,可用基准价格系数修正法评估海域价格,即针对评估对象价格影响因素的特殊性,利用海域价格修正系数,在同一地区同类用海的海域基准价格基础上做适当修正,以此确定海域价格。计算公式如下:

$$P = P_j \times (1 + K) \times K_j$$

式中:P 为海域价格;P_j 为某一用海类型的海域基准价格;K 为海域价格影响因素总修正幅度;K_j 为其他修正系数。

采用基准价格系数修正法时,应准确把握本区域海域基准价格的内涵及其修正体系的构成,根据海域价格影响因素实际情况确定修正系数。

从海域价格的计算方法中我们不难看出它与土地价格评估有很多相似之处。

(1)同为国有资产需征收绝对地租,其价格受国家政策因素影响。

海洋和土地一样同为国有资产,实行所有权和使用权分离,国家具有所有权,这就决定了海域也具有绝对地租。绝对地租是资产所有者凭借其所有权的垄断所取得的地租。因此,国家要实现所有权必须征收绝对地租。同时,国家要对其进行宏观调控,制定评估技术规范,细化评估内容,对全国评估起到规范、指导作用。这样,国家海域法律、法规以及相关政策都直接影响海域使用金的高低。因此,国家政策因素在评估过程中起着重要作用。

(2)具有资源稀缺性,价格受市场供求规律影响。

土地、海洋同具有数量不增性、开发的效用性、位置的固定性等特点,这就决定了两者的资产稀缺性。因此,海域价格要受市场的供求理论影响。同时,海域、土地的位置固定性使其供求矛盾主要表现在"求"上,这样就产生由市中心向城郊、由经济繁华地带向不发达地带、价格由最高点降至最低点的分布规律,这主要是由于资产开发的竞争逐渐减弱。随着土地、海域市场的发育,其价格受市场规律的影响也越来越大,也更加真实地反映其资产价值。

(3)具有资产质量的差异性、开发利用的级差性,实行分等定级。

我国国土资源面积广阔,海域、土地纵横南北,其质量具有明显的差异性。而且各地开发利用情况也不尽相同,其区位性十分明显。因此,在进行价格评估之前,需进行分等定级,从宏观上控制海域、土地价格走势。同时资产具有开发利用的分散性,通过分等定级使各地价格具有可比性,体现其区位差异。因此海域价格评估可借鉴土地的分等定级理论,根据海域的经济和自然两方面属性及其在社会经济活动中的地位、作用综合评定和划分等级,评定海域的各种要素对社会经济活动需求的满足程度。由此,分等定级也是海域价格评估的基础。

(4)具有开发利用功能的多样性,可进行分类评估。

土地用途主要有农业用地和城市用地,城市用地进一步又可分为商业用地、工业工地、住宅用地。各种用地价格的影响因素不同,收益差别也很大,在土地评估中采用分类评估。海域也一样,开发利用功能具有多样性。根据目前海洋功能区划,海域主要有港口、渔业、旅游等数十种功能。各功能用海,其影响因子也不尽相同,收益也有很大的差别。因此海域评估也必须采用分类评估以更好地反映其行业收益的差异。并且可据此调节用海结构,使其利用更加合理化,达到最高效益,实现可持续发展。

(5)具有资产的收益性、可预测性,评估可采用收益还原法。

收益还原法也叫收益资本化,是土地估价中最常用的方法之一,它也是对土地、房屋及不动产或其他具备收益性质资产进行估价的基本方法。收益还原法是基于预期原理,即未来收益权利的现在价值。海域各功能用海也具有收益性质,同时海域又具有固定性、不增性、永续性等特性。因此,占有某一收益性海域,不仅现在能取得一定的纯收益,而且能期待在将来继续取得这个纯收益,符合预期原理。因此海域价格评估可以采用收益还原法进行评估。

海域价格影响因素是指对海域质量和使用效益有重要影响的社会经济条件和自然环境条件。

(1)造地工程用海价格影响因素。包括区域经济状况、交通条件、区划与规划、基础设施和配套设施条件、毗邻土地情况、工程建设条件等因素。

(2)交通运输用海价格影响因素。包括区域经济状况、交通条件、区划与规划、基础设施和配套设施条件、港口等级和规模、码头建设规模、码头作业条件、工程建设条件等因素。

(3)渔业用海价格影响因素。包括区域经济状况、交通条件、区划与规划、基础设施和配套设施条件、海域开发利用现状、养殖条件等因素。

(4)旅游娱乐用海价格影响因素。包括区域经济状况、交通条件、区划与规划、基础设施和配套设施条件、旅游景区条件、滨海旅游资源条件等因素。

评估海域基准价格是为了揭示不同类型海域使用权区域平均价格水平,为海洋管理部门掌握和调控海域市场秩序、制定海域管理政策提供科学依据。收益差异导致不同区位、不同类型的海域使用权其开发价值不一。因此,可以通过收益法评估海域使用权基准价格。收益法的理论依据是海域使用权的预期收益原理。在通常情况下,人们使用某海域的目的是在正常情况下获得该海域的纯收益,期望在未来若干年间也可以源源不断地获得该收益。将这种在未来所获得的纯收益以某一适当的折现率贴现到评估时日得到一个货币总额(现值),那么这个货币总额存入银行,也能源源不断地带来与这个纯收益等量的收入。这一货币额就应该是海域使用权的理论价格。具体做法是首先测算个别海域使用权的价格,即样点基准价格;然后通过算术平均数的方法求得若干个样点基准价的平均值即为海域使用权基准价格。

运用收益法进行海域使用权基准价格评估时,关键是要确定被评估海域的预期收益额、收益期限和适用的折现率。以社会经济条件和自然环境条件类似的均质区域为测算单元,利用海域市场交易资料,测算和修正样点价格,通过算术平均确定不同类型的海域使用权区域平均价格。

1. 准备工作

制定海域基准价格评估技术方案,划分测算单元,设计调查表,准备工作底图等。

2. 资料调查

按照代表性好、分布均匀的原则,在测算单元内收集宗海样点资料,包括海域使用权出让、转让、抵押等价格资料;资产租赁、交易中包含海域使用权的价格资料。

3. 样点价格测算和修正

1)样点价格测算

海域使用权出让、转让价格和抵押价格可直接作为样点价格;资产租赁中含有海域使用权时,可利用收益法测算样点价格;资产交易中含有海域使用权时,应从交易总价中扣除非海域资产的价格、应交税金和管理费计算样点价格。

2)样点价格修正

根据海域基准价格的内涵对样点价格进行交易情况修正、海域使用年期修正和评估基准日修正。

4. 海域基准价格测算

对于交易资料充足的测算单元,可利用样点修正价格的算术平均值作为该区域的海域基准价格;对于交易资料欠缺的测算单元,可将其与已有基准价格的同类区域进行价格影响因素比较和修正,以此确定该区域的海域基准价格。

5. 建立海域基准价格修正体系

采用特尔斐法确定海域基准价格修正系数表的因素及其权重。将测算单元内样点价格的最高值、最低值与海域基准价格做相对比较,得到相对于海域基准价格的最高和最低修正幅度,并按等间隔划分出5个档次。根据档次和影响因素的权重,将修正幅度分解到各影响因素上,得到修正系数,并确定对应的影响因素指标条件。

6. 编制海域基准价格评估成果

海域基准价格评估成果应包括海域基准价格评估报告、海域基准价格图、海域基准价格表、海域基准价格修正系数表和因素指标条件说明表。

7. 海域基准价格评估成果验收和公布

海域基准价格评估成果应由省级海洋管理部门组织专家组进行验收,经审核、备案后,向社会公布。

基准价格修正法是在海域分类定级和基准价格评估工作完成的基础上,可采用的快速、经济的宗海评估方法,理论依据是海域的区位差异理论,基本思路与分类定级近似,其评估精度取决于对宗海使用权价格影响因素分析的深度以及对修正体系设计的完善度和精确度。

主要参考文献

蔡悦荫,2007.海域使用金内涵探讨[J].海洋开发与管理(2):37-39.

崔旺来,贺义雄.海域立体分层使用权属界定及管理研究[J/OL].海洋经济:1-10[2023-02-07].

雷磊,高秋香,杨晨,2017.中国海域使用演变特征及发展趋势分析[J].资源科学,39(11):2030-2039.

李滨勇,王权明,索安宁,等,2014.刍议我国新形势下的海洋综合管理[J].海洋开发与管理,31(8):9-14.

李慧珊,2020.新时期海域精细化管理的探讨[J].海洋与渔业(5):78-79.

李静,2012.遥感技术在海域使用动态监测系统中的应用[D].南京:南京师范大学.

李佩瑾,2006.海域使用评估理论与实证研究[D].大连:辽宁师范大学.

李亚宁,谭论,张宇龙,等,2014.我国海域使用现状评价[J].海洋环境科学,33(3):446-450.

李彦平,李晨钰,刘大海,2020.海域立体分层使用的现实困境与制度完善[J].海洋开发与管理,37(9):3-8.

吕彩霞,2003.论我国海域使用管理及其法律制度[D].青岛:中国海洋大学.

苗丰民,2004.海域使用管理技术概论[M].北京:海洋出版社.

秦璐,2016.海域使用权出让制度研究[D].深圳:深圳大学.

沈佳纹,李亚宁,高金柱,等,2022.我国海域资源资产价值核算方法与实证研究[J].海洋通报,41(5):502-509.

宋倩,2018.渤海区海域使用金征收现状与标准之间的对比分析[J].黑龙江科学,9(24):50-51.

王建,2009.江苏省海域使用现状调查与分析[J].海洋开发与管理,26(12):57-60.

杨辉,2007.海域使用论证的理论与实践研究[D].青岛:中国海洋大学.

翟伟康,张建辉,2013.全国海域使用现状分析及管理对策[J].资源科学,35(2):405-411.

中华人民共和国财政部 国家海洋局,2018.关于印发《调整海域 无居民海岛使用金征收标准》的通知[S].中华人民共和国财政部.

第十二章　海洋碳汇及其核算方法

第一节　海洋碳汇的含义及经济发展意义

一、海洋碳汇的含义

(一)海洋碳汇的概念

海洋碳汇又称"蓝色碳汇",简称"蓝碳",与陆地生态系统的"绿色碳汇"相对应。2009年联合国环境规划署、联合国粮农组织和联合国教科文组织政府间海洋学委员会联合发布《蓝碳:健康海洋固碳作用的评估报告》,明确指出"蓝碳是指利用海洋活动及海洋生物吸收大气中的CO_2,并将其固定在海洋中的过程、活动和机制",特别指出了浮游植物固碳量与陆地固碳量相当,明确海洋在全球气候变化和碳循环过程中至关重要的作用。从此"蓝碳"概念被广泛采纳,多项国际计划和国家计划相继出台。蓝碳是最有潜力和希望大幅增加的自然碳汇。海洋在全球的碳循环中起着重要的作用。地球上约93%(40万亿 t)的CO_2储存在海洋中,并在海洋中循环(王秀君等,2016)。

狭义的蓝碳定义是指"红树林、潮汐盐沼和海草床的土壤及地上活体生物量(叶片、分枝和树干)、地下活体生物量(根系)及非活体生物量(凋落物和枯死木)中储存的碳"。广义的蓝碳涵盖了海岸带、湿地、沼泽、河口、近海、深远海等海洋生境的碳汇。

《海洋生态资产评估技术导则》将海洋蓝碳定义为海洋生态系统从大气中净吸收CO_2的服务,包括海洋植物通过光合作用固定CO_2和海洋贝类固定CO_2的服务。《海洋碳汇核算方法》行业标准将海洋碳汇定义为"红树林、盐沼、海草床、浮游植物、大型藻类、贝类等从空气或海水中吸收并储存大气中的CO_2的过程、活动和机制。

(二)海洋碳汇的形成机制

生物泵是海洋碳汇形成的主要机制之一,它包括一系列复杂的生物过程,滨海生态系统植物及海洋浮游植物通过光合作用将大气中的CO_2吸收并沉积到土壤及海底。这一过程不仅促进了海洋生物链的基础生产,也是碳从大气向海洋转移的重要途径。浮游植物死亡后,其遗体沉降到深海中,将碳以有机沉积物的形式储存在海底。此外,海洋动物通过摄食浮游植物并排泄排放物的方式,参与碳的深海沉积过程(胡学东,2018)。

海水溶解泵是指海水和空气之间的 CO_2 交换机制,主要是通过海水表面层的溶解和循环实现的。海洋表面的温暖水体能够吸收空气中的 CO_2,在水体随着洋流下沉的过程中,这些碳被运送到深海并在那里储存。这个过程可以持续数百年之久,从而有效地将碳从大气中隔离。海洋密度的变化,如由温度和盐度引起的变化,也会影响物理泵作用(王凤霞和郑伟,2022)。

海洋碳酸盐泵是指贝类、珊瑚礁等海洋生物对碳的吸收、转化和释放机制。海洋中的无机碳主要以溶解性 CO_2、碳酸、碳酸氢盐和碳酸盐离子的形式存在。其中碳酸盐离子通过与钙离子结合,生成碳酸钙,进而形成海洋生物如珊瑚和有孔虫的骨骼和外壳。当这些生物死亡后,它们的骨骼和外壳沉积在海底,把碳以碳酸盐矿物的形式储存在深海中(董恒宇,2012)。

(三)海洋碳汇的类型及分布

海洋碳汇的表现形式主要包括红树林、滨海盐沼、海草及浮游生物等捕获的 CO_2 或通过养殖贝藻、部分鱼类等吸收水体中 CO_2,空间分布覆盖从海岸带到深远海的广阔海域。

1. 海岸带生态系统碳汇

海岸带蓝碳指的是海岸带蓝碳生态系统(主要包括红树林、滨海盐沼和海草床),在自身生长和微生物的共同作用下,将大气中的 CO_2 吸收、转化并长期保存到海岸带底泥中的碳,以及其中一部分从海岸带向近海及大洋输出的有机碳(唐剑武等,2018)。海岸带高等植物单位面积的固碳能力远大于陆地碳库,也大于单位面积海平面的固碳作用。盐沼湿地、红树林和海草床这三类生态系统的单位面积固碳能力是陆地生态系统的 10 倍以上(聂弯等,2023)。

滨海蓝碳生态系统被认为是一个开放的生态系统,其植物光合作用吸收的碳无论是地上植株枯萎形成的碎屑,还是埋藏到沉积物中的植物地上凋落物以及地下根系死亡分解形成的溶解性有机碳(DOC)等,一部分均会随着潮水的流动和地下水的流动输送到海洋中(Artigas et al.,2015)。因此,在更大的空间尺度上,滨海蓝碳湿地生态系统对于大气中 CO_2 的长期碳固持主要体现在其地上生物量固碳(主要是红树林生态系统)、其自身系统垂直方向沉积物/土壤的碳埋藏,以及以溶解性有机碳(DOC)、溶解性无机碳(DIC)和颗粒有机碳(POC)等形式水平方向输送入海洋。之后或通过沉积生物泵(BP)机制埋藏于近海沉积物之中,或通过微型生物碳泵(MCP)机制,产生惰性溶解有机碳(RDOC),进而在海水中储存数千年(王法明等,2021)。

滨海蓝碳湿地生态系统碳汇的定义可以分别在狭义和广义两个层面加以界定。狭义的滨海湿地蓝碳碳汇仅指某一滨海蓝碳湿地生态系统植物光合净吸收并长期固持在自身生态系统中的碳;广义的滨海湿地碳汇指除了本生态系统植物光合作用净吸收并长期固持在自身生态系统中的碳以外,还包括该系统植物光合作用固定但最终通过横向传输过程输送到海洋生态系统并长期固执在海洋沉积物和海水中的碳(仝川等,2023)。按照狭义的滨海蓝碳湿地碳汇的定义,对于滨海盐沼生态系统和海草床生态系统,考虑到其地上植物部分很难长时间封存其光合吸收的碳,故在计量其碳汇速率时一般仅考虑滨海盐沼植物和海草床植物光合固定并最终埋藏在其自身生态系统土壤中的碳。海岸带蓝碳储量相对比较稳定,但是往往受人类活动影响较大,因此海岸带蓝碳成为目前人类开发的主要海洋碳汇类型。

1) 红树林碳汇

红树林是指热带海岸潮间带的木本植物群落。红树林根系碳循环周期长,土壤有机碳分解速率低,碳储存时间长(张莉等,2013)。红树林碳库包括红树林植物通过光合作用固定的碳(包括地上植物体、地下根系和凋落物)以及土壤固定的碳。红树林植物的地下根系是重要的碳储存器。这些根系包含大量的有机碳,它们将CO_2吸收后将其固定在土壤中。由于红树林生长在盐度较高的海滨环境中,土壤中的有机物质往往不容易分解,因此可以长期存储碳。红树林的根系和腐殖质有助于沉积和固定泥沙与有机物质,形成稳定的土壤。这些沉积物中也包含有机碳,它们可以长期存储在红树林生态系统中。红树林中的死木和掉落的树叶也包含有机碳,它们会被储存在土壤中,贡献到碳储存中。由于红树林环境对分解的限制,这些有机物质通常不容易分解。潮汐和浪潮作用可以将有机碳带入红树林区域,促使其在根系和土壤中沉积和固定。这些自然过程有助于维持红树林生态系统的碳循环。

2) 滨海盐沼

滨海盐沼是指海岸带受潮汐影响的覆有草本植物群落的咸水或咸淡水淤泥质滩涂。据估算,我国蓝碳生态系统的碳年埋藏量为0.349~0.835Tg,其中盐沼湿地约占80%,远高于红树林和海草床,是我国蓝碳碳汇的主要贡献者(周晨昊等,2016)。盐沼湿地土壤中所积累的有机物有内源输入和外源输入两种。内源输入主要指湿地植被的地上凋落物和地下根残体、浮游植物、底栖生物的初级生产和次级生产的输入,而外源输入主要指通过外界水源补给过程,如地表径流、地下水和潮汐等携带进来的颗粒态和溶解态有机质。

3) 海草床

海草床是指被咸水永久或潮汐覆盖,有海草物种(有根植物、开花植物)生长的沿海湿地。海草是地球上唯一一类可以完全生活在海水中的沉水开花植物。海草床是近海具有极高初级生产力的海洋生态系统,具有稳定底质、为水生动物提供栖息地和食源以及封存有机碳等重要的生态功能。海草生态系统高效的碳汇能力得益于海草床自身(包括海草植物及其附生藻类)的高生产力、强大的悬浮物捕捉能力以及有机碳在海草床沉积物中的低分解率和相对稳定性(邱广龙等,2014)。海草床生态系统的固碳能力主要来源于4个方面:海草的高初级生产力、海草茎与根对碳的固定、海草上附生植物固碳作用、海草草冠对有机悬浮颗粒物的捕获(章海波等,2015)。

2. 海洋微型生物碳汇

海洋微型生物包括浮游动物、浮游植物、蓝藻等。随着海洋碳汇研究的深入,近年来研究人员发现海洋碳汇(主要是有机碳)不仅包括早期认识到的海岸带植物固碳,例如海岸带红树林、海草床和盐沼等,实际上占海洋生物量90%以上看不见的微型生物也在海洋碳汇产生过程中发挥了不可替代的作用(焦念志,2012)。海洋中浮游植物通过光合作用将无机碳转化为颗粒有机碳(POC)和溶解有机碳(DOC)(Azam et al.,1983)。其中,颗粒有机碳在重力作用下向深海沉降并最后到达海底实现长周期储碳的生物学机制,被称为"生物泵"。生物泵是基于颗粒有机碳和垂直迁移过程的,虽然固碳量巨大,但储碳效率并不高。

微型生物碳泵是由微型生物承担的基于溶解性有机碳转化的非沉降型海洋储碳新机制。

与生物泵机制依赖沉降和埋藏不同,微型生物碳泵储碳机制与深度无关,是微型生物代谢和生态过程对有机碳的转化,其产物是惰性溶解有机碳,存储周期长达千年。MCP不仅实现了长周期储碳,而且释放无机氮、磷等营养盐,从而保障洋初级生产力的可持续性(Jiao et al.,2014)。

3. 海洋渔业碳汇

渔业碳汇是指渔业生产活动中,水生生物吸收水体中的CO_2,并通过采捕收获把这些已经转化为生物产品的碳移出水体的过程和机制,也被称为"可移出的碳汇"(唐启升和刘慧,2016)。通过养殖藻类、贝类等海洋生物通过光合作用、贝壳钙化和促进有机碳沉降等方式,可以吸收并固定CO_2。大型藻类通过光合作用,以H_2O和CO_2和营养盐为原料,将海水中的溶解无机碳转化为有机碳。在藻类生长过程中产生的有机碳,通过食物链成为其他生物的食物来源或者直接经过沉降作用最终沉积在海底。藻类光合作用对营养盐的吸收提高了养殖海区的表层海水pH值,促进大气中的CO_2通过碳酸盐泵向海水溶解,提升了海水的碳汇能力(张继红,2022)。

二、海洋碳汇的经济发展意义

(一)助力"双碳"目标战略

发展海洋碳汇不但是我国推动海洋生态文明建设的重要抓手,而且是助力实现碳达峰、碳中和战略目标的有力支撑。通过积极推动海洋和海岸带生态系统的自然恢复和人工修复,增加海洋生态系统的稳定性及吸收CO_2的能力,发展海洋碳汇,助力碳中和。

(二)促进蓝碳经济发展

随着经济发展方式的转变,蓝碳经济逐渐成为国民经济发展的新机遇,蓝碳经济是利用CO_2等传统经济副产品,提供生态服务和生态产品的减碳经济,是一种绿色可持续的新经济模式,其核心是保护海洋资源环境,实现可持续发展。发展蓝碳经济,有助于构建以海洋资源环境可持续发展为核心的经济新模式和产业链,围绕蓝碳开发与保护,带动一系列相关产业的发展,如海洋生态工程、生态旅游、碳交易等新型业态的发展,如引导社会资本积极参与桂柳林、海草床和盐沼等海洋碳汇生态系统修复工程,发展低碳养殖、人工鱼礁等海洋碳汇产业,进一步推动蓝碳产业的规模化发展、市场化运营,提升蓝碳系统的经济效益。

(三)推动海洋科技创新

要实现蓝色碳汇经济发展,走低碳发展路线,就必须推进海洋科学技术创新。发展海洋碳汇需要一系列技术支持,包括碳汇监测技术、碳汇评估技术、碳汇管理技术等,如卫星遥感、水下机器人等技术的应用使得对蓝碳的观测和监测更加精准,反之也推动了监测技术的不断发展。通过发展海洋碳汇产业,可以促进相关领域的科学技术研发的投入和人才培养。海洋碳汇的发展也推动了海洋渔业、微生物碳汇增技术、海水人工上升流技术、海底碳封存等新技术的发展,促进了海洋科学、生物技术、遥感技术、数据分析和环境工程等领域技术的交叉创新。国际蓝碳合作项目的开展促使科学家共享数据、方法和技术,为全球海洋科学的发展提供了机会。

(四)蓝碳市场交易建设

碳交易市场是指通过设立碳排放配额并允许在这些配额之间进行买卖的市场,旨在通过市场机制降低温室气体排放。之前碳交易市场并没有把海洋碳汇纳入其中,一是海洋碳汇方法学体系尚未建立,海洋碳汇机理复杂,难以准确量化评估海洋生物机制和非生物机制的固碳作用、评估管理措施和人为活动对碳汇的影响;二是海洋碳汇项目开发存在一定的技术限制。随着海洋碳汇在碳交易市场中的作用正逐渐受到全球关注,海洋碳汇,特别是通过蓝碳生态系统(如红树林、盐沼和海草床等)所提供的碳捕获与储存服务,为碳交易市场提供了新的减排途径和碳抵消项目。我国海洋生态系统多样、海洋生物资源丰富,是世界上少数几个同时拥有海草床、红树林、盐沼这三大海岸带生态系统的国家之一,同时,中国海水养殖产量常年位居世界首位,贝类和大型藻类吸收了大量CO_2,可交易的碳汇量基数庞大,将极大拓宽碳市场的交易范围。将海洋碳汇纳入碳交易市场进行交易,是推动我国碳交易市场建设的必要环节。通过蓝碳市场交易对交易双方均可以产生正向效益,一方面,海洋碳汇生产的碳信用交易可以为企业带来经济效益,同时也为投资者和金融机构提供了新的投资机会,另一方面,交易带来的资金也可用于对海洋生态系统的保护修复,通过蓝碳碳汇交易使蓝碳生态系统在固碳方面的生态价值和经济价值得以实现。将海洋碳汇项目纳入碳交易市场,能够为生态系统保护提供经济激励。这些经济激励能够帮助减少对海洋生态系统的破坏,如过度捕鱼、海岸线开发和污染,同时支持生物多样性的保护。碳交易市场可以提供资金流向发展中国家的渠道,帮助这些国家投资海洋保护项目,实现气候适应和减缓策略的同时,促进当地经济的发展。海洋碳汇项目可以成为绿色经济发展的重要组成部分,提供可持续的就业机会,比如生态旅游、可持续渔业和海洋保护等领域(孙国茂和魏震昊,2022)。

(五)提升沿海地区发展水平

蓝碳生态系统可以提供支持、供给、调节、文化等多种重要的生态服务功能;滨海蓝碳生态系统能够缓冲洪水和潮汐运动的影响,抵御风暴潮,增强沿海的复原力和减少海平面上升的影响,有助于适应气候变化;其捕获和稳定沉积物的能力具有改善和保持水质的功能,在污水处理系统中也发挥着重要作用;保护和修复植被覆盖的沿海栖息地,有助于恢复海洋生物量,提高生物多样性;贝藻类养殖在保障全球粮食安全,调节膳食结构,替代高碳排放蛋白质方面也有突出贡献;从渔业、水产养殖和旅游活动中支持区域经济和沿海生计,在发展中国家和新兴市场鼓励海藻养殖业,可能创造就业机会,改善本地生计,减轻贫困,促进海洋经济增长。发展海洋碳汇产业,在实现"负排放"、生态修复与海洋可持续发展的同时,鼓励社会资本参与碳汇项目建设,实质性推动海洋碳汇资源资本化进程,增加海洋碳汇资本积累,真正实现"经济—生态—社会"多重效益。

第二节 海洋碳汇核算方法

一、海洋碳汇核算体系

碳汇核算是实现海洋碳汇交易的基础,而碳汇交易的本质是通过市场化手段进行激励与惩罚,将碳汇供给方的生态产品通过信用机制转换为温室气体排放权,调动全社会参与热情,进而推动海洋碳汇资源资本化进程。构建高效可靠的生态系统碳汇核算体系对于理解和管理生态系统的碳循环、制定气候变化政策、参与国际碳市场以及推动可持续发展具有重要意义。海洋碳汇核算体系包括海洋生态系统碳汇本底调查体系、碳储量及碳通量监测与评估体系,海洋碳汇增汇措施核算评估体系以及海洋碳汇经济价值核算体系。

(一)海洋生态系统碳汇本底调查

构建基础调查、变更调查、专项调查多类型调查融合的海洋碳汇本底调查监测机制,利用多源卫星数据、无人机拍摄以及现场补充调查等多种手段,开展滨海蓝碳生态系统的分布状况调查,了解种群分布、面积等基础信息,并做好健康状况评估,定期组织开展蓝碳生态系统遥感跟踪监测,全面掌握沿海生态系统分布动态。同时将调查成果数字化,构建海洋碳汇基础数据库,搭建滨海生态系统保护监测监管系统。开展海洋生态系统监测调查,摸清海洋碳源/汇的分布,为下一步开展具体的碳核算工作提供核算边界。《海岸带生态系统现状调查与评估技术导则》针对红树林、盐沼、海草床等滨海重要蓝碳生态系统提供了调查技术指导,为评估海洋碳汇的固碳能力提供了重要的调查数据支持。

(二)蓝碳生态系统碳储量评估及碳汇动态监测体系

建立反映海洋固碳与储碳潜力的技术指标和评估指标体系,研发制定海洋碳汇标准。掌握不同生境的碳收支情况和海洋碳汇潜力,明确碳汇监测所需的观测指标和相关的生物、环境、水文、气象等方面参数,基于自身特点分别建立海洋蓝碳观测规范指标体系,开展碳储量和碳通量监测,编制蓝碳生态系统温室气体清单。对于滨海蓝碳生态系统,基于海岸带特殊的海陆交汇特点,主要调查植被覆盖度、光合速率及单位面积固碳量,土壤有机碳含量,结合定量遥感解译和实地监测数据,实现对海岸带生态系统的植被碳库、海岸带不同蓝碳生境土壤碳埋藏和沉积速率、有机碳垂向累积和横向传输的长期监测。对于海洋渔业碳汇,要明确海水养殖生物的碳汇功能,加强海洋碳汇估算研究和固碳潜力评估,建立海洋渔业碳汇计量和监测体系,科学评价渔业碳汇及其开发潜力。

明确我国近海及海岸带生态系统的碳源/汇格局,形成海岸带及邻近海域高时空分辨率的碳收支清单。基于大数据、云计算等新兴技术,构建高精度的海洋碳汇监测评估综合管理平台,建立完善实时监测—碳汇过程作用机制—数据模型深度融合技术,实现对海洋生态系统碳源/汇监测数据的实时获取,时空动态变化特征的整合分析,建立全国海洋碳汇基础数据库,评估并制作海洋碳汇的热点区、发展潜力区和脆弱区分布图。定期发布不同海洋碳汇类型评估报告,提升支撑服务海洋生态文明建设的决策水平。

(三)海洋增汇成效评估体系

开展典型受损海洋生态系统的保护修复工程是恢复和提升近海蓝碳碳汇潜力的重要途径。科学实施一系列海洋生态保护工程,如我国实施"南红北柳"生态工程,实现对滨海生态系统蓝碳资源(包括红树林、盐沼与海草床等)的恢复重建和扩增,建立海洋生态系统保护修复工程实施成效评估指标体系,评估海洋生态保护修复工程对海洋碳汇增汇效果;注重陆海统筹发展碳汇,控制上游营养盐输入,保护近海生态环境,激发近海微型生物碳泵与生物泵作用的最大联合潜力,以恢复和增加近海生态系统的储碳能力,实施"蓝碳养殖"工程,推广开放水域贝、藻、底栖生物等不投饵生物标准化混养,形成多层次、立体化生态养殖格局,提升海洋渔业碳汇潜力。

目前我们国家在蓝碳保护增汇监测评估工作刚刚起步,2023年,深圳正式发布《红树林保护项目碳汇方法学》,明确了红树林保护项目碳汇的碳计量方法以及监测程序,为红树林保护项目所产生的碳汇提供了规范严谨的评估指南。大自然保护协会(TNC)领衔开发的《红树林恢复碳汇计量与监测方法》在广州市生态产品价值实现平台正式发布,该方法论述了适用条件、碳库和温室气体源/汇选择、土地合格性论证、项目边界确定、碳层划分、基线情景识别、额外性论证、基线和项目活动碳汇计量和监测等方面的方法,具有可操作性,为我国红树林生态系统恢复碳汇项目开发与落地提供了核算指南。

(四)海洋碳汇价值核算体系

海洋碳汇具有一般商品的二重属性,即使用价值和价值。其使用价值体现在:通过海洋生物的碳汇功能实现固碳降碳、应对气候变化、温室气体的减排,改善人类生存、生活环境质量;其价值体现为:在整个过程中投入了人力、物力、资金和技术进行研究、保护和利用,其中凝结了无差别的人类劳动。

海洋碳汇的价值可以认为是海洋碳汇所提供的生态系统服务的经济价值,包括海洋供给服务价值和海洋调节服务价值,而不局限于储碳价值,还包括与储碳过程密切相关的产品价值、释氧价值和净化价值(刘芳明等,2019)。对于各类海洋碳汇价值的具体测算,当前常用的海洋碳汇测算方法有市场价值法、替代成本法、直接成本法、收益价值法、旅游费用法、碳税法、碳交易价格法和意愿价值法等。

二、海洋碳汇主要核算方法

海洋碳汇核算的原理是通过测算海洋中碳的各种流入与流出,来计算海洋中碳储量和碳交换的过程。海洋碳汇核算是一个涉及多个学科的复杂过程,它需要精确地评估和量化不同海洋生态系统(如红树林、盐沼、海草床以及开放海域)在吸收、储存和释放 CO_2 方面的作用。

海洋碳汇的核算对于了解和评估海洋对全球碳循环和气候变化的贡献具有重要意义。通过对海洋碳汇的核算,可以更好地认识海洋生态系统的碳储量和碳流动过程,为全球碳循环模型的建立和气候预测提供基础数据。目前国内外研究核算海洋碳汇量主要有两种思路,一种是直接测算各类碳通量,将各类通量相加得到碳汇量,另一种是直接观测碳库的变化。前者通量观测属于瞬时观测,比较复杂,误差大,但优点是可以了解具体碳库变化机理和过程,为建模提供数据基础。后者碳库的测量相对简单,可以得出一年或几年的变化量,但无法给出季节性变化或各个碳通量的贡献。当前,已经发展出多种海洋碳汇核算方法,主要可以分为直接测量法、模型模拟法和清单法等。这些方法各有特点,可以从不同的角度揭示海洋碳汇的特征和演变过程。

（一）"自下而上"的海洋碳汇核算方法

1. 直接测量法

直接测量法是通过实地测量和采集样品来估算特定生态系统或海洋区域碳储存能力或直接测量土壤、植被、水体以及气体之间碳通量的方法。这通常包括对水生生物体、土壤沉积物以及有机碳和无机碳含量进行测量。

2. 样方调查法

在蓝碳生态系统中设置标准大小的样方,记录所有树木的树高、胸径等数据。通过这些数据可以估算地上生物量,再转换为碳储量。对于土壤碳库的碳储量采用土芯结合实验室测量方法,通过采集滨海蓝碳湿地一定深度的沉积物土芯(如 0~150cm)并分层(如 2cm 分层),实验室测定各土层有机碳含量和容重,最终计算滨海蓝碳湿地单位面积、一定深度沉积物的碳储量。

海草蓝碳测量需注意海草附生植物生物量的计算。海草附生植物是在海草叶片上生长的生物,包括藻类、硅藻和其他结壳生物。尽管附生植物通常是海草生态系统中有机碳的次要成分,但在海草蓝碳计算时还是需要去除来自海草叶片的附生生物,并将其分析为单独的碳汇。

土壤碳储量的研究方法:直接测量法、土壤模型法。直接测量法根据实地土壤剖面取样,直接测定各土层的有机碳含量,采用加权的方法计算整个土壤剖面的有机碳含量,再用面积求出整体红树林土壤碳库的碳储量。

3. 涡度协方差通量塔法

涡度相关法是基于微气象学原理,通过安装在通量塔上的开路式(或闭路式)红外气体分析仪和三维超声风速仪直接测定和计算一定范围内的生态系统年尺度净 CO_2 交换量(NEE)的方法。该方法主要用于高时间分辨率上净 CO_2 通量的测量。目前全球已经有几百个涡度相关法碳通量监测站分布在各种生态系统中,从陆地到近海岸,组成了全球通量网FLUXNET,形成全球性和区域性的覆盖不同气候带和植被区系的通量观测网络。在我国的长江口东滩湿地,建有基于涡度协方差技术的通量监测塔,研究者可以通过地面监测、遥感分析和模型模拟等研究河口湿地碳通量的变化及其影响因子,该方法测算精度较高,但受地形和气候条件限制较多。

基于涡度相关方法的陆地生态系统碳汇研究,可以实施监测生态系统尺度上的陆地与大气碳交换,减少样地清查法中的数据误差,长期的点位观测可以规避生态环境数据的短期波动带来的不确定性,有利于探讨生态系统碳循环过程对气候变化的响应机制。但是,涡度相关方法设备布设要求高,下垫面地形复杂的情况会影响设备运行,且周围会有建筑物限高要求;通量塔数量偏少、设置不合理、覆盖范围小不能完全反映测量生态系统的景观异质性;因涡度测量仪器和工作原理的缺陷,观测数据存在缺失,不能记录到光合作用的碳吸收和呼吸作用的碳排放数据,对于空缺碳通量数据的填补不同方法误差较大;仪器还不能准确区分记录的异常数据是生态系统碳循环的真实扰动数据还是无效记录数据;由于夜间的湍流被抑制会导致测量系统响应不足,测量数据值偏低,测量数据存在偏移现象,如植被在休眠期和非光合作用时期记录到 CO_2 吸收现象。

4. 箱式法

箱式法又称静态室法,该方法原理是通过透明箱结合不同遮光率的黑布采集不同情景下的 CO_2 气体样本,运用红外气体分析仪和分析静态箱内的碳气体的浓度,根据静态箱内 CO_2 浓度的变化率反映蓝碳生态系统瞬时净 CO_2 交换量以及植被呼吸作用排放的 CO_2。利用透明箱能测出生态系统的净产量(NEP),利用暗箱能测出生态系统的总呼吸量(R),因此可以测出光合作用总量(初级生产力 GPP＝NEP＋R)。目前密闭箱可分为手动和自动(能连续观测)两种。密闭箱测出的瞬时通量数据需要叠加到日总量和年总量,以算出某一植被类型的年通量(NEP、R、GPP)。

5. 模型模拟法

模型模拟法是应用数学方法定量描述海洋生态系统碳汇与生态环境因子观测值之间的关系,对当前碳汇状况进行评估,和对未来碳汇情景进行预测。根据模型在结构、参数及算法上的不同,可以分成经验模型和生态过程模型。样地清查法中应用的异速生长模型、蓄积量—生物量转换模型、全碳库模型等都属于经验模型。

植物地上生物量估测模型(异速生长方程):植被净初级生产力(NPP)是一个生态系统中植被部分单位时间、单位面积通过光合作用固定的 CO_2 量减去植物自养呼吸后的剩余部分,包括植被地上净初级生产力和植被地下净初级生产力。异速生长方程模型是基于生物量的经验模型,是一种通过估计海洋生物体的物质来计算海洋碳汇的方法。基于生物体的碳含量与生物体的物质之间的关系,通过测量生物体的密度、体积或重量,推算出生物体的物质。植被地上、地下部分生物量主要通过植物各部分生物量干重乘以相应碳转换因子得到生物量碳汇。

生物量估测模型目前在滨海蓝碳生态系统的碳储量测算中应用较多。以红树林碳库测算为例,红树林地上生物量包括乔木植物生物量碳库和林下灌丛生物量碳库,通过估算红树植物在年初和年末的地上生物量,并结合红树植物碳含量的测定,最终估算红树植被地上 NPP 和红树植物地上部分碳汇速率。不同红树林树种的异速生长方程存在差异,地域的不同也有可能导致同种红树植物异速生长方程存在差异。测定红树植被地下 NPP,进而估算红树植物地下部分碳汇速率,却是一个很大的挑战。目前,较多应用的方法是运用内生长土芯法,该方法可以测定在一定时间尺度、一定土体新生长的红树植物根系的生物量。近年来,微根管技术也开始应用于原位测定红树植物地下根系的长度、直径、密度及生命长度中。

（二）"自上而下"碳汇核算方法

海洋生态系统类型多样，分布范围广、异质性强，仅依靠地面观测数据难以满足大尺度海洋碳汇估算的需求。因此，从数据获取角度出发，需要将地表点状观测拓展为空间上的面上监测，将定点定时的静态观测数据拓展为随时随地的动态观测，将局部的离散观测拓展为全局的连续观测。

1. 清单法

排放因子法通过活动数据与相应的排放因子相乘得到碳排放/吸收量。排放因子是与活动水平相对应的系数，通常用于量化单位活动水平的温室气体排放/吸收。根据指标详细程度和数据可获取性的不同，排放因子分为3个层级，第一层级采用清单指南的基本方法及缺省排放/吸收因子，活动水平数据来自国际数据库；第二层级采用与第一层级相同的方法，但采用具有较高分辨率的本国活动水平数据和排放/吸收因子；第三层级采用复杂模型和实测方法获取具有基于地理信息的活动数据和动态排放因子。

碳储量差分法是对不同核算时点的每个蓝碳碳库进行测定，叠加每个碳库的储量以获取蓝碳生态系统总碳储量，形成IPCC等级Ⅲ的储量核算，储量差分法需要有连续蓝碳生态系统监测能力以获取完整的数据资料，选取初始核算值作为参考基准，测定两个不同时点的碳储量，用核算期初和期末的储量差值衡量整个核算期间蓝碳生态系统的碳收支净值，储量差分法可以同时对个别碳库储量和总碳储量变化结果进行比较分析。

收支法是假定蓝碳生态系统的总碳储量变化都是由各种人类活动所引起的碳储量变动的叠加，依据滨海湿地各种人类管理的活动数据，结合科学文献和国际数据库中相应活动的排放因子，得到人类对滨海湿地的管理活动产业的碳排放/吸收量。

2. 遥感反演方法

卫星遥感具有大面积同步观测、高时空分辨率、长时间序列实时动态监测的优势，日益成为近海海洋碳汇的重要手段之一。

1) 蓝碳生态系统遥感监测识别

光学遥感可以用于检测蓝碳生态系统的分布和变化，用于识别和分类海草床、红树林和盐沼等生态系统。传感器还可以测量地表温度、叶绿素浓度和植被指数等参数，用于评估生态系统的健康和生长情况。激光雷达可以测量地表的高度和结构，对于监测红树林和盐沼等生态系统的生长情况和碳储存非常有用。通过激光雷达数据，可以获取地表高程和三维植被结构信息，进而估算生态系统的生物量和碳密度。通过分析多个时期的遥感数据，可以监测蓝碳生态系统的变化趋势。时间序列数据可以揭示生态系统的生长、损失和恢复情况。遥感数据需要与地面采样和验证数据相结合，以验证遥感模型的准确性。在野外进行定点采样，包括土壤和植被样品的采集，可以用于估算碳密度和储存量。

2) 生物初级生产力遥感反演模型

海洋初级生产力是指浮游植物、底栖植物（包括定生海藻、红树和海草等高等植物）以及自养细菌等生产者通过光合作用制造有机物的能力，也称为海洋原始生产力。一般以每天

(或每年)单位面积所固定的有机碳(或能量)来表示(褚艳玲等,2022)。初级生产力是海洋"生物泵"固碳的起始环节和关键部分,目前海洋水色遥感初级生产力遥感反演算法可以分为基于叶绿素、浮游植物吸收系数和基于浮游植物细胞含碳量及生长速度的反演模型。

叶绿素是浮游植物进行光合作用的主要色素,是反映海洋中浮游生物生物量的一个重要指标,与海洋浮游生物固碳过程具有很强的相关性。通过海洋水色遥感反演获得海水表面叶绿素浓度、温度、光照强度、真光层深度等数据,通过模型可以最终获得海域浮游生物的初级生产力。

3)"海—气"碳通量遥感反演模型

"海—气"交换碳通量是指海洋和大气之间的碳气体交换速率,通常包括二氧化碳(CO_2)和甲烷(CH_4)等气体。了解和估算这些碳通量对于理解碳循环和气候变化具有重要意义。目前研究主要通过测量海—气界面处的海水 CO_2 分压和大气 CO_2 分压的差值表示海—气界面 CO_2 通量。海表温度、风速、CO_2 气体浓度都会对"海—气"碳通量产生影响,通过卫星、航空器的传感器可以监测海洋的温度和盐度分布,这些数据可以用于气体溶解度模型,以估算碳通量。气候和大气模型可以模拟大气和海洋之间的碳交换过程。这些模型可以使用遥感数据来校准和验证模拟结果,从而提高对碳通量的估算准确性。

主要参考文献

褚艳玲,张倩,王石,等,2022.深圳市大鹏湾盐田区近岸海域海洋碳汇量核算及影响因素研究[J].环境生态学,4(11):13-22.

董恒宇,2012,碳汇概要[M].北京:科学出版社.

胡学东,2018,国家蓝色碳汇研究报告[M].北京:中国书籍出版社.

焦念志,2012.海洋固碳与储碳:并论微型生物在其中的重要作用[J].中国科学(地球科学),42(10):1473-1486.

刘芳明,刘大海,郭贞利,2019.海洋碳汇经济价值核算研究[J].海洋通报,38(1):8-13,19.

聂弯,黄靖,夏炎,等,2023.海洋蓝碳生态系统服务价值评估:以盐城市海洋蓝碳为例[J].生态经济,39(12):41-48.

邱广龙,林幸助,李宗善,等,2014.海草生态系统的固碳机理及贡献[J].应用生态学报,25(6):1825-1832.

孙国茂,魏震昊,2022.海洋碳汇对实现碳中和目标的作用与意义:一个与海洋碳汇理论框架相关研究的文献综述[J].中国海洋经济,7(2):101-128.

唐剑武,叶属峰,陈雪初,等,2018.海岸带蓝碳的科学概念、研究方法以及在生态恢复中的应用[J].中国科学(地球科学),48(6):661-670.

唐启升,刘慧,2016.海洋渔业碳汇及其扩增战略[J].中国工程科学,18(3):68-73.

仝川,罗敏,陈鹭真,等,2023.滨海蓝碳湿地碳汇速率测定方法及中国的研究现状和挑战[J].生态学报,43(17):6937-6950.

王法明,唐剑武,叶思源,等,2021.中国滨海湿地的蓝色碳汇功能及碳中和对策[J].中国科学院院刊,36(3):241-251.

王凤霞,郑伟,2022,热带海洋牧场旅游碳汇研究[M].北京:科学出版社.

王秀君,章海波,韩广轩,2016.中国海岸带及近海碳循环与蓝碳潜力[J].中国科学院院刊,31(10):1218-1225.

张继红,刘毅,吴文广,等,2022.海洋渔业碳汇项目方法学探究[J].渔业科学进展,43(5):151-159.

张莉,郭志华,李志勇,2013.红树林湿地碳储量及碳汇研究进展[J].应用生态学报,24(4):1153-1159.

章海波,骆永明,刘兴华,等,2015.海岸带蓝碳研究及其展望[J].中国科学(地球科学),45(11):1641-1648.

周晨昊,毛覃愉,徐晓,等,2016.中国海岸带蓝碳生态系统碳汇潜力的初步分析[J].中国科学:生命科学,46(4):475-486.

ARTIGAS F, SHIN J Y , HOBBLE C, et al. , 2015. Long term carbon storage potential and CO_2 sink strength of a restored salt marsh in New Jersey[J]. Agricultural and Forest Meteorology, 200:313-321.

AZAM F , FENCHEL T , FIELD J , et al. ,1983. The ecological role of water-column microbes in the sea[J]. Marine Ecology Progress Series,10(3):257-263.

JIAO N , ROBINSON C , AZAM F , et al. , 2014. Mechanisms of microbial carbon sequestration in the ocean:Future research directions[J]. Biogeosciences, 11:5285-5306.

第十三章 海洋经济发展模式

第一节 海洋经济发展水平

一、中国的海洋经济发展

(一)发展背景

党的十八大报告中提出,"提高海洋资源开发能力,发展海洋经济,保护海洋生态环境,坚决维护国家海洋权益,建设海洋强国",海洋强国这一重大战略部署将海洋经济提升到更高的战略层次。2013年,习近平总书记在主持中共中央政治局第八次集体学习时进一步强调,建设海洋强国是中国特色社会主义事业的重要组成部分,要进一步关心海洋、认识海洋、经略海洋。同年,中国首次提出建设"21世纪海上丝绸之路"的战略决策,要求大力发展海洋经济。在经济发展新常态背景下,海洋经济发展的重要意义进一步凸显,党的十九大报告中提出"坚持陆海统筹,加快建设海洋强国",强调以陆海统筹的视角发展海洋经济,将区域规划的范围由陆地拓展至海洋。为推进海洋经济的高质量发展,2018年中国批准了14个海洋经济发展示范区建设,深入实施创新驱动发展战略,推动试点地区成为全国海洋经济发展的重要增长极和建设海洋强国的重要功能平台(孙久文和高宇杰,2021)。

(二)海洋经济规模

根据1982年通过的《联合国海洋法》,一个国家管辖的海洋包括内水、领海、专属经济区和大陆架;依此界定,中国的海域面积有472.7万 km^2;但是中国管辖的海洋总面积约300万 km^2,且还有部分与邻国存在争议。中国的海洋经济开发受限。根据《中国海洋统计年鉴(2010)》,中国海洋经济生产总值达到4万亿元,占沿海地区生产总值的16.11%,图13-1显示了2010—2019之间,中国海洋经济规模持续增加,占沿海地区生产总值的比重徘徊在15%~17%之间。2011年海洋经济增长速度较宏观经济增长速度慢,占比降低到15.77%;此后经过两年的平稳增长与3年的快速增长期,占比从2016年开始进入了以一年为周期的涨落式发展,2018年受中美贸易战冲击,海洋经济生产总值占GDP的比重降到历史新低(15.73%),此后中国批准了14个海洋经济发展示范区建设,2019年的海洋经济生产总值是2010年的两倍,占GDP的比重上升至16.15%。

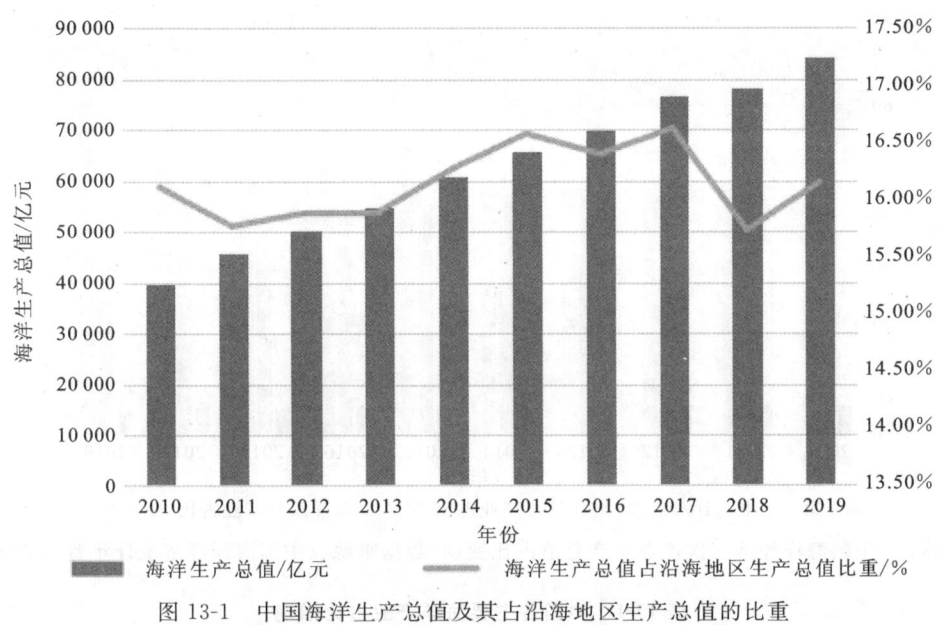

图 13-1 中国海洋生产总值及其占沿海地区生产总值的比重

(数据来源:《中国海洋统计年鉴(2011—2020)》)

(三)海洋产业结构

从国内外海洋经济发展趋势来看,海洋渔业、海洋交通运输业、滨海旅游业和海洋油气业已成为世界海洋经济主要产业,而中国油气资源较为匮乏,海洋经济支柱型产业为前三类产业。与其他国家相比,中国海洋支柱产业相关产品产量及服务规模处于世界前列,但经济效益不高,发展模式较为粗放,产业结构层次较低,产业资源亟待整合;战略性新兴海洋产业发展迅猛,但是技术水平与国外相比仍存在一定差距。中国海洋经济三次产业结构与陆域经济呈现完全不同的演进特征,海洋第二产业对科技水平要求较高,海洋工业体系的建立难度较大,因此中国海洋第二产业的发展相对较为滞后,只有在突破技术瓶颈之后,才能实现快速的发展。由图 13-2 可知,2012 年之后,第二产业与第三产业均衡发展的格局被打破,第三产业得到迅速发展,与第二产业的差距逐渐拉大,"三二一"产业结构逐渐稳定。2019 年,三次产业占比分别为 4.5%、33.3% 和 62.2%,第三产业高出第二产业 28.9 个百分点,第三产业占据绝对主导地位。海洋产业结构调整工作成效显著,已经超前达到《全国海洋经济发展"十三五"规划》中制定的海洋服务业增加值占海洋产业比重超过 55% 的发展目标。

滨海旅游业、海洋交通运输业和海洋渔业是中国海洋经济的三大支柱产业。表 13-1 展示了各主要海洋产业 2019 年和近 5 年平均占比和年均增速情况。从主要海洋产业的构成来看,2019 年三者占主要海洋产业增加值的比重分别为 50.63%、17.99% 和 13.20%,合计占比达 81.82%,其他各类海洋产业占比均不足 5%。其中,滨海旅游业规模最大、增速最高,且增速呈逐年增加趋势,近 5 年年均增速达 11.83%,已经成为拉动海洋经济增长的主导产业。海洋交通运输业受近年国际贸易形势的影响,增速较以往明显下降,这也导致该产业占比逐年下降。海洋渔业是重要的传统海洋渔业之一,受自然气候及资源影响波动较大,占比也呈逐年下降趋势,随着渔业资源的不断枯竭,未来增长空间较小。战略性新兴海洋产业保持高水

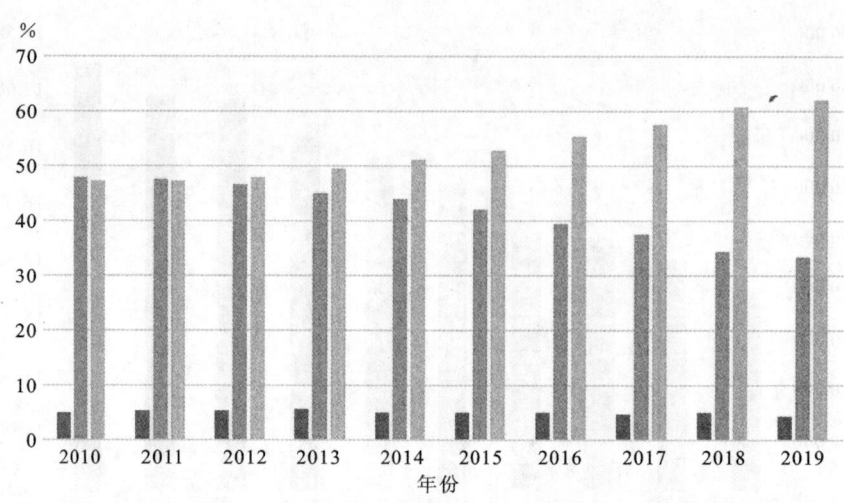

图 13-2　中国海洋经济三次产业生产总值占比变动（数据来源：《中国海洋经济统计年鉴 2020》）

表 13-1　中国各主要海洋产业占比增速

指标	2019 年占比/%	近 5 年平均占比/%	2019 年同比增速/%	近 5 年平均增速/%
海洋渔业	13.20	14.91	4.40	0.98
海洋油气业	4.31	3.79	4.70	2.56
海洋矿业	0.54	0.29	3.10	0.71
海洋盐业	0.09	0.12	0.20	−7.63
海洋船舶业	3.31	4.30	11.30	−0.31
海洋化工业	3.24	3.37	7.30	3.01
海洋生物医药业	1.24	1.20	8.00	10.89
海洋工程建筑业	4.85	6.03	4.50	0.51
海洋电力业	0.56	0.48	7.20	10.39
海水利用业	0.05	0.05	7.40	4.73
海洋交通运输业	17.99	19.68	5.80	5.74
滨海旅游业	50.63	45.78	9.30	11.83

注：数据来源于《中国海洋统计年鉴（2020）》。

平增长。海洋电力业、海洋生物医药业均保持较高增长水平，近 5 年年均增速均在 10% 以上，海水利用业增速相对较低，但近年有提速趋势。其他海洋产业中，海洋盐业和海洋船舶工业近 5 年呈明显下降趋势，尤其是海洋盐业下降最为明显，海洋矿业、海洋船舶工业、海洋化工业以及海洋工程建筑业增速相对较低且增速波动较大。

整体来看,中国滨海旅游业目前仍是海洋经济的重要组成部分,未来发展空间较大,能够有力带动海洋经济发展。战略性新兴海洋产业占比仍然较低,短期内难以成为促进海洋经济增长的主导产业,但其发展潜力巨大,辅以相应的政策支持和前瞻性的产业规划,未来有望为海洋经济的发展带来新的活力。

(四)海洋科技创新

孙久文和高宇杰(2021)选用海洋科研机构科研从业人员数、科研经费内部支出、发明专利申请量和授权量指标衡量海洋科技创新发展情况。

海洋科技创新活力高于全国科技创新平均水平。2013年以来,随着海洋经济进入转型发展阶段,海洋经济增速明显下滑,在科研经费投入、人员投入、专利成果方面增速较以往也明显下降,但是与全国整体水平相比,海洋领域科技创新活力仍然较强,2016—2019年,发明专利授权量年均复合增长率高出全国整体水平7.42个百分点。

海洋科技创新效率较高,在全国科技创新中占据重要位置。海洋领域科研经费、科研活动从业人员占全国整体科研领域水平较低,均不足10%,但是在创新科研成果方面占比较高,尤其是海洋领域发明专利授权量占全国整体发明专利授权量的10.77%(表13-2)。海洋经济能够以较少的人员和经费投入,撬动更多的科研产出,说明海洋科技领域创新效率较高。当前海洋科技正处于蓬勃发展阶段,科技创新的边际效率较高,技术联动效应较强,基础性技术的突破能够有力推动相关领域的技术创新,发挥协同促进作用。加强海洋科研领域的资金和人员投入,提高科研资源利用效率,可以有力推动海洋领域科技进步,考虑到海洋科技在各科研领域中占据的重要位置,也有利于促进中国整体科技水平的进一步提升。

表13-2 中国海洋领域科技创新及整体水平对比

指标	2012—2015年年均复合增长率/%		2016—2019年年均复合增长率/%		2019年海洋科技活动占比/%
	全国	海洋	全国	海洋	
科研从业人员	3.97	4.43	2.56	9.19	6.96
科研经费内部支出	11.32	10.74	10.88	18.54	7.12
发明专利申请量	15.25	11.91	8.75	14.58	9.09
发明专利授权量	22.07	27.44	5.85	13.27	10.77

注:数据来源于《中国海洋统计年鉴(2012—2019)》和《中国统计年鉴(2012—2019)》。

(五)中国海洋经济发展指数

中国海洋经济发展指数(OEDI)是反映中国海洋经济运行状况的综合性指标,主要包括发展水平、发展成效和发展潜力三个方面。其中,发展水平主要反映海洋经济的规模、结构、效益和开放水平,发展成效主要反映海洋经济发展的稳定性和对民生改善的影响,发展潜力主要反映海洋经济的创新能力和对资源环境的影响。中国海洋经济发展指数以2010年为基期,基期指数设定为100。

结果显示,2010—2019年中国海洋经济呈现总体平稳发展态势,其中发展水平逐步提高,发展成效稳步提升,发展潜力持续增强。具体表现为海洋经济规模持续扩大,产业结构不断优化,效益保持稳定,开发水平逐步提高,海洋经济波动逐步趋缓,民生改善效果显著,创新能力不断增强,资源环境状况持续改善(图13-3)。

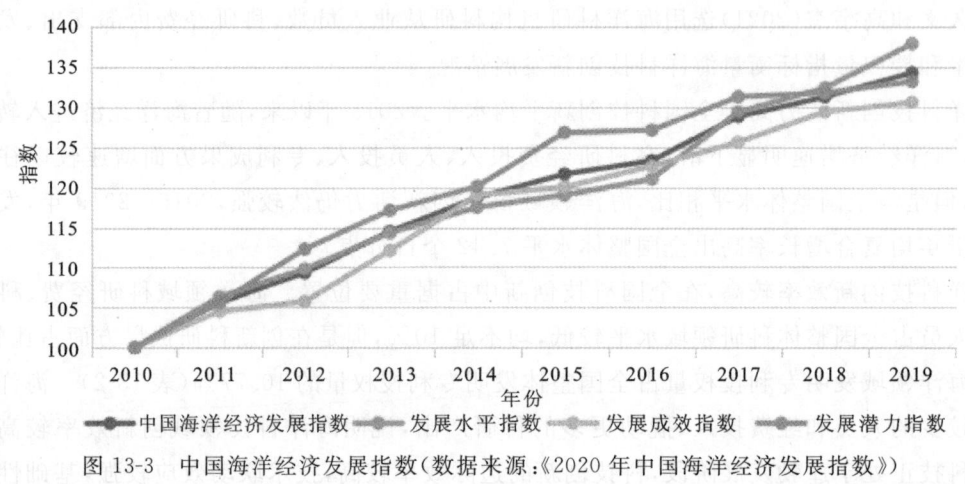

图13-3 中国海洋经济发展指数(数据来源:《2020年中国海洋经济发展指数》)

二、主要海洋国家海洋经济发展

(一)美国海洋经济发展

美国是一个三面环海的国家,海岸线较长,管辖海域面积位居世界第一,海洋资源丰富,海洋经济是美国经济重要且具有弹性的组成部分,主要集中在依赖海洋和五大湖的六大海洋产业中。2019年,美国海洋经济依托164 384家商业机构共提供就业岗位350万个,创造了约3510亿美元的产品和服务,贡献了全国2.4%的就业和1.6%的国内生产总值。海洋经济成为就业、创新和经济增长的主要驱动力,为加速美国经济复苏奠定了基础。2012—2019年,美国海洋经济发展整体呈现波动上升趋势,2013—2017年海洋生产总值持续下降,主要是受海洋油气业产量、价格波动影响(图13-4)。从美国六大产业增加值变动趋势来看,除2015年外,海洋矿业增加值明显高于其他海洋产业,且与海洋生产总值呈现同步波动趋势,说明美国海洋经济高度依赖海洋油气业发展。滨海旅游娱乐业整体稳定增长,2015年滨海旅游娱乐业增加值首次超过海洋矿业,成为美国第一大海洋产业。海洋交通运输业增长平稳,为美国第三大海洋产业。船舶制造业、海洋生物资源业、海洋建筑业缓慢增长,在海洋经济中所占份额有限,合计比重约10%。综合比较就业和GDP指标,美国六大海洋产业对海洋经济的贡献各不相同(图13-5)。资本密集型产业如海洋矿业,仅以约3%的就业率创造了较高的国内生产总值;而服务密集型产业如滨海旅游娱乐业,相比其对国内生产总值的贡献,容纳大量就业的贡献更为显著(邢文秀等,2019)。

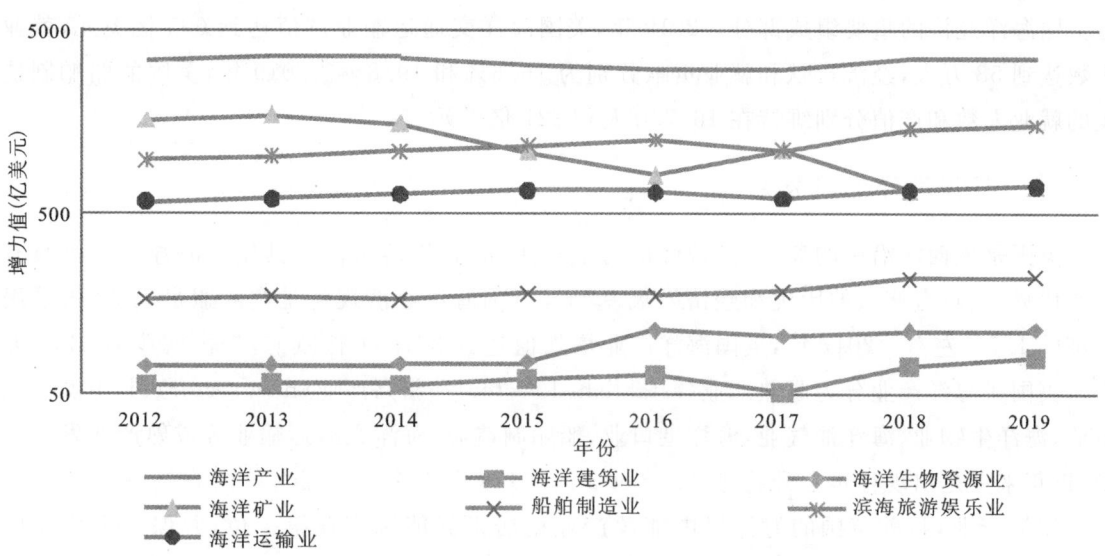

图 13-4 2012—2019 年美国海洋产业增加值变动情况图

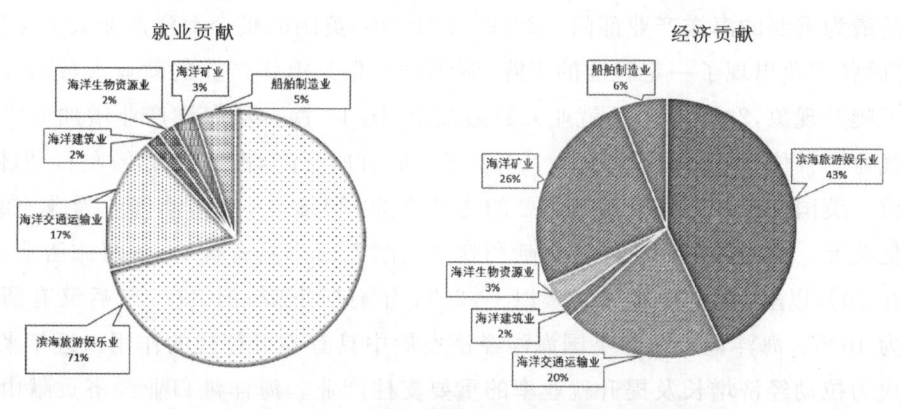

图 13-5 2019 年美国海洋产业的就业贡献与经济贡献

总体来看,美国六大海洋产业的经济贡献(即 GDP 占比)和就业贡献各有不同(图 13-5)。2019 年,从美国海洋产业的就业贡献和 GDP 占比情况来看,滨海旅游娱乐业作为服务密集型产业,就业贡献和经济贡献都居于六大海洋产业首位。自 2015 年起,美国滨海旅游娱乐业就成为美国海洋经济的第一大支柱产业。相比经济贡献,服务密集型产业的就业贡献更为突出。2019 年,美国滨海旅游娱乐业贡献产值达到 1507 亿美元,占海洋产业总产值的 42.9%;滨海旅游娱乐业为 250 万人提供就业岗位,占海洋产业就业人数的 71%。海洋矿业是美国第二大支柱产业,作为资本密集型产业,其就业贡献仅为 3%,但是经济贡献达到 26%。2019 年,美国海洋矿业产值达到 895 亿美元,其中油气勘探与生产占比达到 98%。从 2018 年到 2019 年,海上矿产开采部门的就业增长了 1.0%,国内生产总值增长了 18.9%。石油行业的未来趋势同样将受到石油价格和产量水平的推动,这些因素对全球情况的敏感性高于对本国情况的敏感性。海洋交通运输业虽然就业贡献和经济贡献不及其他两个支柱产业突出,但也是美国海洋经济的重要组成部分。2019年,美国海洋交通运输业产值达到695亿美元,就业人数达到58万人,经济贡献和就业贡献分别为16.6%和19.8%。2019年,美国的船舶制造业的就业人数和产值分别维持在16.7万人和221亿美元。

(二)英国海洋经济发展

英国是大西洋沿岸的岛国,是曾经的海上霸主和"日不落帝国",其发展海洋经济既具有资源优势,又具有悠久的历史和经济发展基础。英国海洋经济规模是全欧盟最大的,占国民经济的1.7%左右。2017年,英国海洋产业增加值达到361.11亿欧元,提供就业岗51.6万个。英国将海洋产业分为成熟产业(established sector)和新兴产业(new sector),其中滨海旅游业、海洋生物业、海洋油气业、海洋港口业、船舶制造业、海洋交通运输业等成熟产业发展平稳,近年来更是出现稳步上升趋势(Kate et al.,2018)。自2008年起,英国开始不断布局海洋新能源产业,目前英国的海洋风电能源产业稳居世界能源产业第一位,并保持平稳发展态势。

在英国海洋成熟产业方面,从英国海洋经济发展来看,英国海洋油气业、滨海旅游业和海洋港口业是最为重要的海洋产业部门。2009—2015年,英国的整个海洋产业大多保持稳定增长状态,之后各产业出现了一定程度的下降(图13-6);但是海洋产业的就业人数却在2015年之后出现了爬升现象,2017年到达就业人数最高点(图13-7)。从海洋产业增加值来看,英国的海洋油气业居首位,占比在47%以上,2015年之后有所下降,占比在35%左右,但依然居海洋产业首位。英国的海洋油气业是其重要的支柱产业,2018年,海洋油气业为政府缴纳税金约45.85亿美元。滨海旅游业在经济贡献和就业贡献方面都具有优势,滨海旅游业的产业增加值占比在20%以上;就业贡献在50%以上,2014年有所下降,但2015年后又有所爬升,就业贡献约为40%。海洋港口业在英国海洋经济发展中具有不可替代的作用。近年来,英国海洋港口业成为拉动经济增长及提升就业率的重要支柱产业。海洋港口业经济贡献由2009年的14.6%提升到2017年的20.7%,就业人数增加了8.22万人。2018年,英国港口集装箱吞吐量达到1169.5万TEU,上海港同年的集装箱吞吐量为4201万TEU(CECI,2022)。但是,英国发达的海事服务业为其成为国际航运枢纽中心奠定了基础,全球超过90%的海事业务在伦敦处理,与国际航运相关的保险、仲裁、咨询等业务逐步兴起,使英国成为全球海上交通运输的重要节点。

在英国海洋新兴产业方面,自2008年起,英国开始在海洋可再生能源领域逐步布局,之后海洋风电产业迅速发展起来。2009年以来,英国海洋风电总装机容量一直居于世界首位。2018年,英国新增装机容量为1312MW,总装机容量达到8183MW,占全球的34.41%,占欧洲的44.23%(GWEC,2022)。英国海洋风电产业竞争力极强,近十年的发展已占据全球产业链的领先地位。英国政府及地方政府积极支持海洋新能源产业的发展,提供大量研发资金满足用海需求,推动产业化发展等,在培育新兴产业的同时促进经济发展的低碳化。

英国的海洋经济政策不断发展完善,为海洋产业的健康发展提供了良好的法制环境。2019年,英国发布《2050年海事报告》,概述了一系列短中期和长期的海洋发展战略,主要内

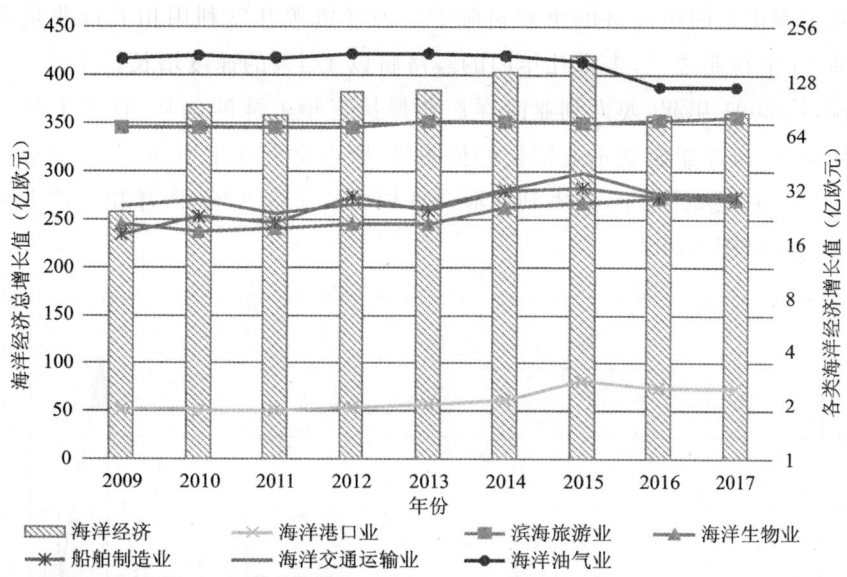

图 13-6　2009—2017 年英国海洋成熟产业增加值情况（数据来源：2019 年欧盟蓝色经济报告）

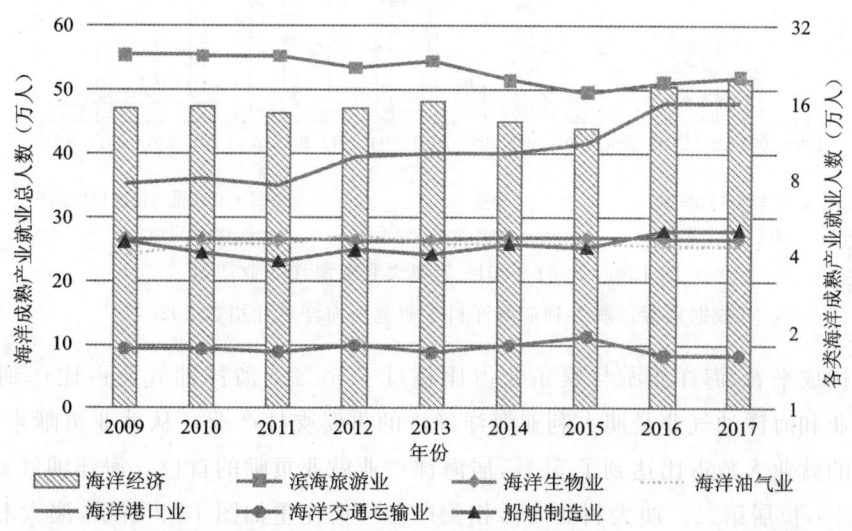

图 13-7　2009—2017 年英国海洋成熟产业就业人数情况（数据来源：2019 年欧盟蓝色经济报告）

容有 2025 年在英国港口船舶注册全数字化，2030 年在英国港口建立一个创新中心，以及采取一系列措施促进海洋经济相关行业的培训和技能发展，这些都将大大促进英国海运业的发展。

（三）澳大利亚的海洋经济发展

澳大利亚是南半球最大的经济体，也是世界上著名的海洋国家。澳大利亚海岸线长达 7 万 km，海洋管辖权为 1386 万 km²，是世界上第三大专属经济区，拥有世界上最大、管理最好的珊瑚礁，海域广阔，矿产资源丰富，全国约 85% 的人口居住在海岸 50km 以内，海洋区域是其食物的重要来源也是国民经济的重要贡献者。海洋资源开发利用相关行业是澳大利亚未来增长最快的25个行业之一,未来几年内的经济将以4.4%的速度增长。

总的来说,从2001年起,澳大利亚海洋产业保持逐年上涨的趋势,且海上油气勘探与开采行业占主体部分,海洋旅游娱乐业增长趋势明显,所占比重逐年增加,海洋船舶修造业和海洋渔业变化不大。截至2018年,澳大利亚海洋产值增长了3.4倍,海洋相关产业的产值贡献高达812.19亿美元(图13-8)。

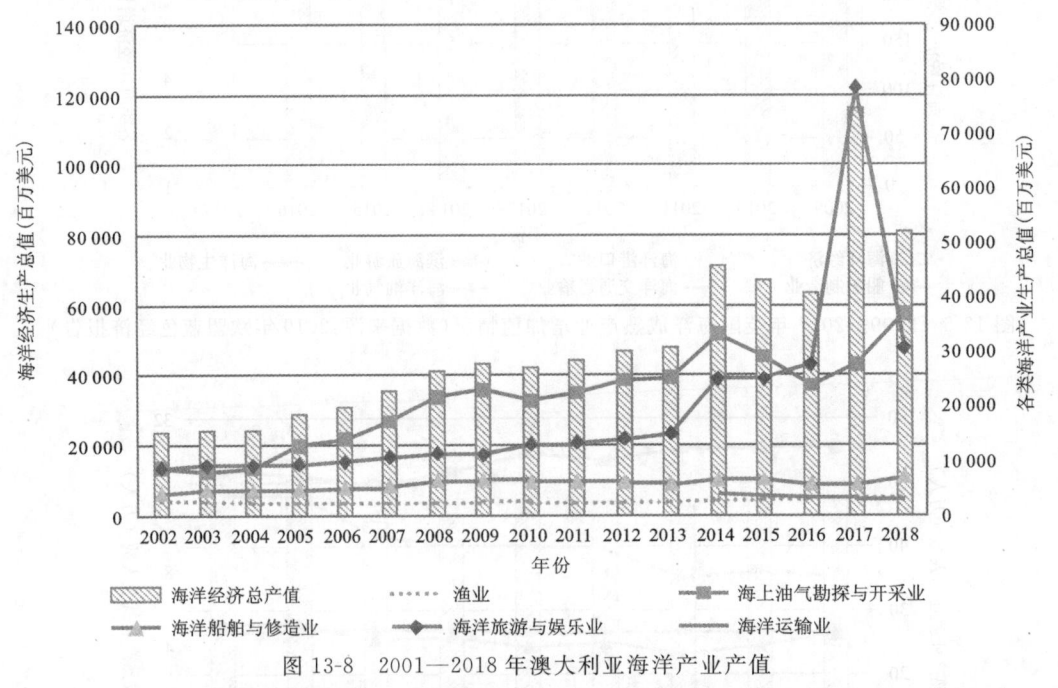

图13-8　2001—2018年澳大利亚海洋产业产值

(数据来源:《澳大利亚海洋科学研究所海洋产业指数2020》)

从产业构成来看,海洋旅游与娱乐业占比超过了37%。海洋油气业占比达到46%。可见海洋旅游业和海洋油气业是澳大利亚海洋经济的重要支柱产业。从就业贡献来看,海洋旅游与娱乐业的就业人数占比达到了55%,居海洋产业就业贡献的首位。海洋油气业就业人数占比达到22%,位居第二。澳大利亚海洋相关产业产值比重如图13-9所示,澳大利亚相关产业就业人数比重如图13-10所示。

在海洋科技方面,澳大利亚很早就认识到海洋新兴产业和海洋科技的重要性,每年在海洋科学上的花费约4.5亿美元,有2300多名海洋科学家在这一领域工作。同时,澳大利亚是世界上气候最多变的国家,海洋产业受气候变化的影响很大。为保护澳大利亚海洋主权、支持海洋经济的可持续增长,澳大利亚汇集了500多名专家和23个海洋研究机构、大学和政府部门,对海洋主权和安全、能源安全、粮食安全、生物多样性保护、可持续的城市海岸发展和适应资源分配的气候变化提出了一系列的行动计划,以集中投资和科学力量来实现蓝色经济的发展潜力(徐胜和张宁,2018)。

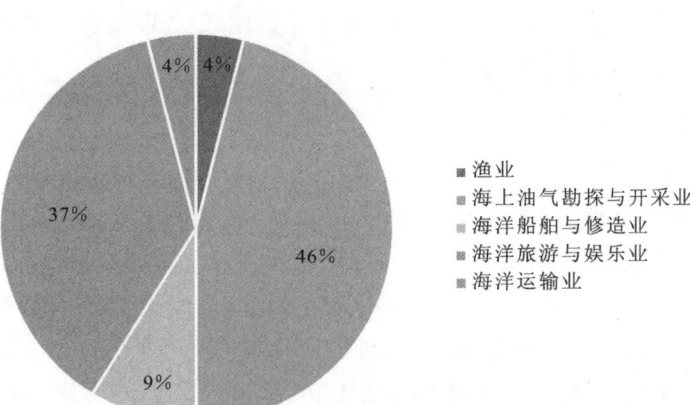

图 13-9　2017—2018 年澳大利亚海洋产值占比
（数据来源：《澳大利亚海洋科学研究所海洋产业指数 2020》）

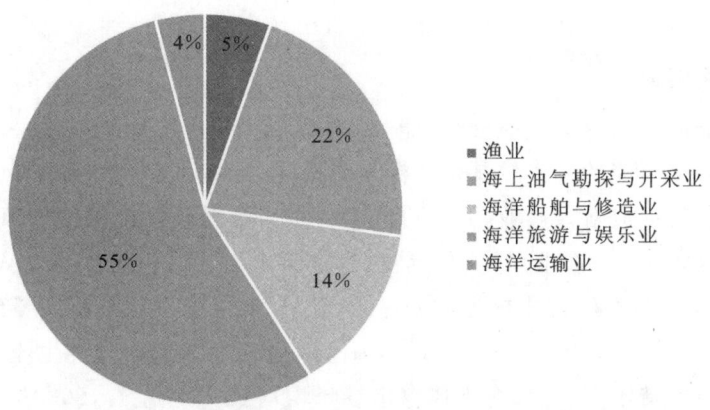

图 13-10　2017—2018 年澳大利亚各海洋产业就业人数比重
（数据来源：《澳大利亚海洋科学研究所海洋产业指数 2020》）

三、海洋经济发展特征

（一）海洋经济开发的资源指向性

1. 海洋渔业

海洋渔业包括海洋捕捞和海水养殖，未来它们将呈现完全不同的发展趋势。由于过度和非法捕捞，海洋捕捞几乎零增长，很多地区甚至会出现负增长；而海水养殖得益于技术进步、海洋捕捞的反向影响和市场需求的增加将呈现快速增长的趋势，但增速呈递减趋势。经合组织利用柯布-道格拉斯生产函数，对在常规路径发展情况下的捕捞渔业进行了预测，2030 年工业化捕捞渔业的全球增加值预计约为 470 亿美元。北美自由贸易协定国家的捕捞渔业增加值可能最高，达 124 亿美元，其次是亚洲和大洋洲，达 107 亿美元，非洲和中东则为 86 亿美元，欧洲刚刚超过 80 亿美元。中国、印度尼西亚、秘鲁、美国、印度、俄罗斯、缅甸、日本、越南、菲律宾和挪威将是最大的生产国。未来水产品产量的增长大部分来自水产养殖业,海水养殖是渔业和水产养殖业变革的主要力量。

2. 海洋油气业

根据《世界能源展望2014》,海洋油气产业为全球贡献了约6360亿美元的增加值,比2010年增长了26%。然而,在未来几年,就近海而言,海洋石油开采预计会比海洋天然气开采慢得多,无论是在浅层还是在深水区。国际能源局预测,海上石油和天然气的增长速度将大不相同。预计石油开采量将以每年0.4%的速度增长,而天然气开采量则可能达到每年1.5%的强劲速度。因此,就近海开采而言,近海原油日产总量将从2014年的约2500万桶至2040年的约2800万桶,天然气日产总量将从1700多万桶强势增长至2700万桶。近海深水区原油总产量预计将大幅增加,而浅层的石油产量预计将略有下降;天然气开采方面,浅海区和深水区都有望实现强劲增长。2030年浅海区生产份额将达到88%,深水区生产份额为12%,浅海生产总增加值增长约19%,而深水石油和天然气的增加值预计将增长116%。全球近海石油和天然气领域的就业岗位可能超过200万个。

3. 海洋可再生能源

海洋可再生能源包括海上风能、波浪能、潮汐能、温差能、盐差能等,是未来向低碳过渡的重要能源。全球海上风能的开发较其他能源相对成熟,在过去20年,海上风电行业已经从最初的小型试点项目发展成新兴产业,并有可能进一步大幅增长。根据全球风能理事会的最新统计数据,2017年全球9个海上风电市场装机容量历史性地增长了4334MW,相比2016年增长95%。彭博新能源财经的初步核算数据显示,2018年全球累计装机容量约22GW,同比增长约17%,欧洲仍为全球海上风能最大市场,海上风能正逐渐成为世界主流能源。未来十年,欧洲的领先地位将保持不变,全球海上风电市场年均增长17%左右,2030年全球海上风电累计装机容量将达到154GW,但海洋风电价格将越来越便宜,补贴将逐渐取消,市场竞争力增强(林香红,2020)。

(二)重视传统海洋产业领先地位的巩固与发展

从世界主要海洋国家的海洋经济发展来看,海洋渔业、海洋运输业、滨海旅游业和海洋油气业是海洋经济发展的支柱性产业,在国民经济中的经济贡献和就业贡献居于重要位置。因此,各国在发展海洋经济时,对传统海洋产业极为重视,并大力投入资金与制定扶持政策,以保持传统海洋产业在世界的领先地位。以澳大利亚为例,虽然它是典型的"外向型"海洋经济,但为了确保其在世界海洋油气业发展中的地位,它不断加大对国内海洋油气业的大型项目投入,尤其是将澳大利亚天然气产能推到了世界首位。在海洋运输领域,传统的海洋国家极为重视海洋枢纽中心地位的保持与领先。以英国为例,海洋港口业的就业贡献居欧盟首位,经济贡献也在其国民经济中占有重要位置,因此英国在《海事2050战略》中进一步明确了英国在全球航运枢纽中的领先位置,并依托港口进一步推动现代服务业的发展。在海洋渔业方面,因为近年来海水产品价格上涨,海洋渔业被诸多国家设定为新兴产业。海洋渔业是日本国民获得生物蛋白的重要来源,因此在新的海洋法中,日本不断加大政策和资金支持力度,并推行积极的海洋生物资源开发策略,推动海洋渔业进一步发展。整体来看,世界主要海洋国家对传统海洋产业发展极为重视,不断加大扶持力度和政策倾斜,并且采取积极的海洋资源开发政策,在推动传统海洋产业发展的同时,不断巩固传统海洋产业的世界领先地位,保持海洋产业在国际中的竞争力。

(三) 以核心技术抢占海洋新兴产业市场份额

随着海洋环境问题的凸显以及国际环境的复杂多变,尤其是油气市场价格的起伏不定,世界主要海洋国家开始积极布局海洋可再生能源产业的发展。自2008年开始,海洋可再生能源产业得到世界主要海洋国家的扶持,它们在其中投入大量的科技研发力量。在近十年的发展中,该产业得到了快速发展,并取得了一定的成果。以海洋风电产业为例,英国的海洋风电产业占有全球近六成的市场份额,在国际海洋风电市场中竞争力稳居前列。随着海洋风电产业的发展,海洋风电的价格也逐步降低,从而使海洋风电产业成为海洋可再生能源产业中发展前景较好的产业。澳大利亚也在积极地发展海洋风电产业,德国在海洋风电产业的高端技术市场也具有领先地位。海洋生物产业也得到积极的发展,并被视为解决全球性问题的关键。海洋生物具有庞大的开发潜力,澳大利亚基于前期的海洋生物研究成果,在该方面具有一定的优势;欧盟的海洋生物产业更是成为增速最快的海洋新兴产业。在海洋工程装备产业方面,美国和欧洲不断完善研发和设计的核心环节;新加坡和韩国不断加强制造环节的竞争力,形成了"欧美设计、亚洲制造"的总体格局。虽然受国际市场疲软的影响,近年来出现了海洋工程装备市场产能降低的情况,但从长期来看,虽然国际油气价格有太多不确定性,化石能源的不可再生性必定会不断推动海洋油气资源的开发以及进一步发展。整体来看,在海洋新兴产业方面,世界各国积极布局相关海洋科技的研发与投入,以掌握海洋科技核心产业来争取海洋新兴产业的国际核心竞争力,抢占海洋新兴产业在国际市场中的份额,从而获得经济利益和国际利益。

(四) 以科技创新发展与转化催生海洋新兴产业

由于全球经济增长乏力,海洋经济成为世界主要海洋国家经济的新的增长点,科学技术成为海洋经济发展的活力。新的知识和越来越多的技术逐渐渗透到各个海洋产业部门,这些产业部门采用这些新知识和技术,引发新一轮的创新。在接下来的几十年中,一系列即将实现的技术有望在科学研究和生态系统分析、航运、能源产业、渔业和旅游业等领域得到运用,并提高其效率和生产力。例如,在船舶制造业中,无人驾驶技术的研发与应用使无人驾驶船舶成为近年来船舶市场的一大发展趋势。海洋信息技术的研发与应用,扩大了信息与通信技术、大数据分析、自主系统、生物技术、纳米技术等在海洋领域的应用,从而催生出一系列新兴海洋产业,并使其不断得到发展。再比如,随着深远海勘探技术的发展,水下机器人、传感器等相关产业迅速融合,快速推动了相关科技的进步与发展,同时技术研发与创新也进一步推动了海洋科技的国际合作,为海洋经济发展带来更多的利益相关者。海洋科技创新与发展逐步改变了海洋经济活动的生产方式、商业模式、贸易模式等,海洋新兴产业逐步凸显,并开始向成熟的海洋产业方向快速发展,从而使海洋产业体系变得更加丰富。整体来看,科技创新与发展将引起海洋生产活动方式的改变,对整个海洋经济发展模式具有巨大的冲击力,工作条件、劳动力需求、资金技术需求等要素也出现较大的变化。技术创新与融合将为现有的生产方式带来颠覆性变化,催生新兴海洋产业,从而推动海洋新兴产业的发展,为海洋产业体系注入新的内容。

(五)坚持绿色发展主题,促进经济可持续发展

海洋资源枯竭和环境问题引起了全球民众的担忧,因此世界各国开始重视海洋经济发展的可持续性。2015年,《变革我们的世界:2030年可持续发展议程》将海洋和海洋资源的可持续发展列入了联合国发展目标,之后"蓝色经济"概念开始不断在海洋发展领域获得认同。例如,美国的特朗普虽然对奥巴马的海洋发展战略做了较多调整,但是依然强调海洋经济的绿色发展,强调解决海洋环境问题。澳大利亚更是在海洋环境保护方面走在世界前列,在海洋经济绿色发展方面具有先进的技术和丰富的经验,并以海洋经济的绿色发展作为其发挥国际影响力的重要抓手,不断巩固绿色发展在世界发展中的地位。欧盟也在2014年提出了"蓝色增长"战略,尤其是在波罗的海等海洋发展中,其在解决海洋环境问题、积极推进海洋环境治理方面具有成熟的治理体系和丰富的治理经验。从全球来看,世界银行于2017年发布了《蓝色经济的潜力》,提出了蓝色经济分类框架;经合组织(OECD)发布了《海洋经济2030》。它们都将海洋经济可持续发展放在了重要位置。海洋经济绿色发展已经成为世界海洋发展战略的共识,并成为世界海洋经济发展的重要议题与主题。海洋环境问题具有全球性,将深刻影响未来海洋经济发展趋势和全球海洋经济发展格局。因此,坚持绿色发展主题、促进海洋经济可持续发展,是世界各国出于国家利益和发展需求的考量,是适应现阶段海洋经济发展的全球性策略。整体来看,海洋环境问题具有全球性,与海洋经济发展更是一脉相承。人类与日俱增的对海洋的需求和全球科学技术的进步共同促进了各国海洋经济的快速发展,但是人类的经济活动也对海洋环境造成了全球性的影响。选择绿色发展为主题,是世界各国海洋发展战略的必然选择,是全球海洋经济发展各利益主体达成的共识(周乐萍,2020)。

第二节 海洋产业组织模式

一、产业组织理论

(一)产业组织理论渊源

产业组织理论的思想渊源最早可以追溯到古典经济学家亚当·斯密关于市场竞争机制和分工协作的论述,可以说,亚当·斯密是最早认识到产业组织核心研究问题的经济学家。但是,亚当·斯密在关注竞争机制的作用以及分工与协作产生规模经济效益的同时,忽视了竞争与规模经济之间的关系问题,填补这一空缺的是最早把产业组织概念引入经济学的新古典经济学家、产业组织理论的先驱——马歇尔。马歇尔在分析规模经济的成因时,发现了竞争与规模经济之间的矛盾,后来,马歇尔在《产业贸易》一书中强调指出,事实上几乎所有的竞

争性中都有垄断性因素,并根据市场的不确定性而起着作用。这一观点为后来哈佛大学张伯伦教授所吸收,他提出了"垄断性竞争"概念。1993年,美国哈佛大学的张伯伦和英国剑桥大学的罗宾逊夫人同时出版了各自的专著《垄断竞争理论》和《不完全竞争经济学》,不谋而合地提出了纠正传统自由竞争概念的垄断竞争理论。这一理论以垄断因素的强弱为依据,将市场形态划分为从完全竞争到独家垄断的多种类型,总结了不同市场形态下价格的形成和作用特点。张伯伦还着重分析了厂商进入和退出市场、产品差别化、过剩能力下的竞争等问题。这些概念和观点成为现代产业组织理论的重要来源,直接推动了产业组织理论向市场结构方向发展,为现代产业组织理论的形成奠定了坚实基础。张伯伦和罗宾逊夫人也被称为产业组织理论的鼻祖(李丹和吴祖宏,2005)。

（二）产业组织理论

产业组织理论作为现代产业经济学的重要组成部分,是应用微观经济学的一个分支。该理论的研究对象是产业内部企业之间的关系,主要任务是研究在同一产业集群内部各个企业之间的关系。目的是探索集群内企业之间相互关系的变化规律,分析这种变化关系对企业经营业绩的影响。产业组织理论是以价格理论为基础,通过对现代市场经济发展过程产业内部企业之间竞争与垄断及规模经济的关系和矛盾的具体考察分析,着力探讨这种产业组织状况及其变动对产业内资源配置效率的影响,从而为维持合理的市场秩序和提高经济效率提供理论依据和对策途径。诞生19世纪末、20世纪初的传统产业组织理论,建立在分工原理与专业化原则的基础上,将产业组织作为一个封闭系统,是一种封闭的系统观点。20世纪30年代以后,美国哈佛大学作为产业组织理论的研究中心逐步形成了比较完整的理论体系,其中最具有代表性的是哈佛学派产业组织理论、芝加哥学派产业组织理论和可竞争市场理论。哈佛学派产业组织理论以实证研究为主要手段,把产业分成特定的市场,按结构、行为、绩效三个方面即所谓的产业组织研究的"三分法"对其进行分析,构造了一个既能深入具体环节又有系统逻辑体系的市场结构—市场行为—市场绩效的分析框架(简称SCP分析框架),规范了产业组织理论体系。以西蒙等人为代表的现代组织理论认为,"组织是为了实现共同的目标而协作的人群活动系统",它的理论基础是系统方法,与之对应也有了开放系统的观点。后工业社会的重要结构特征是知识和信息,随着学科的交叉发展和大科研的复杂性,人们重新看到了联合的力量。从边缘学科、横断学科和综合学科的出现,学科的交叉与融合的步伐日益加快。企业发展也呈现综合中分化、分化中综合的特点。如企业流程的分工与外包,整体管理下的分工负责制。从系统的观点看企业或其他类型管理对象,随着科技、社会的发展和国际一体化的趋势。组织基本上从过去的简单系统走向分工协作,再随着信息社会的到来,组织间竞争与合作日益加剧,组织环境和内部结构日趋复杂多变,新的分工协作形式不断涌现,组织系统日趋复杂化(邱阳,2017)。

（三）产业空间组织理论

产业空间组织不同于一般的产业组织主要针对产业内部企业间组织关系的内涵,产业空间组织主要是研究产业或行业间的关系问题;又与以研究产业空间分布与组合为主的产业布局不同,产业空间组织是不仅研究产业空间组合,还研究产业链上各产业间的经济关系,并且产业空间布局是产业空间组织研究的结果。总的来说,产业空间组织研究,即研究产业链各构成环节在特定区域上布局的适宜性,各环节的空间组合模式,以及产业功能单元之间的空间关联模式的一般及特殊规律。产业空间组织问题的实质是产业链的"落地"问题。从规划定位来说,产业空间组织规划是介于区域发展规划、企业发展规划之间的空间规划,是区域发展规划中产业发展规划的重要组成部分。产业空间组织一方面是优化区域产业结构,在正确选择主导产业的基础上,合理配置关联产业,合理发展基础产业的过程,通过相关产业的合理组织,实现产业组织功能的最大化。另外是在大力发展主导产业,通过主导产业链条、主辅产业链条、辅助产业链条的延展,带动相关的行业,甚至地区经济的发展。最后通过在地域空间对有相互关联企业的合理布局或集聚,打造产业集群,实现区域整体竞争力的增强。产业空间组织即是产业、产业链、产业组织在一定地域空间进行布局、或在产业园区进行合理的集聚,使地区产业结构和产业协作更加适宜,使产业布局更加合理的过程,是实现产业及产业链落地、产业合理布局、产业集群的有效途径。不同区域由于产业空间集聚程度不同,空间组织模式不同。经济活动在空间上的分布存在着两种趋势:一种趋势是集聚与分散,根据产业链环节空间集聚度不同,将产业空间组合形式分为三种,即集中型、集中-分散型、分散型。集中型是指产业链各环节有密切联系的企业在同一地点或区域内集中分布。由于企业间生产上的联系,为了降低运输成本,就近交流信息、技术等,增加企业外部经济利益,上下游相关企业围绕主导企业集中分布形成产业集聚区。如钢铁城,铝材专业镇。集中-分散型是指产业链上相关产业在主要环节集中布局,次要环节分散布局的空间组织形式。如临海型钢铁生产企业主体及相关企业集中布局,而销售、服务、物流中心相对分散。分散型是指产业链上各企业由于生产同类产品,提供相似服务,而使企业间的相互竞争导致相互排斥,结果使产业布局成分散状态;另一种趋势是交通、通信技术的发展使全球范围内联系更加便利,为长距离的人、物、信息交换提供了有利条件,使得产品、服务等在全球范围内的流动(刘栓振,2012)。

二、海洋产业组织模式

海洋产业组织模式是海洋产业内各经营主体为了获得规模经济效益而根据一定的方式组织起来的形式。例如,产业融合的产业组织模式、产业集群支撑的产业组织模式和产学研相结合的产业组织模式。

(一)产业融合的产业组织模式

中国海洋经济积极探索海洋产业融合发展模式,促进海洋产业接轨优化和生产效率提升。如山东威海加快"资源修复+生态养殖"型海洋生态牧场综合体建设,推动休闲渔业、渔家文化发展,举办海钓赛事和"放鱼日"等活动;2020年,威海市海洋牧场接待游客20多万人次,实现门票收入2000多万元。爱莲湾国家级海洋牧场是一处以海洋科技综合发展为特色的海上田园综合体,同时也是威海市全面推进海洋牧场融合发展的一个缩影。近年来启动了以良种繁育、生态养殖和资源修复为重点的海洋牧场建设。尤其是在生态养殖上,该海洋牧场探索实施了"721"生态立体养殖模式,总结出"浅海多营养层次综合养殖模式",并在桑沟湾海域全面推行,年产出增加30%,固碳量11万t。爱莲湾国家级海洋牧场成为夏季旅游"新宠",游客蜂拥而至,观光、垂钓、吃海鲜……每年接待游客达10万多人次,但旅游只是它的一小部分功能(国家发展和改革委员会和自然资源部,2022)。唐山祥云湾国家级海洋牧场示范区为"渔业+海洋生态修复+海洋牧场+休闲渔业"模式,通过结合贝藻礁生态系统促进生物群落的恢复,从而提高海洋生物资源量,同时带动休闲渔业和渔民就业增收。珠海三角岛为"海上风电+生态修复+海上牧场+海洋新能源科研"模式,以新能源为先导的融合发展模式可以依托海上能源与结构优势,探索发展海上休闲垂钓、海上潜水观光、大型工船养殖、海上住宿等相关产业多元化拓展。

(二)产业集群支撑的产业组织模式

各示范城市依托区域海洋特色和优势,迅速发展以产业集群为支撑的产业组织模式。如天津滨海新区南部南港工业区形成海水淡化与综合利用产业集群,中部保税区临港区域建设海水淡化与综合利用产业基地,北部形成浓盐水循环综合利用示范,实现了海水淡化技术创新能力全国"双领先";厦门重点培育形成以海洋生物医药为方向的海沧生物医药港,以海洋食品、生物制品为主的同集园区,以海洋生物育种、现代渔业、海洋装备为主的翔安园区,集聚了一批海洋生物医药和制品企业;南通集聚了一批龙头企业,以邮轮为切入点,形成国内领先的国有、民营、外资协同并进的海洋工程装备全产业链,建设总投资200亿元的邮轮制造基地、邮轮配套产业园、国际邮轮城,打造千亿级产业集群;烟台支持骨干企业创新发展,重点建设蓬莱、烟台开发区两个省级船舶工业聚集区,莱山、烟台高新区两个市级船舶与海洋工程装备特色产业园区,成为全球四大深水半潜式平台建造基地之一。

(三)产学研相结合的产业组织模式

示范区通过海洋科创平台建设,加大资金扶持,实施重大科技计划项目等培育海洋经济新动能,推进海洋科技创新成果转化。如山东青岛蓝谷管理局布局海洋科研、教育、成果转化、学术交流等重大平台项目,有序推进科技孵化载体和国家海洋经济转移中心建设,开展技术转移与创新创业培训、企业股权融资路演、科研成果发布和推介等活动,建立科研成果标准化评价服务体系,高端海洋科技创新平台数量实现两年翻三番,建立了高效的公共科研平台共享机制,形成了国际领先的海洋科技创新集群。广东深圳鼓励上、下游企业和科研院所之间建立实质性合作关系,推进重大产业项目实施,对企业自主创新成果产业化项目予以总投资额30%(最高1500万元)的事后资助,对国家重大科技项目后续研究和产业化应用最高资助1000万元。广东湛江支持高校、企业、研究所共建湛江医药研究院,产业化"海水稻功能营养米粉"等3个新产品,同时,2020年财政科技专项资金拨付8523万元对高新技术产业培育、成果孵化创业、技术创新、专利申请、人才引进等给予支持,成果转化91项,形成高新技术产品65种。福建厦门建设海洋创新成果转化中心和海洋众创空间,建立"政产学研金服用"协同高效机制,促进成果本地转化,累计完成研发成果转化96个,新增海洋专利488个,海洋创新和研发平台17个。

第三节 海洋经济产业集群

一、产业集群的概念

关于产业集群的定义,不同的专家学者有不同的见解,不同的理论流派有各自的诠释,可谓众说纷纭。简而言之,产业集群是指具有相互关联性的企业或者单位在某一空间地域集中经营并且形成一定规模与技术效应的产业群体。

海洋产业集群主要是指这些海洋相关产业中形成完整产业链的几个产业集中在一个区域或者一个城市集中协同发展的一种状态,在产业集群中,各个产业集中度高,相互关联性强,协同创新作用明显,生产创新成本大大降低,政策实施性强,且效率高(田甜,2014)。所以产业集群不仅是经济发展的自发现象,也是区域为提高竞争力而主动选择的产业发展模式。

二、产业集群的形成机制

理论上产业集群受以下因素影响。

(一)自然资源和运输成本

无论是历史上还是现在都有不少产业在靠近拥有较丰富自然资源的地方聚集。因为企业总是希望以最低的成本进入市场,靠近资源地可以降低运输成本。但是自然性因素在现在的产业集群中起的作用趋于弱化。

(二)规模经济与外部经济

企业聚集的重要原因来自规模经济和外部性。由于大量的企业聚集在一起生产,产生巨大的需求,这种规模经济效应足以保证在这个地区的企业能够得到从中间产品到劳动力的高品质、低成本的供给。在产业集群中,即使是新加入的企业,也能得到各种技能的劳动力供给,而且,价格一定是最便宜的。此外,先进入某个地区的企业在生产中会产生经济活动的外部效应,如果这个企业规模很大的话,产生的外部性就更大,如为后进入的企业创造了生产和生活用的基础设施、劳动力市场、中间产品的获得渠道,甚至是生产地点的知名度,后来的企业就可以充分利用这种正面的外部性(positive externality),从而使自己无须经过市场交换就获得利益。所以,充分的外部性足以使后来的企业聚集在原有的企业周围,形成集群。

(三)相关延伸产业的支持

相关延伸产业的支持,使集群内的企业可以得到专业化的服务,从而提高企业的竞争力。这些延伸产业包括交通运输业、技术服务业、专业销售公司、商业性印刷出版业、展览业、信息咨询业。有不少学者通过实证和案例的研究证明了大学、研究中心、职业培训机构对产业集群形成的作用。在这些相关延伸产业的发展和竞争中,形成了一个成熟的专业服务市场,促进了产业集群的出现。至于相关延伸产业的大量集中,则是和集群发展紧密联系在一起的,追随客户使相关延伸产业被吸引到集群中来,二者是同时发展的。

(四)外商直接投资和风险投资

外商直接投资总是倾向于能够获得最大投资回报的地区,先投资的外国企业对后来的企业具有示范作用,加上一些国家对外国投资有鼓励性政策,因此,在外商直接投资的带动下,催生了不同产业的集群。此外,对产业集群创新发展具有重要作用的风险投资也是产业集群形成和演变不可或缺的因素。

(五)企业家精神、制度与政府政策

在几乎同样的条件下,有的地区形成了产业集群,有的地区却没有,仅用自然的、运输的、规模经济的因素已不足以说明,这时候企业家精神就起到了关键作用。尤其是最先进入这个地区或在这个地区产业内的企业,领导人具备的企业家精神是吸引其他产业内企业和相关企业聚集在周围的决定性因素,这在工业化水平不高的国家表现得最为明显。相应的制度安排和政府采取的产业政策对产业集群的形成和发展也有重要的影响。

三、产业集群的规划理论和依据

(一)生命周期理论

生命周期理论最早由波兹·艾伦和汉密尔顿于1957年提出,根据产品生命周期理论演化而来,后期学者将生命周期理论在管理学以及经济学等领域完善和发展。产业集群生命周期是指产业集群在区位环境、人文环境、技术环境、政府环境等影响因素的作用下导致形成直至衰亡这一逐渐演变的过程,通过集群内部企业的数量和质量来区分其发展阶段。根据Andersson Serger的观点,产业集群生命周期可以分为5个阶段,分别是产业聚集阶段,即产业集群形成雏形初现,大量企业聚集在同一地域;产业集群出现阶段,产业集群基本形成,企业间合作与联系初步建立;产业集群发展阶段,企业和劳动力数量稳定并且形成真正意义上的协作关系;产业集群成熟阶段,关键性基础设计完善集群间的关联紧密;产业集群转型阶段,即产业集群转型为专业性更强的新产业集群。在产业集群的生长阶段中,不同的学者对其所在的领域进行了不同的归纳与梳理,但是均出现了S型的发展曲线,即在前期出现阶段到中期形成阶段的上升期和成熟阶段到转型阶段甚至是衰落阶段的下降期。虽然产业集群生命周期是无法避免的循环过程,但是随着集群的发展,抗风险能力的不断增强,集群形成可持续发展模式指日可待。

(二)规模经济理论

最早提出规模经济的是英国经济学家马歇尔。马歇尔在《经济学原理》中指出,大规模集中化生产在工业领域中具有十分显著的优势,大规模工厂具有充足的人力和财力资源进行技术开发、采购、销售等业务。马歇尔认为产业集群实质是企业追求规模经济的产物,而规模经济分为外部经济和内部经济。外部经济主要包括地区基础条件、资源禀赋、经济条件等,内部经济主要包括企业的管理制度、经济效益与组织效率等。马歇尔认为产业集群受外部经济的影响对内部经济产生促进作用,从而导致外部经济日益加强从而形成产业集群的现象。马歇尔提出的规模经济理论主要包括 3 个条件:首先是市场,他认为市场共享是促进产业发展的首要条件,企业和机构出于共享和扩大市场的目的而聚集在一起;其次是附加行业的发展,为集群发展提供原料和载体,提高经济效益;最后是技术外溢,马歇尔认为集群的形成可以产生技术外溢,并且提高外部规模经济。

(三)区位贸易理论

区位贸易理论主要包括 3 个部分,即传统贸易理论、新贸易理论与新经济地理学理论。传统贸易理论认为产业集群产生是基于比较优势,在市场一体化进程中各地区会选择具有比较优势的产品进行生产从而导致生产要素之间存在一定的差异,导致生产要素价格更加低廉的地区将形成产品生产的比较优势而形成聚集;新贸易理论阐述了产业内贸现象,发展了产业区位选择的集群理论,它认为市场容量和收益是正相关的,因此市场规模越大的地理区位具有更大的收益,厂商通常选择这样的区域进行生产,越来越多厂商的加入扩大了生产规模,形成了产业集群,因此新贸易理论认为规模报酬递增是产业聚集的根本原因;新经济地理理论建立了简单的"核心—外围"模型,在之前理论的基础上,考虑了交通运输成本对于产业集群的影响,认为运输成本的减少能够扩大规模经济,促进产业集群的形成(周墨,2018)。

(四)知识溢出理论

知识溢出理论最早于 20 世纪 60 年代由 Mac. Dougall 在他的著作《外国私人投资的收益与成本》中被正式提出。他的研究主要集中在外商投资对东道国经济的影响,特别是外商在东道国进行的研发活动和生产经营活动如何对东道国本土企业的经营生产水平产生促进作用,这种外在经济被视为一种技术溢出效应。Mac. Dougall 的这一发现,为理解国际投资如何通过技术转移和知识共享促进东道国经济发展提供了新的视角,从而推动了知识溢出理论的形成和发展。国内关于知识溢出的研究最早于 20 世纪 90 年代,北京大学的王缉慈在研究中发现世界各国的高技术产业集中在大公司、大学和公共机构密集的地区发展,不仅是因为这些地区丰富的人力资源部和创新知识源,而且是因为它们之间存在着高效率的互动,即知识溢出效应。知识溢出和知识传播一样,都是知识扩散的一种方式,两者之间的不同在于知识传播是知识复制,而知识溢出则是知识再造。也就是说溢出的知识被其他主题所占有和使用,并创造出新的知识和技术。因此,一般来讲,知识溢出主要是指不同主体之间的知识交流和交易过程中的知识外泄现象。知识溢出作为知识扩散的形式之一,是知识的客观属性,是实现知识共享的重要途径。全球知识社会不是自由扩展,其中也有依附理论驻足的空间。知识溢出从本质上讲是一种知识依附寄生的形式。这种形式的知识依附,一方面扩大了知识的现有价值,扩展了知识的受益面,实现了更广范围的知识共享,促进了社会科学和技术的进步,另一方面,又节约了社会资源,降低了知识开发和技术革新的成本,提高了知识创新的积极性,是一种互利互惠的双赢机制。知识溢出有利于集群内企业降低创新成本与风险,提升创新效率。知识溢出有利于集群整体提高知识积累水平,激发集群内部的创新活动,从而提升集群创新能力。知识溢出充满活力,对组织的发展起着催化剂的作用(李文文和陈雅,2011)。

四、产业集群规划案例——深圳的海洋产业集群规划

(一)产业现状分析

1. 发展概况

2016—2019年,深圳海洋生产总值由2012亿元增长至2600亿元,年均增速在10%以上;2019年,深圳市海洋生产总值占深圳GDP比重约10%,海洋经济产业已逐步成为深圳的支柱性产业。2021年上半年,深圳海洋经济生产总值增速达30.9%,创近年增速新高(中国市场调研在线,2023)。

2. 海洋产业分布

海洋工程装备制造业:主要分布于南山区,海洋工程装备制造业增加值集聚南山区,占比超过3/4。其中具有代表性的企业有中国国际海运集装箱(集团)股份有限公司、招商局重工(深圳)有限公司、深圳市汇川技术股份有限公司等。

海洋药物和生物制品业:主要分布于南山区,企业数量约占全市的1/3。

海洋电子信息产业:主要分布于南山区、福田区及罗湖区,尤其是南山区汇聚了邦彦技术、云洲创新和汇川技术等创新型企业,在船舶电子、海洋观测和探测、海洋通信和海洋电子元器件等海洋电子信息设备和产品,以及海洋信息系统与信息技术服务等方面不断取得关键技术突破。

海洋交通运输业:作为中国对外开放和参与经济全球化重要区域,深圳拥有蛇口、赤湾和盐田等港区,海洋交通运输企业占全市涉海单位总数的一半以上。海洋交通运输企业空间分布集中度高,主要依托港口、机场、口岸、物流园区集中布局,集聚在盐田区、罗湖区、福田区、南山区及宝安区。

海洋旅游业:企业依托交通枢纽、城市中心区集中布局,主要集聚在罗湖区、福田区。从产业分布来看,全市海洋旅游企业中,以餐饮、住宿等海洋旅游配套企业为主,占比超过70%,仅有约5%的涉海企业涉及海洋旅游项目的投资、开发与运营。

海洋油气业:企业集聚程度较高,依托中海石油(中国)有限公司深圳分公司,集聚海洋油气企业,主要位于南山区,占比超过3/4。形成了以中海油为核心的"1+N"的发展格局,即围绕中海油,形成了"油工司－石油开采公司－海油服务公司－海油工程公司"的中海油体系(孔祥勤等,2022)。

3. 存在的主要问题

(1)海洋传统产业发展有待提质,现代航运服务业、滨海旅游业、海洋渔业等发展水平还需加快提升。

(2)海洋新兴产业发展能级有待提升,海洋工程装备、海洋电子信息、海洋生物医药产业亟须向产业链高附加值环节发力。

(3)大型海洋科技创新载体布局不足,海洋专业人才集聚效应还需提升,不能满足全球海洋中心城市建设需要。

(二)规划目标

(1)海洋产业综合实力稳步提升。到2025年,海洋生产总值突破4000亿元,培育一批涉海龙头企业,对国民经济发展支撑作用进一步增强,形成具有引领带动作用的海洋产业集群。

(2)海洋科技创新能力明显提高。到2025年,海洋研发投入进一步提高,突破一批前沿交叉技术和共性关键技术,争取推动海洋领域国家大科学装置建设,建设3个海洋科技基础设施,建成6~8个海洋科技创新平台,市级以上海洋创新载体超过70个。

(3)海洋产业体系持续完善。到2025年,海洋基础设施支撑能力显著提高,深圳港口集装箱吞吐量力争达到3300万标箱,海洋油气产量持续提升,海上风电示范项目力争取得突破,海洋现代服务业支撑水平进一步提升。

(4)区域协同发展格局不断加强。到2025年,涉海重点片区建设取得重要进展,在深圳东西部建成和运营若干定位鲜明、配套完善、功能完备的海洋产业集群化发展示范区,构建海洋经济东西两翼协同发展格局。

(三)主导产业的确定

从生产总值的构成来看,2019年,深圳主要海洋产业增加值占海洋生产总值的70%,其中,海洋旅游业和海洋交通运输业占比较大,均在22%以上。但是深圳海洋经济以高端装备产业、电子信息产业、生物医药产业、新能源产业、金融业、航运业等新兴产业为重点。海洋交通运输业、滨海旅游业和海洋油气业占比由超过九成降至五成左右,高端海洋装备产业、海洋金融服务业、海洋信息服务业和海洋技术服务业占比超过两成。

(四)空间组织结构

深圳市海洋产业空间布局综合考虑临海片区海洋产业发展基础、产业空间与资源禀赋、发展潜力等因素,以西部海岸—东部海岸—深汕特别合作区为主轴,以宝安区、前海合作区、南山区、福田区、盐田区、大鹏新区、深汕特别合作区等为主要承载区,合理布局涉海重点产业、重点项目、重点平台,打造"一轴贯通、多区联动"的海洋产业空间发展格局。

宝安区将以海洋新城片区为抓手,重点发展海洋高端装备、海洋电子信息、海洋生物药物等新兴产业,打造海洋产业集中承载区,加强与欧盟海洋强国在海洋产业、海洋资源等领域合作,集聚高端创新要素和产业资源,提升海洋产业发展质量和核心竞争力,抢占国际海洋科技产业竞争制高点。

前海合作区规划形成若干海洋产业组团,支持前海集聚国际海洋创新机构,大力发展海洋科技,加快建设现代海洋服务业集聚区,打造以海洋高端智能设备、海洋工程装备、海洋电子信息(大数据)、海洋新能源、海洋生态环保等为主的海洋科技创新高地。在规划上,前海提出要重点发展海洋高端服务业、海洋新兴产业和海洋传统产业3大产业,重点布局海洋新城、大铲湾、蛇口国际海洋城等若干重要海洋产业组团。其中,海洋新城组团面积约7.44 km²,将打造全球海洋中心城市先锋范例,构建"1+2+3"蓝色产业体系,包括1个海洋电子信息与大数据核心产业,海洋高端智能核心设备、海洋专业服务2个重点产业,海洋新能源、海洋新材料、深海资源开发3个未来产业,并规划打造"一心一湾,北城南业"的空间布局结构。大铲湾组团主要包括蓝色未来科技园和国家远洋渔业基地2个海洋产业集聚区,其中建筑面积约15.5万m²的蓝色未来科技园已建成,国家远洋渔业基地大铲湾港区面积50 hm²,将主要布局渔业前端作业区、渔业休闲区、港池(渔船锚泊区)、现代物流区、国际水产品交易展示区5大功能区。蛇口国际海洋城组团面积约26 km²,规划将形成"3+4+X"产业体系,提升发展海洋交通运输、海洋油气开发、海洋文化旅游3个优势产业,重点培养海洋高端装备、海洋电子信息、邮轮经济、海洋高端服务4个核心产业,适当布局海洋前沿技术,加大技术储备,规划将打造"一带、两谷、四湾、多点"的空间布局结构。

南山区重点发展海洋交通运输业、滨海旅游业、海洋能源与矿产业、海洋工程和装备业、海洋电子信息业、海洋生物医药业等,以总部研发为主,打造海洋产业总部集聚区和技术创新核心区。

福田区重点发展海洋现代服务业,积极培育海洋生物医药业等海洋新兴产业,打造海洋金融服务集聚区。

盐田区重点发展海洋交通运输业、滨海旅游业、海洋生物医药业、海洋现代服务业等,兼顾总部研发和部分生产制造,打造国际航运枢纽和离岸贸易中心。

大鹏新区重点发展海洋渔业、海洋生物医药业、滨海旅游业等,发挥国家深海科考中心、海洋大学等重大创新平台优势,适当发展海洋工程和装备业、海洋能源与矿产业等,兼顾总部研发和部分生产制造功能,打造海洋基础研究先导区及海洋人才培养基地。

深汕特别合作区重点发展海洋交通运输业、滨海旅游业、海洋渔业、海洋工程和装备业、海洋能源与矿产业等,以生产制造为主,兼顾部分研发功能,打造深圳市海洋产业拓展区。

主要参考文献

国家发展和改革委员会,自然资源部,2022.中国海洋经济发展报告2021[M].北京:海洋出版社.

孔祥勤,周凯,刘庆,2022.深圳市海洋产业结构及空间分布特征研究[J].海洋开发与管理,39(9):93-98.

李丹,吴祖宏,2005.产业组织理论渊源、主要流派及新发展[J].河北经贸大学学报(3):48-55.

李文文,陈雅,2011.基于知识溢出理论的我国高校数字图书馆发展策略研究[J].新世纪图书馆(6):7-11.

林香红,2020.面向2030:全球海洋经济发展的影响因素、趋势及对策建议[J].太平洋学报,28(1):50-63.

刘栓振,2012.区域主导产业空间组织规划研究[D].大连:辽宁师范大学.

邱阳,2017.产业组织理论视角下的高职产学研合作机制优势分析[J].时代金融(36):211-212.

孙久文,高宇杰,2021.中国海洋经济发展研究[J].区域经济评论(1):38-47.

田甜,2014.广东省海洋产业集群化发展研究[D].湛江:广东海洋大学.

邢文秀,刘大海,朱玉雯,等,2019.美国海洋经济发展现状、产业分布与趋势判断[J].中国国土资源经济,32(8):23-32,38.

徐胜,张宁,2018.世界海洋经济发展分析[J].中国海洋经济(2):203-224.

中国海洋经济发展指数[J].自然资源通讯 2020(20):4.

周乐萍,2020.世界主要海洋国家海洋经济发展态势及对中国海洋经济发展的思考[J].中国海洋经济(2):128-150.

周墨,2018.广东省海洋生物医药产业集群发展对策研究[D].湛江:广东海洋大学.

KATE J,GORDON D,IAN M,2018. Building industries at sea:blue growth and the new mari-time economy[M]. Nether lands:River Publishers.

第十四章　海洋经济发展中的环境问题

第一节　海洋的环境问题

一、海洋环境的概念

地球表层大部分为海水所覆盖,整个海洋是一个连续的水体,以这个巨大的水体为中心连同周围一定的空间和陆地所组成的整体是支撑海洋经济发展的重要的自然资源来源之一,同时也是承载海洋经济发展负产出的环境容器。所以海洋既可以理解为资源,也可以理解为环境。资源是环境的重要组成部分;资源体现了海洋的经济属性,环境体现了海洋的生态属性。在人地系统中,海洋作为资源进入经济系统的循环,经济系统的环境输出又改变和影响着海洋生态。因此海洋环境包含了海洋环境、海洋自然资源、海洋生态系统3个概念(徐祥民,2020;高益民,2008,)

(一)海洋环境

海洋环境包括海洋水体及溶解于其中的物质;承载海水的海底和洋底;海水中的生命物质与无生命自然物质;与海洋相连的一定地理空间,即海岸和海水表层上方一定高度的空间、直通海洋的河流及河口湾、滨海湿地、海岸带。《中华人民共和国海洋环境保护法》将内水、领海、毗连区、专属经济区、大陆架以及中华人民共和国管辖的其他海域划定为海洋环境保护的范围。

(二)海洋资源

海洋资源是指海洋中存在的可供人类利用的一切物质和能量,包括经过人们改造的那部分自然因素(韩德培,2005)。根据我国1994年7月发布的《中国21世纪议程——中国21世纪人口、环境与发展白皮书》的定义,海洋资源是指赋存于海洋环境中可以被人类利用的物质和能量以及与海洋开发有关的海洋空间,按其属性可分为海洋生物资源、海底矿产资源、海水资源、海洋能资源与海洋空间资源。海洋资源具有利用的有限性、空间分布的复杂性、海陆资源的紧密性以及资源的共享性等特点(表14-1)。

表 14-1 海洋资源的类型

类型	亚类
海洋生物资源	海洋渔业资源、海洋药物资源、珍稀物种资源
海底矿产资源	金属和非金属矿产资源、石油和天然气等
海水资源	盐业资源、溶存的化学资源、水资源
海洋能资源	潮汐能、波浪能、海流能、温差能、盐差能、风能等
海洋空间资源	海岸带、港口和航道资源

(三)海洋生态系统

海洋生态系统是指在一定时间和空间范围内,海洋生物(一个或多个生物群落)与海洋非生物环境(自然环境区域)通过能量流动和物质循环所形成的一个相互联系、相互作用并具有自动调节机制的自然整体。海洋非生物环境、生产者、消费者和分解者是整个海洋生态系统及分支生态系统的四种基本成分。不同的生态系统,其内部的非生物环境和生物组成成分不同,对包括污染在内的人类活动的接受程度也不同。维持海洋生态系统平衡是海洋经济发展中需要重点考虑的问题。

二、海洋环境问题

随着科学技术的发展和陆地资源消耗的供需矛盾加剧,人们开发利用海洋的能力不断增强,对海洋资源的开发利用程度不断加深,对海洋环境造成的破坏也日益凸显。由于人类海上活动的增加和长期把海洋作为免费的"废弃物垃圾场",海洋污染不断加剧,海洋生态系统遭到严重损坏,部分海域甚至成为无生物的"死海"(徐祥民,2020)。日益严重的海洋资源衰竭、海洋环境污染、海洋生境破坏等海洋环境问题已危害到海洋各种功能的发挥。

(一)海洋酸化

海洋酸化是指海水碱性降低,趋于向酸性转变的过程。近一百多年来,表层海水平均 pH 值从 8.1 下降至约为 7.9,这一幅度远超此前气候变化下的幅度。工业革命以来,世界化石燃料的使用等人类活动加剧导致大气中 CO_2 浓度不断升高,海洋是地球表面最大的碳库,不断从大气中吸收 CO_2,吸收速率每天可达 2500 多万 t(平均每小时 100 万 t 以上)(Sabine et al.,2004)。据统计,人类使用化石燃料产生的约 85 亿 t 碳和土地利用产生的 10 亿 t 碳都进入到了大气中。广阔的海面与大气气体交换则导致 CO_2 进入海水,CO_2 净溶解量高达 23 亿 t 碳。当 CO_2 溶解在海水中时,它与水反应生成碳酸,碳酸分解成碳酸氢盐、碳酸盐和氢离子。高浓度的氢离子会使海水像气泡水一样向更低的 pH 值转化,表层海水的碱性下降,引起海洋酸化。海洋酸化已被广泛确认为是 CO_2 上升引起的海洋环境问题(Doney et al.,2009;唐启升等,2013)。海洋酸化是海水化学性质上的一种大规模快速变化,可能对海洋生态系统的生物多样性和各项功能造成一系列影响。在海洋酸化的背景下,各种海洋物种的钙化组织会如预期减少;珊瑚礁和深海珊瑚将出现钙化、生长速度放缓和数量减少情况,并由此对珊瑚的相关生物链造成影响,并给海产养殖等人类活动带来一系列的连锁反应(萧楚,2022)。

(二)海平面上升

由于人类向大气大量排放 CO_2,全球气候变暖,海水膨胀、冰川和冰冠融化,导致海平面不断上升,对全世界的海岸线有明显的影响。有研究资料表明,在过去 100 年内,海平面上升了 10~15cm。海平面上升造成的影响主要包括娱乐性沙质海滩的变窄或破坏,红树林和湿地面积的丧失,部分沿岸设施淹没,水位增高增加、风暴潮的损害,地下水咸度增加等,对海洋环境和人类生存产生威胁。据政府间气候变化委员会估计,至 2030 年全球平均海平面将比现在上升 20cm;到下一世纪末将上升 65cm,海平面上升对海岛、沿海地区、三角洲地带和平原海岸危害最大(方晓明和崔绍珍,1992;陈应珍,2007,刘克修等,2012)。

(三)海洋环境的污染

人类直接或者间接把物质或能量引入海洋环境(包括河口湾在内),由于海水的流动和海洋生物、化学、物理过程的作用,进入海洋的污染物在经过稀释、氧化、还原、降解等综合作用后被分解为无害物质。这个过程说明海洋本身具有自净能力。但是海洋的自净能力是有限度的,一旦海洋污染物数增加的数量和速度超过了海洋自净能力,那么海水质量和海洋生物就会受影响,海洋环境会遭到破坏。

根据污染来源,海洋环境污染主要分为以下几类:

(1)工业排污。随着现代工业化进程,未经处理或者处理不充分的工业废渣、肥料、废水及其有毒化学品无度倾入海洋,沉积海洋,造成污染(Shao,2020)。放射性废物、砷化物等危险性垃圾被封存于容器中后也置于海洋中,严重威胁海洋环境。美国每年倾倒入海的工业废渣就达 5000 万桶之多。俄罗斯当局也承认,战后 30 年来,苏联的核动力舰与破冰船所使用过的放射性废料,大部分被抛入北极海域。在全球 220 多个入海河口,出现了海洋生命"禁区"(高益民,2008)。陆源污染物在总体海洋污染物的占比超过 85%,重点包含了磷酸盐、化学需氧物、油类物质以及氨氮等成分,这四种污染物在陆源污染中的占比超过 95%,其余还包括了汞、硫化物、镉、锌、氰化物、砷和铅等污染物。

(2)白色污染。白色污染源自消费端,对海洋环境的危害极大。塑料垃圾是不易降解的物质,每分钟有 100 万个塑料袋被使用,每年有超过 5000 亿个塑料袋在世界范围内被使用,然而这些塑料袋可能需要 10—1000 年才能分解,塑料瓶可能需要 450 年或者更久的时间。2015 年发表在 *Science* 上的一篇文章显示,每年有将近 800 万t 的塑料污染进入到海洋,在海洋里漂浮的塑料将近 27 万t,并且这个数字预计在 2025 年会翻一番。这些垃圾短期不能降解,这意味着到 2025 年,累积起来的垃圾将会是 800 万t 的 20 倍。美国国家海洋和大气管理局估计每年有 10 万只哺乳动物、海龟和 100 万只海鸟死于海洋的塑料污染(肖徐进,2018;王姣,2019)。

(3)海岸带开发利用不当的环境影响。受到海洋生物养殖业的发展以及围海造田等工程项目的影响,各个沿海区域滨海滩涂湿地的损失面积不断扩大,规模越来越大的海岸工程项目使自然滩涂受到严重破坏。港口建设、填海造陆等工程都会降低海岸的自然程度、消减浅滩和湾体面积、改变自然岸线,加之海洋养殖业过度发展,引发磷、氮过量引起的水体富营养化,自然生长的藻类、鱼类、贝类以及虾蟹类等数量减少。

(4)海上作业污染。随着科学技术的进步,人类利用海域开展生产作业的空间范围从近海走向远洋,从浅滩延展到深海。环境影响的海域范围也随之扩大。这些污染主要来自海上石油或天然气开采以及船舶舰船等交通工具的排放。据有关资料统计,海洋环境污染中有35%的污染为船舶污染。船舶油类污染一旦发生则会因油本身的化学物理特性,在海面上形成一层油膜,继而阻隔了海水与空气之间的氧气交换,同时还会减弱阳光,引起了一系列生物链反应。船舶的生活污水中富含有大量的耗氧有机物,并携带着多种微生物和寄生虫等,在发生厌氧反应时,继而产生 CH_4、NH_3 以及有机酸等,导致海水质量下降,严重破坏了海洋生物的生存环境。由于水体本身具有流动性,污染物并不会固定在某个海域。一旦发生污染,会波及多个海域,具有空间扩散性。

(四)海洋生态系统退化

受自然和人为因素的影响,海洋生态系统退化呈现为两种现象。

(1)海洋荒漠化。具体表现在两个方面:一方面是海洋污染引起海水富营养化,浮游生物、鱼类大量死亡甚至灭绝;另一方面是沿海工程毁坏了红树林、湿地滩涂,破坏海岸环境,使部分海域海岸带丧失抵御风暴潮、净化环境等生态功能,自然灾害风险增加。

(2)海洋生物多样性减少。海洋生物多样性减少主要由两方面因素引起:一方面是自然因素。气候变化导致海平面上升,摧毁了部分海洋生物的栖息地。另一方面是人为因素。渔业捕捞已成为如今对海洋生物和生态系统影响最大的人类活动,每年造成数万只海鸟,大量的鲨鱼、海洋哺乳动物、海龟等意外死亡。自1950年以来,公海渔业已遍及约48%的公海面积。联合国粮农组织的报告指出,公海渔业资源形势非常严峻,超过1/3的鱼类资源被捕捞,约37%的濒危、渐危和稀有的脊椎动物受到过度捕捞的威胁。

赤潮也被称为"红色幽灵",是由于海水的污染而导致海洋浮游植物以及细菌等高度聚集,从而造成海洋生态系统中的一种异常现象。进入20世纪以来,随着人类社会的发展、人类活动对环境影响的增加,赤潮已从海洋生态系统一种自我调整的正常自然现象,演变为在人类活动胁迫下,频繁发生的异常生态灾害(图14-1)。特别是近年来,在全球变化的大背景下,赤潮灾害遍布全球,呈现愈演愈烈的态势,已经成为制约近海经济发展、威胁人类食品安全、破坏海洋生态系统的典型海洋生态灾害(俞志明和陈楠生,2019)。例如,2015年北起美国北部的阿拉斯加、南至墨西哥沿岸爆发了前所未有的大规模拟菱形藻赤潮,海水中的神经性毒素软骨藻酸突破历史纪录,导致美国政府长时间禁止商业捕捞太平洋大竹蛏、太平洋黄道蟹、珍宝蟹等海洋生物(McCabe et al.,2016)。在我国,最早的赤潮记录是1933年发生在浙江沿海一带的夜光藻和骨条藻赤潮(周名江等,2001)。到了20世纪70—80年代,赤潮次数呈几何倍数增长。特别是2000年以后增长趋势更加明显,至2010年仅仅10年间的赤潮记录次数高达800多次，比1952—1998年46年间的322次增加了近3倍；2000—2017年赤潮累计爆发面积达到21万km²（图14-1）。尽管赤潮记录次数的增加与我国赤潮监测体系的建立和不断完善有关，但还是反映出近海赤潮的爆发次数与我国沿海经济的快速增长存在一定的相关性，折射出当今赤潮的发生已不是海洋生态系统自我调整的自然现象，而是人类活动干扰下近海生态系统不断退化的一种信号。

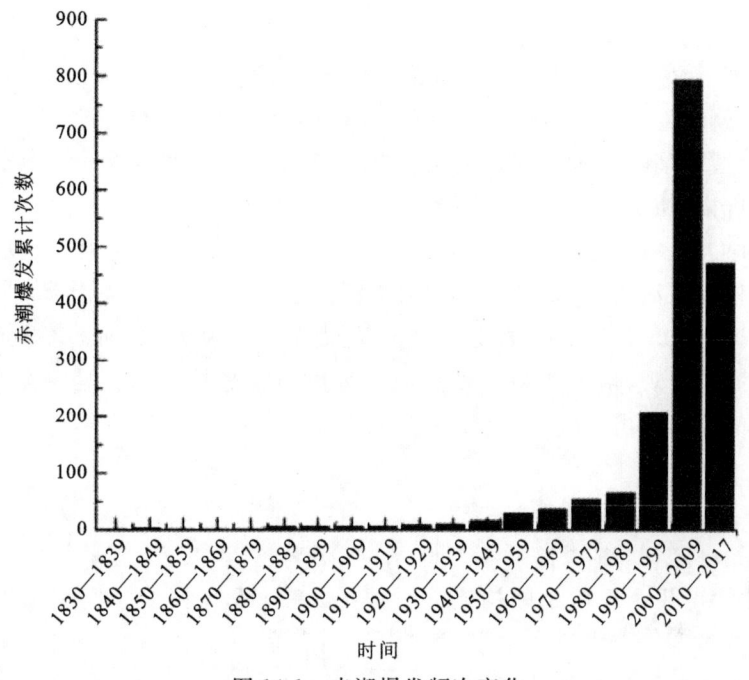

图14-1 赤潮爆发频次变化

三、海洋环境问题的特征

（1）难以防治，造成的危害较大。因为海洋有着较大的面积，且水体时刻处于流动状态；再加上海洋污染有很长的积累过程，不易被及时发现，这就使得防治此类污染存在很大的难度，短期内无法完全清除污染物。此外，若想有效治理海洋污染，往往需要损耗大量的人力物力。海洋环境污染造成的危害最终会影响人类本身。

（2）污染源多样且来源广。海洋酸化和海平面上升的根本原因是大气中二氧化碳增加，此后经由海陆大气循环机理，污染物进入到海洋当中所导致的。所以这两种海洋环境问题可以理解为是一种大气源污染；这对于海洋污染而言，属于其最关键的来源之一。陆源污染、海域污染大多源自人类的排放，是经济发展对海洋环境的一种负输出。海岸带的不合理开发、社会经济的生产和消费环节都可能产生污染源。

（3）影响范围大。世界上所有的海洋都处于连通状态，一旦某个区域发生严重污染，污染便会经由水体流动而被带到别的海域，从而造成周边海域的污染。一旦不能在第一时间展开有效治理，便会严重波及全球海洋系统。

第二节 海洋经济开发中的环境溢出

一、环境溢出的概念

（一）现象

2021年日本核污染水排海严重威胁全球海洋环境，这种效应祸及日本以外的其他区域时，环境的外部性就产生了，我们称其为环境溢出。环境溢出的现象客观存在，它具有可正可负的性质。例如，城市基础设施的修建会推高或拉低附近房地产价格。绿地、公园等设施会提升周边商品房价格；相反，垃圾处理站、污水处理厂、变电站等邻避型设施的修建则会影响周边商品房的价值。在海洋经济开发中，海洋为人类提供了多种服务功能，所以一种功能的开发可能为另一种经济活动节约了成本，带来了利益。例如，广东汕头南澳岛的"彩虹牧场"，本是当地渔民在近海从事牡蛎养殖的生产地，但是由于其规模宏大，加上彩色浮标的使用，形成了一道独特的海岛景观，衍生成为了极具地方特色的旅游景点。这是海洋资源开发中，第一产业向旅游业的环境溢出，又称为搭便车现象。

（二）涵义

根据地理学第一定律，事物都是相互联系的，距离越近，相互作用越强。从地理视角理解，环境溢出就是由若干个环境小区构成的区域中，一个环境小区的环境观察变量对其他环境小区的空间扩散过程。作为海洋经济发展中的副产品，海洋环境污染是一种环境负效应；但海洋环境改善则是一种环境正效应。

从经济学角度，环境溢出是市场失灵的，市场机制对环境没有分配作用。环境污染所造成的损害并不会局限在产生污染的个体或局部区域，而是会波及他人，在更大的范围内由全社会承担。环境改善所产生的利益也不会局限在带来环境利益的个体或局部区域，而是被他人或社会共享。由此可以看出产生损害的个体不支付或不完全支付损害的成本；带来利益的个体也无法获得或完全拥有其带来的环境利益。

（三）特征

环境溢出又被称为环境外部性。它是公共物品所具有的一种特殊现象。区别于一般商品具有独占性和排他性的特征。环境污染或环境利益具有公共物品特有的共享性和非排他性，在效应上有正负之分，在空间上具有扩散性。

1. 非排他性

非排他性指的是环境损害或利益被个人占用的同时，并不能阻止或排斥其他人占有。这种非排他性是由环境的权属难以分割决定的。

2. 共享性

环境作为公共品被共享。在海洋经济发展的过程中，环境作为零价值或低于其实际价值使用时,难免出现"公地的悲剧",这是海洋环境问题产业的根本原因。

3. 或正或负

受人类的海洋意识、海洋环境的制度安排以及海洋开发与保育技术等的影响,海洋经济开发的环境影响存在正或负两种溢出效应。

4. 扩散性

环境污染物具有空间扩散的特性。其扩散的速度、范围受污染物性质和扩散介质的影响。环境溢出发生在地域上,也发生在不同的经济社会个体或行业之间。

(四)类型

根据环境溢出的产生者,环境溢出分为生产性环境溢出和消费性环境溢出。这种分类遵循了经济学将人类活动归为生产和消费两类活动的逻辑。在生产过程中产生的环境溢出被称为生产性环境溢出。例如,南澳彩虹牧场的溢出;在消费过程中产生的环境溢出被称为消费性环境溢出,例如,白色垃圾污染对海洋渔业的溢出。

根据环境溢出的范围,环境溢出分为地方性环境溢出、区域性环境溢出和全球性环境溢出。这是三种不同空间尺度上的环境溢出。地方性环境溢出是指影响未超出溢出源地的溢出,如城市烟雾。区域性环境溢出是指影响已超出溢出源地的溢出,如酸雨。全球性环境溢出是指环境影响涉及全球的溢出,如全球变暖(滕丽等,2010)。

二、环境溢出效应的经济学解释

海洋集资源和环境属性于一体。海洋资源开发利用存在正负两种溢出。当海洋资源开发利用带来的社会收益大于个体收益时,产生资源的正溢出。当海洋资源开发利用带来的经济利益损失不计入个体成本,增加了社会成本时,产生资源的负溢出。

宏观经济学中对溢出效应的研究是借助需求曲线和供给曲线来分析的,需求曲线和供给曲线包含了有关成本与利益的重要信息。需求曲线反映了产品的价值,供给曲线反映了生产者的成本,在不存在外部性的情形下,两曲线的交点对应的价格和产量分别是市场作用下的最优价格和产量。但是在考虑负的外部性的情形下,例如环境污染带来的成本,由于个体不承担的污染成本转移给了社会,所以社会成本往往大于生产者的私人成本,社会成本曲线在供给曲线之上,因此导致市场作用下的均衡产量(E_2)大于社会最适产量(E_1)(图14-2)。

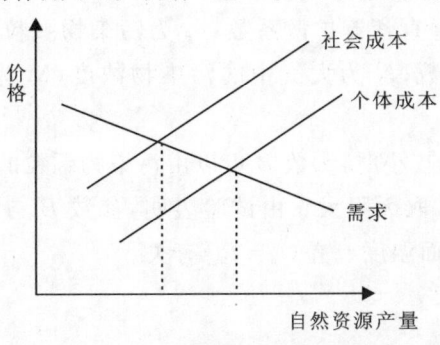

图 14-2 自然资源的负溢出

在考虑正溢出的情形下,代表产品价值的需求曲线发生变化。由于存在一部分正的收益不能体现在个体收益中而贡献给了社会,所以社会收益曲线在需求曲线之上,社会收益大于个体收益。在成本固定的情形下,个体收益和成本决定的市场均衡产量小于由社会收益和成本决定的社会最优产量(图14-3)。

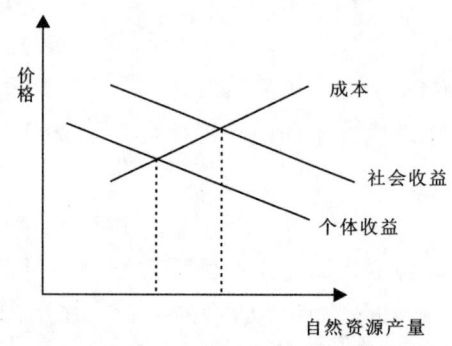

图14-3 自然资源的正溢出

上述分析说明,在出现负溢出时,个体经济成本偏小(因为不计负溢出成本,成本被转嫁给社会),市场产出量偏大。相反,在出现正溢出时,个体收益偏小(因为不能获得溢出补偿,收益被转化为社会收益),市场产出量偏小。这种市场均衡产量和社会最适量之间的偏差就是溢出所导致的。

三、环境溢出的估算

环境溢出的测算涉及两个方面的问题:一是环境污染扩散的测度;二是环境溢出的货币化估计。前者涉及环境溢出中污染物在自然系统中的影响;后者涉及环境溢出产生的社会经济效应。以下介绍几种模型(张士林,1988)。

(一)陆-海输移模型

在给定的时间间隔内,在一个三维空间,大气中进入海面某个点的污染物质量,可以根据流量对时间的积分进行计算。流量由紊流分量和重力分量构成。

$$K_z^a \partial N/\partial z + g_r N(x,y,z,t) = BN(x,y,z,t) \tag{14-1}$$

$$M(x,y) = \int_0^T BN(x,y,z,t) dt \tag{14-2}$$

式中:K_z^a为大气传动层中的垂直紊流扩散系数;g_r为污染物颗粒的重力沉降速度;B为水气界面中的污染物扩散速度参数;N为大气中的污染物浓度;M为海面某点(x,y)的污染物质量。

当污染物颗粒较大,紊流较小时,参数B可以由污染物颗粒的重力沉降速度确定;当颗粒较轻,参数B在水面上方通常取无限大。由试验表明,参数B与水汽界面的温度梯度有关,即和大气传动层温度t_a及水面温度t_w差(t_a-t_w)有关。

（二）海-陆输移模型

在无风条件下，海面污染物从水面向大气输移的扩散方程为

$$S = S_1 \times \frac{\ln 2}{T_1} + S_2 \times \frac{\ln 2}{T_2} \tag{14-3}$$

式中：S 为大气中污染物浓度；S_1、S_2 分别为长寿命和短寿命污染物的浓度；T_1 和 T_2 为污染物蒸发常数。

（三）海面污染物扩散模型

一般来讲，污染物浓度由海水速度 r 和扩散系数 D 决定。在一维空间其公式表达为

$$\frac{\partial N}{\partial t} + r \frac{\partial N}{\partial x} = D \frac{\partial^2 N}{\partial x^2} \tag{14-4}$$

式中：$N(x,t)$ 为时间 t 和位置 x 处的污染物浓度，其中扩散系数取决于海洋的物理性质（例如，海洋气象条件、海洋地形等）和污染物质的降解和挥发等化学特性。

上述方程还可以表达在二维、三维空间：

$$\frac{\partial N}{\partial t} + r \frac{\partial N}{\partial x} + u \frac{\partial N}{\partial y} = D_x \frac{\partial^2 N}{\partial x^2} + D_y \frac{\partial^2 N}{\partial y^2} \tag{14-5}$$

$$\frac{\partial N}{\partial t} + r \frac{\partial N}{\partial x} + u \frac{\partial N}{\partial y} + w \frac{\partial N}{\partial z} = D_x \frac{\partial^2 N}{\partial x^2} + D_y \frac{\partial^2 N}{\partial y^2} + D_z \frac{\partial^2 N}{\partial z^2} \tag{14-6}$$

式中：N 为污染物浓度；r、u、w 为流速分量；D_x、D_y、D_z 为扩散系数分量。

（四）海洋环境溢出的空间分析模型

在环境溢出的研究中，"跨界污染"假说认为气体污染物和液体污染物可能由于空间溢出而带来跨界污染，并采用大量实证研究阐明了某些形态的污染物在空间相关性上的确表现为明显的正向关系。因此判断各环境小区是否存在环境溢出就是判断各环境小区之间的某些环境观察变量是否存在相关性。所以运用空间自相关分析（Anselin，1988）统计探测环境溢出特征是适合的。当空间自相关呈现正的时候，反映出可能具有空间溢出。当空间自相关呈现负的时候，表明可能对周围产生抑制。

空间自相关检验应用到海洋环境溢出的问题时，首先要对研究样区进行格网化处理，或者划分功能区；其次基于每个网格或区划单元的污染物浓度数据，进行空间自相关性检验。空间自相关系数 Moran's I 的计算式为

$$\text{Moran's I} = \frac{n(x_i - \bar{x}) \sum_j w_{ij}(x_i - \bar{x})}{\sum_i (x_i - \bar{x})^2} \tag{14-7}$$

式中：n 为样本总量；i、j 为网格空间单元；w_{ij} 为空间权值矩阵；x_i、x_j 分别代表第 i 个、第 j 个样本的污染物浓度值；$\bar{x}$ 为样本均值。最后，在通过空间自相关检验之后，建立一个空间权值矩阵对经典回归模型进行修正。反映污染物浓度空间溢出范围的正是空间权值矩阵。空间权值矩阵的关键在于界定污染源所在单元的邻居。

空间单元的邻近关系一般有 Rook 邻近和 Queen 邻近之分。具有公共边的单元(阴影部分)是 Rook 邻近,具有公共边或者公共顶点的单元(阴影部分)是 Queen 邻近(图 14-4)。

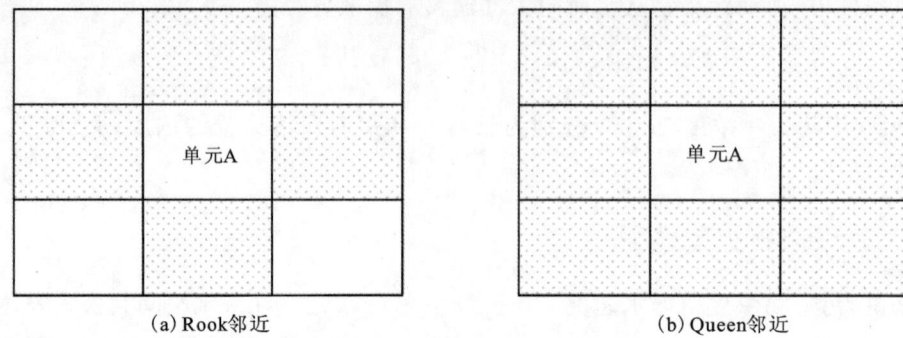

图 14-4　空间单元的邻近关系

按照以上原则定义的邻居是一阶邻近,若将邻居的邻居也定义为自己的邻居,则为二阶邻近。以此类推还可以定义三阶邻近或更高阶的邻近,所以将不同阶的空间权值矩阵代入模型,实际是在不同的空间范围内探测环境溢出是否存在。

第三节　资源环境约束下的海洋经济发展

一、经济系统与海洋环境的关系

Ayres 和 Kneese(1969)将质量守恒定律应用到环境问题的分析,揭示了经济活动与自然系统的相互依赖关系,从他们提出的物质平衡模型(图 14-5)可以看出两组方向相反的过程:一是自然资源向经济系统流动的过程;二是进入经济系统的物质能量转化为残留物流回到自然界的过程。这个模型为理解海洋环境系统与经济系统的相互作用过程提供了直观的描述。根据热力学第一、二定理,所有进入经济系统的海洋资源和能量最终都将成为残留物,并对海洋环境产生影响。虽然这个过程能够通过再利用—再循环—再回收而被延缓,但不能被终止(Scott and Janet, 2006)。

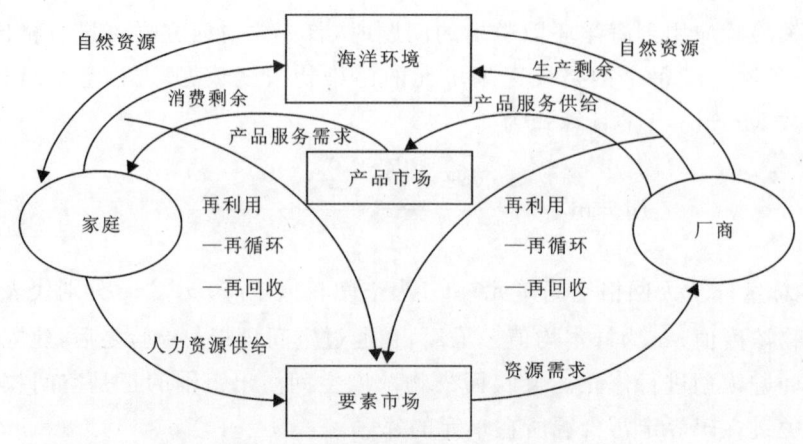

图 14-5　海洋开发的物质平衡模型(据 Ayres et al.(1969),有修改)

二、经济增长与海洋环境的关系

(一)环境库兹涅茨曲线概念

环境库兹涅茨曲线(EKC)是用于研究经济增长和环境二者关系的重要理论。Kuznets Curve 提出一种假说,即污染物浓度随着经济增长经历一个先上升后下降的倒 U 型过程。Grossman 和 Krueger 将环境库兹涅茨曲线拓展用于研究整个环境质量,而不是个别污染物与经济增长之间的关系。从此,国内外学者对 EKC 假说进行了大量的实证验证。有部分研究支持环境质量与经济增长存在倒 U 型关系;有部分研究认为二者之间可能存在更多形式的关系,环境库兹涅茨曲线可能呈现出 U 型、倒 U 型、N 型、倒 N 型和同步递增等不同类型(Dinda,2004)。笔者针对中国海洋经济发展与环境关系的实证研究认为可能存在上述多种类型。

(二)环境库兹涅茨曲线的类型

环境库兹涅茨曲线描述了环境质量与经济增长两者之间的一种关系。在经济发展前期环境污染随着经济的增长而加重,当经济发展到一定程度时环境污染随经济的增长而得到改善。有研究认为,环境库兹涅茨曲线可能呈现出"U"型、倒"U"型、"N"型、倒"N"型、同步递增型、同步递减型、水平型七种形状,但同步递减型和水平型在现实世界中较难发生。

1. U 型关系

U 型关系即随着经济的增长,环境污染出现先下降后上升的情况。现有研究表明,这种情况比较容易出现在那些产业转移接收地。因为产业转移往往伴随有污染转移。欠发达地区的环境质量在产业转移发生之前处于良好的状态,如果其环境门槛设置过低,极有可能出现环境质量与经济发展的 U 型关系。

2. 倒"U"型关系

倒"U"型关系是当前实证研究中最常见的一种关系。这种关系的理论解释大致可分为 3 种:一是从技术和产业出发,认为当经济发展到一定水平的时候就会催生技术的不断提高和产业结构的不断优化调整,从而使资源利用率得到提高,降低环境的污染和资源的损耗。二是从人均生活水平出发,认为随着人均收入和生活质量的提高,人们对生活环境提出了更高的要求,越发追求优质的生活环境,从而引发环境自觉。三是从国际市场出发,发达国家把高污染的产业向发展中国家转移,从而降低本国的废弃物排放,优化环境状况。

3. "N"型关系

部分环境污染指标会随着经济增长出现先上升再下降再上升的情形,这种现象被研究者称为"重组现象",即环境污染与经济增长无法保持长期分离状态,会在达到一定的经济体量后出现再次同步增长的现象。出现重组现象的原因大致有两个:一是当经济发展到一定时期且环境得到了较好的优化后,政府对于环境政策的执行开始出现疲软和懈怠,导致环境问题再次恶化。二是减物质化没有因为收入的增加而得到很好实现,经济增长带来的污染量超过了减物质化所降低的污染量。

4. 倒 N 型关系

倒 N 型关系是指随着经济的增长,环境质量出现先下降再上升再下降的现象。这种较为特殊的情况的出现可能是因为该地区前期的环境质量较差,迫使政府在改善环境上投入大量人力、财力和时间,但迫于压力实施的各项政策并不能长久。所以当环境状况稍有改善后,人们就会转向追求 GDP,从而降低了对环境的关注。这样就导致治污技术的提升速率远远慢于经济增长的速率,环境质量再次下降直到经济发展到一定程度后,治污能力得到大幅度提高环境才会相应地有所改善。

5. 同步递增关系

环境污染随经济增长同步递增,这主要有两种说法。一种说法认为经济发展必须要生产的扩大和消费的提高,这些都是需要消耗自然资源的,必定会对环境造成破坏。另一种说法则是认为环境污染和经济增长两者尚未达到分离的拐点,因此环境污染与经济发展保持同步增长的关系。

三、资源环境约束条件下的海洋经济发展的优化

以上模型揭示了自然资源开发的负溢出效应是降低社会福利的。在海洋经济发展中,如果看不到这种效应,在个体最优的市场经济逻辑下,人类对海洋资源的利用趋势是过量开发。所以考虑资源开发溢出效应,在资源环境约束下优化海洋经济发展模式是必要的。

1. 基于资源环境溢出估算建立海洋生态补偿机制

考虑了海洋资源环境溢出的增长估算为建立海洋生态补偿机制提供了依据。海洋生态补偿机制是通过海洋资源管理体制的创新来实现海洋生态资源开发利用中的外部成本的内部化,让海洋生态保护的受益者或生态破坏者支付相应的费用,让为提高海洋生态系统服务功能作出贡献的投资者得到合理回报。

2. 发挥海洋人力资本的知识溢出效应,推动海洋经济系统实现规模报酬递增运行

知识溢出是经济系统实现规模报酬递增的核心力量。有研究表明对自然资源丰富但资本存量不足的区域而言,在区域内部知识溢出很强烈的情况下,将资源投入生产比出售资源可获得更大的收入(王铮等,2008)。海洋经济企业人力资本的知识创新能力可以为企业实现跨越发展,但是知识溢出更可以发挥 1+1 大于 2 的社会经济效应。所以为企业搭建合作交流平台,有利于知识溢出,产生最大的经济增长效应。

3. 争取海洋资源在开发和保护决策中的区域双赢策略

资源开发与保护看似是相互对立的概念,实则二者可以协调统一。区域决策可以采取调整区域出售海洋资源的比例,就像石油输出组织根据石油价格进行生产量的调整一样。当出售海洋资源的价格一定的时候,通过调整资源的贸易量可以达到区域双赢的局面。

主要参考文献

陈应珍,2007.全球变暖对海洋的危害与对策[J].海洋信息(2):22-24.

方晓明,崔绍珍,1992.全球海洋环境面临挑战[J].瞭望(31):2.

高益民,2008.海洋环境保护若干基本问题研究[D].青岛:中国海洋大学.

韩德培,2005.环境保护法教程[M].北京:法律出版社.

刘克修,袁文亚,骆敬新,等,2012.海平面上升:悄然发生的海洋灾害[J].海洋信息(3):31-39.

唐启升,陈镇东,余克服,等,2013.海洋酸化及其与海洋生物及生态系统的关系[J].科学通报,58(14):1307-1314.

滕丽,王铮,等,2010.区域增长[M].北京:科学出版社.

王姣,2019.触目惊心的海洋污染[J].世界环境(3):55-58.

王铮,滕丽,蔡砥,2010.资源约束下两区域的增长[J].自然资源学报,23(4):581-588.

萧楚,2022.海洋酸化:当海水变成盐汽水[J].中国三峡(3):114-119.

肖徐进,2018.控制陆源污染,保护海洋环境[J].农村经济与科技,29(24):6,8.

徐祥民,2020.海洋环境保护法[M].北京:法律出版社.

俞志明,陈楠生,2019.国内外赤潮的发展趋势与研究热点[J].海洋与湖沼,50(3):474-486.

张士林,1988.关于海洋污染扩散的几种数学模型[J].海洋环境科学(1):46-53.

周名江,朱明远,张经,2001.中国赤潮的发生趋势和研究进展[J].生命科学(2):54-59,53.

ANSELIN L, 1988. Spatial econometrics, eethods and models[M]. Boston: Kluwer Academic Publishers.

AYRES, R U, KNEESE A V, 1969. Production, consumption and externalities[J]. American Economic Review, (59)3:282-297.

BRETACHGER L, 1999. Growth theory and sustainable deve-lopment[M]. Northampton: Edward Elgar publishing.

Dinda S, 2004. Environmental Kuznets Curve hypothesis: asurvey[J]. Ecological Economics, 49(4):431-455.

DONEY S C, FABRY V J, FEELY R A, et al., 2009. Ocean acidification: The other CO_2 problem[J]. Annual Review of Marine Science, 1:169-192.

MCCABE R M, HICKEY B M, KUDELA R M, et al., 2016. An unprecedented coastwide toxic algal bloom linked to anomalous ocean conditions[J]. Geophysical Research Letters, 43(19): 10 366 – 10 376.

SCOTT J C, JANET M T, 2006.环境经济学与环境管理[M].3版.李建民,姚从容,译.北京:清华大学出版社.

SHAO Q, 2020. Nonlinear effects of marine economic growth and technological innovation on marine pollution: Panel threshold analysis for China's 11 coastal regions[J]. Marine Poliay, 121:104-110.